工程高等代数

（第三版）

李宏伟　李志明　王军霞　李　星　编

科学出版社
北　京

内 容 简 介

《工程高等代数（第三版）》依据工科类本科数学基础课程教学基本要求修订而成. 全书共分 7 章, 分别介绍一元多项式、行列式、矩阵、向量组的线性相关性、线性方程组、相似矩阵与二次型、线性空间与线性变换等内容, 以及一些工程应用中所需要的代数内容. 在内容编排上突出主线, 紧扣核心, 围绕重点, 凸显本质. 全书注重理论、方法与应用的密切结合, 综合运用描述性文字语言、符号化代数语言和直观化几何语言, 从多个角度阐释概念、性质、定理、方法的内涵和意义, 呈现代数知识的脉络结构, 剖析要点、难点, 总结求解的方法步骤, 揭示问题的原理实质. 书中例题和习题较为丰富, 覆盖面广, 层次性强. 各章习题分为 A、B 两组, 既作为练习, 又是正文的补充, 书末附有习题参考答案与提示.

本书紧密对接新工科人才培养需求，可作为人工智能、物理学、信息科学、计算机科学与技术、通信工程、系统工程、软件工程、地理信息系统、地质工程等有关本科专业的高等代数或线性代数课程的教材, 也可供工科相关专业的师生和科技工作者阅读和参考.

图书在版编目（CIP）数据

工程高等代数 / 李宏伟等编. 3 版. -- 北京 : 科学出版社, 2025. 7.

ISBN 978-7-03-082782-1

I. TB111

中国国家版本馆 CIP 数据核字第 20252BK952 号

责任编辑：王 晶/责任校对：高 嵘

责任印制：彭 超/封面设计：苏 波

科学出版社 出版

北京东黄城根北街 16 号

邮政编码：100717

http://www.sciencep.com

武汉市首壹印务有限公司印刷

科学出版社发行 各地新华书店经销

*

开本：787×1092 1/16

2025 年 7 月第 一 版 印张：17

2025 年 7 月第一次印刷 字数：397 000

定价：59.00 元

第三版前言

随着工程技术的快速发展和高等教育改革的不断深化，“线性代数”作为理工科专业人才培养的核心基础课程，其教学内容和方法的创新需求日益迫切. 本书自出版以来，一直被用作中国地质大学(武汉)“线性代数 A”课程的教材，经历了多次教学实践. 本次修订以教育部大学数学课程教学基本要求为指导，在保持前两版风格的基础上，结合近年来教学实践、师生反馈与学科前沿动态，对内容体系、教学设计和配套资源进行了全方位优化升级，力求更好地适应新工科建设需求，为创新人才培养打下坚实的数学基础.

此次修订，我们主要进行了以下工作:

(1) 调整了向量组和线性方程组的内容，充分运用向量组的线性相关性理论讨论有关矩阵的秩和解线性方程组等问题;

(2) 补充了一些性质、定理和推论，使相关理论表述更加完善;

(3) 对一些知识内容和习题的顺序做了适当调整，使全书逻辑性更趋于合理;

(4) 对一些定义、定理及例题补充了引入和总结，增加了可读性;

(5) 增加了一些典型例题及解题方法的分析，使内容阐释更为全面;

(6) 将一些教学内容的最新研究成果融入教材;

(7) 将近年部分全国硕士研究生入学考试的典型试题列入习题;

(8) 对全书内容进行了勘误，更正了部分符号，调整了部分叙述方式，使其更符合规范，表述更清晰流畅;

(9) 增加了一些数字化资源，可通过扫描书中二维码获取，以满足多元化学习需求，同时封三页面贴有防伪标签，读者可扫描上面的二维码，进入“码吉课”微信小程序，可做每章同步题目.

本书第二版自出版以来，广大读者和使用本书的同行们对本书提出了许多修改意见. 本书第三版得到了高等学校大学数学教学研究与发展中心和中国地质大学(武汉)教学改革研究项目的资助. 我们在此谨向关心本书、对本书提出宝贵意见的专家和读者一并表示衷心的感谢!

限于编者水平，书中难免存在疏漏之处，恳请各位专家、同行和读者批评指正!

编　者

2025 年 2 月

第二版前言

本书第一版自2007年出版以来，我们一直用它作为我校“高等代数B”和“线性代数 A”这两门课程的教材，经历了多次教学实践. 此次修订工作以工科类本科数学基础课程教学基本要求为指导，根据作者在课程教学实践中积累的经验，并充分采纳使用过本书的同行专家所提出的宝贵意见而完成.

此次修订，我们主要进行了以下工作:

(1) 增加了一些对基本理论(例如: 正交化方法、特征值和特征向量、矩阵的秩、最小二乘方法等)的直观解释，力求将代数学所蕴含的重要数学思想融入其中;

(2) 将一些性质梳理归并，集中陈述，以体现内容的系统性;

(3) 对某些定理的叙述和证明做了改进，行文更加简洁，思路更为直接;

(4) 对例题和习题进行了调整，特别将近年全国硕士研究生入学考试的新题型列入例题和习题中，较大幅度地调整了填空题和选择题，增加了一些考查基本概念、基本性质和基本原理的习题;

(5) 对全书内容作了一次全面的勘误;

(6) 对一些数学符号的使用进行了适当修订，以便于与同类教材对照衔接.

本书第一版自出版以来，广大读者和使用本书的同行们对本书提出了许多修改意见. 本书第二版得到了中国地质大学(武汉)“十二五”规划教材建设项目的资助. 科学出版社王雨舸编辑大力支持本书的再版. 我们在此谨向关心本书、对本书提出宝贵意见的读者和专家一并表示衷心的感谢!

编　者

2013 年 8 月

第一版前言

代数课程是高等学校理工科学生的重要基础课程，是学习后续的数学课程和专业课程的必备基础，其基本内容也是自然科学和工程技术领域中应用广泛的数学工具. 随着信息科学与计算技术的发展，代数课程在理论和应用两方面的重要性越来越突出，同时使得一些专业对代数课程在内容的深度和广度上都提出了新的要求. 而目前出版的高等代数教材，大多数是为数学类本科专业编写的. 对于信息科学、计算机科学与技术、通信工程、系统工程、软件工程、地理信息系统、地质工程等有关本科专业，它们对于高等代数的内容和方法的要求及教学时数不同于数学类本科专业. 因此，本书是为这些专业的高等代数课程编写的.

在本书的编写过程中，我们参考了全国硕士研究生数学入学考试大纲，认真阅读了多种国内外的代数课程教材和硕士研究生入学考试复习教程(主要参考书目附后)，充分吸收众家之长，并结合我们长期从事高等代数和线性代数课程教学改革的研究与实践，同时考虑了不同专业对代数课程的教学要求. 因此，在编写过程中作了以下探索:

(1) 本书除包括教育部高等学校线性代数课程教学基本要求的内容外，还包括工程应用中常用的一些内容和方法，如：一元多项式、矩阵的 Kronecker 积、广义逆、矩阵的导数与积分、最小二乘法、线性空间的同构和 Euclid 空间介绍等，以满足工程技术类专业的需要.

(2) 突出矩阵和向量两大主要内容. 本书重点建立矩阵和向量空间两大理论工具，并将它们贯穿于全书，以突出线性代数的核心内容.

(3) 在结构上进行了精心编排和重组. 本书将矩阵的概念、运算、秩和初等变换集中介绍，而向量组的线性相关性的讨论以矩阵为工具进行，线性方程组的求解是矩阵和向量理论的应用.

(4) 例题和习题丰富. 本书配备了丰富的例题和习题，以帮助加深对概念和理论的理解与掌握. 习题按章安排，分 A、B 两组，其中 A 组题是基本题，B 组题具有理科特色，以适应对代数课程要求较高的专业的教学需要. 书末附有习题参考答案与提示，便于学生练习检验.

(5) 本书能够适应不同专业对线性代数的教学需要. 全书内容适应于理工科本科专业 60 学时左右的高等代数课程的教学，第二至第六章适应于理工科本科专业 36 学时左右的线性代数课程的教学. 带*号的内容可根据专业需要删去或留给学生自学.

本书是编者在多年来讲授代数课程讲义的基础上修改而成的. 本书的出版得到了中

国地质大学“十一五”教材建设项目资助. 另外, 我们在编写出版过程中得到了中国地质大学教务处、数理学院全体领导和教师的大力支持与帮助. 苗秀花和刘智慧两位老师对习题进行了计算并提出了许多有益的建议, 江兰编辑为本书的出版付出了辛勤的劳动. 谨在此向他们表示衷心的感谢.

由于编者水平所限, 书中难免有不妥之处和缺点, 敬请读者批评指正.

编　者

2007 年 3 月

目　录

第1章　一元多项式

知识框架

多项式是代数学的一个重要组成部分，它不但与研究方程的解、矩阵的特征值、二次型等内容有关，而且在数学的其他分支和工程问题中都有广泛的应用，如分析线性系统时，往往需要研究多项式的根．本章将讨论数域上多项式的代数结构、整除性和因式分解理论．多项式理论包括一元多项式和多元多项式，本章主要讨论一元多项式．

1.1　数　　域

我们用字母 $\mathbf{Z}$，$\mathbf{Q}$，$\mathbf{R}$ 与 $\mathbf{C}$ 分别表示整数集、有理数集、实数集和复数集．显然有

$$\mathbf{Z}\subset\mathbf{Q}\subset\mathbf{R}\subset\mathbf{C}.$$

定义 1.1　设 P 是复数集 $\mathbf{C}$ 的子集，若它满足以下条件：

(1) P 中至少含有一个不为零的数；

(2) 对于 P 中的任何两个数 a,b，均有 $a+b\in P$，$a-b\in P$，$ab\in P$，且当 $b\neq 0$ 时，$\dfrac{a}{b}\in P$，则称 P 为一个**数域**.

根据上述定义，有理数集 $\mathbf{Q}$、实数集 $\mathbf{R}$、复数集 $\mathbf{C}$ 都是数域，整数集 $\mathbf{Z}$ 不是数域.

由于一个数域 P 至少含有一个不为零的数，设 $a\in P$ 且 $a\neq 0$，则 $a-a=0\in P$，$\dfrac{a}{a}=1\in P$，可见任何数域都包含数 0 与 1.

例 1.1　记 $\mathbf{Q}(\sqrt{2})=\{a+b\sqrt{2}\mid a,b\in\mathbf{Q}\}$，则 $\mathbf{Q}(\sqrt{2})$ 是一个数域.

证　显然，$\mathbf{Q}(\sqrt{2})$ 包含数 1．设 $\alpha,\beta\in\mathbf{Q}(\sqrt{2})$，且 $\alpha=a_1+b_1\sqrt{2}$，$\beta=a_2+b_2\sqrt{2}$，其中 $a_1,b_1,a_2,b_2\in\mathbf{Q}$，则

$$\alpha\pm\beta=(a_1\pm a_2)+(b_1\pm b_2)\sqrt{2}\in\mathbf{Q}(\sqrt{2}),$$

$$\alpha\beta=(a_1+b_1\sqrt{2})(a_2+b_2\sqrt{2})=(a_1a_2+2b_1b_2)+(a_1b_2+a_2b_1)\sqrt{2}\in\mathbf{Q}(\sqrt{2}).$$

再设 $\beta=a_2+b_2\sqrt{2}\neq 0$，即 a_2,b_2 不全为零，从而 $a_2-b_2\sqrt{2}\neq 0$，则

$$\frac{\alpha}{\beta}=\frac{a_1+b_1\sqrt{2}}{a_2+b_2\sqrt{2}}=\frac{(a_1+b_1\sqrt{2})(a_2-b_2\sqrt{2})}{(a_2+b_2\sqrt{2})(a_2-b_2\sqrt{2})}=\frac{a_1a_2-2b_1b_2}{a_2^2-2b_2^2}+\frac{a_2b_1-a_1b_2}{a_2^2-2b_2^2}\sqrt{2},$$

由于 $a_1,a_2,b_1,b_2\in\mathbf{Q}$，从而 $\dfrac{a_1a_2-2b_1b_2}{a_2^2-2b_2^2},\dfrac{a_2b_1-a_1b_2}{a_2^2-2b_2^2}\in\mathbf{Q}$，所以 $\dfrac{\alpha}{\beta}\in\mathbf{Q}(\sqrt{2})$.

综上所述，$\mathbf{Q}(\sqrt{2})$ 是一个数域.

显然，$\mathbf{Q}\subset\mathbf{Q}(\sqrt{2})\subset\mathbf{R}$.

类似地，可以证明 $\mathbf{Q}(\sqrt{-1})=\{a+b\sqrt{-1}\mid a,b\in\mathbf{Q}\}$ 也是一个数域.

例 1.2 设 $\mathbf{Z}(\sqrt{3})=\{a+b\sqrt{3}\mid a,b\in\mathbf{Z}\}$，则 $\mathbf{Z}(\sqrt{3})$ 不是数域.

解 取 $\mathbf{Z}(\sqrt{3})$ 中两个数 $\alpha=1-2\sqrt{3}$，$\beta=1+2\sqrt{3}$，则有

$$\frac{\alpha}{\beta}=\frac{1-2\sqrt{3}}{1+2\sqrt{3}}=-\frac{13}{11}+\frac{4}{11}\sqrt{3}\notin\mathbf{Z}(\sqrt{3}),$$

因此，$\mathbf{Z}(\sqrt{3})$ 不是数域.

定理 1.1 任何数域都包含有理数域 $\mathbf{Q}$.

证 设 P 是一个数域，则 $0,1\in P$，$1+1=2\in P$，$2+1=3\in P$，…，继续下去，可得所有正整数都属于 P，由此得到 0，$n\in P$ (n 为任意正整数)，于是 $0-n=-n\in P$，即所有负整数也属于 P，从而整数集 $\mathbf{Z}\subseteq P$. 由于任意一个有理数都可表示成两个整数 m,n 的商 $\dfrac{m}{n}(n\neq 0)$，从而 $\dfrac{m}{n}\in P$，所以有理数域 $\mathbf{Q}\subseteq P$.

定理 1.2 若数域 $P\supset\mathbf{R}$，则 $P=\mathbf{C}$.

证 显然 $P\subseteq\mathbf{C}$. 由于 $P\supset\mathbf{R}$，所以 P 中存在一个数 $\alpha\notin\mathbf{R}$，设 $\alpha=a+b\sqrt{-1}$，$a,b\in\mathbf{R}$，$b\neq 0$. 由 $a,b\in\mathbf{R}\subset P$ 可知，

$$\sqrt{-1}=\frac{\alpha-a}{b}\in P.$$

因此，任取 $c+d\sqrt{-1}\in\mathbf{C}$，$c,d\in\mathbf{R}\subset P$，由于 P 是一个数域，$c+d\sqrt{-1}\in P$，即 $\mathbf{C}\subseteq P$. 故 $\mathbf{C}=P$.

1.2 一元多项式的定义与运算

定义 1.2 设 P 是一个数域，$a_0,a_1,a_2,\cdots,a_n$ 是 P 中的数，x 为一个文字(符号)，n 是一个非负整数，形式表达式

$$a_nx^n+\cdots+a_1x+a_0=\sum_{i=0}^{n}a_ix^i=f(x) \tag{1.1}$$

称为系数在数域 P 中的 x 的**一元多项式**，或称为数域 P 上的 x 的一元多项式.

多项式(1.1)中，a_ix^i 称为多项式 $f(x)$ 的 i **次项**，a_i 称为 i 次项的**系数**；a_0 又称为**常数项**；若 $a_n\neq 0$，则称 a_nx^n 为**最高次项(或首项)**，a_n 称为**最高次项系数(或首项系数)**，n 称为多项式 $f(x)$ 的**次数**.

系数全为零的多项式称为**零多项式**，记为 0. 零多项式不规定次数.

非零多项式 $f(x)$ 的次数记为 $\partial f(x)$ 或 $\deg f(x)$.

例 1.3　$f(x)=3x^5-3x^4+\frac{7}{2}x^2+x-1$ 是有理数域上的5次多项式，$g(x)=3x^6-2\mathrm{i}x^4+4x^2-\mathrm{i}$ 是复数域上的6次多项式，其中 $\mathrm{i}=\sqrt{-1}$.

数域 P 上所有以 x 为文字的一元多项式组成的集合记为 $P[x]$，即

$$P[x]=\{a_nx^n+\cdots+a_1x+a_0 \mid a_i\in P, i=0,1,\cdots,n, n\text{为非负整数}\}.$$

显然，$P\subset P[x]$. 在 $P[x]$ 中，若取 P 为有理数集、实数集和复数集，则可分别得到 $\mathbf{Q}[x]$、$\mathbf{R}[x]$ 和 $\mathbf{C}[x]$.

若 $P[x]$ 中两个多项式 $f(x)=a_nx^n+\cdots+a_1x+a_0$ 与 $g(x)=b_nx^n+\cdots+b_1x+b_0$ 的同次项的系数都相等，即 $a_i=b_i\ (i=0,1,\cdots,n)$，则称多项式 $f(x)$ 与 $g(x)$ **相等**，记为 $f(x)=g(x)$.

考虑 $P[x]$ 中多项式

$$f(x)=a_nx_n+\cdots+a_1x+a_0=\sum_{i=0}^{n}a_ix^i \quad \text{和} \quad g(x)=b_mx^m+\cdots+b_1x+b_0=\sum_{i=0}^{m}b_ix^i,$$

若 $n\geqslant m$ 时，则 $g(x)$ 也可写为

$$g(x)=0x^n+\cdots+0x^{m+1}+b_mx^m+\cdots+b_1x+b_0=\sum_{i=0}^{n}b_ix^i.$$

于是，定义两个多项式 $f(x)$ 与 $g(x)$ 的**和**为

$$f(x)+g(x)=(a_n+b_n)x^n+\cdots+(a_1+b_1)x+(a_0+b_0)=\sum_{i=0}^{n}(a_i+b_i)x^i. \tag{1.2}$$

例 1.4　设 $f(x)=4x^5+5x^4-3x^3-7x+3$，$g(x)=9x^8+x^7+7x^4+12$，则

$$f(x)+g(x)=9x^8+x^7+4x^5+12x^4-3x^3-7x+15.$$

容易验证，多项式的加法满足以下运算律($f(x),g(x),h(x)\in P[x]$):

(1) 交换律　$f(x)+g(x)=g(x)+f(x)$;

(2) 结合律　$[f(x)+g(x)]+h(x)=f(x)+[g(x)+h(x)]$;

(3) $f(x)+0=f(x)$;

(4) 设 $f(x)=\sum_{i=0}^{n}a_ix^i$，记 $-f(x)=\sum_{i=0}^{n}(-a_i)x^i$，则

$$f(x)+(-f(x))=0, \qquad -(-f(x))=f(x).$$

$P[x]$ 中两个多项式 $f(x),g(x)$ 的**差**定义为 $f(x)-g(x)=f(x)+[-g(x)]$. 于是有

$$f(x)-g(x)=-(g(x)-f(x)), \quad (f(x)-g(x))-h(x)=f(x)-(g(x)+h(x)).$$

$P[x]$ 中多项式 $f(x)=\sum_{i=0}^{n}a_ix^i$ 和 $g(x)=\sum_{i=0}^{m}b_ix^i$ 的**积**定义为

$$f(x)g(x)=a_nb_mx^{n+m}+(a_nb_{m-1}+a_{n-1}b_m)x^{n+m-1}+\cdots+(a_2b_0+a_1b_1+a_0b_2)x^2+(a_1b_0+a_0b_1)x+a_0b_0,$$

这里，$f(x)g(x)$ 中 x^k 的系数为

$$c_k = a_k b_0 + a_{k-1} b_1 + \cdots + a_1 b_{k-1} + a_0 b_k = \sum_{i+j=k} a_i b_j .$$

于是，也有

$$f(x)g(x) = c_{n+m}x^{n+m} + \cdots + c_k x^k + \cdots + c_1 x + c_0 = \sum_{k=0}^{n+m} c_k x^k = \sum_{k=0}^{n+m}\left(\sum_{i+j=k} a_i b_j\right)x^k . \tag{1.3}$$

例 1.5 设 $f(x)=2x^3+x^2+2x+1$，$g(x)=x^2-3x-1$，于是

$$f(x)g(x)=2x^5-5x^4-3x^3-6x^2-5x-1 .$$

容易证明，多项式的乘法满足以下运算律($f(x),g(x),h(x)\in P[x]$)：

(1) 交换律 $f(x)g(x)=g(x)f(x)$；

(2) 结合律 $[f(x)g(x)]h(x)=f(x)[g(x)h(x)]$；

(3) 乘法对加法的分配律 $f(x)[g(x)+h(x)]=f(x)g(x)+f(x)h(x)$；

(4) $1\cdot f(x)=f(x)$，$0\cdot f(x)=0$.

数域 P 上的两个多项式的和、差、积仍然是 P 上的多项式，即对任意的 $f(x),g(x)\in P[x]$，有

$$f(x)\pm g(x)\in P[x],\quad f(x)g(x)\in P[x] .$$

多项式的运算与次数之间有以下关系.

定理 1.3 设 $f(x),g(x)\in P[x]$，且 $f(x)\neq 0, g(x)\neq 0$，则

(1) 当 $f(x)+g(x)\neq 0$ 时，$\partial[f(x)+g(x)]\leqslant \max[\partial f(x),\partial g(x)]$；

(2) $\partial[f(x)g(x)]=\partial f(x)+\partial g(x)$.

证 设

$$f(x)=a_n x^n+\cdots+a_1 x+a_0,\quad a_n\neq 0,$$

$$g(x)=b_m x^m+\cdots+b_1 x+b_0,\quad b_m\neq 0.$$

(1) 不妨设 $n\geqslant m$，则

$$f(x)+g(x)=(a_n+b_n)x^n+\cdots+(a_1+b_1)x+(a_0+b_0),$$

其中 $b_{m+1}=b_{m+2}=\cdots=b_n=0$，于是 $f(x)+g(x)$ 的次数不能超过 n，即

$$\partial[f(x)+g(x)]\leqslant \max\{\partial f(x),\partial g(x)\} .$$

(2) 由于 $f(x)g(x)=a_n b_m x^{n+m}+\cdots+(a_1 b_0+a_0 b_1)x+a_0 b_0$，而 $a_n\neq 0$，$b_m\neq 0$，所以 $a_n b_m\neq 0$，故 $f(x)g(x)$ 的次数为 $n+m$.

由定理 1.3 的第二个关系式立即得出结论：$f(x)g(x)=0$ 当且仅当 $f(x)=0$ 或 $g(x)=0$.

1.3 多项式的除法

在数域 P 上两个多项式 $f(x)$ 和 $g(x)$ 相加、相减、相乘后还是 P 上的多项式，但它们相除就不一定是 P 上的多项式. 或者说在多项式范围内讨论问题，一般不能用除法运算.

一种替代的方法是所谓的带余除法.

定义 1.3　设 P 是一个数域，$f(x),g(x)\in P[x]$，且 $g(x)\neq 0$，若 $q(x),r(x)\in P[x]$ 满足以下条件:

(1) $f(x)=q(x)g(x)+r(x)$;

(2) $r(x)=0$ 或 $\partial r(x)<\partial g(x)$,

则称 $q(x)$ 是 $f(x)$ 除以 $g(x)$ 的**商式**，$r(x)$ 是 $f(x)$ 除以 $g(x)$ 的**余式**.

定义 1.3 中的 $f(x)$ 和 $g(x)$ 分别称为**被除式**和**除式**.

例 1.6　设 $f(x),g(x)\in \mathbf{Q}[x]$，且 $f(x)=x^4-x^3-4x^2+4x+1,\ g(x)=x^2-x-1$，求 $f(x)$ 除以 $g(x)$ 的商式与余式.

解　采用以下算式进行运算:

$$
\begin{array}{r|l}
 & x^2-3 \\
\hline
x^2-x-1 & x^4-x^3-4x^2+4x+1 \\
 & x^4-x^3-\ \ x^2 \\
\hline
 & \qquad -3x^2+4x+1 \\
 & \qquad -3x^2+3x+3 \\
\hline
 & \qquad\qquad x-2
\end{array}
$$

于是

$$f(x)=(x^2-3)g(x)+(x-2),$$

即 $f(x)$ 除以 $g(x)$ 的商式为 $q(x)=x^2-3$，余式为 $r(x)=x-2$. 上式的除法也可用以下格式运算:

$$
\begin{array}{r|l|l}
x^2-x-1 & x^4-x^3-4x^2+4x+1 & x^2-3=q(x) \\
 & x^4-x^3-\ \ x^2 & \\
\cline{2-2}
 & \qquad -3x^2+4x+1 & \\
 & \qquad -3x^2+3x+3 & \\
\cline{2-2}
 & \qquad r(x)=x-2 &
\end{array}
$$

有时也可只用系数表示多项式，即

$$
\begin{array}{ccc|ccccc|ccc}
1 & -1 & -1 & 1 & -1 & -4 & 4 & 1 & 1 & 0 & -3 \\
 & & & 1 & -1 & -1 & & & & & \\
\cline{4-8}
 & & & & & -3 & 4 & 1 & & & \\
 & & & & & -3 & 3 & 3 & & & \\
\cline{4-8}
 & & & & & & 1 & -2 & & &
\end{array}
$$

表示 $f(x)$ 除以 $g(x)$ 的商式为 $q(x)=x^2-3$，余式为 $r(x)=x-2$.

一般情形下，两个多项式相除所得的商式和余式是否存在？是否唯一？下面的定理给出了回答.

定理 1.4 设 $f(x), g(x)\in P[x]$，且 $g(x)\neq 0$，则 $f(x)$ 除以 $g(x)$ 的商式和余式是存在且唯一的.

证明略.

定义 1.4 设 $f(x),g(x)\in P[x]$，若存在 P 上的多项式 $q(x)$，使 $f(x)=g(x)q(x)$，则称 $f(x)$ 能被 $g(x)$ **整除**，或称 $g(x)$ **整除** $f(x)$，记为 $g(x)\mid f(x)$．此时也称 $g(x)$ 为 $f(x)$ 的**因式**，称 $f(x)$ 为 $g(x)$ 的**倍式**.

当 $g(x)$ 不能整除 $f(x)$，记为 $g(x)\nmid f(x)$.

根据定义 1.4, 对于数域 P 上的两个多项式 $f(x)$ 和 $g(x)\neq 0$，$g(x)$ 整除 $f(x)$ 的充分必要条件是 $f(x)$ 除以 $g(x)$ 所得余式为 0.

例 1.7 试问 s,t 取何值时，下列 $f(x)=x^4+sx^3+2x^2+5x+t$ 能被 $g(x)=x^2-x-2$ 整除?

解法一 由于

$$
\begin{array}{l|l|l}
x^2-x-2 & x^4+sx^3+2x^2+5x+t & x^2+(s+1)x+(s+5) \\
 & x^4-x^3-2x^2 & \\
\hline
 & (s+1)x^3+4x^2+5x+t & \\
 & (s+1)x^3-(s+1)x^2-2(s+1)x & \\
\hline
 & \qquad (s+5)x^2+(2s+7)x+t & \\
 & \qquad (s+5)x^2-(s+5)x-2(s+5) & \\
\hline
 & \qquad\qquad (3s+12)x+t+2s+10 &
\end{array}
$$

若要求 $f(x)$ 能被 $g(x)$ 整除, 则余式必须为 0, 即

$$(3s+12)x+t+2s+10=0,$$

或

$$\begin{cases}3s+12=0,\\ t+2s+10=0,\end{cases}$$

解得 $s=-4, t=-2$．因此, 当 $s=-4, t=-2$ 时，$f(x)$ 能被 $g(x)$ 整除.

解法二 设

$$
\begin{aligned}
x^4+sx^3+2x^2+5x+t &= (x^2-x-2)(x^2+kx+l)\\
&= x^4+(k-1)x^3+(l-k-2)x^2-(l+2k)x-2l,
\end{aligned}
$$

于是

$$\begin{cases}k-1=s,\\ l-k-2=2,\\ l+2k=-5,\\ -2l=t,\end{cases}$$

解得

$$l=1,\ k=-3,\ t=-2,\ s=-4.$$

因此，当 $s=-4, t=-2$ 时 $f(x)$ 能被 $g(x)$ 整除.

下面是数域 P 上多项式整除的简单性质.

(1) 若 $c\in P,\ c\neq 0$，$f(x)\in P[x]$，则 $c\mid f(x)$. 这是因为 $f(x)=c\cdot(c^{-1}f(x))$.

(2) 设 $f(x),g(x)\in P[x]$，且 $f(x)\neq 0$，$g(x)\neq 0$，则 $g(x)\mid f(x)$ 且 $f(x)\mid g(x)$ 的充分必要条件是存在 $c\in P$ 且 $c\neq 0$，使得 $f(x)=cg(x)$.

充分性显然，我们来讨论必要性. 设 $g(x)\mid f(x)$ 且 $f(x)\mid g(x)$，则存在 $p(x),q(x)\in P[x]$，使得

$$f(x)=g(x)p(x),\quad g(x)=f(x)q(x).$$

于是

$$f(x)=f(x)p(x)q(x).$$

因此 $p(x)q(x)=1$. 所以 $\partial p(x)+\partial q(x)=\partial 1=0$，故 $\partial p(x)=\partial q(x)=0$，即有 $p(x)=c\in P, c\neq 0$.

例如，$f(x),g(x)$ 为有理数域 $\mathbf{Q}$ 上的多项式，且

$$f(x)=x^2-2x+4,\quad g(x)=\frac{1}{2}x^2-x+2,$$

多项式满足 $g(x)\mid f(x)$ 且 $f(x)\mid g(x)$，显然$g(x)=\dfrac{1}{2}f(x)$.

(3) 若 $g(x)\mid f_1(x), g(x)\mid f_2(x),\cdots, g(x)\mid f_k(x)$，则

$$g(x)\mid u_1(x)f_1(x)+u_2(x)f_2(x)+\cdots+u_k(x)f_k(x),$$

其中 $u_i(x)\ (i=1,2\cdots,k)$ 为 P 上的多项式.

事实上，存在 $q_i(x)\in P[x]\ (i=1,2\cdots,k)$ 使得 $f_i(x)=g(x)q_i(x)$，于是

$$u_1(x)f_1(x)+u_2(x)f_2(x)+\cdots+u_k(x)f_k(x)=g(x)[u_1(x)q_1(x)+u_2(x)q_2(x)+\cdots+u_k(x)q_k(x)].$$

(4) 设 $f(x),g(x),h(x)\in P[x]$，$g(x)\neq 0$，$h(x)\neq 0$，若 $h(x)\mid g(x)$，$g(x)\mid f(x)$，则

$$h(x)\mid f(x).$$

事实上，由 $g(x)=h(x)q_1(x)$，$f(x)=g(x)q_2(x)$，可得 $f(x)=h(x)[q_1(x)q_2(x)]$.

1.4　最大公因式

对数域 P 上的多项式 $f(x),g(x),h(x)$，如果 $h(x)$ 既是 $f(x)$ 的因式，又是 $g(x)$ 的因式，那么 $h(x)$ 称为 $f(x)$ 与 $g(x)$ 的一个**公因式**. 例如，x^2-1 是 x^4-1 与 x^6-1 的公因式.

在公因式中占有重要地位的是所谓的最大公因式.

定义 1.5　设 $f(x),g(x),d(x)\in P[x]$，且 $d(x)\neq 0$，满足下面两个条件:

(1) $d(x)\mid f(x), d(x)\mid g(x)$，即 $d(x)$ 是 $f(x)$ 与 $g(x)$ 的公因式;

(2) 若 $\varphi(x)\mid f(x), \varphi(x)\mid g(x)$，则 $\varphi(x)\mid d(x)$，即 $f(x)$ 与 $g(x)$ 的公因式均是 $d(x)$ 的因

式，则称 $d(x)$ 为 $f(x)$ 与 $g(x)$ 的一个**最大公因式**.

例 1.8 设 $f(x),g(x)$ 为实数域 **R** 上的多项式，即

$$f(x),g(x)\in \mathbf{R}[x],\quad f(x)=x^4-2x^2+1,\quad g(x)=x^4-1,$$

则 $x-1$，$x+1$，x^2-1 都是 $f(x)$ 与 $g(x)$ 的公因式，而 x^2-1 是它们的一个最大公因式.

关于最大公因式有以下性质:

(1) 若 $d(x)$ 是 $f(x)$ 与 $g(x)$ 的一个最大公因式，则 $d_1(x)$ 为 $f(x)$ 与 $g(x)$ 的最大公因式当且仅当 $d_1(x)=cd(x)$, $c\in P$, $c\neq 0$;

(2) 设 $h(x)$ 与 $d(x)$ 分别是 $f(x)$ 和 $g(x)$ 的公因式与最大公因式，则 $\partial h(x)\leqslant \partial d(x)$，并且，当且仅当 $h(x)$ 也是最大公因式时等号成立;

(3) 若 $g(x)\mid f(x)$，则 $g(x)$ 是 $f(x)$ 与 $g(x)$ 的一个最大公因式.

以上性质的证明留给读者自行证明.

从这些性质可知，数域 P 上的两个不全为零的多项式 $f(x)$ 与 $g(x)$ 的最大公因式如果存在，就不是唯一的，但相互之间只差一个常数因子，它们是公因式中次数最高者. 在此情形下约定：不全为零的多项式 $f(x)$与$g(x)$ 的最高次项系数为1的那个最大公因式(它是唯一的)，记为 $(f(x), g(x))$.

下面讨论最大公因式的存在问题.

定理 1.5 设 $f(x),g(x)\in P[x]$，则在 P 上存在一个 $f(x)$ 与 $g(x)$ 的最大公因式 $d(x)$，并且 $d(x)$ 可表示成 $f(x)$ 与 $g(x)$ 的一个组合，即存在 $u(x),v(x)\in P[x]$，使

$$d(x)=u(x)f(x)+v(x)g(x). \tag{1.4}$$

证 (1) 若 $f(x)=g(x)=0$，则 $f(x)$与$g(x)$ 的最大公因式为零.

(2) 若 $f(x),g(x)$ 不都为零，则不妨设 $g(x)\neq 0$. 用 $g(x)$ 除 $f(x)$，得商式 $q_1(x)$ 及余式 $r_1(x)$. 若 $r_1(x)\neq 0$，则再用 $r_1(x)$ 除 $g(x)$，得商式 $q_2(x)$ 及余式 $r_2(x)$. 若 $r_2(x)\neq 0$，再用 $r_2(x)$ 除 $r_1(x)$，得商式 $q_3(x)$ 及余式 $r_3(x)$，如此继续下去(这种方法称为**辗转相除法**). 显然，所得余式的次数不断降低，这样经有限次辗转相除必有一个余式 $r_k(x)$，它能整除前一个余式 $r_{k-1}(x)$，这样我们得到一串等式，即

$$\begin{cases} f(x)=q_1(x)g(x)+r_1(x),\\ g(x)=q_2(x)r_1(x)+r_2(x),\\ r_1(x)=q_3(x)r_2(x)+r_3(x),\\ \qquad\cdots\cdots\\ r_{k-3}(x)=q_{k-1}(x)r_{k-2}(x)+r_{k-1}(x),\\ r_{k-2}(x)=q_k(x)r_{k-1}(x)+r_k(x),\\ r_{k-1}(x)=q_{k+1}(x)r_k(x)+0. \end{cases} \tag{1.5}$$

对于式(1.5)中的各式，由下往上，由 $r_{k-1}(x)=q_{k+1}(x)r_k(x)$，可得 $r_k(x)$ 是 $r_{k-1}(x)$与$r_k(x)$ 的一个最大公因式；再由 $r_{k-2}(x)=q_k(x)r_{k-1}(x)+r_k(x)$可得$r_k(x)$是$r_{k-2}(x)$与$r_{k-1}(x)$ 的最大公因式；

继续逐步推上去，可得 $r_k(x)$ 是 $f(x)$ 与 $g(x)$ 的一个最大公因式.

对于式(1.5)中的各式，由下往上，得到

$$r_k(x)=r_{k-2}(x)-q_k(x)r_{k-1}(x).$$

再由 $r_{k-3}(x)=q_{k-1}(x)r_{k-2}(x)+r_{k-1}(x)$ 得到 $r_{k-1}(x)=r_{k-3}(x)-q_{k-1}(x)r_{k-2}(x)$，代入式(1.5)，有

$$r_k(x)=[1+q_k(x)q_{k-1}(x)]r_{k-2}(x)-q_k(x)r_{k-3}(x).$$

用同样的方法，逐个地消去 $r_{k-2}(x),r_{k-3}(x),\cdots,r_1(x)$，再合并最后得到

$$r_k(x)=u(x)f(x)+v(x)g(x).$$

这就是定理 1.5 中的式(1.4).

定理 1.5 不仅告诉我们两个多项式 $f(x)$ 与 $g(x)$ 的最大公因式是存在的，而且给出了一种求最大公因式的方法(即辗转相除法)及如何将最大公因式表示为 $f(x)$ 与 $g(x)$ 的组合.

例 1.9　设数域 P 上的多项式 $f(x)=x^4-2x^3+x^2-x-2,g(x)=x^3-x^2-x-2$，求 $(f(x),g(x))$，并求 $u(x),v(x)\in P[x]$ 使 $(f(x),g(x))=u(x)f(x)+v(x)g(x)$.

解　用辗转相除法，有

$x-1$	x^3-x^2-x-2	$x^4-2x^3+x^2-x-2$	$x-1$
	$x^3\quad -4x$	$x^4-x^3-x^2-2x$	
	$-x^2+3x-2$	$-x^3+2x^2+x-2$	
	$-x^2\quad +4$	$-x^3+x^2+x+2$	
	$3x-6$	$x^2\quad -4$	$\frac{1}{3}x+\frac{2}{3}$
		x^2-2x	
		$2x-4$	
		$2x-4$	
		0	

用等式写出来，可得

$$f(x)=(x-1)g(x)+x^2-4,$$

$$g(x)=(x-1)(x^2-4)+3x-6,$$

$$x^2-4=\left(\frac{1}{3}x+\frac{2}{3}\right)(3x-6).$$

于是 $(f(x),g(x))=x-2$. 进一步有

$$\begin{aligned}3x-6&=g(x)-(x-1)(x^2-4)\\&=g(x)-(x-1)[f(x)-(x-1)g(x)]\\&=-(x-1)f(x)+(x^2-2x+2)g(x),\end{aligned}$$

$$x-2=\frac{-1}{3}(x-1)f(x)+\frac{1}{3}(x^2-2x+2)g(x),$$

所以

$$u(x)=-\frac{1}{3}(x-1),\quad v(x)=\frac{1}{3}(x^2-2x+2).$$

定义 1.6 设 $f(x),g(x)\in P[x]$，若 $\big(f(x),g(x)\big)=1$，则称 $f(x)$ 与 $g(x)$ **互素(或互质)**.

若 $f(x)$ 与 $g(x)$ 互素，则 $f(x)$ 与 $g(x)$ 的任何公因式都是非零常数. 反过来也是对的.

定理 1.6 设 $f(x),g(x)\in P[x]$，则 $f(x)$ 与 $g(x)$ 互素的充分必要条件是，存在 $u(x),v(x)\in P[x]$ 使得 $u(x)f(x)+v(x)g(x)=1$.

证 必要性可以由定理 1.3 得到. 考虑充分性，设有 $u(x),v(x)\in P[x]$，使得

$$u(x)f(x)+v(x)g(x)=1.$$

由于 $(f(x),g(x))\mid f(x)$，$(f(x),g(x))\mid g(x)$，所以 $(f(x),g(x))\mid 1$. 而 $(f(x),g(x))$ 的最高次项系数为 1，故 $(f(x),g(x))=1$.

例 1.10 判定有理数域 $\mathbf{Q}$ 上的多项式 $f(x)=2x^3-4x^2-8x+1$ 与 $g(x)=2x^3-5x^2-5x+2$ 是否互素，并求出 $\mathbf{Q}$ 上的多项式 $u(x),v(x)$ 使 $(f(x),g(x))=u(x)f(x)+v(x)g(x)$.

解 由于

$2x+1$	$2x^3-5x^2-5x+2$	$2x^3-4x^2-8x+1$	1
	$2x^3-6x^2-2x$	$2x^3-5x^2-5x+2$	
	x^2-3x+2	x^2-3x-1	
	x^2-3x-1		
	3		

所以

$$f(x)=1\cdot g(x)+x^2-3x-1,\quad g(x)=(2x+1)(x^2-3x-1)+3.$$

于是，$(f(x),g(x))=1$，即 $f(x)$ 与 $g(x)$ 互素. 进一步

$$\begin{aligned}3&=g(x)-(2x+1)(x^2-3x-1)=g(x)-(2x+1)[f(x)-g(x)]\\&=-(2x+1)f(x)+(2x+2)g(x).\end{aligned}$$

因而

$$(f(x),g(x))=\frac{-(2x+1)}{3}f(x)+\frac{2(x+1)}{3}g(x),$$

所以
$$u(x)=\frac{-(2x+1)}{3},\quad v(x)=\frac{2(x+1)}{3}.$$

定理 1.7 设 $f(x),g(x),h(x)\in P[x]$，且 $(f(x),g(x))=1$，$f(x)\mid g(x)h(x)$，则 $f(x)\mid h(x)$.

证 由 $(f(x),g(x))\mid 1$ 可知，存在 $u(x),v(x)\in P[x]$，使得

$$u(x)f(x)+v(x)g(x)=1.$$

因此

$$u(x)f(x)h(x)+v(x)g(x)h(x)=h(x).$$

而 $f(x)\mid u(x)f(x)h(x)$，$f(x)\mid v(x)g(x)h(x)$，故 $f(x)\mid h(x)$.

推论 1.1 设 $f_1(x)\mid g(x)$，$f_2(x)\mid g(x)$，且 $\big(f_1(x),f_2(x)\big)=1$，则 $f_1(x)f_2(x)\mid g(x)$.

证　由条件知，存在 $q(x)$ 使得 $g(x)=f_1(x)q(x)$．而 $f_2(x)\mid f_1(x)q(x)$ 且 $(f_1(x), f_2(x))=1$，故由定理 1.7 知 $f_2(x)\mid q(x)$，即存在 $h(x)$ 使得 $q(x)=f_2(x)h(x)$．于是

$$g(x)=f_1(x)q(x)=f_1(x)f_2(x)h(x),$$

这说明 $f_1(x)f_2(x)\mid g(x)$．

下面讨论任意有限多个多项式的最大公因式.

定义 1.7　设 $f_1(x),f_2(x),\cdots,f_k(x)(k\geqslant 2)$ 为数域 P 上的 k 个多项式，P 上的多项式 $d(x)$ 满足：

(1) $d(x)\mid f_i(x)\ (i=1,2,\cdots,k)$；

(2) 若 $\varphi(x)\mid f_i(x)\ (i=1,2,\cdots,k)$，则有 $\varphi(x)\mid d(x)$，

则称 $d(x)$ 为 $f_1(x),f_2(x),\cdots,f_k(x)$ 的**最大公因式**.

$f_1(x),f_2(x),\cdots,f_k(x)$ 的最高次项系数为 1 的最大公因式，记为 $(f_1(x), f_2(x),\cdots, f_k(x))$．可以证明，$f_1(x),f_2(x),\cdots,f_k(x)$ 的最大公因式存在，而且

$$(f_1(x),f_2(x),\cdots,f_{k-1}(x),f_k(x))=((f_1(x),f_2(x),\cdots,f_{k-1}(x)),f_k(x)).$$

利用以上关系还可以证明，存在多项式 $u_i(x)\ (i=1,2,\cdots,k)$，使得

$$u_1(x)f_1(x)+u_2(x)f_2(x)+\cdots+u_k(x)f_k(x)=(f_1(x), f_2(x),\cdots, f_k(x)).$$

若 $(f_1(x),f_2(x),\cdots,f_k(x))=1$（此时称 $f_1(x),f_2(x),\cdots,f_k(x)$ **互素**），则存在多项式 $u_i(x)$ $(i=1,2,\cdots,k)$，使得

$$u_1(x)f_1(x)+u_2(x)f_2(x)+\cdots+u_k(x)f_k(x)=1.$$

例 1.11　在有理数域 $\mathbf{Q}$ 上，$f(x)=x^3+1, g(x)=x^2-1, h(x)=(x+1)^2$，求 $(f(x),g(x),h(x))$．

解　$$(f(x), g(x), h(x))=((f(x), g(x)), h(x))=(x+1, h(x))=x+1.$$

1.5　因式分解

中学数学介绍过一些因式分解的方法，即把一个多项式分解为不能再分的因式的乘积．但什么因式是不能再分的因式，这要依讨论的范围而定．例如

$$x^4-9=(x^2+3)(x^2-3).$$

在有理数域上考虑，以上分解就不能再分了．若在实数域上考虑，则可继续分解为

$$x^4-9=(x^2+3)(x+\sqrt{3})(x-\sqrt{3}).$$

进一步，若在复数域上考虑，上式还可继续分解为

$$x^4-9=(x+\sqrt{3})(x-\sqrt{3})(x+\sqrt{3}\mathrm{i})(x-\sqrt{3}\mathrm{i}).$$

由此可见，只有在明确数域后，所谓的不能再分才有确切的涵义.

“不能分的多项式”的数学定义如下.

定义 1.8　设 $p(x)$ 为数域 P 上的次数大于零的多项式，若它不能表示成 $P[x]$ 中两个

次数比 $p(x)$ 低的多项式的乘积，则称 $p(x)$ 为数域 P 上**不可约多项式**，否则称为**可约多项式**.

例如，x^2-3 是 $\mathbf{Q}[x]$ 中的不可约多项式，但在 $\mathbf{R}[x]$ 或 $\mathbf{C}[x]$ 中是可约的. 又如 x^2+3 作为 $\mathbf{Q}[x]$ 或 $\mathbf{R}[x]$ 中多项式是不可约的，但作为 $\mathbf{C}[x]$ 中多项式是可约的.

下面讨论不可约多项式的性质.

(1) 设 $p(x)$ 是数域 P 上的不可约多项式，则它的因式只有 P 中的非零元素 c 或 $cp(x)$.

(2) 数域 P 上的一次多项式均是不可约多项式.

(3) 设 $p(x), f(x)\in P[x]$，且 $p(x)$ 不可约，则 $p(x)\mid f(x)$，或者 $\left(p(x), f(x)\right)=1$.

事实上，令 $d(x)=\left(p(x), f(x)\right)$，则 $d(x)\mid p(x)$，于是 $p(x)=d(x)q(x)$. 由 $p(x)$ 不可约可知，$\partial d(x)=0$ 或 $\partial q(x)=0$. 当 $\partial d(x)=0$ 时，$d(x)=\left(p(x), f(x)\right)=1$. 当 $\partial q(x)=0$ 时，$p(x)=cd(x)$，故 $p(x)\mid f(x)$.

(4) 设 $p(x), f_1(x), f_2(x),\cdots, f_k(x)\in P[x]$，且 $p(x)$ 不可约，若 $p(x)\left|\prod\limits_{j=1}^{k} f_j(x)\right.$，则存在 j，使得 $p(x)\mid f_j(x)$.

我们讨论 $k=2$ 的情形，即由 $p(x)\mid f_1(x)f_2(x)$ 推出 $p(x)\mid f_1(x)$ 或者 $p(x)\mid f_2(x)$. 若 $p(x)\mid f_1(x)$，则结论成立. 若 $p(x)\nmid f_1(x)$，则 $\left(p(x), f_1(x)\right)=1$，由定理 1.7 可知 $p(x)\mid f_2(x)$. 对于任意 k 的情形，可用归纳法证明之.

定理 1.8 (因式分解及唯一性定理) 数域 P 上的任一个次数大于零的多项式 $f(x)$ 都可分解成 $P[x]$ 中的一些不可约多项式的乘积

$$f(x)=p_1(x)p_2(x)\cdots p_{s_1}(x),\quad p_i(x)\text{ 不可约}. \tag{1.6}$$

若 $f(x)$ 还有另一种分解

$$f(x)=q_1(x)q_2(x)\cdots q_{s_2}(x),\quad q_i(x)\text{ 不可约},$$

则 $s_1=s_2$，且适当重排因式次序之后，有

$$p_k(x)=c_kq_k(x),$$

其中 $c_k\ (k=1,2,\cdots,s_1)$ 是 P 中的一些不为零的数.

定理 1.8 的证明略.

例 1.12

$$\begin{aligned} x^4-9&=(x^2-3)(x^2+3) &&\text{在}\mathbf{Q}\text{中}\\ &=(x-\sqrt{3})(x+\sqrt{3})(x^2+3) &&\text{在}\mathbf{R}\text{中}\\ &=(x-\sqrt{3})(x+\sqrt{3})(x-\sqrt{3}\mathrm{i})(x+\sqrt{3}\mathrm{i}) &&\text{在}\mathbf{C}\text{中}\end{aligned}$$

在多项式 $f(x)$ 的分解式中，将每个不可约因式的首项系数提出，再将相同的不可约因式合并，可以得到

$$f(x)=cp_1^{r_1}(x)p_2^{r_2}(x)\cdots p_s^{r_s}(x),$$

其中，c 为 $f(x)$ 的最高次项系数，$p_1(x), p_2(x), \cdots, p_s(x)$ 是两两互素的最高次项系数为 1 的不可约多项式，$r_1, r_2, \cdots, r_s$ 是正整数. 这种分解式称为 $f(x)$ 的**标准分解式**.

多项式的标准分解式可以帮助我们方便地求两个多项式的最大公因式. 多项式 $f(x)$ 与 $g(x)$ 的最大公因式 $d(x)$ 就是同时在 $f(x)$ 与 $g(x)$ 的标准分解式中出现的不可约多项式方幂的乘积，所带方幂指数等于它在两个标准分解式中所带方幂中较小者.

1.6 复数域与实数域上的多项式

设有数域 P 上的多项式 $f(x)=a_nx^n+\cdots+a_1x+a_0$，又设 $\alpha\in P$，则

$$a_n\alpha^n+\cdots+a_1\alpha+a_0=f(\alpha)$$

是 $f(x)$ 在 $x=\alpha$ 的值. 这样，多项式 $f(x)$ 定义了一个数域 P 上的函数，称为数域 P 上的**多项式函数**. 当 P 是实数域时，$f(x)$ 就是高等数学中讨论的多项式函数.

定理 1.9 (余数定理) 用一次多项式 $x-\alpha$ 去除多项式 $f(x)$，所得余式为常数 $f(\alpha)$.

证 用 $x-\alpha$ 去除多项式 $f(x)$，设商为 $q(x)$，余式是一个数 c，即

$$f(x)=(x-\alpha)q(x)+c.$$

以 $x=\alpha$ 代入，得到 $c=f(\alpha)$.

定义 1.9 设 $f(x)$ 是数域 P 上的一个多项式，α 是 P 中的数，若 $x=\alpha$ 时，$f(\alpha)=0$，则称 α 是 $f(x)$ 在 P 中的一个**根或零点**.

由余数定理可知，α 是 $f(x)$ 的根的充分必要条件是 $(x-\alpha)\mid f(x)$.

定义 1.10 设 $f(x)$ 是数域 P 上的一个多项式，α 是 P 中的数，k 为正整数. 若 $(x-a)^k\mid f(x)$，但 $(x-a)^{k+1}\nmid f(x)$，则称 $x-\alpha$ 为 $f(x)$ 的 k **重因式**，称 α 为 $f(x)$ 的 k **重根**. 当 $k=1$ 时，称 α 为 $f(x)$ 的**单根**.

例 1.13 设有理数域上多项式 $f(x)=(x-1)^3\left(x+\dfrac{1}{2}\right)$，则 1 是 $f(x)$ 的 3 重根，$-\dfrac{1}{2}$ 是 $f(x)$ 的单根.

定理 1.10 $P[x]$ 中 $n(\geqslant 0)$ 次多项式在数域 P 中至多有 n 个根(重根按重数计算).

证 当 $n=0$ 时，即多项式 $f(x)$ 为零次多项式，多项式没根，于是定理成立.

当 $n>0$ 时，假定 n 次多项式 $f(x)$ 有 $n+1$ 个根 $\alpha_1,\alpha_2,\cdots,\alpha_{n+1}$，于是 $f(x)$ 有因式

$$(x-\alpha_1),\ (x-\alpha_2),\ \cdots,\ (x-\alpha_n),\ (x-\alpha_{n+1}).$$

由于

$$(x-\alpha_1)(x-\alpha_2)\cdots(x-\alpha_n)(x-\alpha_{n+1})$$

是 $n+1$ 次的，这是不可能的，故定理成立.

例 1.14 多项式 $f(x)=x^2-3$ 在有理数域中没有根；在实数域中有两个根 $\sqrt{3}$ 和

$-\sqrt{3}$；在复数域中也有两个根 $\sqrt{3}$ 和 $-\sqrt{3}$．无论在哪个数域中，二次多项式 $f(x)$ 的根都不超过 2 个.

推论 1.2 设 $f(x), g(x) \in P[x]$，且 $\max(\partial f(x), \partial g(x)) \leqslant n$，若 P 中有 $n+1$ 个不同的数 $\alpha_1, \alpha_2, \cdots, \alpha_{n+1}$，使 $f(\alpha_i) = g(\alpha_i)\ (i=1,2,\cdots,n+1)$，则 $f(x) = g(x)$.

证 令 $h(x) = f(x) - g(x)$，若 $h(x) \neq 0$，则有 $0 \leqslant \partial h(x) \leqslant n$．但

$$h(\alpha_i) = f(\alpha_i) - g(\alpha_i) = 0 \ \ (i=1,2,\cdots,n+1),$$

所以多项式 $h(x)$ 有 $n+1$ 个不同的根，与定理 1.10 矛盾．因此 $h(x)=0$，即 $f(x)=g(x)$.

推论 1.2 说明，一个 n 次多项式由它在 $n+1$ 处的值完全确定.

如果 $P=\mathbf{C}$，我们有下面的重要定理.

定理 1.11 (代数基本定理) 复数域上 $n(\geqslant 1)$ 次多项式在复数域中至少有一个根.

证明略.

代数基本定理说明，对复数域上任一个 $n(\geqslant 1)$ 次多项式 $f(x)$，一定存在 $\alpha \in \mathbf{C}$，使得 $f(\alpha)=0$．这个定理还有以下等价描述.

(1) 若 $f(x) \in \mathbf{C}[x]$，$\partial f(x) \geqslant 1$，则 $f(x)$ 一定有一次因式.

(2) 若 $f(x) \in \mathbf{C}[x]$，则 $f(x)$ 不可约当且仅当 $\partial f(x) = 1$.

(3) **复系数多项式因式分解定理** 若 $f(x) \in \mathbf{C}[x]$，$\partial f(x) \geqslant 1$，则 $f(x)$ 有分解式

$$f(x) = a_n x^n + \cdots + a_1 x + a_0 = a_n (x-\alpha_1)^{k_1} (x-\alpha_2)^{k_2} \cdots (x-\alpha_r)^{k_r}, \tag{1.7}$$

其中，$\alpha_1, \alpha_2, \cdots, \alpha_r \in \mathbf{C}$ 是 $f(x)$ 的不同根，$k_1, k_2, \cdots, k_r$ 是正整数，且 $\sum\limits_{i=1}^{r} k_i = n$.

(4) n 次复系数多项式恰有 n 个复根(重根按重数计算).

利用代数基本定理，可以得出复数域上 n 次多项式的根与其系数的关系.

定理 1.12 设 $\alpha_1, \alpha_2, \cdots, \alpha_n$ 是复数域上 n 次多项式 $f(x) = a_n x^n + \cdots + a_1 x + a_0$ ($\partial f(x) \geqslant 1$) 的 n 个根，则

$$\begin{cases} \alpha_1 + \alpha_2 + \cdots + \alpha_n = -\dfrac{a_{n-1}}{a_n}, \\ \alpha_1\alpha_2 + \alpha_1\alpha_3 + \cdots + \alpha_1\alpha_n + \alpha_2\alpha_3 + \alpha_2\alpha_4 + \cdots + \alpha_2\alpha_n + \cdots + \alpha_{n-1}\alpha_n = \dfrac{a_{n-2}}{a_n}, \\ \quad \cdots\cdots \\ \displaystyle\sum_{\text{所有可能的}i\text{个根的乘积}} \alpha_{k_1}\alpha_{k_2}\cdots\alpha_{k_i} = (-1)^i \dfrac{a_{n-i}}{a_n}, \\ \quad \cdots\cdots \\ \alpha_1\alpha_2\cdots\alpha_n = (-1)^n \dfrac{a_0}{a_n}. \end{cases} \tag{1.8}$$

证 由因式分解定理可知，$f(x)$ 可以分解成

$$f(x) = a_n (x-\alpha_1)(x-\alpha_2)\cdots(x-\alpha_n).$$

将上式右端乘开，再与左端比较，即得式(1.8).

下面讨论实数域上的多项式分解.

定理 1.13　设 $f(x)\in\mathbf{R}[x]$，$\alpha\in\mathbf{C}$ 为 $f(x)$ 的根，则 α 的共轭数 $\overline{\alpha}$ 也是 $f(x)$ 的根.

证　设 $f(x)=a_nx^n+\cdots+a_1x+a_0$，其中 $a_i\in\mathbf{R}$，即 $\overline{a_i}=a_i$. 由 $f(\alpha)=\sum\limits_{i=0}^{n}a_i\alpha^i=0$，得到

$$f(\overline{\alpha})=\sum_{i=0}^{n}a_i\overline{\alpha}^i=\sum_{i=0}^{n}\overline{a_i}\,\overline{\alpha}^i=\overline{\sum_{i=0}^{n}a_i\alpha^i}=\overline{f(\alpha)}=0,$$

即 $\overline{\alpha}$ 为 $f(x)$ 的根.

定理 1.14 (实系数多项式因式分解定理)　设 $f(x)\in\mathbf{R}[x]$，且 $\partial f(x)\geqslant 1$，则 $f(x)$ 的标准分解为

$$\begin{aligned}f(x)&=a_nx^n+\cdots+a_1x+a_0\\&=a_n(x-\alpha_1)^{l_1}(x-\alpha_2)^{l_2}\cdots(x-\alpha_r)^{l_r}(x^2+p_1x+q_1)^{m_1}\cdots(x^2+p_sx+q_s)^{m_s},\end{aligned}\tag{1.9}$$

其中，$\alpha_1,\alpha_2,\cdots,\alpha_r,p_1,q_1,\cdots,p_s,q_s\in\mathbf{R}$；$l_1,l_2,\cdots,l_r,m_1,m_2,\cdots,m_s$ 是正整数，并且 $x^2+p_ix+q_i$ $(i=1,2,\cdots,s)$ 是 $\mathbf{R}$ 上不可约多项式，即 $p_i^2-4q_i<0\ (i=1,2,\cdots,s)$.

证明略.

实系数多项式因式分解定理说明，实数域上的不可约多项式是一次多项式，或者是判别式小于零的二次多项式.

例 1.15　设实数域 $\mathbf{R}$ 上的多项式 $f(x)=x^4-x^3-x+1$，在 $\mathbf{R}[x]$ 中把 $f(x)$ 分解为不可约多项式的乘积.

解

$$\begin{aligned}f(x)&=x^4-x^3-x+1=x^3(x-1)-(x-1)\\&=(x-1)(x^3-1)=(x-1)(x-1)(x^2+x+1)\\&=(x-1)^2(x^2+x+1).\end{aligned}$$

需要指出的是，尽管复系数和实系数多项式的因式分解与求根的问题在理论上已经解决，但如何具体求多项式的根，并未完全解决. 这个问题在工程应用中是一个重要的问题，它是计算数学的一个分支.

1.7　有理数域上的多项式

对于有理数域 $\mathbf{Q}$ 上的多项式 $f(x)=a_nx^n+\cdots+a_1x+a_0$，其中 $a_i\in\mathbf{Q}\ (i=0,1,\cdots,n)$，把 $f(x)$ 乘以系数中各个分母的最小公倍数 u，于是 $uf(x)$ 是一整系数的多项式. 如果 $uf(x)$ 的系数中有公因数 v，把 v 提出来，得 $uf(x)=vg(x)$，即

$$f(x)=\frac{v}{u}g(x),$$

其中 $g(x)$ 是整系数多项式，且各系数没有异于 ±1 的公因数.

例如，对于有理数域 $\mathbf{Q}$ 上的多项式 $f(x)=\frac{2}{3}x^4-2x^2-\frac{2}{5}x+6$，有

$$f(x)=\frac{2}{15}(5x^4-15x^2-3x+45)=\frac{2}{15}g(x),$$

其中，$g(x)=5x^4-15x^2-3x+45\in\mathbf{Z}[x]$.

因此，有理数域上的多项式的因式分解及求根问题，可归结为整系数多项式的因式分解及求根问题.

定理 1.15 设 $f(x)=a_nx^n+a_{n-1}x^{n-1}+\cdots+a_1x+a_0$ 是一个整系数多项式，$\frac{r}{s}$ 是它的有理数根，其中 r,s 互素，则有 $s\mid a_n,r\mid a_0$.

证 因为 $\frac{r}{s}$ 是 $f(x)$ 的根，于是 $f\left(\frac{r}{s}\right)=0$，即

$$a_0+a_1\left(\frac{r}{s}\right)+\cdots+a_{n-1}\left(\frac{r}{s}\right)^{n-1}+a_n\left(\frac{r}{s}\right)^n=0,$$

$$a_0s^n+a_1rs^{n-1}+\cdots+a_{n-1}r^{n-1}s+a_nr^n=0,$$

$$a_0s^n=-r(a_1s^{n-1}+\cdots+a_{n-1}r^{n-2}s+a_nr^{n-1}).$$

于是 $r\mid a_0s^n$，由于 r,s 互素，所以 $r\mid a_0$. 类似可证 $s\mid a_n$.

推论 1.3 设整系数多项式 $f(x)=a_nx^n+\cdots+a_1x+a_0$ 的最高次项系数 $a_n=1$，则 $f(x)$ 的有理数根都是整数根，且是 a_0 的因子.

例 1.16 求方程 $f(x)=2x^3+3x^2-1$ 的有理数根.

解 设 $\frac{r}{s}$ 是 $f(x)$ 的有理数根，于是 $r\mid(-1),s\mid 2$，从而有 $r=\pm1$、$s=\pm1$ 或 ±2，所以 $\frac{r}{s}$ 只可能为 ±1、$\pm\frac{1}{2}$，将其代入 $f(x)$，有

$$f(1)=4,\quad f(-1)=0,\quad f\left(\frac{1}{2}\right)=0,\quad f\left(-\frac{1}{2}\right)=-\frac{1}{2},$$

因此，$f(x)$ 的有理数根为 $-1,\frac{1}{2}$.

例 1.17 证明：$\sqrt[5]{2}$ 是无理数.

证 显然 $\sqrt[5]{2}$ 是 $f(x)=x^5-2$ 的根. 若 $f(x)$ 有有理数根 $\frac{r}{s}$，于是 $r\mid(-2),s\mid 1$，从而 $\frac{r}{s}$ 只可能为 $\pm1,\pm2$，代入 $f(x)$，得

$$f(1)=-1,\quad f(-1)=-3,\quad f(2)=30,\quad f(-2)=-34,$$

于是 $x=\pm1,\ \pm2$ 都不是 $f(x)$ 的根，即 $f(x)$ 没有有理数根，因此 $\sqrt[5]{2}$ 是无理数.

例 1.18 判定 $f(x)=x^3+x^2+1\in\mathbf{Q}[x]$ 在有理数域 $\mathbf{Q}$ 上是否为不可约多项式.

解 如果 $f(x)$ 可约，那么它至少有一个一次因式，即有一个有理数根. 但 $f(x)$ 的有理数根只可能为 ±1，而 ±1 都不是 $f(x)$ 的根. 因此，$f(x)$ 在有理数域上是不可约的.

下面的定理给出了一种判断整系数多项式是否可约的方法.

定理 1.16 [Eisenstein(艾森斯坦)判别法] 设 $f(x)=a_nx^n+\cdots+a_1x+a_0\in\mathbf{Z}[x]$，若有素数 p，使得

$$p\nmid a_n;\quad p\mid a_i,0\leqslant i\leqslant n-1;\quad p^2\nmid a_0,$$

则 $f(x)$ 在有理数域上是不可约的.

证明略.

例 1.19 判定 $f(x)=x^5-8x^4+2x^3-2x+2$ 在有理数上是否不可约.

解 对于 $f(x)=x^5-8x^4+2x^3-2x+2$，令 $p=2$，则由 Eisenstein 判别法知，$f(x)$ 在有理数域上是不可约的.

例 1.20 判定 $f(x)=x^n-3$ 在有理数上是否不可约.

解 对于 $f(x)=x^n-3$，令 $p=3$，则由 Eisenstein 判别法知，$f(x)$ 在有理数域上是不可约的.

由于 n 是任意正整数，所以在有理数域上存在任意次数的不可约多项式.

例 1.21 判定 $f(x)=x^4+4tx+1$（t 为整数)在有理数域 $\mathbf{Q}$ 上是否不可约.

解 对于 $f(x)=x^4+4tx+1$，令 $x=y+1$，则

$$g(y)=(y+1)^4+4t(y+1)+1=y^4+4y^3+6y^2+4(t+1)y+2(2t+1),$$

令 $p=2$，则由 Eisenstein 判别法知，$g(y)$ 在 $\mathbf{Q}$ 上是不可约的. 因此，$f(x)$ 在 $\mathbf{Q}$ 上也是不可约的.

习 题 一

A 组

1. 填空题

(1) 设 $f(x)=x^3+x^2+x+1$，$g(x)=x^2+3x+2$，则 $f(x)+g(x)=$________，$f(x)-g(x)=$______，$f(x)g(x)=$______.

(2) 设 $f(x)=x^2+x-1, g(x)=a(x+1)^2+b(x-1)(x+1)+c(x-1)^2$，若 $f(x)=g(x)$，则有 $a=$______，$b=$______，$c=$______.

(3) 设 $f(x)=(9x-8)^{2013}(4x^2-2x-1)^{2014}(11x^3-14x+2)^{2015}$，则 $f(x)$ 的展开式中各项系数的和为______.

(4) 多项式 $f(x)=x^4-6x^3+12x^2-7x-4$ 按 $x-1$ 的方幂可以展开为 $f(x)=$______.

(5) 设 $f(x)=a_nx^n+a_{n-1}x^{n-1}+\cdots+a_1x+a_0$ $(a_n\neq 0)$，$g(x)=b_mx^m+b_{m-1}x^{m-1}+\cdots+b_1x+b_0$ $(b_m\neq 0)$，则 $\partial(f(x)g(x))=$______.

(6) 设 $f(x)$ 是一个非零多项式，且 $f(x+y)=f(x)f(y)$ ($x,y\in\mathbf{R}$)，则 $f(x)=$______.

(7) 多项式 $f(x)$ 除以 $ax-b(a\neq 0)$，所得的余式为______.

(8) 设 $f(x)$ 是首项系数为 1 的三次多项式，它被 $x-1$ 除后余 1，被 $x-2$ 除后余 2，被 $x-3$ 除后余 3，则 $f(x)=$______.

(9) 若 $x^2+b\mid x^3+ax$，则 a,b 满足______.

(10) 当 $k=$______ 时，$f(x)=x^2+(k+6)x+4k+2$ 和 $g(x)=x^2+(k+2)x+2k$ 的最大公因式是一次的.

(11) 多项式 $f(x)=x^3+2x^2+2x+1$，$g(x)=x^4+x^3+2x^2+x+1$ 的公共根为______ .

(12) 数域 P 上的多项式 $x+a$ 与 $f(x)$ 互素的充分必要条件是 $f(-a)$______.

(13) 设 $f(x)=a_nx^n+\cdots+a_1x+a_0$ 是整系数多项式，$x=b$ 是 $f(x)$ 的整数根，则 b 与 a_0 的关系是______.

(14) 当 $\lambda=$______时，方程 $x^3+x^2+2x+\lambda=0$ 的三个根成等比数列.

(15) 已知 $1-\mathrm{i}$ 是方程 $x^4-4x^3+5x^2-2x-2=0$ 的一个根，则此方程的 4 个根分别是______.

2. 选择题

(1) 下列集合构成数域的是(　　).

A. $\mathbf{Z}[\mathrm{i}]=\{a+b\mathrm{i}\mid a,b\in\mathbf{Z}\}$　　B. $\mathbf{Q}[\pi]=\{a_0+a_1\pi+\cdots+a_n\pi^n\mid a_0,a_1,\cdots,a_n\in\mathbf{Q}\}$

C. $\mathbf{Q}[\sqrt{2}]=\{a+b\sqrt{2}\mid a,b\in\mathbf{Q}\}$　　D. $\mathbf{Z}[\sqrt{2}]=\{a+b\sqrt{2}\mid a,b\in\mathbf{Z}\}$

(2) 下列说法正确的是(　　).

A. 零次多项式是常数　　B. 零多项式的次数为零

C. 常数多项式的次数为零　　D. 零次多项式是非零常数

(3) 设 $f(x),g(x)\in P[x]$，则 $\partial(f(x)+g(x))$(　　).

A. $=\partial(f(x))$　　B. $=\partial(g(x))$

C. $\leqslant\min\{\partial(f(x)),\partial(g(x))\}$　　D. $\leqslant\max\{\partial(f(x)),\partial(g(x))\}$

(4) 设 $f(x)=2x^4-3x^3+4x^2+ax+b$，$g(x)=x^2-3x+1$，若 $g(x)$ 除 $f(x)$ 后余式为 $25x-5$，则 a，b 的值分别为(　　).

A. 5, 6　　B. −5, 6　　C. 5, −6　　D. −5, −6

(5) 设多项式 $f(x)$ 满足 $f(a)=r_1,f(b)=r_2$ ($a\neq b$)，则 $f(x)$ 可表示为(　　).

A. $\sum_{i=1}^{n} a_i(x-a)^i + r_1$

B. $\sum_{i=1}^{n} a_i(x-b)^i + r_2$

C. $(x-a)(x-b)g(x)+\frac{r_1-r_2}{a-b}x+\frac{ar_2-br_1}{a-b}$

D. $\left(\sum_{i=1}^{s} a_i(x-a)^i + r_1\right)\left(\sum_{i=1}^{t} b_j(x-b)^j + r_2\right)$

(6) 在 $P[x]$ 中能整除任意多项式的多项式是(　　).

A. 零多项式　　B. 零次多项式　　C. 常数多项式　　D. 不可约多项式

(7) 下列对于多项式的结论不正确的是(　　).

A. 如果 $f(x)|g(x)$，$g(x)|f(x)$，那么 $f(x)=g(x)$

B. 如果 $f(x)|g(x)$，$f(x)|h(x)$，那么 $f(x)|(g(x)\pm h(x))$

C. 如果 $f(x)|g(x)$，那么 $\forall h(x)\in P[x]$，有 $f(x)|g(x)h(x)$

D. 如果 $f(x)|g(x)$，$g(x)|h(x)$，那么 $f(x)|h(x)$

(8) 设 $g(x)=x+1$ 是 $f(x)=x^6-k^2x^4+4kx^2+x-4$ 的一个因式，则 $k=$(　　).

A. 1　　B. 2　　C. 3　　D. 4

(9) 设多项式 $f(x), g(x), h(x)\in P[x]$，满足 $(f(x), g(x), h(x))=1$，则(　　).

A. $(f(x), g(x))=1$

B. $(f(x)g(x), h(x))=1$

C. $(f(x)+g(x), h(x))=1$

D. 存在 $u(x), v(x), r(x)$ 使得 $u(x)f(x)+v(x)g(x)+r(x)h(x)=1$

(10) 实数域上的不可约多项式(　　).

A. 都是一次多项式　　B. 都是二次多项式

C. 可以是任意次数的　　D. 只是一次或者二次多项式

(11) 设 $f(x)=6x^4+3x^3+ax^2+bx-1$ (a, b 是整数)与 $g(x)=x^4-2ax^3+\frac{3}{4}x^2-5bx-4$ 有公共有理根，则它们的公共有理根是(　　).

A. 1　　B. -1　　C. $\frac{1}{2}$　　D. $-\frac{1}{2}$

(12) 下列说法错误的是(　　).

A. 整系数多项式只要有有理根，则它在有理数域上就可约

B. 有理数域上存在任意次数的不可约多项式

C. 有理系数多项式在有理数域上不一定能分解

D. 有理系数多项式在有理数域上一定能够分解

(13) 整系数多项式 $f(x)$ 在 $\mathbf{Z}$ 不可约是 $f(x)$ 在 $\mathbf{Q}$ 上不可约的(　　)条件.

A. 充分　　B. 充分必要　　C. 必要　　D. 既不充分也不必要

(14) 关于多项式的根, 以下结论不正确的是(　　).

A. α 是 $f(x)$ 的根的充分必要条件是 $(x-\alpha)\mid f(x)$

B. 若 $f(x)$ 没有有理根, 则 $f(x)$ 在有理数域上不可约

C. 每个次数≥1 的复数系数多项式, 在复数域中有根

D. 一个三次的实系数多项式必有实根

(15) 若 $f(x)=x^3+kx+1$ 在有理数域上不可约, 则 k 的取值为(　　).

A. $k=-2$ 或 0　　B. $k\neq-2$　　C. $k\neq 0$　　D. $k\neq-2,0$

3. 判别 $\mathbf{Q}(\sqrt{5})=\{a+b\sqrt{5}\mid a,b\in\mathbf{Q}\}$ 是否为数域?

4. 求以下 $f(x)$ 除以 $g(x)$ 的商 $q(x)$ 与余式 $r(x)$:

(1) $f(x)=x^3-3x^2-x-1,\quad g(x)=3x^2-2x+1$;

(2) $f(x)=x^4-2x+5,\quad g(x)=x^2-x+2$.

5. 设 a,b 是两个不相等的常数, 证明多项式 $f(x)$ 除以 $(x-a)(x-b)$ 所得余式为

$$\frac{f(a)-f(b)}{a-b}x+\frac{af(b)-bf(a)}{a-b}.$$

6. 试问 m,p,q 适合什么条件时, $f(x)$ 能被 $g(x)$ 整除:

(1) $f(x)=x^3+px+q$, $g(x)=x^2+mx-1$;

(2) $f(x)=x^4+px^2+q$, $g(x)=x^2+mx+1$.

7. 求 $f(x)$ 与 $g(x)$ 的最大公因式:

(1) $f(x)=x^4+x^3-3x^2-4x-1,\quad g(x)=x^3+x^2-x-1$;

(2) $f(x)=x^4-4x^3+1,\quad g(x)=x^3-3x^2+1$;

(3) $f(x)=x^4-10x^2+1,\quad g(x)=x^4-4\sqrt{2}x^3+6x^2+4\sqrt{2}x+1$.

8. 求 $u(x),v(x)$ 使 $u(x)f(x)+v(x)g(x)=(f(x),g(x))$:

(1) $f(x)=x^4+2x^3-x^2-4x-2,\quad g(x)=x^4+x^3-x^2-2x-2$;

(2) $f(x)=4x^4-2x^3-16x^2+5x+9,\quad g(x)=2x^3-x^2-5x+4$;

(3) $f(x)=x^4-x^3-4x^2+4x+1,\quad g(x)=x^2-x-1$.

9. 设 $f(x)=x^3+(1+t)x^2+2x+2u,\ g(x)=x^3+tx+u$ 的最大公因式是一个二次多项式, 求 t,u 的值.

10. 设 $(x-1)^2\mid(Ax^4+Bx^2+1)$, 求 A 和 B.

11. 证明：如果 $(f(x),g(x))=1$，$(f(x),h(x))=1$，那么 $(f(x),g(x)h(x))=1$.

12. 证明：如果 $f(x)$ 与 $g(x)$ 不全为零，且 $u(x)f(x)+v(x)g(x)=(f(x),g(x))$，那么 $(u(x),v(x))=1$.

13. 证明：如果 $d(x)\mid f(x), d(x)\mid g(x)$，且 $d(x)$ 为 $f(x)$ 与 $g(x)$ 的一个组合，那么 $d(x)$ 是 $f(x)$ 与 $g(x)$ 的一个最大公因式.

14. 证明：$(f(x)h(x),g(x)h(x))=(f(x),g(x))h(x)$，其中 $h(x)$ 的首项系数为 1.

15. 设多项式 $f(x)$ 与 $g(x)$ 不全为零，证明 $\left(\dfrac{f(x)}{(f(x),g(x))},\dfrac{g(x)}{(f(x),g(x))}\right)=1$.

16. 分别在复数域、实数域和有理数域上分解 x^4+1 为不可约因式之积.

17. 求下列多项式的有理根:

(1) $f(x)=x^3-6x^2+15x-14$;

(2) $g(x)=4x^4-7x^2-5x-1$;

(3) $h(x)=x^5+x^4-6x^3-14x^2-11x-3$.

18. 证明：若实系数方程 $x^3+px+q=0$ 有一根 $a+bi$ (a,b 为实数，$b\neq 0$)，则方程 $x^3+px-q=0$ 有实根 $2a$.

19. 证明：如果 $(x-1)\mid f(x^n)$，那么 $(x^n-1)\mid f(x^n)$.

20. 下列多项式在有理数域上是否可约:

(1) $f_1(x)=x^2+1$;　　(2) $f_2(x)=x^4-8x^3+12x^2+2$;

(3) $f_3(x)=x^6+x^3+1$;　　(4) $f_4(x)=x^p+px+1$ (p 为奇素数);

(5) $f_5(x)=x^4+4kx+1$ (k 为整数).

B　组

1. 设 $f(x)$，$g(x)$，$h(x)$ 是实数域上的多项式,

(1) 若 $f^2(x)=xg^2(x)+xh^2(x)$，则 $f(x)=g(x)=h(x)=0$;

(2) 在复数域上，上述命题是否成立？

2. 设 $f(x)$, $g(x)$, $h(x)\in P[x]$，满足

$$(x^2+1)h(x)+(x-1)f(x)+(x+2)g(x)=0,$$

$$(x^2+1)h(x)+(x+1)f(x)+(x-2)g(x)=0.$$

证明：$(x^2+1)\mid(f(x),\ g(x))$.

3. 设 $g_1(x)g_2(x)\mid f_1(x)f_2(x)$，证明:

(1) 若 $f_1(x)\mid g_1(x)$，$f_1(x)\neq 0$，则 $g_2(x)\mid f_2(x)$;

(2) 若 $g_2(x)\mid f_1(x)f_2(x)$，是否有 $g_2(x)\mid f_2(x)$？

4. 当 k 为何值时，$f(x)=x^2+(k+6)x+4k+2$ 和 $g(x)=x^2+(k+2)x+2k$ 的最大公因式是一次的？并求出此时的最大公因式.

5. 证明：对于任意正整数 n，都有 $(f(x),g(x))^n=(f^n(x),g^n(x))$.

6. 设 $f_1(x)=af(x)+bg(x), g_1(x)=cf(x)+dg(x)$，且 $ad-bc\neq 0$，证明

$$(f(x),g(x))=(f_1(x),g_1(x)).$$

7. 设 $f(x)=d(x)f_1(x)$，$g(x)=d(x)g_1(x)$，且 $f(x)$ 与 $g(x)$ 不全为零，证明 $d(x)$ 是 $f(x)$ 与 $g(x)$ 的一个最大公因式的充分必要条件是 $(f_1(x),g_1(x))=1$.

8. 设 $f(x)$ 和 $g(x)$ 是两个多项式，证明 $(f(x),\ g(x))=1$ 当且仅当

$$(f(x)+g(x),\ f(x)g(x))=1.$$

9. 证明：如果 $(x^2+x+1)\mid f_1(x^3)+xf_2(x^3)$，那么 $(x-1)\mid f_1(x)$，$(x-1)\mid f_2(x)$.

10. 证明：若 $f(x)\mid f(x^n)$，则 $f(x)$ 的根只能是零或单位根.

11. 证明：设 $f(x)$ 是一个整系数多项式，且 $f(0), f(1)$ 都是奇数，则 $f(x)$ 没有整数根.

12. 证明：对于任意非负整数 n，都有 $x^2+x+1\mid x^{n+2}+(x+1)^{2n+1}$.

13. 假设 $a_1,a_2,\cdots,a_n$ 是两两不同的整数，证明：多项式

$$f(x)=(x-a_1)(x-a_2)\cdots(x-a_n)-1$$

在有理数域上不可约.

习题一部分难题详解

第 2 章 行 列 式

知识框架

行列式是在线性方程组的求解过程中产生的，它现在已发展成为一种重要的数学工具，在许多学科领域中有广泛的应用. 本章主要介绍行列式的定义、性质和计算方法，最后介绍求解 n 元线性方程组的 Cramer（克拉默）法则.

2.1 二阶与三阶行列式

1. 二阶行列式

设有二元线性方程组

$$\begin{cases} a_{11}x_1 + a_{12}x_2 = b_1, \\ a_{21}x_1 + a_{22}x_2 = b_2, \end{cases} \tag{2.1}$$

其中，x_1, x_2 为未知量，$a_{11}, a_{12}, a_{21}, a_{22}$ 为未知量的系数，b_1, b_2 为常数项. 用消元法解方程组(2.1)，得

$$(a_{11}a_{22} - a_{12}a_{21})x_1 = b_1a_{22} - a_{12}b_2,$$
$$(a_{11}a_{22} - a_{12}a_{21})x_2 = a_{11}b_2 - b_1a_{21}.$$

当 $a_{11}a_{22} - a_{12}a_{21} \neq 0$ 时，得到方程组(2.1)的解为

$$x_1 = \frac{b_1a_{22} - a_{12}b_2}{a_{11}a_{22} - a_{12}a_{21}}, \quad x_2 = \frac{a_{11}b_2 - b_1a_{21}}{a_{11}a_{22} - a_{12}a_{21}}. \tag{2.2}$$

为了叙述和记忆的方便，引入记号

$$D = \begin{vmatrix} a_{11} & a_{12} \\ a_{21} & a_{22} \end{vmatrix} = a_{11}a_{22} - a_{12}a_{21}, \tag{2.3}$$

称 D 为**二阶行列式**，简记为 $D = \det(a_{ij})$.

数 $a_{ij}(i = 1, 2; j = 1, 2)$ 称为行列式 D 的**元素**. 元素 a_{ij} 的第一个下标 i 称为**行标**，表示该元素位于第 i 行，第二个下标 j 称为**列标**，表示该元素位于第 j 列.

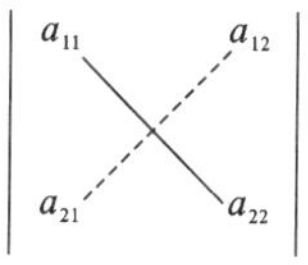

图 2.1

上述二阶行列式的定义，可用**对角线法则**来记忆(参见图 2.1)，称 a_{11} 到 a_{22} 的实连线为**主对角线**，a_{12} 到 a_{21} 的虚连线为**副对角线**. 二

阶行列式便是主、副对角线元素乘积的代数和，其中主对角线元素乘积取正号，副对角线元素乘积取负号.

根据二阶行列式定义，式(2.2)中的分子也可用二阶行列式表示. 若记

$$D_1=\begin{vmatrix} b_1 & a_{12} \\ b_2 & a_{22} \end{vmatrix}=b_1a_{22}-a_{12}b_2,\quad D_2=\begin{vmatrix} a_{11} & b_1 \\ a_{21} & b_2 \end{vmatrix}=a_{11}b_2-b_1a_{21},$$

则有

$$x_1=\frac{D_1}{D}=\frac{\begin{vmatrix} b_1 & a_{12} \\ b_2 & a_{22} \end{vmatrix}}{\begin{vmatrix} a_{11} & a_{12} \\ a_{21} & a_{22} \end{vmatrix}},\quad x_2=\frac{D_2}{D}=\frac{\begin{vmatrix} a_{11} & b_1 \\ a_{21} & b_2 \end{vmatrix}}{\begin{vmatrix} a_{11} & a_{12} \\ a_{21} & a_{22} \end{vmatrix}}. \tag{2.4}$$

注意，这里的分母就是由方程组(2.1)的系数保持相对位置不变所确定的二阶行列式(称为**系数行列式**). $x_i(i=1,2)$的分子D_i是D的第i列换成方程组(2.1)中的常数列得到的. 这样使得记忆十分方便. 由于引入二阶行列式，求解二元一次线性方程组，只需计算三个二阶行列式即可.

例 2.1 求解二元线性方程组$\begin{cases} 2x_1+3x_2=10, \\ x_1-4x_2=6. \end{cases}$

解 计算二阶行列式

$$D=\begin{vmatrix} 2 & 3 \\ 1 & -4 \end{vmatrix}=2\times(-4)-3\times1=-11\neq0,$$

$$D_1=\begin{vmatrix} 10 & 3 \\ 6 & -4 \end{vmatrix}=10\times(-4)-3\times6=-58,$$

$$D_2=\begin{vmatrix} 2 & 10 \\ 1 & 6 \end{vmatrix}=2\times6-10\times1=2.$$

因此，

$$x_1=\frac{D_1}{D}=\frac{58}{11},\qquad x_2=\frac{D_2}{D}=-\frac{2}{11}.$$

2. 三阶行列式

设有三元线性方程组

$$\begin{cases} a_{11}x_1+a_{12}x_2+a_{13}x_3=b_1, \\ a_{21}x_1+a_{22}x_2+a_{23}x_3=b_2, \\ a_{31}x_1+a_{32}x_2+a_{33}x_3=b_3. \end{cases} \tag{2.5}$$

利用消元法，逐次消去x_3,x_2，得

$$\begin{aligned}&(a_{11}a_{22}a_{33}+a_{12}a_{23}a_{31}+a_{13}a_{21}a_{32}-a_{13}a_{22}a_{31}-a_{12}a_{21}a_{33}-a_{11}a_{23}a_{32})x_1\\ &=b_1a_{22}a_{33}+b_3a_{12}a_{23}+b_2a_{13}a_{32}-b_3a_{22}a_{13}-b_2a_{12}a_{33}-b_1a_{23}a_{32}.\end{aligned}$$

若记

$$D=\begin{vmatrix} a_{11} & a_{12} & a_{13} \\ a_{21} & a_{22} & a_{23} \\ a_{31} & a_{32} & a_{33} \end{vmatrix} \qquad (2.6)$$

$$=a_{11}a_{22}a_{33}+a_{12}a_{23}a_{31}+a_{13}a_{21}a_{32}-a_{13}a_{22}a_{31}-a_{12}a_{21}a_{33}-a_{11}a_{23}a_{32},$$

则称 D 为**三阶行列式**.

上述定义的三阶行列式是 6 个乘积项的代数和，每一个乘积项的 3 个因子均为不同行不同列的 3 个元素，乘积项的符号可按以下对角线法则来记忆.

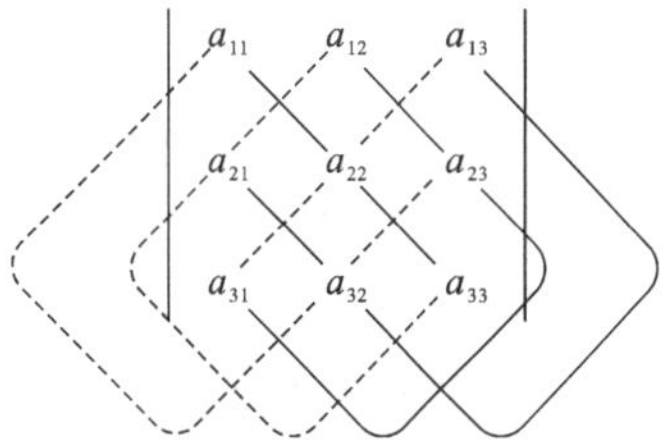

图 2.2

如图 2.2 所示，从左上角到右下角的对角线称为**主对角线**，从右上角到左下角的对角线称为**副对角线**；3 条实线看成平行于主对角线的连线，3 条虚线看成平行于副对角线的连线；实线上三元素的乘积取正号，虚线上三元素乘积取负号.

称式(2.6)的行列式 D 为三元线性方程组(2.5)的**系数行列式**. 根据三阶行列式的定义，有

$$D_1=\begin{vmatrix} b_1 & a_{12} & a_{13} \\ b_2 & a_{22} & a_{23} \\ b_3 & a_{32} & a_{33} \end{vmatrix}=b_1a_{22}a_{33}+b_3a_{12}a_{23}+b_2a_{13}a_{32}-b_3a_{22}a_{13}-b_2a_{12}a_{33}-b_1a_{23}a_{32}.$$

在方程组(2.5)中，若 $D\neq 0$，则有 $x_1=\dfrac{D_1}{D}$.

同理可得

$$x_2=\frac{D_2}{D},\quad x_3=\frac{D_3}{D},$$

其中，

$$D_2=\begin{vmatrix} a_{11} & b_1 & a_{13} \\ a_{21} & b_2 & a_{23} \\ a_{31} & b_3 & a_{33} \end{vmatrix},\quad D_3=\begin{vmatrix} a_{11} & a_{12} & b_1 \\ a_{21} & a_{22} & b_2 \\ a_{31} & a_{32} & b_3 \end{vmatrix},$$

这里，$D_i(i=1,2,3)$ 是将系数行列式 D 中第 i 列换为线性方程组(2.5)右边的常数列所得到的行列式.

类似于二元线性方程组情形，对于三元线性方程组，若其系数行列式 $D\neq 0$，则可用三阶行列式求解，且只需计算 4 个行列式的值.

例 2.2　求解三元线性方程组

$$\begin{cases} x_1-x_2+x_3=1, \\ 2x_1+x_2-2x_3=2, \\ x_1+2x_2+2x_3=0. \end{cases}$$

解　按对角线法则计算行列式，得到

$$D=\begin{vmatrix}1 & -1 & 1\\ 2 & 1 & -2\\ 1 & 2 & 2\end{vmatrix}$$
$$=1\times1\times2+2\times2\times1+1\times(-2)\times(-1)-1\times1\times1-(-1)\times2\times2-1\times2\times(-2)$$
$$=15\neq0.$$

类似地,

$$D_1=\begin{vmatrix}1 & -1 & 1\\ 2 & 1 & -2\\ 0 & 2 & 2\end{vmatrix}=14,\quad D_2=\begin{vmatrix}1 & 1 & 1\\ 2 & 2 & -2\\ 1 & 0 & 2\end{vmatrix}=-4,\quad D_3=\begin{vmatrix}1 & -1 & 1\\ 2 & 1 & 2\\ 1 & 2 & 0\end{vmatrix}=-3.$$

因此, 方程组的解为

$$x_1=\frac{D_1}{D}=\frac{14}{15},\quad x_2=\frac{D_2}{D}=-\frac{4}{15},\quad x_3=\frac{D_3}{D}=-\frac{1}{5}.$$

用对角线法则计算二阶与三阶行列式, 直观方便, 但对于四阶或更高阶行列式, 对角线法则就不适合了. 为了求解四元以上线性方程组, 需要将二阶、三阶行列式的概念推广. 下面介绍有关全排列及其逆序数的知识.

2.2 全排列及其逆序数

1. 排列与逆序数

定义 2.1 由 $1,2,\cdots,n$ 按一定的次序排成一排, 称为一个 n **元排列**, 记为 $p_1p_2\cdots p_n$.

例如, 4231 是一个四元排列, 45213 是一个五元排列.

n 元排列的总数是

$$n\cdot(n-1)\cdot(n-2)\cdot\cdots\cdot2\cdot1=n!.$$

例如, $1,2,3$ 共有 $3!$ 个排列, 它们是 $123,132,213,231,312,321$.

显然, $12\cdots n$ 是一个 n 元排列, 它具有自然顺序(按递增的顺序排列), 称为**自然排列**. 我们将自然排列规定为**标准次序**.

定义 2.2 在一个 n 元排列 $p_1p_2\cdots p_n$ 中, 若两个数的前后位置与大小顺序相反, 即前面的数大于后面的数(即与标准次序不同), 则称这两个数有一个**逆序**. 一个排列中所有逆序的总数称为这个排列的**逆序数**, 记为 $\tau(p_1p_2\cdots p_n)$.

例如, 一个四元排列 4231 中出现的所有逆序是 42, 43, 41, 21, 31, 所以 $\tau(4231)=5$. 而自然排列中没有逆序, 其逆序数为 0.

下面讨论排列逆序数的计算方法.

设 $p_1p_2\cdots p_n$ 为 $1,2,\cdots,n$ 的一个 n 元排列, 逐个考虑元素 p_i, 如果 p_i 前面比 p_i 大的元素有 t_i 个, 就说元素 p_i 的逆序数为 t_i, 全体元素的逆序数总和就是这个排列的逆序数, 即

$$\tau(p_1p_2\cdots p_n)=t_1+t_2+\cdots+t_n=\sum_{i=1}^{n}t_i\ .$$

例 2.3 求下列排列的逆序数.

(1) 32154;　　　　　(2) $n(n-1)\cdots 21$.

解 (1) 在排列32154中，3, 2, 1, 5, 4的逆序数分别是0, 1, 2, 0, 1，所以这个排列的逆序数为

$$\tau(32154)=0+1+2+0+1=4\ .$$

(2) 在排列$n(n-1)\cdots 21$中，数$n, n-1, \cdots, 2, 1$的逆序数分别是$0, 1, 2, \cdots, n-2, n-1$，所以这个排列的逆序数为

$$\tau[n(n-1)\cdots 21]=0+1+2+\cdots+(n-2)+(n-1)=\frac{n(n-1)}{2}\ .$$

2. 逆序数的性质

定义 2.3 逆序数为奇数的排列称为**奇排列**；逆序数为偶数的排列称为**偶排列**.

例如，4231为奇排列；32154为偶排列；$12\cdots n$的逆序数是零，因而是偶排列.

定义 2.4 将一个排列中两个元素的位置互换，其余元素保持不动，将得到一个新的排列，称这种作出新排列的方法为一次**对换**. 将相邻两个元素对换，称为**相邻对换**.

定理 2.1 一个排列中任意两个元素进行一次对换，排列改变奇偶性.

证 首先证明相邻对换的情形.

设排列为$a_1\cdots a_l abb_1\cdots b_m$，对换元素$a$与$b$后得到的新排列为$a_1\cdots a_l bab_1\cdots b_m$. 显然，元素$a_1,\cdots,a_l;b_1,\cdots,b_m$在对换前后的排列中的逆序数没有改变，只有元素$a$或$b$的逆序数有改变. 当$a<b$时，经对换后$a$的逆序数增加1，$b$的逆序数不变；当$a>b$时，对换后$a$的逆序数不变，而$b$的逆序数减少1. 因此，无论何种情形，对换后新排列与原排列的逆序数相差1，排列奇偶性改变.

再证一般情形.

设排列为$a_1\cdots a_l ab_1\cdots b_k bc_1\cdots c_m$，元素$a$，$b$之间相隔$k$个元素，对换后的新排列为$a_1\cdots a_l bb_1\cdots b_k ac_1\cdots c_m$，它可以看作对元素$a$作$k+1$次相邻对换后调成$a_1\cdots a_l b_1\cdots b_k bac_1\cdots c_m$，然后对$b$作$k$次相邻对换后调成$a_1\cdots a_l bb_1\cdots b_k ac_1\cdots c_m$. 这样，新排列可以看作是原排列经$2k+1$次相邻对换后得到的，所以，这两个排列的奇偶性相反.

推论 2.1 奇(偶)排列调成自然排列的对换次数为奇(偶)数.

推论 2.2 全体n($n>1$)元排列的集合中，奇排列与偶排列的个数各占一半.

2.3 n阶行列式的定义

本节我们首先考察二阶和三阶行列式的结构，然后加以推广，引出n阶行列式的定义.

二阶和三阶行列式分别定义为

$$\begin{vmatrix} a_{11} & a_{12} \\ a_{21} & a_{22} \end{vmatrix} = a_{11}a_{22} - a_{12}a_{21},$$

$$\begin{vmatrix} a_{11} & a_{12} & a_{13} \\ a_{21} & a_{22} & a_{23} \\ a_{31} & a_{32} & a_{33} \end{vmatrix} = a_{11}a_{22}a_{33} + a_{12}a_{23}a_{31} + a_{13}a_{21}a_{32} - a_{11}a_{23}a_{32} - a_{12}a_{21}a_{33} - a_{13}a_{22}a_{31}.$$

可以看出:

(1) 行列式的每一项都是由不同行不同列的数作乘积, 二阶行列式是两个数作乘积, 三阶行列式是三个数作乘积;

(2) 行列式的每一项的行标排成自然排列时, 列标是 n 元排列中某一排列, 这样共有 $n!$ 种排列($n=2,3$), 对应的行列式是 $n!$ 个乘积项的代数和;

(3) 行列式中乘积项的符号由相应的列标排列(行标按自然排列)的奇偶性决定. 例如: 三阶行列式中, 项 $a_{13}a_{21}a_{32}$ 和项 $a_{11}a_{23}a_{32}$ 的列标排列分别是 312 (偶排列)和 132 (奇排列), 因此, 这两项分别取正、负号(偶排列时取正号, 奇排列时取负号).

于是, 三阶行列可以写成

$$\begin{vmatrix} a_{11} & a_{12} & a_{13} \\ a_{21} & a_{22} & a_{23} \\ a_{31} & a_{32} & a_{33} \end{vmatrix} = \sum (-1)^{\tau(p_1p_2p_3)} a_{1p_1}a_{2p_2}a_{3p_3},$$

其中, $\sum$ 表示对三个元素 $1, 2, 3$ 的所有排列 $p_1\,p_2\,p_3$ 求和. 类似地, 二阶行列式也有类似的表达式.

依此可以将行列式推广到一般情形.

定义 2.5 将 n^2 个数 a_{ij} $(i, j=1,2,\cdots,n)$ 排成 n 行 n 列, 在其左右两侧加竖线, 按照下式

$$D = \begin{vmatrix} a_{11} & a_{12} & \cdots & a_{1n} \\ a_{21} & a_{22} & \cdots & a_{2n} \\ \vdots & \vdots & & \vdots \\ a_{n1} & a_{n2} & \cdots & a_{nn} \end{vmatrix} = \sum (-1)^{\tau(p_1p_2\cdots p_n)} a_{1p_1}a_{2p_2}\cdots a_{np_n} \tag{2.7}$$

表示的所有 $n!$ 项的代数和, 称为 **n 阶行列式**, 简记为 $D=\det(a_{ij})$, 其中 $\sum$ 表示对 1, 2, …, n 的所有排列 $p_1p_2\cdots p_n$ 求和, a_{ij} 称为 D 的**元素**.

式(2.7)右边的每一乘积项 $(-1)^{\tau(p_1p_2\cdots p_n)}a_{1p_1}a_{2p_2}\cdots a_{np_n}$ 中的 n 个因子取自于 D 中不同行不同列的元素; 行标成自然排列, 相应的列标是 $1,2,\cdots n$ 的一个 n 元排列 $p_1p_2\cdots p_n$, 若它是偶排列, 则对应项带正号; 若它是奇排列, 则对应项带负号, 用 $(-1)^{\tau(p_1p_2\cdots p_n)}$ 统一表示.

按定义 2.5 也可以定义二阶、三阶行列式, 与 2.1 节中用对角线法则定义的二阶、三阶行列式显然是一致的. 特别要注意的是, 对于一阶行列式有 $|a_{11}|=a_{11}$, 这里的 $|a_{11}|$ 不表示 a_{11} 的绝对值.

我们称主对角线以下(上)的元素都是零的行列式为**上(下)三角形行列式**, 上三角形行列式和下三角形行列式统称为**三角形行列式**.

例 2.4 证明: 上三角形行列式

$$D=\begin{vmatrix} a_{11} & a_{12} & \cdots & a_{1(n-1)} & a_{1n} \\ 0 & a_{22} & \cdots & a_{2(n-1)} & a_{2n} \\ \vdots & \vdots & & \vdots & \vdots \\ 0 & 0 & \cdots & a_{(n-1)(n-1)} & a_{(n-1)n} \\ 0 & 0 & \cdots & 0 & a_{nn} \end{vmatrix}=a_{11}a_{22}\cdots a_{nn}.$$

证 由行列式的定义可知

$$D=\sum(-1)^{\tau(p_1p_2\cdots p_n)}a_{1p_1}a_{2p_2}\cdots a_{np_n},$$

其中, $\sum$ 表示对1, 2, …, n 的所有排列 $p_1p_2\cdots p_n$ 求和. 本例中, 当 $i>j$ 时, $a_{ij}=0$. 因此, $\sum(-1)^{\tau(p_1p_2\cdots p_n)}a_{1p_1}a_{2p_2}\cdots a_{np_n}$ 中可能不为 0 的求和项的下标应满足 $p_i\geqslant i$, 即

$$p_1\geqslant 1,\quad p_2\geqslant 2,\quad \cdots,\quad p_n\geqslant n.$$

不满足上述关系的求和项都为零. 而所有排列 $p_1p_2\cdots p_n$ 中, 能满足上述关系的排列只有自然排列 $12\cdots n$, 所以 D 的 $n!$ 个乘积项中, 可能不为零的项只有一项 $(-1)^{\tau(12\cdots n)}a_{11}\cdots a_{nn}$, 而 $\tau(12\cdots n)=0$, 所以,

$$D=a_{11}a_{22}\cdots a_{nn}.$$

同理, 对于下三角形行列式有

$$D=\begin{vmatrix} a_{11} & 0 & \cdots & 0 & 0 \\ a_{21} & a_{22} & \cdots & 0 & 0 \\ \vdots & \vdots & & \vdots & \vdots \\ a_{(n-1)1} & a_{(n-1)2} & \cdots & a_{(n-1)(n-1)} & 0 \\ a_{n1} & a_{n2} & \cdots & a_{n(n-1)} & a_{nn} \end{vmatrix}=a_{11}a_{22}\cdots a_{nn}.$$

特别地, 对于**对角形行列式** Λ(主对角线以外未写出的元素都为零), 有

$$\Lambda=\begin{vmatrix} \lambda_1 & & & \\ & \lambda_2 & & \\ & & \ddots & \\ & & & \lambda_n \end{vmatrix}=\lambda_1\lambda_2\cdots\lambda_n.$$

例 2.5 计算以下行列式(副对角线上方的元素全为零).

$$D=\begin{vmatrix} 0 & 0 & \cdots & 0 & a_{1n} \\ 0 & 0 & \cdots & a_{2(n-1)} & a_{2n} \\ \vdots & \vdots & & \vdots & \vdots \\ 0 & a_{(n-1)2} & \cdots & a_{(n-1)(n-1)} & a_{(n-1)n} \\ a_{n1} & a_{n2} & \cdots & a_{n(n-1)} & a_{nn} \end{vmatrix}.$$

解 类似于例 2.4 的讨论, 并利用例 2.3 的结果, 可得

$$D=(-1)^{\tau[n(n-1)\cdots 21]}a_{1n}a_{2(n-1)}\cdots a_{(n-1)2}a_{n1}=(-1)^{\frac{n(n-1)}{2}}a_{1n}a_{2(n-1)}\cdots a_{(n-1)2}a_{n1}.$$

同理, 对于副对角线下方元素全为零的行列式, 也有

$$D=\begin{vmatrix} a_{11} & a_{12} & \cdots & a_{1(n-1)} & a_{1n} \\ a_{21} & a_{22} & \cdots & a_{2(n-1)} & 0 \\ \vdots & \vdots & & \vdots & \vdots \\ a_{(n-1)1} & a_{(n-1)2} & \cdots & 0 & 0 \\ a_{n1} & 0 & \cdots & 0 & 0 \end{vmatrix}=(-1)^{\frac{n(n-1)}{2}}a_{1n}a_{2(n-1)}\cdots a_{(n-1)2}a_{n1}.$$

特别地，对于副对角线以外元素全为零的行列式，有

$$\begin{vmatrix} & & & \lambda_1 \\ & & \lambda_2 & \\ & \iddots & & \\ \lambda_n & & & \end{vmatrix}=(-1)^{\frac{n(n-1)}{2}}\lambda_1\lambda_2\cdots\lambda_n.$$

下面来讨论行列式定义的另一种表示法. 对于 n 阶行列式的定义式(2.7)中的任一项

$$(-1)^{\tau(p_1p_2\cdots p_n)}a_{1p_1}a_{2p_2}\cdots a_{np_n},$$

把因子位置调整，使得列标排列 $p_1p_2\cdots p_n$ 经 N 次对换变成自然排列 $12\cdots n$，相应的行标排列 $12\cdots n$ 也经 N 次对换变成了排列 $q_1q_2\cdots q_n$，此时

$$a_{1p_1}a_{2p_2}\cdots a_{np_n}=a_{q_11}a_{q_22}\cdots a_{q_nn}.$$

由推论 2.1，N 与 $\tau(p_1p_2\cdots p_n)$ 有相同的奇偶性，而 $\tau(q_1q_2\cdots q_n)$ 与 N 也有相同的奇偶性，故 $\tau(p_1p_2\cdots p_n)$ 与 $\tau(q_1q_2\cdots q_n)$ 的奇偶性相同. 因此有

$$(-1)^{\tau(p_1p_2\cdots p_n)}a_{1p_1}a_{2p_2}\cdots a_{np_n}=(-1)^{\tau(q_1q_2\cdots q_n)}a_{q_11}a_{q_22}\cdots a_{q_nn}.$$

另外，若 $p_i=j$，则 $q_j=i$ (即 $a_{ip_i}=a_{ij}=a_{q_jj}$)，可见排列 $q_1q_2\cdots q_n$ 由排列 $p_1p_2\cdots p_n$ 唯一确定. 由上面的讨论得到行列式的另一等价定义.

定理 2.2 n 阶行列式也可以定义为

$$D=\sum(-1)^{\tau(q_1q_2\cdots q_n)}a_{q_11}a_{q_22}\cdots a_{q_nn},$$

其中，$\sum$ 表示对 $1,2,\cdots,n$ 的所有 n 元排列 $q_1q_2\cdots q_n$ 求和.

2.4 行列式的性质

行列式的计算是一个重要的问题. 如果按行列式的定义来计算，那么一个 n 阶行列式共需计算 $n!$ 个乘积项，每项还要做 $n-1$ 次乘法，其计算量太大. 因此，有必要来讨论行列式的性质，以达到简化计算的目的.

设

$$D=\begin{vmatrix} a_{11} & a_{12} & \cdots & a_{1n} \\ a_{21} & a_{22} & \cdots & a_{2n} \\ \vdots & \vdots & & \vdots \\ a_{n1} & a_{n2} & \cdots & a_{nn} \end{vmatrix},$$

将 D 的行与同序数的列互换，得到一个新的行列式，记为

$$D^{\mathrm{T}}=\begin{vmatrix} a_{11} & a_{21} & \cdots & a_{n1} \\ a_{12} & a_{22} & \cdots & a_{n2} \\ \vdots & \vdots & & \vdots \\ a_{1n} & a_{2n} & \cdots & a_{nn} \end{vmatrix},$$

称 D^{T} 为 D 的**转置行列式**. 显然有 $(D^{\mathrm{T}})^{\mathrm{T}}=D$.

性质 2.1　行列式与它的转置行列式相等，即 $D=D^{\mathrm{T}}$.

证　记 $D=\det(a_{ij})$ 的转置行列式为

$$D^{\mathrm{T}}=\begin{vmatrix} b_{11} & b_{12} & \cdots & b_{1n} \\ b_{21} & b_{22} & \cdots & b_{2n} \\ \vdots & \vdots & & \vdots \\ b_{n1} & b_{n2} & \cdots & b_{nn} \end{vmatrix},$$

即 $b_{ij}=a_{ji}\ (i,j=1,2,\cdots n)$. 根据行列式的定义有

$$D^{\mathrm{T}}=\sum(-1)^{\tau(p_1p_2\cdots p_n)}b_{1p_1}b_{2p_2}\cdots b_{np_n}=\sum(-1)^{\tau(p_1p_2\cdots p_n)}a_{p_11}a_{p_22}\cdots a_{p_nn}.$$

由定理 2.2 有

$$D=\sum(-1)^{\tau(p_1p_2\cdots p_n)}a_{p_11}a_{p_22}\cdots a_{p_nn}.$$

因此，$D=D^{\mathrm{T}}$.

性质 2.1 说明行列式的行与列具有同等地位，行列式性质凡是对行成立的也同样对列成立，反之亦然. 因此，下面讨论行列式性质，只对行的情形加以证明.

性质 2.2　互换行列式两行(列)，行列式改变符号.

证　设行列式

$$D-\begin{vmatrix} a_{11} & a_{12} & \cdots & a_{1n} \\ \vdots & \vdots & & \vdots \\ a_{i1} & a_{i2} & \cdots & a_{in} \\ \vdots & \vdots & & \vdots \\ a_{j1} & a_{j2} & \cdots & a_{jn} \\ \vdots & \vdots & & \vdots \\ a_{n1} & a_{n2} & \cdots & a_{nn} \end{vmatrix},$$

互换第 i 行和第 j 行，得

$$D_1=\begin{vmatrix} a_{11} & a_{12} & \cdots & a_{1n} \\ \vdots & \vdots & & \vdots \\ a_{j1} & a_{j2} & \cdots & a_{jn} \\ \vdots & \vdots & & \vdots \\ a_{i1} & a_{i2} & \cdots & a_{in} \\ \vdots & \vdots & & \vdots \\ a_{n1} & a_{n2} & \cdots & a_{nn} \end{vmatrix}.$$

D 中的任一项为

$$(-1)^{\tau(p_1\cdots k\cdots l\cdots p_n)}a_{1p_1}\cdots a_{ik}\cdots a_{jl}\cdots a_{np_n},$$

与之对应的 D_1 中的一项为

$$(-1)^{\tau(p_1\cdots l\cdots k\cdots p_n)}a_{1p_1}\cdots a_{jl}\cdots a_{ik}\cdots a_{np_n}.$$

由定理 2.1 知

$$(-1)^{\tau(p_1\cdots k\cdots l\cdots p_n)}=(-1)(-1)^{\tau(p_1\cdots l\cdots k\cdots p_n)},$$

即 D 与 D_1 的对应项的符号均相反，故 $D=-D_1$.

例如，$\begin{vmatrix}1&2&3\\3&2&1\\1&1&0\end{vmatrix}=-\begin{vmatrix}1&1&0\\3&2&1\\1&2&3\end{vmatrix}$.

推论 2.3 若行列式有两行(列)完全相同，则行列式等于零.

证 设行列式 D 中第 i 行和第 j 行完全相同，将这两行互换，由性质 2.2 有 $D=-D$，即 $D=0$.

例如，$\begin{vmatrix}x&y&z\\a&b&c\\x&y&z\end{vmatrix}=0$.

性质 2.3 行列式的某一行(列)中所有元素都乘以同一数 k，等于用数 k 乘此行列式.

证 将行列式 $D=\det(a_{ij})$ 的第 i 行乘以数 k，得

$$D_1=\begin{vmatrix}a_{11}&a_{12}&\cdots&a_{1n}\\\vdots&\vdots&&\vdots\\ka_{i1}&ka_{i2}&\cdots&ka_{in}\\\vdots&\vdots&&\vdots\\a_{n1}&a_{n2}&\cdots&a_{nn}\end{vmatrix}.$$

由行列式定义，有

$$D_1=\sum(-1)^{\tau(p_1\cdots p_i\cdots p_n)}a_{1p_1}\cdots(ka_{ip_i})\cdots a_{np_n}=k\sum(-1)^{\tau(p_1\cdots p_i\cdots p_n)}a_{1p_1}\cdots a_{ip_i}\cdots a_{np_n}=kD.$$

推论 2.4 列式中某一行(列)中所有元素的公因子可以提到行列式符号的外面.

推论 2.5 如果行列式中某一行(列)的元素全为零，则此行列式等于零.

性质 2.4 如果行列式中有两行(列)的元素对应成比例，则此行列式等于零.

证 设行列式中有两行元素对应成比例，则提出比例系数后，该行列式有两行完全相同，故该行列式等于零.

性质 2.5 如果行列式的某一行(列)的元素都是两数之和，则该行列式可表示为两个行列式之和，即

$$D=\begin{vmatrix}a_{11}&a_{12}&\cdots&a_{1n}\\\vdots&\vdots&&\vdots\\a_{i1}+a'_{i1}&a_{i2}+a'_{i2}&\cdots&a_{in}+a'_{in}\\\vdots&\vdots&&\vdots\\a_{n1}&a_{n2}&\cdots&a_{nn}\end{vmatrix}=\begin{vmatrix}a_{11}&a_{12}&\cdots&a_{1n}\\\vdots&\vdots&&\vdots\\a_{i1}&a_{i2}&\cdots&a_{in}\\\vdots&\vdots&&\vdots\\a_{n1}&a_{n2}&\cdots&a_{nn}\end{vmatrix}+\begin{vmatrix}a_{11}&a_{12}&\cdots&a_{1n}\\\vdots&\vdots&&\vdots\\a'_{i1}&a'_{i2}&\cdots&a'_{in}\\\vdots&\vdots&&\vdots\\a_{n1}&a_{n2}&\cdots&a_{nn}\end{vmatrix}.$$

证　由行列式的定义,

$$
\begin{aligned}
D&=\sum(-1)^{\tau(p_1\cdots p_i\cdots p_n)}a_{1p_1}\cdots(a_{ip_i}+a'_{ip_i})\cdots a_{np_n}\\
&=\sum(-1)^{\tau(p_1\cdots p_i\cdots p_n)}a_{1p_1}\cdots a_{ip_i}\cdots a_{np_n}+\sum(-1)^{\tau(p_1\cdots p_i\cdots p_n)}a_{1p_1}\cdots a'_{ip_i}\cdots a_{np_n}.
\end{aligned}
$$

这正好对应于所要证明等式右端的两个行列式之和.

性质 2.5 说明, 当某一行(列)的元素为两数之和时, 则行列式可分解成两个行列式之和. 若 n 阶行列式的每个元素都能表示成两数之和, 则它可分解成 2^n 个行列式之和. 例如

$$
\begin{vmatrix}a+x & b+y\\ c+z & d+w\end{vmatrix}=\begin{vmatrix}a & b\\ c+z & d+w\end{vmatrix}+\begin{vmatrix}x & y\\ c+z & d+w\end{vmatrix}=\begin{vmatrix}a & b\\ c & d\end{vmatrix}+\begin{vmatrix}a & b\\ z & w\end{vmatrix}+\begin{vmatrix}x & y\\ c & d\end{vmatrix}+\begin{vmatrix}x & y\\ z & w\end{vmatrix}.
$$

特别要注意的是, 在一般情形下

$$
\begin{vmatrix}a+x & b+y\\ c+z & d+w\end{vmatrix}\neq\begin{vmatrix}a & b\\ c & d\end{vmatrix}+\begin{vmatrix}x & y\\ z & w\end{vmatrix}.
$$

性质 2.6　把行列式的某一行(列)的各元素乘以同一数后加到另一行(列)对应的元素上, 行列式的值不变, 即

$$
\begin{vmatrix}
a_{11} & a_{12} & \cdots & a_{1n}\\
\vdots & \vdots & & \vdots\\
a_{i1}+ka_{j1} & a_{i2}+ka_{j2} & \cdots & a_{in}+ka_{jn}\\
\vdots & \vdots & & \vdots\\
a_{j1} & a_{j2} & \cdots & a_{jn}\\
\vdots & \vdots & & \vdots\\
a_{n1} & a_{n2} & \cdots & a_{nn}
\end{vmatrix}=
\begin{vmatrix}
a_{11} & a_{12} & \cdots & a_{1n}\\
\vdots & \vdots & & \vdots\\
a_{i1} & a_{i2} & \cdots & a_{in}\\
\vdots & \vdots & & \vdots\\
a_{j1} & a_{j2} & \cdots & a_{jn}\\
\vdots & \vdots & & \vdots\\
a_{n1} & a_{n2} & \cdots & a_{nn}
\end{vmatrix}.
$$

证　由性质 2.5 和性质 2.4, 得

$$
\text{左边}=
\begin{vmatrix}
a_{11} & a_{12} & \cdots & a_{1n}\\
\vdots & \vdots & & \vdots\\
a_{i1} & a_{i2} & \cdots & a_{in}\\
\vdots & \vdots & & \vdots\\
a_{j1} & a_{j2} & \cdots & a_{jn}\\
\vdots & \vdots & & \vdots\\
a_{n1} & a_{n2} & \cdots & a_{nn}
\end{vmatrix}+
\begin{vmatrix}
a_{11} & a_{12} & \cdots & a_{1n}\\
\vdots & \vdots & & \vdots\\
ka_{j1} & ka_{j2} & \cdots & ka_{jn}\\
\vdots & \vdots & & \vdots\\
a_{j1} & a_{j2} & \cdots & a_{jn}\\
\vdots & \vdots & & \vdots\\
a_{n1} & a_{n2} & \cdots & a_{nn}
\end{vmatrix}=
\begin{vmatrix}
a_{11} & a_{12} & \cdots & a_{1n}\\
\vdots & \vdots & & \vdots\\
a_{i1} & a_{i2} & \cdots & a_{in}\\
\vdots & \vdots & & \vdots\\
a_{j1} & a_{j2} & \cdots & u_{jn}\\
\vdots & \vdots & & \vdots\\
a_{n1} & a_{n2} & \cdots & a_{nn}
\end{vmatrix}+0=\text{右边}.
$$

利用上述行列式的性质, 可以简化行列式的计算. 为了表达上的方便, 引进以下记号:

(1) 互换行列式的第 i、j 两行(或列), 记为 $r_i\leftrightarrow r_j$ (或 $c_i\leftrightarrow c_j$);

(2) 将行列式的第 i 行(或列)提出公因子 $k\neq 0$, 记为 $r_i\div k$ (或 $c_i\div k$);

(3) 将行列式的第 j 行(或列)的 k 倍加到第 i 行(或列)上, 记为 r_i+kr_j (或 c_i+kc_j).

行列式计算的常用方法是利用上面介绍的行列式性质和运算将行列式化为三角形行列式, 再利用三角形行列式的特点得到原行列式的值. 现通过下面的例题来说明这种方法.

例 2.6 计算 $D=\begin{vmatrix}3&2&1&0\\2&0&-1&4\\1&-1&1&-2\\-1&2&-1&2\end{vmatrix}$.

解

$$D\xlongequal{c_1\leftrightarrow c_3}-\begin{vmatrix}1&2&3&0\\-1&0&2&4\\1&-1&1&-2\\-1&2&-1&2\end{vmatrix}\xlongequal[r_4+r_1]{\substack{r_2+r_1\\r_3-r_1}}-\begin{vmatrix}1&2&3&0\\0&2&5&4\\0&-3&-2&-2\\0&4&2&2\end{vmatrix}$$

$$\xlongequal[r_4\div 2]{\substack{r_2+r_3\\r_3\div(-1)}}2\begin{vmatrix}1&2&3&0\\0&-1&3&2\\0&3&2&2\\0&2&1&1\end{vmatrix}\xlongequal[r_4+2r_2]{r_3+3r_2}2\begin{vmatrix}1&2&3&0\\0&-1&3&2\\0&0&11&8\\0&0&7&5\end{vmatrix}$$

$$\xlongequal{r_4-\frac{7}{11}r_3}2\begin{vmatrix}1&2&3&0\\0&-1&3&2\\0&0&11&8\\0&0&0&5-\frac{56}{11}\end{vmatrix}=2.$$

上例解法中，用到了将几次运算结果合并表示的省略写法. 由于后一次运算是作用在前一次运算结果基础之上的，所以特别要注意不要颠倒运算的次序. 例如，

$$\begin{vmatrix}a&b\\c&d\end{vmatrix}\xlongequal{r_1+r_2}\begin{vmatrix}a+c&b+d\\c&d\end{vmatrix}\xlongequal{r_2-r_1}\begin{vmatrix}a+c&b+d\\-a&-b\end{vmatrix},$$

$$\begin{vmatrix}a&b\\c&d\end{vmatrix}\xlongequal{r_2-r_1}\begin{vmatrix}a&b\\c-a&d-b\end{vmatrix}\xlongequal{r_1+r_2}\begin{vmatrix}c&d\\c-a&d-b\end{vmatrix}.$$

这说明运算次序不同时计算结果有不同的形式.

另外，还要注意运算记号 r_i+r_j 与 r_j+r_i、r_i+kr_j 与 kr_j+r_i 所表示的运算意义的区别.

例 2.7 计算 $D=\begin{vmatrix}x&a&a&a\\a&x&a&a\\a&a&x&a\\a&a&a&x\end{vmatrix}$.

解 这个行列式的特点是各列的 4 个数之和都是 $x+3a$，先将第 2, 3, 4 行加到第一行，提出公因子 $x+3a$，然后各列减去第一列，得到

$$D\xlongequal[r_1+r_4]{\substack{r_1+r_2\\r_1+r_3}}\begin{vmatrix}x+3a&x+3a&x+3a&x+3a\\a&x&a&a\\a&a&x&a\\a&a&a&x\end{vmatrix}\xlongequal{r_1\div(x+3a)}(x+3a)\begin{vmatrix}1&1&1&1\\a&x&a&a\\a&a&x&a\\a&a&a&x\end{vmatrix}$$

$$\xlongequal[c_4-c_1]{\substack{c_2-c_1\\c_3-c_1}}(x+3a)\begin{vmatrix}1&0&0&0\\a&x-a&0&0\\a&0&x-a&0\\a&0&0&x-a\end{vmatrix}=(x+3a)(x-a)^3.$$

例 2.8　计算 $D=\begin{vmatrix}x_1&x_1&x_1&\cdots&x_1\\a_{21}&x_2&x_2&\cdots&x_2\\a_{31}&a_{32}&x_3&\cdots&x_3\\\vdots&\vdots&\vdots&&\vdots\\a_{n1}&a_{n2}&a_{n3}&\cdots&x_n\end{vmatrix}$.

解　从第 n 列开始，后列减前一列，得到

$$\begin{aligned}D_n&=\begin{vmatrix}x_1&0&0&\cdots&0\\a_{21}&x_2-a_{21}&0&\cdots&0\\a_{31}&a_{32}-a_{31}&x_3-a_{32}&\cdots&0\\\vdots&\vdots&\vdots&&\vdots\\a_{n1}&a_{n2}-a_{n1}&a_{n3}-a_{n2}&\cdots&x_n-a_{n(n-1)}\end{vmatrix}\\&=x_1(x_2-a_{21})(x_3-a_{32})\cdots(x_n-a_{n(n-1)})\\&=x_1\prod_{i=2}^{n}(x_i-a_{i(i-1)}).\end{aligned}$$

以上 3 个例题都是通过行列式的运算和性质将行列式化成上(或下)三角形行列式即得到结果. 用归纳法可以证明，任何 n 阶行列式一定能够利用运算 r_i+kr_j (或 c_i+kc_j)化为(上或下)三角形行列式，从而计算出原行列式的值.

对于有些行列式的计算，只要将它们化成有明显特征的行列式，然后利用行列式的性质就可以直接得到结果，而不必化成三角形行列式.

例 2.9　计算 $D=\begin{vmatrix}a^2&(a+1)^2&(a+2)^2&(a+3)^2\\b^2&(b+1)^2&(b+2)^2&(b+3)^2\\c^2&(c+1)^2&(c+2)^2&(c+3)^2\\d^2&(d+1)^2&(d+2)^2&(d+3)^2\end{vmatrix}$.

解　从第 4 列开始，后列减前列，得到

$$D\xlongequal[c_2-c_1]{\substack{c_4-c_3\\c_3-c_2}}\begin{vmatrix}a^2&2a+1&2a+3&2a+5\\b^2&2b+1&2b+3&2b+5\\c^2&2c+1&2c+3&2c+5\\d^2&2d+1&2d+3&2d+5\end{vmatrix}\xlongequal[c_3-c_2]{c_4-c_3}\begin{vmatrix}a^2&2a+1&2&2\\b^2&2b+1&2&2\\c^2&2c+1&2&2\\d^2&2d+1&2&2\end{vmatrix}=0.$$

2.5 行列式的展开

我们知道，低阶行列式的计算比高阶行列式的计算要简单，那么，一个高阶行列式是否可用低阶行列式来表示呢？若是这样，则较复杂的高阶行列式的计算就可以转化为较简单的低阶行列式的计算. 本节将讨论这个问题.

1. 行列式按一行(列)展开

定义 2.6 在 n 阶行列式 D 中，划去元素 a_{ij} 所在的第 i 行和第 j 列的元素，剩下的 $(n-1)^2$ 个元素保持原来的相对位置不变构成的一个 $n-1$ 阶行列式，称为元素 a_{ij} 的**余子式**，记为 M_{ij}. 称 $A_{ij}=(-1)^{i+j}M_{ij}$ 为元素 a_{ij} 的**代数余子式**.

例如，在四阶行列式

$$D=\begin{vmatrix} a_{11} & a_{12} & a_{13} & a_{14} \\ a_{21} & a_{22} & a_{23} & a_{24} \\ a_{31} & a_{32} & a_{33} & a_{34} \\ a_{41} & a_{42} & a_{43} & a_{44} \end{vmatrix}$$

中，元素 a_{32} 的余子式和代数余子式分别为

$$M_{32}=\begin{vmatrix} a_{11} & a_{13} & a_{14} \\ a_{21} & a_{23} & a_{24} \\ a_{41} & a_{43} & a_{44} \end{vmatrix}, \quad A_{32}=(-1)^{3+2}M_{32}=-M_{32}.$$

定理 2.3 行列式等于它的任一行(列)的各元素与其对应的代数余子式的乘积之和，即

$$D=a_{i1}A_{i1}+a_{i2}A_{i2}+\cdots+a_{in}A_{in}\ (i=1,2,\cdots,n),$$

或

$$D=a_{1j}A_{1j}+a_{2j}A_{2j}+\cdots+a_{nj}A_{nj}\ (j=1,2,\cdots,n).$$

证 只需证明第一个等式，下面分三步证明.

(1) 设

$$D=\begin{vmatrix} a_{11} & 0 & \cdots & 0 \\ a_{21} & a_{22} & \cdots & a_{2n} \\ \vdots & \vdots & & \vdots \\ a_{n1} & a_{n2} & \cdots & a_{nn} \end{vmatrix},$$

即 D 中的第一行除 a_{11} 外，其余元素全为零. 由行列式的定义，有

$$\begin{aligned} D&=\sum(-1)^{\tau(p_1p_2\cdots p_n)}a_{1p_1}a_{2p_2}\cdots a_{np_n} \\ &=\sum_{p_1=1}(-1)^{\tau(p_1p_2\cdots p_n)}a_{1p_1}a_{2p_2}\cdots a_{np_n}+\sum_{p_1\neq 1}(-1)^{\tau(p_1p_2\cdots p_n)}a_{1p_1}a_{2p_2}\cdots a_{np_n}, \end{aligned}$$

当 $p_1 \neq 1$ 时，$a_{1p_1}=0$，因此，

$$\begin{aligned} D &= \sum (-1)^{\tau(1 p_2 \cdots p_n)} a_{11} a_{2p_2} \cdots a_{np_n} \\ &= a_{11} \sum (-1)^{\tau(p_2 \cdots p_n)} a_{2p_2} \cdots a_{np_n} = a_{11} M_{11} = a_{11} (-1)^{1+1} M_{11} = a_{11} A_{11}. \end{aligned}$$

(2) 设

$$D = \begin{vmatrix} a_{11} & \cdots & a_{1j} & \cdots & a_{1n} \\ \vdots & & \vdots & & \vdots \\ 0 & \cdots & a_{ij} & \cdots & 0 \\ \vdots & & \vdots & & \vdots \\ a_{n1} & \cdots & a_{nj} & \cdots & a_{nn} \end{vmatrix},$$

即 D 中第 i 行除 a_{ij} 外，其余元素都是零.

为了利用前面(1)的结果，将 D 的第 i 行依次与第 $i-1$ 行、第 $i-2$ 行、…、第1行互换，这样把第 i 行换到了第1行. 再把第 j 列依次与第 $j-1$ 列、第 $j-2$ 列、…、第1列进行互换，这样把 a_{ij} 换到了行列式的第 1 行第 1 列的位置，总共做了 $i+j-2$ 次对换. 利用行列式的性质和(1)的结果，有

$$\begin{aligned} D &= (-1)^{i+j-2} \begin{vmatrix} a_{ij} & 0 & \cdots & 0 & 0 & \cdots & 0 \\ a_{1j} & a_{11} & \cdots & a_{1(j-1)} & a_{1(j+1)} & \cdots & a_{1n} \\ \vdots & \vdots & & \vdots & \vdots & & \vdots \\ a_{(i-1)j} & a_{(i-1)1} & \cdots & a_{(i-1)(j-1)} & a_{(i-1)(j+1)} & \cdots & a_{(i-1)n} \\ a_{(i+1)j} & a_{(i+1)1} & \cdots & a_{(i+1)(j-1)} & a_{(i+1)(j+1)} & \cdots & a_{(i+1)n} \\ \vdots & \vdots & & \vdots & \vdots & & \vdots \\ a_{nj} & a_{n1} & \cdots & a_{n(j-1)} & a_{n(j+1)} & \cdots & a_{nn} \end{vmatrix} \\ &= (-1)^{i+j-2} a_{ij} M_{ij} = a_{ij} (-1)^{i+j} M_{ij} = a_{ij} A_{ij}. \end{aligned}$$

(3) 设 D 是一般的 n 阶行列式，则根据行列式的性质和前面(2)的结果，有

$$\begin{aligned} D &= \begin{vmatrix} a_{11} & a_{12} & \cdots & a_{1n} \\ \vdots & \vdots & & \vdots \\ a_{i1}+0+\cdots+0 & 0+a_{i2}+\cdots+0 & \cdots & 0+\cdots+0+a_{in} \\ \vdots & \vdots & & \vdots \\ a_{n1} & a_{n2} & \cdots & a_{nn} \end{vmatrix} \\ &= \begin{vmatrix} a_{11} & a_{12} & \cdots & a_{1n} \\ \vdots & \vdots & & \vdots \\ a_{i1} & 0 & \cdots & 0 \\ \vdots & \vdots & & \vdots \\ a_{n1} & a_{n2} & \cdots & a_{nn} \end{vmatrix} + \begin{vmatrix} a_{11} & a_{12} & \cdots & a_{1n} \\ \vdots & \vdots & & \vdots \\ 0 & a_{i2} & \cdots & 0 \\ \vdots & \vdots & & \vdots \\ a_{n1} & a_{n2} & \cdots & a_{nn} \end{vmatrix} + \cdots + \begin{vmatrix} a_{11} & a_{12} & \cdots & a_{1n} \\ \vdots & \vdots & & \vdots \\ 0 & 0 & \cdots & a_{in} \\ \vdots & \vdots & & \vdots \\ a_{n1} & a_{n2} & \cdots & a_{nn} \end{vmatrix} \\ &= a_{i1} A_{i1} + a_{i2} A_{i2} + \cdots + a_{in} A_{in}, \end{aligned}$$

其中，$i = 1, 2, \cdots, n$.

定理 2.3 称为**行列式按行(列)展开法则**.

若直接应用展开法则来计算行列式，则一般不能减少计算量. 然而，若一个 n 阶行列式的某一行(或列)有多个零元素，则按该行(或列)展开就可以减少计算量，多一个零元素就少计算一个 $n-1$ 阶行列式. 因此，利用展开法则计算行列式，一般是先利用行列式的性质，将某一行(或列)的元素尽可能多地化为零，然后再应用展开法则计算.

例 2.10 用展开法则计算 $D=\begin{vmatrix} 3 & 2 & 1 & 0 \\ 2 & 0 & -1 & 4 \\ 1 & -1 & 1 & -2 \\ -1 & 2 & -1 & 2 \end{vmatrix}$.

解 先利用行列式的性质将第 2 行化出 3 个零元素，再应用展开法则计算.

$$D\xlongequal[c_4+4c_3]{c_1+2c_3}\begin{vmatrix} 5 & 2 & 1 & 4 \\ 0 & 0 & -1 & 0 \\ 3 & -1 & 1 & 2 \\ -3 & 2 & -1 & -2 \end{vmatrix}=(-1)\times(-1)^{2+3}\begin{vmatrix} 5 & 2 & 4 \\ 3 & -1 & 2 \\ -3 & 2 & -2 \end{vmatrix}$$

$$\xlongequal{r_3+r_2}\begin{vmatrix} 5 & 2 & 4 \\ 3 & -1 & 2 \\ 0 & 1 & 0 \end{vmatrix}=1\times(-1)^{3+2}\begin{vmatrix} 5 & 4 \\ 3 & 2 \end{vmatrix}=2.$$

例 2.11 计算 n 阶行列式 $D_n=\begin{vmatrix} a & 0 & \cdots & 0 & 1 \\ 0 & a & \cdots & 0 & 0 \\ \vdots & \vdots & & \vdots & \vdots \\ 0 & 0 & \cdots & a & 0 \\ 1 & 0 & \cdots & 0 & a \end{vmatrix}$.

解 将第 n 行的 $(-a)$ 倍加到第一行，按第1列展开，得

$$D_n=\begin{vmatrix} 0 & 0 & \cdots & 0 & 1-a^2 \\ 0 & a & \cdots & 0 & 0 \\ \vdots & \vdots & & \vdots & \vdots \\ 0 & 0 & \cdots & a & 0 \\ 1 & 0 & \cdots & 0 & a \end{vmatrix}=1\times(-1)^{n+1}\begin{vmatrix} 0 & \cdots & 0 & 1-a^2 \\ a & \cdots & 0 & 0 \\ \vdots & & \vdots & \vdots \\ 0 & \cdots & a & 0 \end{vmatrix}_{n-1}.$$

再按第一行展开，得

$$D_n=(-1)^{n+1}(1-a^2)(-1)^{1+(n-1)}\begin{vmatrix} a & 0 & \cdots & 0 \\ 0 & a & \cdots & 0 \\ \vdots & \vdots & & \vdots \\ 0 & 0 & \cdots & a \end{vmatrix}_{n-2}=(a^2-1)a^{n-2}.$$

例 2.12 计算 $2n$ 阶行列式(其中未写出的元素均为零)

$$D_{2n}=\begin{vmatrix} a_n &&&&&& b_n \\ & a_{n-1} &&&& b_{n-1} & \\ && \ddots && \unicode{x22F0} && \\ &&& a_1 \quad b_1 &&& \\ &&& c_1 \quad d_1 &&& \\ && \unicode{x22F0} && \ddots && \\ & c_{n-1} &&&& d_{n-1} & \\ c_n &&&&&& d_n \end{vmatrix}.$$

解 按第 1 行展开，可得

$$D_{2n}=a_n(-1)^{1+1}\begin{vmatrix} a_{n-1} &&&&& b_{n-1} & 0 \\ & \ddots &&& \unicode{x22F0} && \vdots \\ && a_1 & b_1 &&& 0 \\ && c_1 & d_1 &&& 0 \\ & \unicode{x22F0} &&& \ddots && \vdots \\ c_{n-1} &&&&& d_{n-1} & 0 \\ 0 & \cdots & 0 & 0 & \cdots & 0 & d_n \end{vmatrix}_{2n-1}$$

$$+b_n(-1)^{1+2n}\begin{vmatrix} 0 & a_{n-1} &&&&& b_{n-1} \\ \vdots && \ddots &&& \unicode{x22F0} & \\ 0 &&& a_1 & b_1 && \\ 0 &&& c_1 & d_1 && \\ \vdots && \unicode{x22F0} &&& \ddots & \\ 0 & c_{n-1} &&&&& d_{n-1} \\ c_n & 0 & \cdots & 0 & 0 & \cdots & 0 \end{vmatrix}_{2n-1}.$$

再将上面两个 $2n-1$ 阶行列式按最后一行展开，有

$$\begin{aligned} D_{2n} &= a_nd_n(-1)^{2n-1+2n-1}D_{2(n-1)}-b_nc_n(-1)^{2n-1+1}D_{2(n-1)} \\ &-(a_nd_n-b_nc_n)D_{2(n-1)}. \end{aligned}$$

以此式作为递推公式，得到

$$\begin{aligned} D_{2n} &= (a_nd_n-b_nc_n)D_{2(n-1)} \\ &= (a_nd_n-b_nc_n)(a_{n-1}d_{n-1}-b_{n-1}c_{n-1})D_{2(n-2)} \\ &\cdots\cdots \\ &= (a_nd_n-b_nc_n)(a_{n-1}d_{n-1}-b_{n-1}c_{n-1})\cdots(a_2d_2-b_2c_2)D_2 \\ &= (a_nd_n-b_nc_n)\cdots(a_2d_2-b_2c_2)\begin{vmatrix} a_1 & b_1 \\ c_1 & d_1 \end{vmatrix} \\ &= \prod_{i=1}^{n}(a_id_i-b_ic_i). \end{aligned}$$

上例用到递推法，这也是行列式计算的常用方法之一，其基本思想是首先利用行列

式的性质和展开法则建立递推公式，然后递推求解. 我们再看一个例题.

例 2.13 计算行列式 $D_n=\begin{vmatrix} 2 & -1 & 0 & \cdots & 0 & 0 \\ -1 & 2 & -1 & \cdots & 0 & 0 \\ 0 & -1 & 2 & \cdots & 0 & 0 \\ \vdots & \vdots & \vdots & & \vdots & \vdots \\ 0 & 0 & 0 & \cdots & 2 & -1 \\ 0 & 0 & 0 & \cdots & -1 & 2 \end{vmatrix}$.

解 按第一行展开，得到

$$D_n=2\begin{vmatrix} 2 & -1 & \cdots & 0 & 0 \\ -1 & 2 & \cdots & 0 & 0 \\ \vdots & \vdots & & \vdots & \vdots \\ 0 & 0 & \cdots & 2 & -1 \\ 0 & 0 & \cdots & -1 & 2 \end{vmatrix}+(-1)\times(-1)^{1+2}\begin{vmatrix} -1 & -1 & \cdots & 0 & 0 \\ 0 & 2 & \cdots & 0 & 0 \\ \vdots & \vdots & & \vdots & \vdots \\ 0 & 0 & \cdots & 2 & -1 \\ 0 & 0 & \cdots & -1 & 2 \end{vmatrix}.$$

再将上式右边的第 2 个行列式按第一列展开，得到

$$D_n=2D_{n-1}-D_{n-2}.$$

于是有

$$D_n-D_{n-1}=D_{n-1}-D_{n-2}=D_{n-2}-D_{n-3}=\cdots=D_2-D_1=3-2=1.$$

因此

$$D_n=D_{n-1}+1=D_{n-2}+2=\cdots=D_{n-(n-1)}+n-1=2+n-1=n+1.$$

例 2.14 证明: Vandermonde(范德蒙德)行列式

$$D_n=\begin{vmatrix} 1 & 1 & \cdots & 1 \\ x_1 & x_2 & \cdots & x_n \\ x_1^2 & x_2^2 & \cdots & x_n^2 \\ \vdots & \vdots & & \vdots \\ x_1^{n-1} & x_2^{n-1} & \cdots & x_n^{n-1} \end{vmatrix}=\prod_{1\leqslant j<i\leqslant n}(x_i-x_j).$$

证 用数学归纳法证明. 当 $n=2$ 时,

$$D_2=\begin{vmatrix} 1 & 1 \\ x_1 & x_2 \end{vmatrix}=x_2-x_1=\prod_{1\leqslant j<i\leqslant 2}(x_i-x_j),$$

结论成立.

假设结论对 $n-1$ 阶的 Vandermonde 行列式成立，下面考虑 n 阶情形.

由 D_n 的最后一行开始，后行减去前行的 x_1 倍，得到

$$D_n=\begin{vmatrix} 1 & 1 & 1 & \cdots & 1 \\ 0 & x_2-x_1 & x_3-x_1 & \cdots & x_n-x_1 \\ 0 & x_2(x_2-x_1) & x_3(x_3-x_1) & \cdots & x_n(x_n-x_1) \\ \vdots & \vdots & \vdots & & \vdots \\ 0 & x_2^{n-2}(x_2-x_1) & x_3^{n-2}(x_3-x_1) & \cdots & x_n^{n-2}(x_n-x_1) \end{vmatrix}.$$

再按第 1 列展开，并提出各列的公因子，得到

$$D_n=(x_2-x_1)(x_3-x_1)\cdots(x_n-x_1)\begin{vmatrix}1 & 1 & \cdots & 1\\ x_2 & x_3 & \cdots & x_n\\ \vdots & \vdots & & \vdots\\ x_2^{n-2} & x_3^{n-2} & \cdots & x_n^{n-2}\end{vmatrix}.$$

上式右边的行列式是 $n-1$ 阶的 Vandermonde 行列式，由归纳法假设，得

$$D_n=(x_2-x_1)(x_3-x_1)\cdots(x_n-x_1)\prod_{2\leqslant j<i\leqslant n}(x_i-x_j)=\prod_{1\leqslant j<i\leqslant n}(x_i-x_j).$$

Vandermonde 行列式是一类重要的行列式，它在许多方面都有重要的应用.

例 2.14 用到数学归纳法，这是关于 n 阶行列式值的常用证明方法. 它同样也可以应用于行列式的计算，其基本思想是，首先通过低阶行列式的计算归纳出一个一般的结果，然后用数学归纳法严格证明.

例 2.15 证明：$D_n=\begin{vmatrix}x & -1 & 0 & \cdots & 0 & 0\\ 0 & x & -1 & \cdots & 0 & 0\\ \vdots & \vdots & \vdots & & \vdots & \vdots\\ 0 & 0 & 0 & \cdots & x & -1\\ a_n & a_{n-1} & a_{n-2} & \cdots & a_2 & x+a_1\end{vmatrix}=x^n+a_1x^{n-1}+a_2x^{n-2}+\cdots+a_{n-1}x+a_n.$

证 将 D_n 按最后一行展开，得到 n 个 $n-1$ 阶行列式的代数和.

$$D_n=a_n(-1)^{n+1}\begin{vmatrix}-1 & & & & \\ x & -1 & & & \\ & x & \ddots & & \\ & & \ddots & -1 & \\ & & & x & -1\end{vmatrix}+a_{n-1}(-1)^{n+2}\begin{vmatrix}x & & & & \\ 0 & -1 & & & \\ & x & -1 & & \\ & & \ddots & \ddots & \\ & & & x & -1\end{vmatrix}+\cdots$$

$$+a_2(-1)^{n+(n-1)}\begin{vmatrix}x & -1 & & & \\ & \ddots & \ddots & & \\ & & \ddots & -1 & \\ & & & x & 0\\ & & & & -1\end{vmatrix}+(x+a_1)(-1)^{n+n}\begin{vmatrix}x & -1 & & \\ & \ddots & \ddots & \\ & & \ddots & -1\\ & & & x\end{vmatrix}$$

$$=a_n(-1)^{n+1}(-1)^{n-1}+a_{n-1}(-1)^{n+2}x\cdot(-1)^{n-2}+\cdots+a_2(-1)^{2n-1}x^{n-2}(-1)+(x+a_1)x^{n-1}$$

$$=x^n+a_1x^{n-1}+a_2x^{n-2}+\cdots+a_{n-1}x+a_n.$$

尽管用展开法则计算行列式时，一般选取零元素较多的行(或列)来展开，但对于一些特殊的行列式要区别对待，如例 2.15 按最后一行展开反而计算简单.

行列式的计算有很强的技巧性，其基本原则是综合运用行列式的性质和展开法则.

由定理 2.3，可得如下重要推论.

推论 2.6 行列式某一行(列)的元素与另一行(列)对应元素的代数余子式乘积之和等于零，即

$$a_{i1}A_{j1}+a_{i2}A_{j2}+\cdots+a_{in}A_{jn}=0\,(i\neq j),$$

或

$$a_{1i}A_{1j}+a_{2i}A_{2j}+\cdots+a_{ni}A_{nj}=0\,(i\neq j).$$

证 设 $D=\det(a_{ij})$ 是 n 阶行列式, 将 D 按第 $j\,(\neq i)$ 行展开,

$$\begin{matrix} \\ \\ \text{第}i\text{行} \\ \\ \text{第}j\text{行} \\ \\ \\ \end{matrix}\begin{vmatrix} a_{11} & a_{12} & \cdots & a_{1n} \\ \vdots & \vdots & & \vdots \\ a_{i1} & a_{i2} & \cdots & a_{in} \\ \vdots & \vdots & & \vdots \\ a_{j1} & a_{j2} & \cdots & a_{jn} \\ \vdots & \vdots & & \vdots \\ a_{n1} & a_{n2} & \cdots & a_{nn} \end{vmatrix}=a_{j1}A_{j1}+a_{j2}A_{j2}+\cdots+a_{jn}A_{jn}\ (j\neq i).$$

上式中, 令 $a_{j1}=a_{i1},a_{j2}=a_{i2},\cdots,a_{jn}=a_{in}$, 得

$$a_{i1}A_{j1}+a_{i2}A_{j2}+\cdots+a_{in}A_{jn}=\begin{vmatrix} a_{11} & a_{12} & \cdots & a_{1n} \\ \vdots & \vdots & & \vdots \\ a_{i1} & a_{i2} & \cdots & a_{in} \\ \vdots & \vdots & & \vdots \\ a_{i1} & a_{i2} & \cdots & a_{in} \\ \vdots & \vdots & & \vdots \\ a_{n1} & a_{n2} & \cdots & a_{nn} \end{vmatrix}=0\ \ (i\neq j).$$

对列的情形, 类似可证

$$a_{1i}A_{1j}+a_{2i}A_{2j}+\cdots+a_{ni}A_{nj}=0\,(i\neq j).$$

将定理 2.3 与推论 2.6 综合, 可得到关于 n 阶行列式 D 与其代数余子式的重要性质:

$$\sum_{k=1}^{n}a_{ik}A_{jk}=D\delta_{ij}=\begin{cases} D, & i=j; \\ 0, & i\neq j, \end{cases} \tag{2.8}$$

或

$$\sum_{k=1}^{n}a_{ki}A_{kj}=D\delta_{ij}=\begin{cases} D, & i=j; \\ 0, & i\neq j, \end{cases} \tag{2.9}$$

其中 $\delta_{ij}=\begin{cases} 1, & i=j; \\ 0, & i\neq j. \end{cases}$

2. Laplace(拉普拉斯)定理

上一小节介绍了行列式按一行(列)展开的方法, 下面将其推广到按 k 行(列)展开, 这就是著名的 Laplace 定理.

首先推广余子式和代数余子式的概念.

定义 2.7 在 n 阶行列式 D 中, 任取 k 行 k 列($k\leqslant n$), 行号为 $i_1,i_2,\cdots,i_k$ ($i_1<i_2<\cdots<i_k$),

列号为 $j_1, j_2, \cdots, j_k$ $(j_1 < j_2 < \cdots < j_k)$，位于这些行和列的交点上的 k^2 个元素保持相对位置不变，构成的 k 阶行列式

$$M = \begin{vmatrix} a_{i_1 j_1} & a_{i_1 j_2} & \cdots & a_{i_1 j_k} \\ a_{i_2 j_1} & a_{i_2 j_2} & \cdots & a_{i_2 j_k} \\ \vdots & \vdots & & \vdots \\ a_{i_k j_1} & a_{i_k j_2} & \cdots & a_{i_k j_k} \end{vmatrix}$$

称为行列式 D 的一个 **k 阶子式**. 在 D 中划去这 k 行 k 列，剩下的元素保持原来相对位置不变组成的一个 $n-k$ 阶行列式 M' 称为 k 阶子式 M 的**余子式**，称

$$A = (-1)^{i_1 + \cdots + i_k + j_1 + \cdots + j_k} M'$$

为 M 的**代数余子式**.

定理 2.4 (Laplace 定理)　在 n 阶行列式 D 中，任取 k 行(列) $(1 \leqslant k \leqslant n-1)$，设由这 k 行(列)元素组成的所有 k 阶子式为 $M_1, M_2, \cdots, M_m$ $(m = C_n^k)$，它们对应的代数余子式为 $A_1, A_2, \cdots, A_m$，则有

$$D = M_1 A_1 + M_2 A_2 + \cdots + M_m A_m . \tag{2.10}$$

证明略.

Laplace 定理的主要作用不在实际的行列式计算，而在于理论方面的应用.

例 2.16　设

$$D = \left|\begin{array}{ccc|ccc} a_{11} & \cdots & a_{1k} & 0 & \cdots & 0 \\ \vdots & & \vdots & \vdots & & \vdots \\ a_{k1} & \cdots & a_{kk} & 0 & \cdots & 0 \\ \hline c_{11} & \cdots & c_{1k} & b_{11} & \cdots & b_{1l} \\ \vdots & & \vdots & \vdots & & \vdots \\ c_{l1} & \cdots & c_{lk} & b_{l1} & \cdots & b_{ll} \end{array}\right|,$$

$$D_1 = \begin{vmatrix} a_{11} & a_{12} & \cdots & a_{1k} \\ a_{21} & a_{22} & \cdots & a_{2k} \\ \vdots & \vdots & & \vdots \\ a_{k1} & a_{k2} & \cdots & a_{kk} \end{vmatrix}, \quad D_2 = \begin{vmatrix} b_{11} & b_{12} & \cdots & b_{1l} \\ b_{21} & b_{22} & \cdots & b_{2l} \\ \vdots & \vdots & & \vdots \\ b_{l1} & b_{l2} & \cdots & b_{ll} \end{vmatrix},$$

求证 $D = D_1 D_2$.

证　取 D 的前 k 行，则由前 k 行组成的所有 k 阶子式中只有 D_1 可能不为零，根据 Laplace 定理有

$$D = \begin{vmatrix} a_{11} & a_{12} & \cdots & a_{1k} \\ a_{21} & a_{22} & \cdots & a_{2k} \\ \vdots & \vdots & & \vdots \\ a_{k1} & a_{k2} & \cdots & a_{kk} \end{vmatrix} \times (-1)^{(1+\cdots+k)+(1+\cdots+k)} \begin{vmatrix} b_{11} & b_{12} & \cdots & b_{1l} \\ b_{21} & b_{22} & \cdots & b_{2l} \\ \vdots & \vdots & & \vdots \\ b_{l1} & b_{l2} & \cdots & b_{ll} \end{vmatrix} = D_1 D_2 .$$

例 2.17　证明：两个 n 阶行列式的乘积公式

$$\begin{vmatrix} a_{11} & a_{12} & \cdots & a_{1n} \\ a_{21} & a_{22} & \cdots & a_{2n} \\ \vdots & \vdots & & \vdots \\ a_{n1} & a_{n2} & \cdots & a_{nn} \end{vmatrix} \times \begin{vmatrix} b_{11} & b_{12} & \cdots & b_{1n} \\ b_{21} & b_{22} & \cdots & b_{2n} \\ \vdots & \vdots & & \vdots \\ b_{n1} & b_{n2} & \cdots & b_{nn} \end{vmatrix} = \begin{vmatrix} c_{11} & c_{12} & \cdots & c_{1n} \\ c_{21} & c_{22} & \cdots & c_{2n} \\ \vdots & \vdots & & \vdots \\ c_{n1} & c_{n2} & \cdots & c_{nn} \end{vmatrix}, \tag{2.11}$$

其中，c_{ij} 是第一个行列式的第 i 行与第二个行列式的第 j 列元素的对应乘积之和，即

$$c_{ij} = \sum_{k=1}^{n} a_{ik} b_{kj} \quad (i, j = 1, 2, \cdots, n).$$

证 构造一个 $2n$ 阶行列式

$$D = \begin{vmatrix} a_{11} & a_{12} & \cdots & a_{1n} & 0 & 0 & \cdots & 0 \\ a_{21} & a_{22} & \cdots & a_{2n} & 0 & 0 & \cdots & 0 \\ \vdots & \vdots & & \vdots & \vdots & \vdots & & \vdots \\ a_{n1} & a_{n2} & \cdots & a_{nn} & 0 & 0 & \cdots & 0 \\ -1 & 0 & \cdots & 0 & b_{11} & b_{12} & \cdots & b_{1n} \\ 0 & -1 & \cdots & 0 & b_{21} & b_{22} & \cdots & b_{2n} \\ \vdots & \vdots & & \vdots & \vdots & \vdots & & \vdots \\ 0 & 0 & \cdots & -1 & b_{n1} & b_{n2} & \cdots & b_{nn} \end{vmatrix},$$

根据 Laplace 定理，

$$D = \det(a_{ij}) \cdot \det(b_{ij}).$$

另外，将 D 的第1列的 b_{1i} 倍，第 2 列的 b_{2i} 倍，$\cdots$，第 n 列的 b_{ni} 倍都加到第 $n+i$ 列上（$i=1,2,\cdots,n$），可得

$$D = \begin{vmatrix} a_{11} & a_{12} & \cdots & a_{1n} & c_{11} & c_{12} & \cdots & c_{1n} \\ a_{21} & a_{22} & \cdots & a_{2n} & c_{21} & c_{22} & \cdots & c_{2n} \\ \vdots & \vdots & & \vdots & \vdots & \vdots & & \vdots \\ a_{n1} & a_{n2} & \cdots & a_{nn} & c_{n1} & c_{n2} & \cdots & c_{nn} \\ -1 & 0 & \cdots & 0 & 0 & 0 & \cdots & 0 \\ 0 & -1 & \cdots & 0 & 0 & 0 & \cdots & 0 \\ \vdots & \vdots & & \vdots & \vdots & \vdots & & \vdots \\ 0 & 0 & \cdots & -1 & 0 & 0 & \cdots & 0 \end{vmatrix},$$

其中，$c_{ij} = \sum\limits_{k=1}^{n} a_{ik} b_{kj} \ (i, j = 1, 2, \cdots, n)$.

取 D 的第 $n+1, n+2, \cdots, 2n$ 行，应用 Laplace 展开定理，得

$$D = \begin{vmatrix} -1 & & & \\ & -1 & & \\ & & \ddots & \\ & & & -1 \end{vmatrix} \times (-1)^{(n+1)+(n+2)+\cdots+2n+1+2+\cdots+n} \det(c_{ij}) = (-1)^n (-1)^{\frac{2n(2n+1)}{2}} \det(c_{ij}) = \det(c_{ij}).$$

因此，结论成立.

2.6　Cramer 法则

本节利用行列式讨论一类线性方程组的求解问题——方程个数与未知量个数相等的情形，一般情形将在第 4 章讨论.

设含有 n 个未知数 $x_1, x_2, \cdots, x_n$ 的 n 个方程的线性方程组为

$$\begin{cases} a_{11}x_1 + a_{12}x_2 + \cdots + a_{1n}x_n = b_1, \\ a_{21}x_1 + a_{22}x_2 + \cdots + a_{2n}x_n = b_2, \\ \qquad \cdots\cdots \\ a_{n1}x_1 + a_{n2}x_2 + \cdots + a_{nn}x_n = b_n, \end{cases} \tag{2.12}$$

其系数行列式为

$$D = \begin{vmatrix} a_{11} & a_{12} & \cdots & a_{1n} \\ a_{21} & a_{22} & \cdots & a_{2n} \\ \vdots & \vdots & & \vdots \\ a_{n1} & a_{n2} & \cdots & a_{nn} \end{vmatrix}.$$

与二、三元线性方程组的情形类似，若系数行列式 $D \neq 0$，n 元线性方程组的解也可用 n 阶行列式表示.

定理 2.5　(Cramer 法则)　若方程组(2.12)的系数行列式 $D \neq 0$，则该方程组有唯一解

$$x_1 = \frac{D_1}{D},\ x_2 = \frac{D_2}{D},\ \cdots,\ x_n = \frac{D_n}{D}, \tag{2.13}$$

其中，D_j 是将系数行列式 D 中第 j 列元素用方程组右端常数项代替后所得到的行列式，即

$$D_j = \begin{vmatrix} a_{11} & \cdots & a_{1(j-1)} & b_1 & a_{1(j+1)} & \cdots & a_{1n} \\ a_{21} & \cdots & a_{2(j-1)} & b_2 & a_{2(j+1)} & \cdots & a_{2n} \\ \vdots & & \vdots & \vdots & \vdots & & \vdots \\ a_{n1} & \cdots & a_{n(j-1)} & b_n & a_{n(j+1)} & \cdots & a_{nn} \end{vmatrix}.$$

证　首先证明解的存在性.

将 $\dfrac{D_1}{D}, \dfrac{D_2}{D}, \cdots, \dfrac{D_n}{D}$ 代入方程组的第 i $(i = 1, 2, \cdots, n)$ 个方程，左端为

$$\sum_{j=1}^{n} a_{ij} \frac{D_j}{D} = \frac{1}{D} \sum_{j=1}^{n} a_{ij} D_j\ ,$$

再将 D_j 按第 j 列展开

$$D_j = \sum_{s=1}^{n} b_s A_{sj}\ (j = 1, 2, \cdots, n),$$

代入上式，利用式(2.8)，得

$$\begin{aligned}\sum_{j=1}^{n} a_{ij}\frac{D_j}{D} &= \frac{1}{D}\sum_{j=1}^{n} a_{ij}\sum_{s=1}^{n} b_s A_{sj} = \frac{1}{D}\sum_{j=1}^{n}\sum_{s=1}^{n} a_{ij}A_{sj}b_s \\ &= \frac{1}{D}\sum_{s=1}^{n}\left(\sum_{j=1}^{n} a_{ij}A_{sj}\right)b_s \\ &= \frac{1}{D}\cdot Db_i = b_i \quad (i=1,\ 2,\ \cdots,\ n).\end{aligned}$$

这说明式(2.13)确是方程组(2.12)的一个解, 或者说原方程存在解.

再证唯一性. 设 $x_i = c_i\ (i=1,2,\cdots,n)$ 是方程组的一个解, 即

$$\sum_{j=1}^{n} a_{ij}c_j = b_i\ (i=1,2,\cdots,n).$$

用 D 的第 k 列元素的代数余子式 $A_{1k}, A_{2k},\cdots, A_{nk}$ 分别乘上式中的 n 个等式, 得

$$A_{ik}\sum_{j=1}^{n} a_{ij}c_j = b_i A_{ik}\ (i=1,2,\cdots,n).$$

将这 n 个等式相加, 得

$$\sum_{i=1}^{n} A_{ik}\sum_{j=1}^{n} a_{ij}c_j = \sum_{i=1}^{n} b_i A_{ik} = D_k .$$

由定理 2.3 及其推论 2.6, 有

$$\text{上式左端} = \sum_{j=1}^{n}\left(\sum_{i=1}^{n} a_{ij}A_{ik}\right)c_j = Dc_k ,$$

即 $c_k = \dfrac{D_k}{D}\ (k=1,2,\cdots,n)$. 这说明方程组有唯一解.

综上所述, 当 $D\neq 0$ 时, 方程组(2.12)存在唯一解, 且由唯一性的证明得知, 解的表达式由式(2.13)给出.

利用 Cramer 法则, 可以将一类线性方程组的求解转化为行列式的计算.

例 2.18 解线性方程组 $\begin{cases} x_1 + x_2 + x_3 = 1, \\ x_1 + 2x_2 + x_3 - x_4 = 8, \\ 2x_1 - x_2 - 3x_4 = 3, \\ 3x_1 + 3x_2 + 5x_3 - 6x_4 = 5. \end{cases}$

解 先计算系数行列式

$$D = \begin{vmatrix} 1 & 1 & 1 & 0 \\ 1 & 2 & 1 & -1 \\ 2 & -1 & 0 & -3 \\ 3 & 3 & 5 & -6 \end{vmatrix} = 24 \neq 0 ,$$

因此方程组有唯一解. 另外,

$$D_1=\begin{vmatrix}1&1&1&0\\8&2&1&-1\\3&-1&0&-3\\5&3&5&-6\end{vmatrix}=24,\quad D_2=\begin{vmatrix}1&1&1&0\\1&8&1&-1\\2&3&0&-3\\3&5&5&-6\end{vmatrix}=120,$$

$$D_3=\begin{vmatrix}1&1&1&0\\1&2&8&-1\\2&-1&3&-3\\3&3&5&-6\end{vmatrix}=-120,\quad D_4=\begin{vmatrix}1&1&1&1\\1&2&1&8\\2&-1&0&3\\3&3&5&5\end{vmatrix}=-48.$$

所以，方程组的解为

$$x_1=1,\quad x_2=5,\quad x_3=-5,\quad x_4=-2.$$

值得注意的是，Cramer 法则讨论的只是系数行列式不为零的方程组的解. 一般情形的方程组的解，将在第 4 章讨论.

若方程组(2.12)右端的常数项 $b_1,b_2,\cdots,b_n$ 全为零，即

$$\begin{cases}a_{11}x_1+a_{12}x_2+\cdots+a_{1n}x_n=0,\\a_{21}x_1+a_{22}x_2+\cdots+a_{2n}x_n=0,\\\qquad\cdots\cdots\\a_{n1}x_1+a_{n2}x_2+\cdots+a_{nn}x_n=0,\end{cases}\tag{2.14}$$

则称方程组(2.14)为**齐次线性方程组**. 若常数项 $b_1,b_2,\cdots,b_n$ 不全为零，称方程组(2.12)为**非齐次线性方程组**.

显然，齐次线性方程组(2.14)总有解 $x_1=x_2=\cdots=x_n=0$，称其为**零解**. 如果有一组不全为零的数是方程组(2.14)的解，则称其为**非零解**. 齐次线性方程组一定有零解，但不一定有非零解.

若方程组(2.14)的系数行列式 $D\neq0$，则方程组(2.14)有唯一解，而方程组总有零解，从而齐次线性方程组(2.14)仅有零解，我们将上述讨论总结在下面的定理中.

定理 2.6 如果齐次线性方程组(2.14)的系数行列式 $D\neq0$，则它只有零解，或者如果齐次线性方程组(2.14)有非零解，则必有系数行列式 $D=0$.

上面定理说明，系数行列式为零是齐次线性方程组有非零解的必要条件，在第 4 章中还将证明这个条件是充分的.

例 2.19 试问 λ 取何值时，齐次线性方程组

$$\begin{cases}(1-\lambda)x_1-2x_2+4x_3=0,\\2x_1+(3-\lambda)x_2+x_3=0,\\x_1+x_2+(1-\lambda)x_3=0\end{cases}$$

有非零解.

解 由定理 2.6 知，若齐次线性方程组有非零解，则其系数行列式必须为零. 而

$$D=\begin{vmatrix}1-\lambda&-2&4\\2&3-\lambda&1\\1&1&1-\lambda\end{vmatrix}=-\lambda(\lambda-2)(\lambda-3).$$

由 $D=0$ 得到 $\lambda=0,2$ 或 3.

不难验证，当 $\lambda=0,2,3$ 时，齐次线性方程组确有非零解.

习　题　二

A　组

1. 填空题

(1) 二阶行列式 $\begin{vmatrix} \cos\theta & -\sin\theta \\ \cos\theta & \sin\theta \end{vmatrix}=$________.

(2) 设 $\begin{vmatrix} a & b & 0 \\ -b & a & 0 \\ 100 & 10 & -1 \end{vmatrix}=0$，则 $a=$________，$b=$________.

(3) 当 $i=$________，$k=$________时，排列 $1274i56k9$ 为偶排列.

(4) $2n$ 元排列 $13\cdots(2n-1)(2n)(2n-2)\cdots42$ 的逆序数为________________，排列 $13\cdots(2n-1)24\cdots(2n-2)(2n)$ 的逆序数为________.

(5) 设 n 元排列 $a_1a_2\cdots a_n$ 的逆序数为 k，则 n 元排列 $a_na_{n-1}\cdots a_2a_1$ 的逆序数为________.

(6) 五阶行列式 $D=\det(a_{ij})$ 的展开式中，项 $a_{13}a_{24}a_{32}a_{41}a_{55}$ 前面带__________号，项 $a_{15}a_{24}a_{32}a_{43}a_{51}$ 前面带________号.

(7) 一元多项式 $f(x)=\begin{vmatrix} x-a_{11} & -a_{12} & -a_{13} & -a_{14} \\ -a_{21} & x-a_{22} & -a_{23} & -a_{24} \\ -a_{31} & -a_{32} & x-a_{33} & -a_{34} \\ -a_{41} & -a_{42} & -a_{43} & x-a_{44} \end{vmatrix}$ 中 x^3 的系数为________.

(8) 若 $\begin{vmatrix} x & 3 & 1 \\ y & 0 & 1 \\ z & 2 & 1 \end{vmatrix}=1$，则 $\begin{vmatrix} x-3 & y-3 & z-3 \\ 5 & 2 & 4 \\ 1 & 1 & 1 \end{vmatrix}=$________.

(9) 一元多项式 $f(x)=\begin{vmatrix} 2x & x & 1 & 2 \\ 1 & x & 1 & -1 \\ 3 & 2 & x & 1 \\ 1 & 1 & 1 & x \end{vmatrix}$ 中 x^4 的系数为________.

(10) 多项式 $f(x)=\begin{vmatrix} x & x & 1 & 2x \\ 1 & x & 2 & -1 \\ 2 & 1 & x & 1 \\ 2 & -1 & 1 & x \end{vmatrix}$ 中 x^3 的系数为________.

(11) 四阶行列式 $\begin{vmatrix} 0 & 1 & 0 & 0 \\ 0 & 0 & 2 & 0 \\ 0 & 0 & 0 & 3 \\ 4 & 0 & 0 & 0 \end{vmatrix} =$ ________.

(12) 四阶行列式 $\begin{vmatrix} \lambda & -1 & 0 & 0 \\ 0 & \lambda & -1 & 0 \\ 0 & 0 & \lambda & -1 \\ 4 & 3 & 2 & \lambda+1 \end{vmatrix} =$ ________.

(13) 四阶行列式 $\begin{vmatrix} a & 0 & -1 & 1 \\ 0 & a & 1 & -1 \\ -1 & 1 & a & 0 \\ 1 & -1 & 0 & a \end{vmatrix} =$ ________.

(14) 设有三阶行列式 $\begin{vmatrix} 1 & 2 & 3 \\ 4 & 5 & 6 \\ 7 & 8 & 9 \end{vmatrix}$，$A_{ij}$ 为元素 a_{ij} $(i, j = 1, 2, 3)$ 的代数余子式，则 $aA_{13} + bA_{23} + cA_{33}$ 对应的三阶行列式为________.

(15) 设行列式 $D = \begin{vmatrix} 3 & 0 & 4 & 0 \\ 2 & 2 & 2 & 2 \\ 0 & -7 & 0 & 0 \\ 5 & 3 & -2 & 2 \end{vmatrix}$，则第 4 行各元素余子式之和为________.

(16) 方程 $\begin{vmatrix} 1 & 1 & 1 & 1 \\ 1 & 2 & 3 & x \\ 1 & 2^2 & 3^2 & x^2 \\ 1 & 2^3 & 3^3 & x^3 \end{vmatrix} = 0$ 的根是________.

(17) 设齐次线性方程组 $\begin{cases} \lambda x_1 + x_2 + x_3 = 0, \\ x_1 + \lambda x_2 + x_3 = 0, \\ x_1 + x_2 + x_3 = 0 \end{cases}$ 只有零解，则 λ 满足________.

(18) 当 $\lambda =$ ________或 $\mu =$ ________时，齐次线性方程组 $\begin{cases} \lambda x_1 + x_2 + x_3 = 0, \\ x_1 + \mu x_2 + x_3 = 0, \\ x_1 + 2\mu x_2 + x_3 = 0 \end{cases}$ 有非零解.

2. 选择题

(1) 行列式 $\begin{vmatrix} x+2 & 0 & 0 \\ 2 & 4 & 0 \\ 0 & -1 & x-1 \end{vmatrix}$ 的值等于(　　).

A. $(x+2)(4x-4)$　　B. $(x+2)(5x-4)$　　C. $(x+2)(3x-4)$　　D. $(x+2)(4-5x)$

(2) 行列式 $D=\begin{vmatrix} 0 & 0 & \cdots & 0 & -a_1 \\ 0 & 0 & \cdots & -a_2 & 0 \\ \vdots & \vdots & & \vdots & \vdots \\ -a_n & 0 & \cdots & 0 & 0 \end{vmatrix}=(\quad)$.

A. $-a_1a_2\cdots a_n$　　B. $a_1a_2\cdots a_n$

C. $(-1)^n a_1a_2\cdots a_n$　　D. $(-1)^{\frac{n(n+1)}{2}} a_1a_2\cdots a_n$

(3) 行列式 $\begin{vmatrix} 0 & 0 & \cdots & 0 & a_1 \\ a_2 & 0 & \cdots & 0 & 0 \\ 0 & a_3 & \cdots & 0 & 0 \\ \vdots & \vdots & & \vdots & \vdots \\ 0 & 0 & \cdots & a_n & 0 \end{vmatrix}=(\quad)$.

A. $a_1a_2\cdots a_n$　　B. $-a_1a_2\cdots a_n$

C. $(-1)^{n+1} a_1a_2\cdots a_n$　　D. $(-1)^n a_1a_2\cdots a_n$

(4) 与行列式 $\begin{vmatrix} a_{11} & a_{12} & a_{13} \\ a_{21} & a_{22} & a_{23} \\ a_{31} & a_{32} & a_{33} \end{vmatrix}$ 等值的行列式为(　　).

A. $\begin{vmatrix} a_{13} & a_{12} & a_{11} \\ a_{23} & a_{22} & a_{21} \\ a_{33} & a_{32} & a_{31} \end{vmatrix}$　　B. $\begin{vmatrix} a_{11} & a_{12} & a_{13} \\ a_{31} & a_{32} & a_{33} \\ a_{21} & a_{22} & a_{23} \end{vmatrix}$

C. $\begin{vmatrix} a_{11} & a_{13} & a_{12} \\ a_{21} & a_{23} & a_{22} \\ a_{31} & a_{33} & a_{32} \end{vmatrix}$　　D. $\begin{vmatrix} a_{13} & a_{11} & a_{12} \\ a_{23} & a_{21} & a_{22} \\ a_{33} & a_{31} & a_{32} \end{vmatrix}$

(5) 若 $f_i(x)$ $(i=1, 2, 3, 4)$ 均可导，则 $\dfrac{\mathrm{d}}{\mathrm{d}x}\begin{vmatrix} f_1(x) & f_2(x) \\ f_3(x) & f_4(x) \end{vmatrix}=(\quad)$.

A. $\begin{vmatrix} f_1'(x) & f_2'(x) \\ f_3'(x) & f_4'(x) \end{vmatrix}$　　B. $\begin{vmatrix} f_1'(x) & f_2(x) \\ f_3'(x) & f_4(x) \end{vmatrix}$

C. $\begin{vmatrix} f_1(x) & f_2'(x) \\ f_3(x) & f_4'(x) \end{vmatrix}$　　D. $\begin{vmatrix} f_1'(x) & f_2(x) \\ f_3'(x) & f_4(x) \end{vmatrix}+\begin{vmatrix} f_1(x) & f_2'(x) \\ f_3(x) & f_4'(x) \end{vmatrix}$

(6) 设行列式 $D=\begin{vmatrix} a_1 & b_1 & c_1 \\ a_2 & b_2 & c_2 \\ a_3 & b_3 & c_3 \end{vmatrix}$，则 $\begin{vmatrix} c_1 & b_1+2c_1 & a_1+2b_1+3c_1 \\ c_2 & b_2+2c_2 & a_2+2b_2+3c_2 \\ c_3 & b_3+2c_3 & a_3+2b_3+3c_3 \end{vmatrix}=(\quad)$.

A. $-2D$　　B. $-D$　　C. D　　D. $2D$

(7) 设五阶行列式 $D=\det(a_{ij})$，则五阶行列式 $D_1=\det((-1)^{i+j}a_{ij})=(\quad)$.

A. $-D$　　B. D　　C. 0　　D. 无法确定

(8) 多项式 $f(x)=\begin{vmatrix} a_{11}+x & a_{12}+x & a_{13}+x \\ a_{21}+x & a_{22}+x & a_{23}+x \\ a_{31}+x & a_{32}+x & a_{33}+x \end{vmatrix}$ 中，x 的次数最高可能为(　　).

A. 0　　B. 1　　C. 2　　D. 3

(9) 设 $f(x)=\begin{vmatrix} x-2 & x-1 & x-2 & x-3 \\ 2x-2 & 2x-1 & 2x-2 & 2x-3 \\ 3x-3 & 3x-2 & 4x-5 & 3x-5 \\ 4x & 4x-3 & 5x-7 & 4x-3 \end{vmatrix}$，则 $f(x)$ 的零点个数为(　　).

A. 1　　B. 2　　C. 3　　D. 4

(10) 行列式 $D=\begin{vmatrix} a+1 & 1 & 1 & 1 \\ -1 & a-1 & -1 & -1 \\ 1 & 1 & a+1 & 1 \\ -1 & -1 & -1 & a-1 \end{vmatrix}$ 的值为(　　).

A. $-a^4$　　B. 0　　C. a^4　　D. a^4-1

(11) 四阶行列式 $\begin{vmatrix} a_1 & 0 & 0 & b_1 \\ 0 & a_2 & b_2 & 0 \\ 0 & b_3 & a_3 & 0 \\ b_4 & 0 & 0 & a_4 \end{vmatrix}$ 的值为(　　).

A. $a_1a_2a_3a_4-b_1b_2b_3b_4$　　B. $a_1a_2a_3a_4+b_1b_2b_3b_4$

C. $(a_1a_2-b_1b_2)(a_3a_4-b_3b_4)$　　D. $(a_2a_3-b_2b_3)(a_1a_4-b_1b_4)$

(12) 四阶行列式 $\begin{vmatrix} 0 & a & b & 0 \\ a & 0 & 0 & b \\ 0 & c & d & 0 \\ c & 0 & 0 & d \end{vmatrix}$ 的值为(　　).

A. $(ad-bc)^2$　　B. $-(ad-bc)^2$

C. $a^2d^2-b^2c^2$　　D. $-a^2d^2+b^2c^2$

(13) 设 $f(x)=\begin{vmatrix} 1 & 1 & 1 & 1 \\ 1 & -1 & 2 & x \\ 1 & 1 & 4 & x^2 \\ 1 & -1 & 8 & x^3 \end{vmatrix}$，则方程 $f(x)=0$ 的三个根为(　　).

A. $1,-1,2$　　B. $1,1,4$　　C. $1,-1,8$　　D. $2,4,8$

(14) 设 A_{ij} 是 $D=\begin{vmatrix} 1 & 1 & 4 & -1 \\ 2 & 1 & 0 & 0 \\ 2 & 6 & 0 & -2 \\ 3 & 2 & 1 & 4 \end{vmatrix}$ 中元素的代数余子式，则 $6A_{41}+3A_{42}=$(　　).

A. -1　　B. 0　　C. 1　　D. D

(15) 设 A_{ij} 是 n 阶行列式 $D=\det(a_{ij})$ 中元素 a_{ij} 的代数余子式，则以下正确的是(　　).

A. $\sum_{i=1}^{n} a_{ij}A_{ij}=0$　　B. $\sum_{j=1}^{n} a_{ij}A_{ij}=0$　　C. $\sum_{j=1}^{n} a_{ij}A_{ij}=D$　　D. $\sum_{i=1}^{n} a_{i1}A_{i2}=D$

(16) 已知齐次线性方程组 $\begin{cases}\lambda x+\ \ y+\ z=0,\\ \lambda x+3y-\ z=0,\\ \quad -y+\lambda z=0\end{cases}$ 仅有零解，则(　　).

A. $\lambda=0$　　B. $\lambda=1$　　C. $\lambda\neq 0$ 或 $\lambda\neq 1$　　D. $\lambda\neq 0$ 且 $\lambda\neq 1$

3. 用对角线法则计算以下三阶行列式:

(1) $\begin{vmatrix}-1 & 1 & 1\\ 3 & -2 & 1\\ 2 & 3 & -1\end{vmatrix}$;　　(2) $\begin{vmatrix}2 & -3 & 2\\ -1 & 4 & 3\\ 3 & 1 & -1\end{vmatrix}$;

(3) $\begin{vmatrix}a & b & c\\ b & c & a\\ c & a & b\end{vmatrix}$;　　(4) $\begin{vmatrix}x & y & x+y\\ y & x+y & x\\ x+y & x & y\end{vmatrix}$.

4. 由行列式定义证明 $\begin{vmatrix}a_1 & a_2 & a_3 & a_4 & a_5\\ b_1 & b_2 & b_3 & b_4 & b_5\\ c_1 & c_2 & 0 & 0 & 0\\ d_1 & d_2 & 0 & 0 & 0\\ e_1 & e_2 & 0 & 0 & 0\end{vmatrix}=0$.

5. 用行列式定义确定行列式 $\begin{vmatrix}x-1 & 4 & 3 & 1\\ 2 & x-2 & 3 & 1\\ 7 & 9 & x & 0\\ 5 & 3 & 1 & x+1\end{vmatrix}$ 中 x^3 与 x^4 的系数.

6. 已知 1326, 2743, 5005, 3874 都能被 13 整除，不计算行列式的值，证明行列式

$$D=\begin{vmatrix}1 & 3 & 2 & 6\\ 2 & 7 & 4 & 3\\ 5 & 0 & 0 & 5\\ 3 & 8 & 7 & 4\end{vmatrix}$$

能被 13 整除.

7. 计算下列各行列式:

(1) $\begin{vmatrix}103 & 100 & 204 & 100\\ 199 & 200 & 395 & 200\\ 301 & 300 & 600 & 300\\ 402 & 400 & 799 & 401\end{vmatrix}$;　　(2) $\begin{vmatrix}2 & 1 & 4 & 1\\ 3 & -1 & 2 & 1\\ 1 & 2 & 3 & 2\\ 5 & 0 & 6 & 2\end{vmatrix}$;

(3) $\begin{vmatrix}-ab & ac & ae\\ bd & -cd & de\\ bf & cf & -ef\end{vmatrix}$;　　(4) $\begin{vmatrix}a & 1 & 0 & 0\\ -1 & b & 1 & 0\\ 0 & -1 & c & 1\\ 0 & 0 & -1 & d\end{vmatrix}$.

8. 已知 $\begin{vmatrix} a & 0 & 0 & 2t \\ 1 & 0 & 1 & 2 \\ 0 & 2 & b & 0 \\ 1 & 0 & 0 & 2 \end{vmatrix} = -1$，求 $\begin{vmatrix} a+1 & 0 & 0 & t+1 \\ 0 & -2 & -b & 0 \\ 1 & 0 & 1 & 1 \\ 1 & 0 & 0 & 1 \end{vmatrix}$.

9. 证明:

(1) $\begin{vmatrix} a^2 & ab & b^2 \\ 2a & a+b & 2b \\ 1 & 1 & 1 \end{vmatrix} = (a-b)^3$;

(2) $\begin{vmatrix} ax+by & ay+bz & az+bx \\ ay+bz & az+bx & ax+by \\ az+bx & ax+by & ay+bz \end{vmatrix} = (a^3+b^3)\begin{vmatrix} x & y & z \\ y & z & x \\ z & x & y \end{vmatrix}$;

(3) 若 $\begin{vmatrix} a_{11} & a_{12} & a_{13} & x_1 \\ a_{21} & a_{22} & a_{23} & x_2 \\ a_{31} & a_{32} & a_{33} & x_3 \\ a_{41} & a_{42} & a_{43} & x_4 \end{vmatrix} = 3$, $\begin{vmatrix} a_{11} & a_{12} & a_{13} & y_1 \\ a_{21} & a_{22} & a_{23} & y_2 \\ a_{31} & a_{32} & a_{33} & y_3 \\ a_{41} & a_{42} & a_{43} & y_4 \end{vmatrix} = 1$，则

$$D = \begin{vmatrix} a_{11} & 2a_{12} & 3a_{13} & 4x_1-3y_1 \\ a_{21} & 2a_{22} & 3a_{23} & 4x_2-3y_2 \\ a_{31} & 2a_{32} & 3a_{33} & 4x_3-3y_3 \\ a_{41} & 2a_{42} & 3a_{43} & 4x_4-3y_4 \end{vmatrix} = 54.$$

10. 计算下列行列式:

(1) $D_n = \begin{vmatrix} a_1-b_1 & a_1-b_2 & \cdots & a_1-b_n \\ a_2-b_1 & a_2-b_2 & \cdots & a_2-b_n \\ \vdots & \vdots & & \vdots \\ a_n-b_1 & a_n-b_2 & \cdots & a_n-b_n \end{vmatrix}$;　　(2) $D_n = \begin{vmatrix} x & y & 0 & \cdots & 0 & 0 \\ 0 & x & y & \cdots & 0 & 0 \\ \vdots & \vdots & \vdots & & \vdots & \vdots \\ 0 & 0 & 0 & \cdots & x & y \\ y & 0 & 0 & \cdots & 0 & x \end{vmatrix}$;

(3) $D_n = \begin{vmatrix} 1 & 2 & 2 & \cdots & 2 \\ 2 & 2 & 2 & \cdots & 2 \\ 2 & 2 & 3 & \cdots & 2 \\ \vdots & \vdots & \vdots & & \vdots \\ 2 & 2 & 2 & \cdots & n \end{vmatrix}$;　　(4) $D_{n+1} = \begin{vmatrix} 1 & 0 & 0 & \cdots & 0 & y_1 \\ 0 & 1 & 0 & \cdots & 0 & y_2 \\ 0 & 0 & 1 & \cdots & 0 & y_3 \\ \vdots & \vdots & \vdots & & \vdots & \vdots \\ 0 & 0 & 0 & \cdots & 1 & y_n \\ x_1 & x_2 & x_3 & \cdots & x_n & 0 \end{vmatrix}$;

(5) $D_n = \begin{vmatrix} 1 & 2 & 3 & \cdots & n-1 & n \\ 1 & -1 & 0 & \cdots & 0 & 0 \\ 0 & 2 & -2 & \cdots & 0 & 0 \\ \vdots & \vdots & \vdots & & \vdots & \vdots \\ 0 & 0 & 0 & \cdots & 2-n & 0 \\ 0 & 0 & 0 & \cdots & n-1 & 1-n \end{vmatrix}$;

(6) $D_n=\begin{vmatrix}1 & 1 & \cdots & 1\\ x_1+1 & x_2+1 & \cdots & x_n+1\\ x_1^2+x_1 & x_2^2+x_2 & \cdots & x_n^2+x_n\\ \vdots & \vdots & & \vdots\\ x_1^{n-1}+x_1^{n-2} & x_2^{n-1}+x_2^{n-2} & \cdots & x_n^{n-1}+x_n^{n-2}\end{vmatrix}$;

(7) $D_n=\begin{vmatrix}x & a & \cdots & a\\ a & x & \cdots & a\\ \vdots & \vdots & & \vdots\\ a & a & \cdots & x\end{vmatrix}$;

(8) $D_n=\begin{vmatrix}1+a_1 & 1 & \cdots & 1\\ 1 & 1+a_2 & \cdots & 1\\ \vdots & \vdots & & \vdots\\ 1 & 1 & \cdots & 1+a_n\end{vmatrix}$ $(a_1a_2\cdots a_n\neq 0)$;

(9) $D_n=\begin{vmatrix}x_1-m & x_2 & x_3 & \cdots & x_n\\ x_1 & x_2-m & x_3 & \cdots & x_n\\ x_1 & x_2 & x_3-m & \cdots & x_n\\ \vdots & \vdots & \vdots & & \vdots\\ x_1 & x_2 & x_3 & \cdots & x_n-m\end{vmatrix}$;

(10) $D_n=\begin{vmatrix}1 & 2 & 3 & \cdots & n\\ 2 & 1 & 2 & \cdots & n-1\\ 3 & 2 & 1 & \cdots & n-2\\ \vdots & \vdots & \vdots & & \vdots\\ n & n-1 & n-2 & \cdots & 1\end{vmatrix}$; (11) $D_n=\begin{vmatrix}2 & 0 & 0 & \cdots & 0 & 2\\ -1 & 2 & 0 & \cdots & 0 & 2\\ 0 & -1 & 2 & \cdots & 0 & 2\\ \vdots & \vdots & \vdots & & \vdots & \vdots\\ 0 & 0 & 0 & \cdots & 2 & 2\\ 0 & 0 & 0 & \cdots & -1 & 2\end{vmatrix}$.

11. 用递推法或数学归纳法证明:

(1) $D_n=\begin{vmatrix}2 & 1 & 0 & \cdots & 0 & 0\\ 1 & 2 & 1 & \cdots & 0 & 0\\ 0 & 1 & 2 & \cdots & 0 & 0\\ \vdots & \vdots & \vdots & & \vdots & \vdots\\ 0 & 0 & 0 & \cdots & 2 & 1\\ 0 & 0 & 0 & \cdots & 1 & 2\end{vmatrix}=n+1$;

(2) $D_n=\begin{vmatrix}\cos\alpha & 1 & \cdots & 0 & 0\\ 1 & 2\cos\alpha & \cdots & 0 & 0\\ \vdots & \vdots & & \vdots & \vdots\\ 0 & 0 & \cdots & 2\cos\alpha & 1\\ 0 & 0 & \cdots & 1 & 2\cos\alpha\end{vmatrix}=\cos n\alpha$.

12. 用 Cramer 法则求解下列线性方程组:

(1) $\begin{cases} x_1 - x_2 + 3x_3 + 2x_4 = 2, \\ x_1 + 2x_2 + 6x_4 = 13, \\ x_2 - 2x_3 + 3x_4 = 8, \\ 4x_1 - 3x_2 + 5x_3 + x_4 = 1; \end{cases}$

(2) $\begin{cases} 5x_1 + 6x_2 = 1, \\ x_1 + 5x_2 + 6x_3 = 0, \\ x_2 + 5x_3 + 6x_4 = 0, \\ x_3 + 5x_4 + 6x_5 = 0, \\ x_4 + 5x_5 = 1. \end{cases}$

13. 试问 λ, μ 取何值时, 齐次线性方程组 $\begin{cases} \lambda x_1 + x_2 + x_3 = 0, \\ x_1 + \mu x_2 + x_3 = 0, \\ x_1 + 2\mu x_2 + x_3 = 0 \end{cases}$ 有非零解?

B 组

1. 计算以下行列式:

(1) $D_n = \begin{vmatrix} a_1 + \lambda_1 & a_2 & \cdots & a_n \\ a_1 & a_2 + \lambda_2 & \cdots & a_n \\ \vdots & \vdots & & \vdots \\ a_1 & a_2 & \cdots & a_n + \lambda_n \end{vmatrix}$, $\lambda_1 \lambda_2 \cdots \lambda_n \neq 0$;

(2) $D_n = \begin{vmatrix} x & y & y & \cdots & y & y \\ z & x & y & \cdots & y & y \\ z & z & x & \cdots & y & y \\ \vdots & \vdots & \vdots & & \vdots & \vdots \\ z & z & z & \cdots & x & y \\ z & z & z & \cdots & z & x \end{vmatrix}$ $(y \neq z)$;

(3) $D_n = \begin{vmatrix} 1 & 1 & 1 & \cdots & 1 \\ x_1 & x_2 & x_3 & \cdots & x_n \\ \vdots & \vdots & \vdots & & \vdots \\ x_1^{n-2} & x_2^{n-2} & x_3^{n-2} & \cdots & x_n^{n-2} \\ x_1^n & x_2^n & x_3^n & \cdots & x_n^n \end{vmatrix}$;

(4) $D_n = \begin{vmatrix} \lambda & a & a & a & \cdots & a \\ b & \alpha & \beta & \beta & \cdots & \beta \\ b & \beta & \alpha & \beta & \cdots & \beta \\ b & \beta & \beta & \alpha & \cdots & \beta \\ \vdots & \vdots & \vdots & \vdots & & \vdots \\ b & \beta & \beta & \beta & \cdots & \alpha \end{vmatrix}$;

(5) $D_n = \begin{vmatrix} 1 & 2 & 3 & \cdots & n-1 & n \\ 2 & 3 & 4 & \cdots & n & 1 \\ 3 & 4 & 5 & \cdots & 1 & 2 \\ \vdots & \vdots & \vdots & & \vdots & \vdots \\ n-1 & n & 1 & \cdots & n-3 & n-2 \\ n & 1 & 2 & \cdots & n-2 & n-1 \end{vmatrix}$;

(6) $D_n = \begin{vmatrix} a_1 & x & x & \cdots & x \\ x & a_2 & x & \cdots & x \\ x & x & a_3 & \cdots & x \\ \vdots & \vdots & \vdots & & \vdots \\ x & x & x & \cdots & a_n \end{vmatrix}$.

2. 证明:

(1) $$D_n=\begin{vmatrix} a+b & ab & 0 & \cdots & 0 & 0 \\ 1 & a+b & ab & \cdots & 0 & 0 \\ 0 & 1 & a+b & \cdots & 0 & 0 \\ \vdots & \vdots & \vdots & & \vdots & \vdots \\ 0 & 0 & 0 & \cdots & a+b & ab \\ 0 & 0 & 0 & \cdots & 1 & a+b \end{vmatrix}=\begin{cases} \dfrac{a^{n+1}-b^{n+1}}{a-b}, & a\neq b, \\ (n+1)a^n, & a=b; \end{cases}$$

(2) $$D_n=\begin{vmatrix} a_1+x_1 & a_2 & a_3 & \cdots & a_{n-1} & a_n \\ -x_1 & x_2 & 0 & \cdots & 0 & 0 \\ 0 & -x_2 & x_3 & \cdots & 0 & 0 \\ \vdots & \vdots & \vdots & & \vdots & \vdots \\ 0 & 0 & 0 & \cdots & x_{n-1} & 0 \\ 0 & 0 & 0 & \cdots & -x_{n-1} & x_n \end{vmatrix}=\left(\prod_{k=1}^{n}x_k\right)\left(1+\sum_{k=1}^{n}\frac{a_k}{x_k}\right).$$

3. 设 A_{ij} 是 n 阶行列式 $D=\det(a_{ij})$ 的元素 a_{ij} 的代数余子式, 证明:

(1) $$\begin{vmatrix} a_{11}+x & a_{12}+x & \cdots & a_{1n}+x \\ a_{21}+x & a_{22}+x & \cdots & a_{2n}+x \\ \vdots & \vdots & & \vdots \\ a_{n1}+x & a_{n2}+x & \cdots & a_{nn}+x \end{vmatrix}=\begin{vmatrix} a_{11} & a_{12} & \cdots & a_{1n} \\ a_{21} & a_{22} & \cdots & a_{2n} \\ \vdots & \vdots & & \vdots \\ a_{n1} & a_{n2} & \cdots & a_{nn} \end{vmatrix}+x\sum_{i=1}^{n}\sum_{j=1}^{n}A_{ij};$$

(2) $$\sum_{i=1}^{n}\sum_{j=1}^{n}A_{ij}=\begin{vmatrix} a_{11}-a_{12} & a_{12}-a_{13} & \cdots & a_{1(n-1)}-a_{1n} & 1 \\ a_{21}-a_{22} & a_{22}-a_{23} & \cdots & a_{2(n-1)}-a_{2n} & 1 \\ \vdots & \vdots & & \vdots & \vdots \\ a_{n1}-a_{n2} & a_{n2}-a_{n3} & \cdots & a_{n(n-1)}-a_{nn} & 1 \end{vmatrix}.$$

习题二部分难题详解

第3章 矩 阵

知识框架

前一章介绍的行列式只能用来讨论一类特殊的线性方程组的求解问题，对于一般线性方程组的求解，需要引进一个重要的数学工具——矩阵. 在整个线性代数中，矩阵是一个十分有力的工具，同时，它在自然科学和工程技术领域有广泛的应用. 本章介绍矩阵的概念，并讨论矩阵的运算、分块方法、初等变换、求逆等问题.

3.1 矩阵的概念

首先看下面的例子.

例 3.1 在物资调配中，某种物资有 m 个产地 $\alpha_1, \alpha_2, \cdots, \alpha_m$ 和 n 个销地 $\beta_1, \beta_2, \cdots, \beta_n$，那么，一个调运方案可用下面的数表表示.

表 3.1

产地	销地			
	β_1	β_2	$\cdots$	β_n
α_1	a_{11}	a_{12}	$\cdots$	a_{1n}
α_2	a_{21}	a_{22}	$\cdots$	a_{2n}
$\vdots$	$\vdots$	$\vdots$		$\vdots$
α_m	a_{m1}	a_{m2}	$\cdots$	a_{mn}

表 3.1 中数字 a_{ij} 表示产地 α_i 运到销地 β_j 的数量，更为简洁地，我们可用数表

$$\begin{pmatrix} a_{11} & a_{12} & \cdots & a_{1n} \\ a_{21} & a_{22} & \cdots & a_{2n} \\ \vdots & \vdots & & \vdots \\ a_{m1} & a_{m2} & \cdots & a_{mn} \end{pmatrix}$$

来表示上述物资调运方案.

例 3.2 n 个变量 $x_1, x_2, \cdots, x_n$ 与 m 个变量 $y_1, y_2, \cdots, y_m$ 之间的关系式

$$\begin{cases} y_1 = a_{11}x_1 + a_{12}x_2 + \cdots + a_{1n}x_n, \\ y_2 = a_{21}x_1 + a_{22}x_2 + \cdots + a_{2n}x_n, \\ \quad\cdots\cdots \\ y_m = a_{m1}x_1 + a_{m2}x_2 + \cdots + a_{mn}x_n, \end{cases} \tag{3.1}$$

称为一个从变量 $x_1, x_2, \cdots, x_n$ 到变量 $y_1, y_2, \cdots, y_m$ 的**线性变换**，其中，系数 a_{ij} 为常数. 将 a_{ij} 的相对位置保持不变，可以排成以下数表

$$\begin{pmatrix} a_{11} & a_{12} & \cdots & a_{1n} \\ a_{21} & a_{22} & \cdots & a_{2n} \\ \vdots & \vdots & & \vdots \\ a_{m1} & a_{m2} & \cdots & a_{mn} \end{pmatrix}.$$

事实上，一个线性变换(3.1)与一个如上形式的数表存在一一对应关系.

类似这种矩形排列的数表，在自然科学和技术领域中使用非常方便、直观.

定义 3.1 由 $m \times n$ 个数 $a_{ij}(i=1,2,\cdots,m;\ j=1,2,\cdots,n)$ 排成的 m 行 n 列数表

$$\begin{pmatrix} a_{11} & a_{12} & \cdots & a_{1n} \\ a_{21} & a_{22} & \cdots & a_{2n} \\ \vdots & \vdots & & \vdots \\ a_{m1} & a_{m2} & \cdots & a_{mn} \end{pmatrix}$$

称为一个 **m 行 n 列矩阵**. 其中的 $m \times n$ 个数称为矩阵的**元素**，数 a_{ij} 称为该矩阵的**第 i 行第 j 列元素**，$m \times n$ 是矩阵的**型号**，m 称为矩阵的**行标**，n 称为矩阵的**列标**.

矩阵通常用大写黑体字母 $\boldsymbol{A}, \boldsymbol{B}, \boldsymbol{C}, \cdots$ 来表示. 如定义 3.1 的 $m \times n$ 矩阵可记作 $\boldsymbol{A}=(a_{ij})_{m\times n}$ 或 $\boldsymbol{A}_{m\times n}$，在不混淆的情况下，有时也简记为 $\boldsymbol{A}=(a_{ij})$ 或 $\boldsymbol{A}$.

元素全为实数的矩阵称为**实矩阵**；有元素为复数的矩阵称为**复矩阵**. 如无特别说明，本书讨论的矩阵均为实矩阵.

只有一行的矩阵称为**行矩阵**，即 $1 \times n$ 矩阵，行矩阵又称为**行向量**. 行矩阵记为

$$\boldsymbol{A}=(a_1, a_2, \cdots, a_n).$$

只有一列的矩阵称为**列矩阵**，即 $m \times 1$ 矩阵，列矩阵又称为**列向量**. 列矩阵记为

$$\boldsymbol{B}=\begin{pmatrix} b_1 \\ b_2 \\ \vdots \\ b_m \end{pmatrix}.$$

行矩阵和列矩阵经常用小写黑体字母 $\boldsymbol{a}, \boldsymbol{b}, \boldsymbol{c}, \cdots$ 来表示.

行数与列数都等于 n 的矩阵 $\boldsymbol{A}_{n\times n}$ 称为 **n 阶矩阵**或 **n 阶方阵**，记作 $\boldsymbol{A}_n$ 或 $\boldsymbol{A}$.

一个方阵中，从左上角到右下角的直线称为该方阵的**主对角线**.

在 n 阶方阵中，若主对角线以下的元素全为零，即

$$\boldsymbol{A}=\begin{pmatrix} a_{11} & a_{12} & \cdots & a_{1n} \\ 0 & a_{22} & \cdots & a_{2n} \\ \vdots & \vdots & & \vdots \\ 0 & 0 & \cdots & a_{nn} \end{pmatrix},$$

则称 $\boldsymbol{A}$ 为**上三角形矩阵**. 若主对角线以上的元素全为零，即

$$B=\begin{pmatrix} a_{11} & 0 & \cdots & 0 \\ a_{21} & a_{22} & \cdots & 0 \\ \vdots & \vdots & & \vdots \\ a_{n1} & a_{n2} & \cdots & a_{nn} \end{pmatrix},$$

则称 $\boldsymbol{B}$ 为**下三角形矩阵**.

若一个方阵的主对角线以外的元素都为零，即

$$\Lambda=\begin{pmatrix} a_{11} & 0 & \cdots & 0 \\ 0 & a_{22} & \cdots & 0 \\ \vdots & \vdots & & \vdots \\ 0 & 0 & \cdots & a_{nn} \end{pmatrix},$$

则称 Λ 为**对角矩阵**，也记为 $\Lambda=\operatorname{diag}(a_{11},a_{22},\cdots,a_{nn})$.

在 n 阶对角矩阵中，若 $a_{11}=a_{22}=\cdots=a_{nn}=1$，则称此矩阵为 **$n$ 阶单位矩阵**，记为

$$\boldsymbol{E}_n=\begin{pmatrix} 1 & 0 & \cdots & 0 \\ 0 & 1 & \cdots & 0 \\ \vdots & \vdots & & \vdots \\ 0 & 0 & \cdots & 1 \end{pmatrix}.$$

在矩阵阶数 n 不混淆的情况下，有时也可将单位矩阵记为 $\boldsymbol{E}$．对于任何一个正整数 n，都有一个相应阶数的单位矩阵与之对应.

例 3.3　线性变换

$$\begin{cases} y_1=\lambda_1x_1, \\ y_2=\lambda_2x_2, \\ \quad\cdots\cdots \\ y_n=\lambda_nx_n, \end{cases} \tag{3.2}$$

对应 n 阶对角矩阵 $\Lambda=\begin{pmatrix} \lambda_1 & 0 & \cdots & 0 \\ 0 & \lambda_2 & \cdots & 0 \\ \vdots & \vdots & & \vdots \\ 0 & 0 & \cdots & \lambda_n \end{pmatrix}$．若 $\lambda_1=\lambda_2=\cdots=\lambda_n=1$，则称线性变换(3.2)为**恒等变换**.

若两个矩阵的行数与列数分别相等，则称它们是**同型矩阵**．若 $\boldsymbol{A}=(a_{ij})$，$\boldsymbol{B}=(b_{ij})$ 是同型矩阵，且它们的元素对应相等，即

$$a_{ij}=b_{ij}\ (i=1,2,\cdots,m;\ j=1,2,\cdots,n)\ ,$$

则称 $\boldsymbol{A}$ 与 $\boldsymbol{B}$ **相等**，记作 $\boldsymbol{A}=\boldsymbol{B}$.

所有元素都是零的矩阵称为**零矩阵**，记为 $\boldsymbol{O}$，即

$$\boldsymbol{O}=\begin{pmatrix} 0 & 0 & \cdots & 0 \\ 0 & 0 & \cdots & 0 \\ \vdots & \vdots & & \vdots \\ 0 & 0 & \cdots & 0 \end{pmatrix}.$$

对任意型号的矩阵，都有一个相应型号的零矩阵与之对应.

根据矩阵相等的定义，不同阶的单位矩阵是不相等的；不同型的零矩阵是不同的.

值得注意的是，矩阵与行列式在形式上相似，但意义上完全不同. 一个行列式表示的是一个数，而一个矩阵表示的是一个 m 行 n 列的数表.

3.2 矩阵的运算

为使矩阵有广泛的应用，需要定义矩阵的运算，它们可以认为是矩阵之间一些最基本的关系.

1. 矩阵的加法

定义 3.2 设有两个 $m\times n$ 矩阵 $\boldsymbol{A}=(a_{ij})$，$\boldsymbol{B}=(b_{ij})$，那么**矩阵 $\boldsymbol{A}$ 与 $\boldsymbol{B}$ 的和**记为 $\boldsymbol{A}+\boldsymbol{B}$，规定为

$$\boldsymbol{A}+\boldsymbol{B}=\begin{pmatrix} a_{11}+b_{11} & a_{12}+b_{12} & \cdots & a_{1n}+b_{1n} \\ a_{21}+b_{21} & a_{22}+b_{22} & \cdots & a_{2n}+b_{2n} \\ \vdots & \vdots & & \vdots \\ a_{m1}+b_{m1} & a_{m2}+b_{m2} & \cdots & a_{mn}+b_{mn} \end{pmatrix}.$$

根据定义，只有两个矩阵是同型矩阵时，这两个矩阵才能进行加法运算.

由定义 3.2 容易验证，矩阵加法满足以下运算律(假设 $\boldsymbol{A},\boldsymbol{B},\boldsymbol{C}$ 都是 $m\times n$ 矩阵)：

(1) 交换律 $\boldsymbol{A}+\boldsymbol{B}=\boldsymbol{B}+\boldsymbol{A}$；

(2) 结合律 $(\boldsymbol{A}+\boldsymbol{B})+\boldsymbol{C}=\boldsymbol{A}+(\boldsymbol{B}+\boldsymbol{C})$.

设矩阵 $\boldsymbol{A}=(a_{ij})_{m\times n}$，记

$$-\boldsymbol{A}=(-a_{ij})_{m\times n},$$

其中，$-\boldsymbol{A}$ 称为矩阵 $\boldsymbol{A}$ 的**负矩阵**，显然有

$$\boldsymbol{A}+(-\boldsymbol{A})=\boldsymbol{O}.$$

因此，定义两个同型**矩阵的减法**为

$$\boldsymbol{A}-\boldsymbol{B}=\boldsymbol{A}+(-\boldsymbol{B})=(a_{ij}-b_{ij})_{m\times n}.$$

2. 矩阵的数乘

定义 3.3 一个数 λ 与矩阵 $\boldsymbol{A}=(a_{ij})_{m\times n}$ 的乘积记为 $\lambda\boldsymbol{A}$ 或 $\boldsymbol{A}\lambda$，规定为

$$\lambda\boldsymbol{A}=\boldsymbol{A}\lambda=\begin{pmatrix} \lambda a_{11} & \lambda a_{12} & \cdots & \lambda a_{1n} \\ \lambda a_{21} & \lambda a_{22} & \cdots & \lambda a_{2n} \\ \vdots & \vdots & & \vdots \\ \lambda a_{m1} & \lambda a_{m2} & \cdots & \lambda a_{mn} \end{pmatrix}.$$

矩阵的加法与数乘两种运算统称为矩阵的**线性运算**，满足以下运算律(假设 $\boldsymbol{A},\boldsymbol{B}$ 为 $m\times n$ 矩阵，λ,μ 为数):

(1) 结合律　$(\lambda\mu)\boldsymbol{A}=\lambda(\mu\boldsymbol{A})$；

(2) 分配律　$\lambda(\boldsymbol{A}+\boldsymbol{B})=\lambda\boldsymbol{A}+\lambda\boldsymbol{B}$，$(\lambda+\mu)\boldsymbol{A}=\lambda\boldsymbol{A}+\mu\boldsymbol{A}$.

例 3.4　设 $\boldsymbol{A}=\begin{pmatrix}2&0&3\\-1&1&0\end{pmatrix},\boldsymbol{B}=\begin{pmatrix}1&2&5\\4&0&1\end{pmatrix}$，求 $2\boldsymbol{A}-3\boldsymbol{B}$.

解

$$2\boldsymbol{A}-3\boldsymbol{B}=2\begin{pmatrix}2&0&3\\-1&1&0\end{pmatrix}-3\begin{pmatrix}1&2&5\\4&0&1\end{pmatrix}=\begin{pmatrix}4&0&6\\-2&2&0\end{pmatrix}-\begin{pmatrix}3&6&15\\12&0&3\end{pmatrix}$$

$$=\begin{pmatrix}1&-6&-9\\-14&2&-3\end{pmatrix}.$$

3. 矩阵的乘法

定义 3.4　设 $\boldsymbol{A}$ 是一个 $m\times s$ 矩阵，$\boldsymbol{B}$ 是一个 $s\times n$ 矩阵，即

$$\boldsymbol{A}=\begin{pmatrix}a_{11}&a_{12}&\cdots&a_{1s}\\a_{21}&a_{22}&\cdots&a_{2s}\\\vdots&\vdots&&\vdots\\a_{m1}&a_{m2}&\cdots&a_{ms}\end{pmatrix},\quad \boldsymbol{B}=\begin{pmatrix}b_{11}&b_{12}&\cdots&b_{1n}\\b_{21}&b_{22}&\cdots&b_{2n}\\\vdots&\vdots&&\vdots\\b_{s1}&b_{s2}&\cdots&b_{sn}\end{pmatrix},$$

那么，规定 $\boldsymbol{A}$ **与** $\boldsymbol{B}$ **的乘积**是一个 $m\times n$ 矩阵 $\boldsymbol{C}$，即

$$\boldsymbol{C}=\boldsymbol{AB}=\begin{pmatrix}c_{11}&c_{12}&\cdots&c_{1n}\\c_{21}&c_{22}&\cdots&c_{2n}\\\vdots&\vdots&&\vdots\\c_{m1}&c_{m2}&\cdots&c_{mn}\end{pmatrix},$$

其中

$$c_{ij}=a_{i1}b_{1j}+a_{i2}b_{2j}+\cdots+a_{is}b_{sj}=\sum_{k=1}^{s}a_{ik}b_{kj}\quad(i=1,2,\cdots,m;\ j=1,2,\cdots,n).$$

根据定义 3.4，对于两个矩阵 $\boldsymbol{A},\boldsymbol{B}$，只有当 $\boldsymbol{A}$ 的列数等于 $\boldsymbol{B}$ 的行数时，$\boldsymbol{C}=\boldsymbol{AB}$ 才有意义. 并且乘积矩阵 $\boldsymbol{C}$ 的行数等于 $\boldsymbol{A}$ 的行数，$\boldsymbol{C}$ 的列数等于 $\boldsymbol{B}$ 的列数，$\boldsymbol{C}$ 的第 i 行第 j 列元素 c_{ij} 等于 $\boldsymbol{A}$ 的第 i 行元素与 $\boldsymbol{B}$ 的第 j 列元素的对应乘积之和.

按照定义，一个 $1\times s$ 的行矩阵与一个 $s\times 1$ 的列矩阵的乘积是一个一阶方阵，也就是一个数:

$$(a_1,a_2,\cdots,a_s)\begin{pmatrix}b_1\\b_2\\\vdots\\b_s\end{pmatrix}=a_1b_1+a_2b_2+\cdots+a_sb_s.$$

而一个 $s\times 1$ 的列矩阵与一个 $1\times s$ 的行矩阵的乘积是一个 s 阶方阵:

$$\begin{pmatrix} b_1 \\ b_2 \\ \vdots \\ b_s \end{pmatrix}(a_1, a_2, \cdots, a_s) = \begin{pmatrix} b_1a_1 & b_1a_2 & \cdots & b_1a_s \\ b_2a_1 & b_2a_2 & \cdots & b_2a_s \\ \vdots & \vdots & & \vdots \\ b_sa_1 & b_sa_2 & \cdots & b_sa_s \end{pmatrix}.$$

下面用矩阵的乘积来表示线性变换.

设有两个线性变换

$$\begin{cases} z_1 = a_{11}y_1 + a_{12}y_2 + a_{13}y_3, \\ z_2 = a_{21}y_1 + a_{22}y_2 + a_{23}y_3, \end{cases} \tag{3.3}$$

$$\begin{cases} y_1 = b_{11}x_1 + b_{12}x_2, \\ y_2 = b_{21}x_1 + b_{22}x_2, \\ y_3 = b_{31}x_1 + b_{32}x_2, \end{cases} \tag{3.4}$$

若要求出 x_1, x_2 到 z_1, z_2 的线性变换，将式(3.4)代入式(3.3)，得

$$\begin{cases} z_1 = (a_{11}b_{11} + a_{12}b_{21} + a_{13}b_{31})x_1 + (a_{11}b_{12} + a_{12}b_{22} + a_{13}b_{32})x_2, \\ z_2 = (a_{21}b_{11} + a_{22}b_{21} + a_{23}b_{31})x_1 + (a_{21}b_{12} + a_{22}b_{22} + a_{23}b_{32})x_2. \end{cases} \tag{3.5}$$

线性变换(3.5)是先作线性变换(3.4)再作线性变换(3.3)所得到的结果. 线性变换(3.5)称为**线性变换(3.3)与(3.4)的乘积**，它们的系数矩阵具有如下的乘积关系:

$$\begin{pmatrix} a_{11} & a_{12} & a_{13} \\ a_{21} & a_{22} & a_{23} \end{pmatrix}\begin{pmatrix} b_{11} & b_{12} \\ b_{21} & b_{22} \\ b_{31} & b_{32} \end{pmatrix} = \begin{pmatrix} a_{11}b_{11} + a_{12}b_{21} + a_{13}b_{31} & a_{11}b_{12} + a_{12}b_{22} + a_{13}b_{32} \\ a_{21}b_{11} + a_{22}b_{21} + a_{23}b_{31} & a_{21}b_{12} + a_{22}b_{22} + a_{23}b_{32} \end{pmatrix}.$$

例 3.5 设 $\boldsymbol{A} = \begin{pmatrix} 1 & 3 & 0 & 1 \\ 0 & -2 & 1 & 0 \end{pmatrix}$, $\boldsymbol{B} = \begin{pmatrix} 2 & 1 & 0 \\ -1 & 1 & 3 \\ 1 & 0 & 2 \\ 4 & -2 & 0 \end{pmatrix}$，求 $\boldsymbol{C} = \boldsymbol{AB}$.

解 因为 $\boldsymbol{A}$ 是 2×4 矩阵，$\boldsymbol{B}$ 是 4×3 矩阵，所以 $\boldsymbol{C} = \boldsymbol{AB}$ 有意义，且 $\boldsymbol{C}$ 是 2×3 矩阵. 根据矩阵相乘的定义，得

$$\boldsymbol{C} = \boldsymbol{AB} = \begin{pmatrix} 1 & 3 & 0 & 1 \\ 0 & -2 & 1 & 0 \end{pmatrix}\begin{pmatrix} 2 & 1 & 0 \\ -1 & 1 & 3 \\ 1 & 0 & 2 \\ 4 & -2 & 0 \end{pmatrix}$$

$$= \begin{pmatrix} 1\times2+3\times(-1) & 1\times1+3\times1 & 1\times0+3\times3 \\ \quad +0\times1+1\times4 & \quad +0\times0+1\times(-2) & \quad +0\times2+1\times0 \\ 0\times2+(-2)\times(-1) & 0\times1+(-2)\times1 & 0\times0+(-2)\times3 \\ \quad +1\times1+0\times4 & \quad +1\times0+0\times(-2) & \quad +1\times2+0\times0 \end{pmatrix}$$

$$= \begin{pmatrix} 3 & 2 & 9 \\ 3 & -2 & -4 \end{pmatrix}.$$

在例 3.5 中，$\boldsymbol{A}$ 为 2×4 矩阵，$\boldsymbol{B}$ 为 4×3 矩阵，故 $\boldsymbol{C}=\boldsymbol{AB}$ 为 2×3 矩阵，而 $\boldsymbol{BA}$ 却没有意义(不能相乘).

由此可知，矩阵的乘法是讲究顺序的，$\boldsymbol{AB}$ 是指 $\boldsymbol{A}$ 左乘 $\boldsymbol{B}$，而 $\boldsymbol{BA}$ 是指 $\boldsymbol{A}$ 右乘 $\boldsymbol{B}$，$\boldsymbol{AB}$ 有意义时，$\boldsymbol{BA}$ 可能没有意义.

另外，若 $\boldsymbol{A}$ 是 $m\times n$ 矩阵，$\boldsymbol{B}$ 是 $n\times m$ 矩阵，此时，$\boldsymbol{AB}$ 与 $\boldsymbol{BA}$ 都有意义，但 $\boldsymbol{AB}$ 是 m 阶方阵，$\boldsymbol{BA}$ 是 n 阶方阵. 当 $m\neq n$ 时，一定有 $\boldsymbol{AB}\neq\boldsymbol{BA}$.

再者，即使 $m=n$，也可能有 $\boldsymbol{AB}\neq\boldsymbol{BA}$.我们来看下面的例子.

例 3.6 设 $\boldsymbol{A}=\begin{pmatrix}1&0\\1&0\end{pmatrix},\boldsymbol{B}=\begin{pmatrix}0&0\\1&1\end{pmatrix}$，求 $\boldsymbol{AB}$ 和 $\boldsymbol{BA}$.

解

$$\boldsymbol{AB}=\begin{pmatrix}1&0\\1&0\end{pmatrix}\begin{pmatrix}0&0\\1&1\end{pmatrix}=\begin{pmatrix}0&0\\0&0\end{pmatrix},\quad \boldsymbol{BA}=\begin{pmatrix}0&0\\1&1\end{pmatrix}\begin{pmatrix}1&0\\1&0\end{pmatrix}=\begin{pmatrix}0&0\\2&0\end{pmatrix}.$$

例中，$\boldsymbol{AB}$ 和 $\boldsymbol{BA}$ 都有意义，且都是二阶方阵，但仍然有 $\boldsymbol{AB}\neq\boldsymbol{BA}$. 例 3.6 还进一步表明，尽管 $\boldsymbol{A}\neq\boldsymbol{O},\ \boldsymbol{B}\neq\boldsymbol{O}$，但却有 $\boldsymbol{AB}=\boldsymbol{O}$.

综合以上两例，可知:

(1) 矩阵乘法不满足交换律，即一般情形下 $\boldsymbol{AB}\neq\boldsymbol{BA}$;

(2) 若 $\boldsymbol{AB}=\boldsymbol{O}$，则未必有 $\boldsymbol{A}=\boldsymbol{O}$ 或 $\boldsymbol{B}=\boldsymbol{O}$.

矩阵乘法满足下列运算律(假定运算都是有意义的):

(1) 结合律 $(\boldsymbol{AB})\boldsymbol{C}=\boldsymbol{A}(\boldsymbol{BC})$;

(2) 分配律 $\boldsymbol{A}(\boldsymbol{B}+\boldsymbol{C})=\boldsymbol{AB}+\boldsymbol{AC}$，$(\boldsymbol{B}+\boldsymbol{C})\boldsymbol{A}=\boldsymbol{BA}+\boldsymbol{CA}$;

(3) $\lambda(\boldsymbol{AB})=(\lambda\boldsymbol{A})\boldsymbol{B}=\boldsymbol{A}(\lambda\boldsymbol{B})$;

(4) 设 $\boldsymbol{A}$ 是 $m\times n$ 矩阵，$\boldsymbol{E}_m$ 和 $\boldsymbol{E}_n$ 分别表示 m 阶和 n 阶单位阵，则 $\boldsymbol{E}_m\boldsymbol{A}=\boldsymbol{A},\ \boldsymbol{AE}_n=\boldsymbol{A}$.

以上运算律可用矩阵乘法的定义直接验证.

有了矩阵的乘法，就可以对方阵定义幂运算. 设 $\boldsymbol{A}$ 为 n 阶方阵，定义 $\boldsymbol{A}^1=\boldsymbol{A}$，$\boldsymbol{A}^2=\boldsymbol{A}^1\boldsymbol{A}^1$，…，$\boldsymbol{A}^{k+1}=\boldsymbol{A}^k\boldsymbol{A}^1$，其中 k 为正整数. 显然，只有方阵的幂才有意义.

因为矩阵乘法满足结合律，所以 $\boldsymbol{A}^k$ 就是 k 个 $\boldsymbol{A}$ 连乘，并且

$$\boldsymbol{A}^k\boldsymbol{A}^l=\boldsymbol{A}^{k+l},\quad (\boldsymbol{A}^k)^l=\boldsymbol{A}^{kl},$$

其中，k,l 为正整数.

值得注意的是：由于矩阵乘法不满足交换律，所以对两个 n 阶矩阵 $\boldsymbol{A}$ 与 $\boldsymbol{B}$，一般地，$(\boldsymbol{AB})^k\neq\boldsymbol{A}^k\boldsymbol{B}^k$.

例 3.7 证明：$\begin{pmatrix}\cos\varphi&-\sin\varphi\\\sin\varphi&\cos\varphi\end{pmatrix}^n=\begin{pmatrix}\cos n\varphi&-\sin n\varphi\\\sin n\varphi&\cos n\varphi\end{pmatrix}$.

证 用数学归纳法证明. 当 $n=1$ 时，等式显然成立. 设 $n=k$ 时等式成立，即

$$\begin{pmatrix}\cos\varphi&-\sin\varphi\\\sin\varphi&\cos\varphi\end{pmatrix}^k=\begin{pmatrix}\cos k\varphi&-\sin k\varphi\\\sin k\varphi&\cos k\varphi\end{pmatrix}.$$

考虑 $n=k+1$ 的情形，此时，

$$\begin{pmatrix}\cos\varphi & -\sin\varphi\\ \sin\varphi & \cos\varphi\end{pmatrix}^{k+1}=\begin{pmatrix}\cos\varphi & -\sin\varphi\\ \sin\varphi & \cos\varphi\end{pmatrix}^{k}\begin{pmatrix}\cos\varphi & -\sin\varphi\\ \sin\varphi & \cos\varphi\end{pmatrix}$$

$$=\begin{pmatrix}\cos k\varphi & -\sin k\varphi\\ \sin k\varphi & \cos k\varphi\end{pmatrix}\begin{pmatrix}\cos\varphi & -\sin\varphi\\ \sin\varphi & \cos\varphi\end{pmatrix}$$

$$=\begin{pmatrix}\cos k\varphi\cos\varphi-\sin k\varphi\sin\varphi & -\cos k\varphi\sin\varphi-\sin k\varphi\cos\varphi\\ \sin k\varphi\cos\varphi+\cos k\varphi\sin\varphi & -\sin k\varphi\sin\varphi+\cos k\varphi\cos\varphi\end{pmatrix}$$

$$=\begin{pmatrix}\cos(k+1)\varphi & -\sin(k+1)\varphi\\ \sin(k+1)\varphi & \cos(k+1)\varphi\end{pmatrix},$$

即 $n=k+1$ 时等式成立. 综上所述，等式成立.

设 $f(x)$ 是关于 x 的 m 次多项式

$$f(x)=a_0x^m+a_1x^{m-1}+\cdots+a_{m-1}x+a_m\quad(a_0\neq 0),$$

$\boldsymbol{A}$ 为 n 阶矩阵，$\boldsymbol{E}$ 为 n 阶单位矩阵，则称

$$f(\boldsymbol{A})=a_0\boldsymbol{A}^m+a_1\boldsymbol{A}^{m-1}+\cdots+a_{m-1}\boldsymbol{A}+a_m\boldsymbol{E}$$

为 $\boldsymbol{A}$ 的 **m 次矩阵多项式**.

例 3.8 设 $f(x)=x^2-2x+3$，$\boldsymbol{A}=\begin{pmatrix}2&0&1\\0&-1&1\\3&-2&0\end{pmatrix}$，求 $f(\boldsymbol{A})$.

解

$$f(\boldsymbol{A})=\boldsymbol{A}^2-2\boldsymbol{A}+3\boldsymbol{E}$$

$$=\begin{pmatrix}2&0&1\\0&-1&1\\3&-2&0\end{pmatrix}^2-2\begin{pmatrix}2&0&1\\0&-1&1\\3&-2&0\end{pmatrix}+3\begin{pmatrix}1&0&0\\0&1&0\\0&0&1\end{pmatrix}$$

$$=\begin{pmatrix}7&-2&2\\3&-1&-1\\6&2&1\end{pmatrix}-\begin{pmatrix}4&0&2\\0&-2&2\\6&-4&0\end{pmatrix}+\begin{pmatrix}3&0&0\\0&3&0\\0&0&3\end{pmatrix}$$

$$=\begin{pmatrix}6&-2&0\\3&4&-3\\0&6&4\end{pmatrix}.$$

4. 矩阵的转置

定义 3.5 将矩阵 $\boldsymbol{A}$ 的所有行换成相应的列所得到的新矩阵，称为矩阵 $\boldsymbol{A}$ 的**转置矩阵**，记为 $\boldsymbol{A}^{\mathrm{T}}$，即若

$$\boldsymbol{A}=\begin{pmatrix}a_{11}&a_{12}&\cdots&a_{1n}\\a_{21}&a_{22}&\cdots&a_{2n}\\\vdots&\vdots&&\vdots\\a_{m1}&a_{m2}&\cdots&a_{mn}\end{pmatrix},$$

则

$$A^{\mathrm{T}}=\begin{pmatrix} a_{11} & a_{21} & \cdots & a_{m1} \\ a_{12} & a_{22} & \cdots & a_{m2} \\ \vdots & \vdots & & \vdots \\ a_{1n} & a_{2n} & \cdots & a_{mn} \end{pmatrix}.$$

例如，矩阵 $A=\begin{pmatrix} 1 & 3 & -5 \\ -2 & 0 & 3 \end{pmatrix}$ 的转置矩阵为

$$A^{\mathrm{T}}=\begin{pmatrix} 1 & -2 \\ 3 & 0 \\ -5 & 3 \end{pmatrix}.$$

矩阵的转置也是一种运算，满足下面的运算律(假设运算都有意义)：

(1) $(A^{\mathrm{T}})^{\mathrm{T}}=A$；

(2) $(A+B)^{\mathrm{T}}=A^{\mathrm{T}}+B^{\mathrm{T}}$；

(3) $(\lambda A)^{\mathrm{T}}=\lambda A^{\mathrm{T}}$，$\lambda$ 为任意数；

(4) $(AB)^{\mathrm{T}}=B^{\mathrm{T}}A^{\mathrm{T}}$.

下面仅证明运算律(4).

设 $A=(a_{ij})_{m\times s}$，$B=(b_{ij})_{s\times n}$，记 $(AB)^{\mathrm{T}}=C=(c_{ij})_{n\times m}$，$B^{\mathrm{T}}A^{\mathrm{T}}=D=(d_{ij})_{n\times m}$. 只要证明，矩阵 C 与 D 的对应元素相等，也就是 $c_{ij}=d_{ij}$.

c_{ij} 是 $(AB)^{\mathrm{T}}$ 的第 i 行第 j 列元素，即是 AB 的第 j 行第 i 列元素，也就是 A 的第 j 行与 B 的第 i 列的对应元素的乘积和，即

$$c_{ij}=a_{j1}b_{1i}+a_{j2}b_{2i}+\cdots+a_{js}b_{si}=\sum_{k=1}^{s}a_{jk}b_{ki}.$$

而 d_{ij} 是 $B^{\mathrm{T}}A^{\mathrm{T}}$ 的第 i 行第 j 列元素，也就是 B^{T} 的第 i 行与 A^{T} 的第 j 列的对应元素的乘积和，或者说 B 的第 i 列与 A 的 j 行的对应元素的乘积和，即

$$d_{ij}=b_{1i}a_{j1}+b_{2i}a_{j2}+\cdots+b_{si}a_{js}=\sum_{k=1}^{s}b_{ki}a_{jk}.$$

所以 $c_{ij}=d_{ij}\ (i=1,2,\cdots,n;\ j=1,2,\cdots,m)$，即运算律(4)成立.

显然，运算律(4)可以推广到有限个矩阵相乘的情形：

$$(A_1A_2\cdots A_l)^{\mathrm{T}}=A_l^{\mathrm{T}}A_{l-1}^{\mathrm{T}}\cdots A_1^{\mathrm{T}}.$$

例 3.9 已知 $A=\begin{pmatrix} 2 & 0 & -1 \\ 1 & 0 & 1 \end{pmatrix}$，$B=\begin{pmatrix} 1 & -1 & 2 \\ 0 & 2 & 1 \\ -1 & -1 & 0 \end{pmatrix}$，求 $(AB)^{\mathrm{T}}$.

解法一 因为

$$\boldsymbol{AB}=\begin{pmatrix}2&0&-1\\1&0&1\end{pmatrix}\begin{pmatrix}1&-1&2\\0&2&1\\-1&-1&0\end{pmatrix}=\begin{pmatrix}3&-1&4\\0&-2&2\end{pmatrix},$$

所以，$(\boldsymbol{AB})^{\mathrm{T}}=\begin{pmatrix}3&0\\-1&-2\\4&2\end{pmatrix}$.

解法二

$$(\boldsymbol{AA})^{\mathrm{T}}=\boldsymbol{B}^{\mathrm{T}}\boldsymbol{A}^{\mathrm{T}}=\begin{pmatrix}1&0&-1\\-1&2&-1\\2&1&0\end{pmatrix}\begin{pmatrix}2&1\\0&0\\-1&1\end{pmatrix}=\begin{pmatrix}3&0\\-1&-2\\4&2\end{pmatrix}.$$

定义 3.6 设 $\boldsymbol{A}$ 为 n 阶方阵，若 $\boldsymbol{A}^{\mathrm{T}}=\boldsymbol{A}$，则称 $\boldsymbol{A}$ 为**对称矩阵**；若 $\boldsymbol{A}^{\mathrm{T}}=-\boldsymbol{A}$，则称 $\boldsymbol{A}$ 为**反对称矩阵**.

由定义可知，n 阶矩阵 $\boldsymbol{A}$ 为对称矩阵的充分必要条件是

$$a_{ij}=a_{ji}\quad(i,j=1,2,\cdots,n).$$

而 n 阶矩阵 $\boldsymbol{A}$ 为反对称矩阵的充分必要条件是

$$a_{ij}=-a_{ji}\quad(i,j=1,2,\cdots,n).$$

进一步，因 $i=j$ 时，$a_{ii}=-a_{ii}$，故 $a_{ii}=0$．这说明任何反对称矩阵的主对角线上的元素必全为零.

例如，如下矩阵

$$\boldsymbol{A}=\begin{pmatrix}1&-1&2\\-1&3&6\\2&6&2\end{pmatrix},\quad \boldsymbol{B}=\begin{pmatrix}0&2&-3\\-2&0&1\\3&-1&0\end{pmatrix}$$

分别为三阶对称矩阵和反对称矩阵.

例 3.10 设列矩阵 $\boldsymbol{x}=(x_1,x_2,\cdots,x_n)^{\mathrm{T}}$ 满足 $\boldsymbol{x}^{\mathrm{T}}\boldsymbol{x}=1$，$\boldsymbol{E}$ 为 n 阶单位矩阵，$\boldsymbol{H}=\boldsymbol{E}-2\boldsymbol{x}\boldsymbol{x}^{\mathrm{T}}$，证明 $\boldsymbol{H}$ 是对称矩阵，且有 $\boldsymbol{H}\boldsymbol{H}^{\mathrm{T}}=\boldsymbol{E}$.

证 注意到 $\boldsymbol{x}^{\mathrm{T}}\boldsymbol{x}=x_1^2+x_2^2+\cdots+x_n^2$ 是一个数，而 $\boldsymbol{x}\boldsymbol{x}^{\mathrm{T}}$ 是 n 阶对称矩阵. 因此，

$$\begin{aligned}\boldsymbol{H}^{\mathrm{T}}&=(\boldsymbol{E}-2\boldsymbol{x}\boldsymbol{x}^{\mathrm{T}})^{\mathrm{T}}=\boldsymbol{E}-2(\boldsymbol{x}\boldsymbol{x}^{\mathrm{T}})^{\mathrm{T}}\\&=\boldsymbol{E}-2\boldsymbol{x}\boldsymbol{x}^{\mathrm{T}}=\boldsymbol{H},\end{aligned}$$

即 $\boldsymbol{H}$ 是对称矩阵，并且

$$\begin{aligned}\boldsymbol{H}\boldsymbol{H}^{\mathrm{T}}&=\boldsymbol{H}^2=(\boldsymbol{E}-2\boldsymbol{x}\boldsymbol{x}^{\mathrm{T}})^2=(\boldsymbol{E}-2\boldsymbol{x}\boldsymbol{x}^{\mathrm{T}})(\boldsymbol{E}-2\boldsymbol{x}\boldsymbol{x}^{\mathrm{T}})\\&=\boldsymbol{E}-4\boldsymbol{x}\boldsymbol{x}^{\mathrm{T}}+4(\boldsymbol{x}\boldsymbol{x}^{\mathrm{T}})(\boldsymbol{x}\boldsymbol{x}^{\mathrm{T}})\\&=\boldsymbol{E}-4\boldsymbol{x}\boldsymbol{x}^{\mathrm{T}}+4\boldsymbol{x}(\boldsymbol{x}^{\mathrm{T}}\boldsymbol{x})\boldsymbol{x}^{\mathrm{T}}\\&=\boldsymbol{E}-4\boldsymbol{x}\boldsymbol{x}^{\mathrm{T}}+4\boldsymbol{x}\boldsymbol{x}^{\mathrm{T}}=\boldsymbol{E}.\end{aligned}$$

5. 方阵的行列式

n 阶方阵是由 n^2 个数组成的一个数表，而 n 阶行列式是由 n^2 个数按一定的运算法则

确定的一个数，这是两个不同的概念. 然而，由一个 n 阶方阵的 n^2 个数，按原来的顺序排列，可以构成一个行列式.

定义 3.7 由 n 阶方阵 $\boldsymbol{A}$ 的元素按原来位置构成的行列式称为**方阵 $\boldsymbol{A}$ 的行列式**，记为 $|\boldsymbol{A}|$ 或 $\det(\boldsymbol{A})$.

例如，二阶方阵 $\boldsymbol{A}=\begin{pmatrix} a & b \\ c & d \end{pmatrix}$ 的行列式为

$$|\boldsymbol{A}|=\begin{vmatrix} a & b \\ c & d \end{vmatrix}=ad-bc .$$

方阵的行列式有如下性质(设 $\boldsymbol{A},\boldsymbol{B}$ 为 n 阶方阵，λ 为任意数):

(1) $|\boldsymbol{A}^{\mathrm{T}}|=|\boldsymbol{A}|$;

(2) $|\lambda\boldsymbol{A}|=\lambda^n|\boldsymbol{A}|$;

(3) $|\boldsymbol{AB}|=|\boldsymbol{A}||\boldsymbol{B}|$.

上述性质(1)、性质(2)的证明可由行列式性质直接得到，性质(3)的证明见第 2 章的例 2.17.

注意，对于 n 阶方阵 $\boldsymbol{A},\boldsymbol{B}$，一般来说，$\boldsymbol{AB}\neq\boldsymbol{BA}$，但由性质(3)可知，总有

$$|\boldsymbol{AB}|=|\boldsymbol{A}||\boldsymbol{B}|=|\boldsymbol{B}||\boldsymbol{A}|=|\boldsymbol{BA}|.$$

例 3.11 设 n 阶方阵 $\boldsymbol{A}$ 满足 $\boldsymbol{AA}^{\mathrm{T}}=\boldsymbol{E}$，且 $|\boldsymbol{A}|=-1$，求 $|\boldsymbol{A}+\boldsymbol{E}|$.

解 由于

$$\begin{aligned}|\boldsymbol{A}+\boldsymbol{E}|&=|\boldsymbol{A}+\boldsymbol{AA}^{\mathrm{T}}|=|\boldsymbol{A}(\boldsymbol{E}+\boldsymbol{A}^{\mathrm{T}})|=|\boldsymbol{A}||\boldsymbol{E}+\boldsymbol{A}^{\mathrm{T}}|\\&=-|(\boldsymbol{E}+\boldsymbol{A})^{\mathrm{T}}|=-|\boldsymbol{E}+\boldsymbol{A}|=-|\boldsymbol{A}+\boldsymbol{E}|,\end{aligned}$$

所以 $|\boldsymbol{A}+\boldsymbol{E}|=0$.

6. 矩阵的共轭

定义 3.8 设 $\boldsymbol{A}=(a_{ij})_{m\times n}$ 为复矩阵，用 $\overline{a}_{ij}$ 表示 a_{ij} 的共轭复数，记

$$\overline{\boldsymbol{A}}=(\overline{a}_{ij})_{m\times n},$$

其中，$\overline{\boldsymbol{A}}$ 称为 $\boldsymbol{A}$ 的**共轭矩阵**.

共轭矩阵满足以下运算律(假设 $\boldsymbol{A},\boldsymbol{B}$ 为复矩阵，λ 为复数，且运算都有意义):

(1) $\overline{\overline{\boldsymbol{A}}}=\boldsymbol{A}$;

(2) $\overline{\boldsymbol{A}+\boldsymbol{B}}=\overline{\boldsymbol{A}}+\overline{\boldsymbol{B}}$;

(3) $\overline{\lambda\boldsymbol{A}}=\overline{\lambda}\,\overline{\boldsymbol{A}}$;

(4) $\overline{\boldsymbol{AB}}=\overline{\boldsymbol{A}}\,\overline{\boldsymbol{B}}$.

上述运算律可用矩阵的加法、数乘和矩阵乘积的定义与性质直接验证，请读者自证.

3.3 逆 矩 阵

在数的运算中，若 $ab=ba=1$，则 $b=a^{-1}$ 是 a 的逆. 由此引入逆矩阵的定义.

定义 3.9 设 $\boldsymbol{A}$ 为 n 阶方阵，若存在一个 n 阶方阵 $\boldsymbol{B}$，使

$$\boldsymbol{AB}=\boldsymbol{BA}=\boldsymbol{E},$$

则称矩阵 $\boldsymbol{A}$ 是**可逆的**，并称矩阵 $\boldsymbol{B}$ 为 $\boldsymbol{A}$ 的**逆矩阵**.

根据定义，矩阵与其逆矩阵是相互的，即若 $\boldsymbol{B}$ 是 $\boldsymbol{A}$ 的逆矩阵，则 $\boldsymbol{A}$ 也是 $\boldsymbol{B}$ 的逆矩阵.

若矩阵 $\boldsymbol{A}$ 可逆，则 $\boldsymbol{A}$ 的逆矩阵是唯一的. 因为若 $\boldsymbol{B},\boldsymbol{C}$ 都是 $\boldsymbol{A}$ 的逆矩阵，则

$$\boldsymbol{AB}=\boldsymbol{BA}=\boldsymbol{E},\quad \boldsymbol{AC}=\boldsymbol{CA}=\boldsymbol{E},$$

所以

$$\boldsymbol{B}=\boldsymbol{EB}=(\boldsymbol{CA})\boldsymbol{B}=\boldsymbol{C}(\boldsymbol{AB})=\boldsymbol{CE}=\boldsymbol{C},$$

即 $\boldsymbol{A}$ 的逆矩阵唯一.

因一个矩阵的逆矩阵(若它存在)是唯一的，故记矩阵 $\boldsymbol{A}$ 的逆矩阵为 $\boldsymbol{A}^{-1}$，即若 $\boldsymbol{AB}=\boldsymbol{BA}=\boldsymbol{E}$，则 $\boldsymbol{B}=\boldsymbol{A}^{-1}$.

下面讨论方阵 $\boldsymbol{A}$ 可逆的充分必要条件及逆矩阵的求法.

定理 3.1 若矩阵 $\boldsymbol{A}$ 可逆，则 $|\boldsymbol{A}|\neq 0$.

证 若 $\boldsymbol{A}$ 可逆，则存在逆矩阵 $\boldsymbol{A}^{-1}$，使 $\boldsymbol{AA}^{-1}=\boldsymbol{E}$，式两边同时求行列式,可得

$$|\boldsymbol{A}||\boldsymbol{A}^{-1}|=1.$$

所以 $|\boldsymbol{A}|\neq 0$.

定理 3.2 若 $|\boldsymbol{A}|\neq 0$，则矩阵 $\boldsymbol{A}$ 可逆，且 $\boldsymbol{A}^{-1}=\dfrac{1}{|\boldsymbol{A}|}\boldsymbol{A}^*$，其中，

$$\boldsymbol{A}^*=\begin{pmatrix} A_{11} & A_{21} & \cdots & A_{n1} \\ A_{12} & A_{22} & \cdots & A_{n2} \\ \vdots & \vdots & & \vdots \\ A_{1n} & A_{2n} & \cdots & A_{nn} \end{pmatrix}$$

称为矩阵 $\boldsymbol{A}$ 的**伴随矩阵**，它的元素 A_{ij} 是 $|\boldsymbol{A}|$ 中 a_{ij} 的代数余子式.

证 对于 n 阶方阵 $\boldsymbol{A}$ 与其伴随矩阵 $\boldsymbol{A}^*$，由式(2.8)，得

$$\begin{aligned}\boldsymbol{AA}^*&=\begin{pmatrix} a_{11} & a_{12} & \cdots & a_{1n} \\ a_{21} & a_{22} & \cdots & a_{2n} \\ \vdots & \vdots & & \vdots \\ a_{n1} & a_{n2} & \cdots & a_{nn} \end{pmatrix}\begin{pmatrix} A_{11} & A_{21} & \cdots & A_{n1} \\ A_{12} & A_{22} & \cdots & A_{n2} \\ \vdots & \vdots & & \vdots \\ A_{1n} & A_{2n} & \cdots & A_{nn} \end{pmatrix}\\ &=\begin{pmatrix} |\boldsymbol{A}| & & & \\ & |\boldsymbol{A}| & & \\ & & \ddots & \\ & & & |\boldsymbol{A}| \end{pmatrix}=|\boldsymbol{A}|\boldsymbol{E}.\end{aligned}$$

类似地，由式(2.9)，得

$$A^*A=|A|E.$$

因此，

$$AA^*=A^*A=|A|E.$$

因$|A|\neq 0$，故

$$A\left(\frac{1}{|A|}A^*\right)=\left(\frac{1}{|A|}A^*\right)A=E.$$

由逆矩阵的定义可知，A可逆，且

$$A^{-1}=\frac{1}{|A|}A^*.$$

设A为n阶方阵，若$|A|=0$，则称A为**奇异矩阵**；若$|A|\neq 0$，则称A为**非奇异矩阵**.

由定理 3.1 和定理 3.2 可知，方阵A可逆的充分必要条件是$|A|\neq 0$，或者说，可逆矩阵就是非奇异矩阵，不可逆矩阵是奇异矩阵.

定理 3.2 的证明包含了以下结果.

推论 3.1　设A为n阶矩阵，A^*为A的伴随矩阵，则

$$AA^*=A^*A=|A|E. \tag{3.6}$$

推论 3.1 是关于方阵的一个十分重要的结果，它在矩阵的理论分析中有广泛的应用.

推论 3.2　设A为n阶方阵，若有n阶方阵B使得$AB=E$(或$BA=E$)，则A可逆且$A^{-1}=B$.

证　由$AB=E$，可得

$$|A||B|=|E|=1.$$

所以$|A|\neq 0$，因而A^{-1}存在，于是，

$$B=EB=(A^{-1}A)B=A^{-1}(AB)=A^{-1}E=A^{-1}.$$

推论 3.2 的意义在于：只要$AB=E$(或$BA=E$)，就可断言A,B互为逆矩阵，不必再验证$BA=E$(或$AB=E$).

定理 3.2 同时给出了一种求逆矩阵的方法——伴随矩阵法.

例 3.12　求下列矩阵的逆矩阵$A=\begin{pmatrix}2&2&1\\3&1&5\\3&2&3\end{pmatrix}$.

解　计算得到$|A|=1\neq 0$，知A^{-1}存在. 再计算各元素的代数余子式，得到

$$A_{11}=(-1)^{1+1}\begin{vmatrix}1&5\\2&3\end{vmatrix}=-7,\quad A_{12}=(-1)^{1+2}\begin{vmatrix}3&5\\3&3\end{vmatrix}=6,$$

$$A_{13}=(-1)^{1+3}\begin{vmatrix}3&1\\3&2\end{vmatrix}=3,\quad A_{21}=(-1)^{2+1}\begin{vmatrix}2&1\\2&3\end{vmatrix}=-4,$$

$$A_{22}=(-1)^{2+2}\begin{vmatrix}2&1\\3&3\end{vmatrix}=3,\quad A_{23}=(-1)^{2+3}\begin{vmatrix}2&2\\3&2\end{vmatrix}=2,$$

$$A_{31}=(-1)^{3+1}\begin{vmatrix}2&1\\1&5\end{vmatrix}=9,\quad A_{32}=(-1)^{3+2}\begin{vmatrix}2&1\\3&5\end{vmatrix}=-7,$$

$$A_{33}=(-1)^{1+1}\begin{vmatrix}2&2\\3&1\end{vmatrix}=-4.$$

所以

$$\boldsymbol{A}^{-1}=\frac{1}{|\boldsymbol{A}|}\boldsymbol{A}^{*}=\begin{pmatrix}-7&-4&9\\6&3&-7\\3&2&-4\end{pmatrix}.$$

例 3.13 已知n阶矩阵$\boldsymbol{A}$满足$\boldsymbol{A}^2-2\boldsymbol{A}-4\boldsymbol{E}=\boldsymbol{O}$，证明：$\boldsymbol{A}+\boldsymbol{E}$可逆，并求$(\boldsymbol{A}+\boldsymbol{E})^{-1}$.

证 已知条件可化为

$$\boldsymbol{A}^2-2\boldsymbol{A}-3\boldsymbol{E}=\boldsymbol{E},\quad 即\ (\boldsymbol{A}+\boldsymbol{E})(\boldsymbol{A}-3\boldsymbol{E})=\boldsymbol{E}.$$

由推论 3.2 知，$\boldsymbol{A}+\boldsymbol{E}$可逆，且

$$(\boldsymbol{A}+\boldsymbol{E})^{-1}=\boldsymbol{A}-3\boldsymbol{E}.$$

方阵的逆矩阵满足下面的运算律:

(1) 若$\boldsymbol{A}$可逆，则$\boldsymbol{A}^{-1}$也可逆，且$(\boldsymbol{A}^{-1})^{-1}=\boldsymbol{A}$;

(2) 若$\boldsymbol{A}$可逆，数$\lambda\neq 0$，则$\lambda\boldsymbol{A}$可逆，且$(\lambda\boldsymbol{A})^{-1}=\dfrac{1}{\lambda}\boldsymbol{A}^{-1}$;

(3) 若$\boldsymbol{A}$可逆，则$|\boldsymbol{A}^{-1}|=|\boldsymbol{A}|^{-1}$;

(4) 若$\boldsymbol{A}$可逆，则$\boldsymbol{A}^{\mathrm{T}}$可逆，且$(\boldsymbol{A}^{\mathrm{T}})^{-1}=(\boldsymbol{A}^{-1})^{\mathrm{T}}$;

(5) 设$\boldsymbol{A},\boldsymbol{B}$均为$n$阶可逆方阵，则$\boldsymbol{AB}$也可逆，且有$(\boldsymbol{AB})^{-1}=\boldsymbol{B}^{-1}\boldsymbol{A}^{-1}$.

下面仅讨论运算律(4)和(5).

由于

$$\boldsymbol{A}^{\mathrm{T}}(\boldsymbol{A}^{-1})^{\mathrm{T}}=(\boldsymbol{A}^{-1}\boldsymbol{A})^{\mathrm{T}}=\boldsymbol{E}^{\mathrm{T}}=\boldsymbol{E},$$

所以$(\boldsymbol{A}^{\mathrm{T}})^{-1}=(\boldsymbol{A}^{-1})^{\mathrm{T}}$，即运算律(4)成立.

另外

$$\boldsymbol{B}^{-1}\boldsymbol{A}^{-1}(\boldsymbol{AB})=\boldsymbol{B}^{-1}(\boldsymbol{A}^{-1}\boldsymbol{A})\boldsymbol{B}=\boldsymbol{B}^{-1}\boldsymbol{EB}=\boldsymbol{B}^{-1}\boldsymbol{B}=\boldsymbol{E},$$

所以$(\boldsymbol{AB})^{-1}=\boldsymbol{B}^{-1}\boldsymbol{A}^{-1}$，即运算律(5)成立.

运算律(5)可以推广到有限个可逆矩阵乘积的情形:

$$(\boldsymbol{A}_1\boldsymbol{A}_2\cdots\boldsymbol{A}_l)^{-1}=\boldsymbol{A}_l^{-1}\boldsymbol{A}_{l-1}^{-1}\cdots\boldsymbol{A}_1^{-1}.$$

当$|\boldsymbol{A}|\neq 0$时，可以定义

$$\boldsymbol{A}^0=\boldsymbol{E},\quad \boldsymbol{A}^{-k}=(\boldsymbol{A}^{-1})^k,$$

其中，k为正整数. 这样，可逆矩阵的幂运算可以扩充到全体整数，即当$|\boldsymbol{A}|\neq 0$，λ,μ为整数时，有

$$\boldsymbol{A}^{\lambda}\boldsymbol{A}^{\mu}=\boldsymbol{A}^{\lambda+\mu},\quad (\boldsymbol{A}^{\lambda})^{\mu}=\boldsymbol{A}^{\lambda\mu}.$$

下面讨论线性方程组的逆矩阵解法.

对于 n 元线性方程组

$$\begin{cases} a_{11}x_1 + a_{12}x_2 + \cdots + a_{1n}x_n = b_1, \\ a_{21}x_1 + a_{22}x_2 + \cdots + a_{2n}x_n = b_2, \\ \cdots\cdots \\ a_{n1}x_1 + a_{n2}x_2 + \cdots + a_{nn}x_n = b_n, \end{cases} \tag{3.7}$$

若设

$$\boldsymbol{A} = \begin{pmatrix} a_{11} & a_{12} & \cdots & a_{1n} \\ a_{21} & a_{22} & \cdots & a_{2n} \\ \vdots & \vdots & & \vdots \\ a_{n1} & a_{n2} & \cdots & a_{nn} \end{pmatrix}, \quad \boldsymbol{x} = \begin{pmatrix} x_1 \\ x_2 \\ \vdots \\ x_n \end{pmatrix}, \quad \boldsymbol{b} = \begin{pmatrix} b_1 \\ b_2 \\ \vdots \\ b_n \end{pmatrix},$$

则 n 元线性方程组(3.7)可用矩阵表示为

$$\boldsymbol{A}\boldsymbol{x} = \boldsymbol{b}.$$

若 $\boldsymbol{A}$ 可逆, 则以 $\boldsymbol{A}^{-1}$ 左乘上式两边, 得

$$\boldsymbol{x} = \boldsymbol{A}^{-1}\boldsymbol{b}.$$

于是, 得到线性方程组的逆矩阵解法: 先求系数矩阵的逆矩阵, 再与常数项矩阵相乘, 就可得到方程组的解.

事实上, 这种解法与 Cramer 法则求解线性方程组在本质上是相同的, 这是因为

$$\boldsymbol{x} = \boldsymbol{A}^{-1}\boldsymbol{b} = \frac{1}{|\boldsymbol{A}|}\boldsymbol{A}^*\boldsymbol{b}$$

$$= \frac{1}{|\boldsymbol{A}|}\begin{pmatrix} A_{11} & A_{21} & \cdots & A_{n1} \\ A_{12} & A_{22} & \cdots & A_{n2} \\ \vdots & \vdots & & \vdots \\ A_{1n} & A_{2n} & \cdots & A_{nn} \end{pmatrix}\begin{pmatrix} b_1 \\ b_2 \\ \vdots \\ b_n \end{pmatrix} = \frac{1}{|\boldsymbol{A}|}\begin{pmatrix} \sum_{k=1}^{n} A_{k1}b_k \\ \sum_{k=1}^{n} A_{k2}b_k \\ \vdots \\ \sum_{k=1}^{n} A_{kn}b_k \end{pmatrix} = \begin{pmatrix} \frac{D_1}{D} \\ \frac{D_2}{D} \\ \vdots \\ \frac{D_n}{D} \end{pmatrix},$$

其中, $D = |\boldsymbol{A}|, D_i = \sum_{k=1}^{n} A_{ki}b_k \ (i = 1, 2, \cdots, n)$.

例 3.14 用逆矩阵求解线性方程组 $\begin{cases} 2x_1 + 2x_2 + 2x_3 = 1, \\ x_1 + 2x_2 + 3x_3 = 0, \\ x_1 + 3x_2 + 6x_3 = -1. \end{cases}$

解 设 $\boldsymbol{A} = \begin{pmatrix} 2 & 2 & 2 \\ 1 & 2 & 3 \\ 1 & 3 & 6 \end{pmatrix}$, 方程化为

$$\boldsymbol{A}\begin{pmatrix} x_1 \\ x_2 \\ x_3 \end{pmatrix} = \begin{pmatrix} 1 \\ 0 \\ -1 \end{pmatrix}.$$

由于$|\boldsymbol{A}|=2\neq 0$，$\boldsymbol{A}$可逆，且

$$\boldsymbol{A}^{-1}=\frac{1}{|\boldsymbol{A}|}\boldsymbol{A}^*=\begin{pmatrix}\frac{3}{2} & -3 & 1\\ -\frac{3}{2} & 5 & -2\\ \frac{1}{2} & -2 & 1\end{pmatrix}.$$

从而

$$\begin{pmatrix}x_1\\x_2\\x_3\end{pmatrix}=\boldsymbol{A}^{-1}\begin{pmatrix}1\\0\\-1\end{pmatrix}=\begin{pmatrix}\frac{3}{2} & -3 & 1\\ -\frac{3}{2} & 5 & -2\\ \frac{1}{2} & -2 & 1\end{pmatrix}\begin{pmatrix}1\\0\\-1\end{pmatrix}=\begin{pmatrix}\frac{1}{2}\\ \frac{1}{2}\\ -\frac{1}{2}\end{pmatrix}.$$

即$x_1=\frac{1}{2}$，$x_2=\frac{1}{2}$，$x_3=-\frac{1}{2}$.

类似地，若$\boldsymbol{A}$是一个n阶可逆矩阵，$\boldsymbol{B}$是一个$n\times k$矩阵，则矩阵方程$\boldsymbol{AX}=\boldsymbol{B}$的解为

$$\boldsymbol{X}=\boldsymbol{A}^{-1}\boldsymbol{B}.$$

例 3.15 设$\boldsymbol{A}=\begin{pmatrix}0 & 3 & 3\\ 1 & 1 & 0\\ -1 & 2 & 3\end{pmatrix}$，$\boldsymbol{AX}=\boldsymbol{A}+2\boldsymbol{X}$，求$\boldsymbol{X}$.

解 由假设可得

$$(\boldsymbol{A}-2\boldsymbol{E})\boldsymbol{X}=\boldsymbol{A}.$$

因

$$|\boldsymbol{A}-2\boldsymbol{E}|=\begin{vmatrix}-2 & 3 & 3\\ 1 & -1 & 0\\ -1 & 2 & 1\end{vmatrix}=2\neq 0,$$

故$\boldsymbol{A}-2\boldsymbol{E}$可逆，且

$$(\boldsymbol{A}-2\boldsymbol{E})^{-1}=\frac{1}{2}\begin{pmatrix}-1 & 3 & 3\\ -1 & 1 & 3\\ 1 & 1 & -1\end{pmatrix},$$

所以

$$\boldsymbol{X}=(\boldsymbol{A}-2\boldsymbol{E})^{-1}\boldsymbol{A}=\frac{1}{2}\begin{pmatrix}-1 & 3 & 3\\ -1 & 1 & 3\\ 1 & 1 & -1\end{pmatrix}\begin{pmatrix}0 & 3 & 3\\ 1 & 1 & 0\\ -1 & 2 & 3\end{pmatrix}=\begin{pmatrix}0 & 3 & 3\\ -1 & 2 & 3\\ 1 & 1 & 0\end{pmatrix}.$$

3.4　矩阵的分块法

一个行数和列数较大的矩阵，常用矩阵分块的方法来处理，其基本思想是把矩阵分成若干个小块，将一个大矩阵看成是由若干个“小块矩阵”组成，优点是简化表示，便于计算.

通常用若干条纵线和横线将矩阵 $\boldsymbol{A}$ 分成若干小块，每一个小块称为 $\boldsymbol{A}$ 的**子块**，以子块为元素的形式上的矩阵称为**分块矩阵**. 例如

$$\boldsymbol{A}=\left(\begin{array}{cc:ccc}10&0&-2&0&3\\0&1&3&1&5\\ \hdashline 0&0&4&0&-6\\0&0&1&-1&1\end{array}\right)=\begin{pmatrix}\boldsymbol{A}_{11}&\boldsymbol{A}_{12}\\\boldsymbol{A}_{21}&\boldsymbol{A}_{22}\end{pmatrix},$$

其中，四个子块分别是

$$\boldsymbol{A}_{11}=\begin{pmatrix}10&0\\0&1\end{pmatrix},\quad \boldsymbol{A}_{12}=\begin{pmatrix}-2&0&3\\3&1&5\end{pmatrix},$$

$$\boldsymbol{A}_{21}=\begin{pmatrix}0&0\\0&0\end{pmatrix},\quad \boldsymbol{A}_{22}=\begin{pmatrix}4&0&-6\\1&-1&1\end{pmatrix}.$$

也可将 $\boldsymbol{A}$ 分块为

$$\boldsymbol{A}=\left(\begin{array}{cc:cc:c}10&0&-2&0&3\\0&1&3&1&5\\ \hdashline 0&0&4&0&-6\\0&0&1&-1&1\end{array}\right)=\begin{pmatrix}\boldsymbol{A}_{11}&\boldsymbol{A}_{12}&\boldsymbol{A}_{13}\\\boldsymbol{A}_{21}&\boldsymbol{A}_{22}&\boldsymbol{A}_{23}\end{pmatrix}.$$

特别要注意的是，无论矩阵如何分块，它的实际行数和列数是不变的. 例如，上面的矩阵 $\boldsymbol{A}$ 是 4×5 矩阵，既不是 2×2 矩阵，也不是 2×3 矩阵.

下面讨论分块矩阵的运算规则，它与普通矩阵运算规则相类似，分别作下述说明.

1. 分块矩阵的加法

设 $\boldsymbol{A},\boldsymbol{B}$ 均为 $m\times n$ 矩阵，用相同的分块方法将 $\boldsymbol{A}$ 与 $\boldsymbol{B}$ 分为

$$\boldsymbol{A}=\begin{pmatrix}\boldsymbol{A}_{11}&\boldsymbol{A}_{12}&\cdots&\boldsymbol{A}_{1t}\\\boldsymbol{A}_{21}&\boldsymbol{A}_{22}&\cdots&\boldsymbol{A}_{2t}\\\vdots&\vdots&&\vdots\\\boldsymbol{A}_{s1}&\boldsymbol{A}_{s2}&\cdots&\boldsymbol{A}_{st}\end{pmatrix},\quad \boldsymbol{B}=\begin{pmatrix}\boldsymbol{B}_{11}&\boldsymbol{B}_{12}&\cdots&\boldsymbol{B}_{1t}\\\boldsymbol{B}_{21}&\boldsymbol{B}_{22}&\cdots&\boldsymbol{B}_{2t}\\\vdots&\vdots&&\vdots\\\boldsymbol{B}_{s1}&\boldsymbol{B}_{s2}&\cdots&\boldsymbol{B}_{st}\end{pmatrix},$$

其中，$\boldsymbol{A}_{ij}$ 与 $\boldsymbol{B}_{ij}\ (i=1,2,\cdots,s;\ j=1,2,\cdots,t)$ 的行数、列数相同，那么

$$\boldsymbol{A}+\boldsymbol{B}=\begin{pmatrix}\boldsymbol{A}_{11}+\boldsymbol{B}_{11}&\boldsymbol{A}_{12}+\boldsymbol{B}_{12}&\cdots&\boldsymbol{A}_{1t}+\boldsymbol{B}_{1t}\\\boldsymbol{A}_{21}+\boldsymbol{B}_{21}&\boldsymbol{A}_{22}+\boldsymbol{B}_{22}&\cdots&\boldsymbol{A}_{2t}+\boldsymbol{B}_{2t}\\\vdots&\vdots&&\vdots\\\boldsymbol{A}_{s1}+\boldsymbol{B}_{s1}&\boldsymbol{A}_{s2}+\boldsymbol{B}_{s2}&\cdots&\boldsymbol{A}_{st}+\boldsymbol{B}_{st}\end{pmatrix}.$$

2. 数乘分块矩阵

设λ为数，分块矩阵为 $\boldsymbol{A}=\begin{pmatrix}\boldsymbol{A}_{11} & \boldsymbol{A}_{12} & \cdots & \boldsymbol{A}_{1t}\\ \boldsymbol{A}_{21} & \boldsymbol{A}_{22} & \cdots & \boldsymbol{A}_{2t}\\ \vdots & \vdots & & \vdots\\ \boldsymbol{A}_{s1} & \boldsymbol{A}_{s2} & \cdots & \boldsymbol{A}_{st}\end{pmatrix}$，则

$$\lambda\boldsymbol{A}=\begin{pmatrix}\lambda\boldsymbol{A}_{11} & \lambda\boldsymbol{A}_{12} & \cdots & \lambda\boldsymbol{A}_{1t}\\ \lambda\boldsymbol{A}_{21} & \lambda\boldsymbol{A}_{22} & \cdots & \lambda\boldsymbol{A}_{2t}\\ \vdots & \vdots & & \vdots\\ \lambda\boldsymbol{A}_{s1} & \lambda\boldsymbol{A}_{s2} & \cdots & \lambda\boldsymbol{A}_{st}\end{pmatrix}.$$

3. 分块矩阵的转置

设分块矩阵为

$$\boldsymbol{A}=\begin{pmatrix}\boldsymbol{A}_{11} & \boldsymbol{A}_{12} & \cdots & \boldsymbol{A}_{1t}\\ \boldsymbol{A}_{21} & \boldsymbol{A}_{22} & \cdots & \boldsymbol{A}_{2t}\\ \vdots & \vdots & & \vdots\\ \boldsymbol{A}_{s1} & \boldsymbol{A}_{s2} & \cdots & \boldsymbol{A}_{st}\end{pmatrix},$$

则

$$\boldsymbol{A}^{\mathrm{T}}=\begin{pmatrix}\boldsymbol{A}_{11}^{\mathrm{T}} & \boldsymbol{A}_{21}^{\mathrm{T}} & \cdots & \boldsymbol{A}_{s1}^{\mathrm{T}}\\ \boldsymbol{A}_{12}^{\mathrm{T}} & \boldsymbol{A}_{22}^{\mathrm{T}} & \cdots & \boldsymbol{A}_{s2}^{\mathrm{T}}\\ \vdots & \vdots & & \vdots\\ \boldsymbol{A}_{1t}^{\mathrm{T}} & \boldsymbol{A}_{2t}^{\mathrm{T}} & \cdots & \boldsymbol{A}_{st}^{\mathrm{T}}\end{pmatrix},$$

即对分块矩阵求转置，不仅要将分块矩阵的行与列互换，还要对每一个子块求转置.

4. 分块矩阵的乘法

设 $\boldsymbol{A}$ 为 $m\times k$ 矩阵，$\boldsymbol{B}$ 为 $k\times n$ 矩阵，对 $\boldsymbol{A},\boldsymbol{B}$ 分块，使得 $\boldsymbol{A}$ 的列分法与 $\boldsymbol{B}$ 的行分法满足以下规则，即

$$\boldsymbol{A}=\begin{pmatrix}\boldsymbol{A}_{11} & \boldsymbol{A}_{12} & \cdots & \boldsymbol{A}_{1r}\\ \boldsymbol{A}_{21} & \boldsymbol{A}_{22} & \cdots & \boldsymbol{A}_{2r}\\ \vdots & \vdots & & \vdots\\ \boldsymbol{A}_{s1} & \boldsymbol{A}_{s2} & \cdots & \boldsymbol{A}_{sr}\end{pmatrix},\quad \boldsymbol{B}=\begin{pmatrix}\boldsymbol{B}_{11} & \boldsymbol{B}_{12} & \cdots & \boldsymbol{B}_{1t}\\ \boldsymbol{B}_{21} & \boldsymbol{B}_{22} & \cdots & \boldsymbol{B}_{2t}\\ \vdots & \vdots & & \vdots\\ \boldsymbol{B}_{r1} & \boldsymbol{B}_{r2} & \cdots & \boldsymbol{B}_{rt}\end{pmatrix},$$

其中，$\boldsymbol{A}_{il}$ 是 $m_i\times k_l$ 矩阵，$\boldsymbol{B}_{lj}$ 是 $k_l\times n_j$ 矩阵，$\sum_{i=1}^{s}m_i=m$，$\sum_{l=1}^{r}k_l=k$，$\sum_{j=1}^{t}n_j=n$，则

$$\boldsymbol{AB}=\begin{pmatrix}\boldsymbol{C}_{11} & \boldsymbol{C}_{12} & \cdots & \boldsymbol{C}_{1t}\\ \boldsymbol{C}_{21} & \boldsymbol{C}_{22} & \cdots & \boldsymbol{C}_{2t}\\ \vdots & \vdots & & \vdots\\ \boldsymbol{C}_{s1} & \boldsymbol{C}_{s2} & \cdots & \boldsymbol{C}_{st}\end{pmatrix},$$

其中，$C_{ij}=\sum_{l=1}^{r}A_{il}B_{lj}$ $(i=1,2,\cdots,s;\ j=1,2,\cdots,t)$ 是 $m_i\times n_j$ 子矩阵.

例 3.16 设

$$A=\begin{pmatrix}1&0&0&0\\0&1&0&0\\-1&2&1&0\\1&1&0&1\end{pmatrix},\quad B=\begin{pmatrix}1&0&1&0\\-1&2&0&1\\1&0&4&1\\-1&-1&2&0\end{pmatrix},$$

求 AB.

解 将 A,B 分块为

$$A=\left(\begin{array}{cc:cc}1&0&0&0\\0&1&0&0\\\hdashline -1&2&1&0\\1&1&0&1\end{array}\right)=\begin{pmatrix}E&O\\A_{21}&E\end{pmatrix},\quad B=\left(\begin{array}{cc:cc}1&0&1&0\\-1&2&0&1\\\hdashline 1&0&4&1\\-1&-1&2&0\end{array}\right)=\begin{pmatrix}B_{11}&E\\B_{21}&B_{22}\end{pmatrix},$$

则

$$AB=\begin{pmatrix}E&O\\A_{21}&E\end{pmatrix}\begin{pmatrix}B_{11}&E\\B_{21}&B_{22}\end{pmatrix}=\begin{pmatrix}B_{11}&E\\A_{21}B_{11}+B_{21}&A_{21}+B_{22}\end{pmatrix}.$$

而

$$A_{21}B_{11}+B_{21}=\begin{pmatrix}-1&2\\1&1\end{pmatrix}\begin{pmatrix}1&0\\-1&2\end{pmatrix}+\begin{pmatrix}1&0\\-1&-1\end{pmatrix}=\begin{pmatrix}-2&4\\-1&1\end{pmatrix},$$

$$A_{21}+B_{22}=\begin{pmatrix}-1&2\\1&1\end{pmatrix}+\begin{pmatrix}4&1\\2&0\end{pmatrix}=\begin{pmatrix}3&3\\3&1\end{pmatrix}.$$

因此,

$$AB=\left(\begin{array}{cc:cc}1&0&1&0\\-1&2&0&1\\\hdashline -2&4&3&3\\-1&1&3&1\end{array}\right).$$

5. 分块对角矩阵

设 A 为 n 阶矩阵, 若 A 的分块矩阵只在主对角线上有非零子块且均为方阵, 其余子块都是零矩阵, 即

$$A=\begin{pmatrix}A_1&O&\cdots&O\\O&A_2&\cdots&O\\\vdots&\vdots&&\vdots\\O&O&\cdots&A_s\end{pmatrix},$$

则称 A 为**分块对角矩阵**.

设 $\boldsymbol{A}, \boldsymbol{B}$ 是两个 n 阶的分块对角矩阵(未写出的子块都是零子块),

$$\boldsymbol{A}=\begin{pmatrix}\boldsymbol{A}_1 & & & \\ & \boldsymbol{A}_2 & & \\ & & \ddots & \\ & & & \boldsymbol{A}_s\end{pmatrix}, \quad \boldsymbol{B}=\begin{pmatrix}\boldsymbol{B}_1 & & & \\ & \boldsymbol{B}_2 & & \\ & & \ddots & \\ & & & \boldsymbol{B}_s\end{pmatrix},$$

其中，$\boldsymbol{A}_i, \boldsymbol{B}_i\ (i=1,2,\cdots,s)$ 为同阶子块矩阵，则

$$\boldsymbol{A}+\boldsymbol{B}=\begin{pmatrix}\boldsymbol{A}_1+\boldsymbol{B}_1 & & & \\ & \boldsymbol{A}_2+\boldsymbol{B}_2 & & \\ & & \ddots & \\ & & & \boldsymbol{A}_s+\boldsymbol{B}_s\end{pmatrix}, \quad \boldsymbol{A}\boldsymbol{B}=\begin{pmatrix}\boldsymbol{A}_1\boldsymbol{B}_1 & & & \\ & \boldsymbol{A}_2\boldsymbol{B}_2 & & \\ & & \ddots & \\ & & & \boldsymbol{A}_s\boldsymbol{B}_s\end{pmatrix}.$$

分块对角矩阵的行列式有下述性质:

$$|\boldsymbol{A}|=|\boldsymbol{A}_1||\boldsymbol{A}_2|\cdots|\boldsymbol{A}_s|.$$

由此性质可知，$|\boldsymbol{A}|\neq 0$ 的充分必要条件是每一个 $|\boldsymbol{A}_i|\neq 0\ (i=1,2,\cdots,s)$. 换句话说，分块对角矩阵 $\boldsymbol{A}$ 可逆的充分必要条件是每一个子块矩阵 $\boldsymbol{A}_i\ (i=1,2,\cdots,s)$ 可逆，且

$$\boldsymbol{A}^{-1}=\begin{pmatrix}\boldsymbol{A}_1^{-1} & & & \\ & \boldsymbol{A}_2^{-1} & & \\ & & \ddots & \\ & & & \boldsymbol{A}_s^{-1}\end{pmatrix}.$$

例 3.17 设 $\boldsymbol{A}=\begin{pmatrix}1 & -1 & 0 & 0 & 0\\ 3 & -4 & 0 & 0 & 0\\ 0 & 0 & 2 & 2 & 3\\ 0 & 0 & 1 & -1 & 0\\ 0 & 0 & -1 & 2 & 1\end{pmatrix}$, 求 $\boldsymbol{A}^{-1}$.

解 将 $\boldsymbol{A}$ 分块为 $\boldsymbol{A}=\begin{pmatrix}\boldsymbol{A}_1 & \boldsymbol{O}\\ \boldsymbol{O} & \boldsymbol{A}_2\end{pmatrix}$, 其中,

$$\boldsymbol{A}_1=\begin{pmatrix}1 & -1\\ 3 & -4\end{pmatrix}, \quad \boldsymbol{A}_2=\begin{pmatrix}2 & 2 & 3\\ 1 & -1 & 0\\ -1 & 2 & 1\end{pmatrix},$$

求出它们的逆矩阵分别为

$$\boldsymbol{A}_1^{-1}=\begin{pmatrix}4 & -1\\ 3 & -1\end{pmatrix}, \quad \boldsymbol{A}_2^{-1}=\begin{pmatrix}1 & -4 & -3\\ 1 & -5 & -3\\ -1 & 6 & 4\end{pmatrix}.$$

所以

$$A^{-1}=\begin{pmatrix}4&-1&0&0&0\\3&-1&0&0&0\\0&0&1&-4&-3\\0&0&1&-5&-3\\0&0&-1&6&4\end{pmatrix}.$$

如何对矩阵分块，要结合矩阵的特征和问题的需要进行. 一般来说，若有子块是单位阵或者零矩阵，则可以简化矩阵的乘法和求逆等运算.

例 3.18 设 $\boldsymbol{A},\boldsymbol{B}$ 分别是 m,n 阶方阵，$\boldsymbol{C},\boldsymbol{D}$ 分别是 $n\times m, m\times n$ 矩阵，证明

$$\begin{vmatrix}\boldsymbol{A}&\boldsymbol{O}\\\boldsymbol{C}&\boldsymbol{B}\end{vmatrix}=\begin{vmatrix}\boldsymbol{A}&\boldsymbol{D}\\\boldsymbol{O}&\boldsymbol{B}\end{vmatrix}=|\boldsymbol{A}||\boldsymbol{B}|.$$

证 由例 2.16 的结果，可得

$$\begin{vmatrix}\boldsymbol{A}&\boldsymbol{O}\\\boldsymbol{C}&\boldsymbol{B}\end{vmatrix}=|\boldsymbol{A}||\boldsymbol{B}|.$$

再由行列式的性质和以上结果，得

$$\begin{vmatrix}\boldsymbol{A}&\boldsymbol{D}\\\boldsymbol{O}&\boldsymbol{B}\end{vmatrix}=\left|\begin{pmatrix}\boldsymbol{A}&\boldsymbol{D}\\\boldsymbol{O}&\boldsymbol{B}\end{pmatrix}^{\mathrm{T}}\right|=\begin{vmatrix}\boldsymbol{A}^{\mathrm{T}}&\boldsymbol{O}\\\boldsymbol{D}^{\mathrm{T}}&\boldsymbol{B}^{\mathrm{T}}\end{vmatrix}=|\boldsymbol{A}^{\mathrm{T}}||\boldsymbol{B}^{\mathrm{T}}|=|\boldsymbol{A}||\boldsymbol{B}|.$$

以上结论常被用来计算分块矩阵的行列式.

例 3.19 设 $\boldsymbol{A},\boldsymbol{B}$ 分别为 s 阶和 t 阶方阵，$\boldsymbol{H}=\begin{pmatrix}\boldsymbol{A}&\boldsymbol{C}\\\boldsymbol{O}&\boldsymbol{B}\end{pmatrix}$，若 $\boldsymbol{H}$ 可逆，求 $\boldsymbol{H}^{-1}$.

解 由例 3.18，可得

$$|\boldsymbol{H}|=|\boldsymbol{A}||\boldsymbol{B}|.$$

因为 $\boldsymbol{H}$ 可逆，$|\boldsymbol{H}|\neq 0$，所以 $|\boldsymbol{A}|\neq 0$，$|\boldsymbol{B}|\neq 0$. 即 $\boldsymbol{A}^{-1}$ 和 $\boldsymbol{B}^{-1}$ 存在.

设

$$\boldsymbol{H}^{-1}=\begin{pmatrix}\boldsymbol{X}_1&\boldsymbol{X}_2\\\boldsymbol{X}_3&\boldsymbol{X}_4\end{pmatrix},$$

其中，$\boldsymbol{X}_1$ 和 $\boldsymbol{X}_4$ 分别是 s 阶和 t 阶方阵. 由 $\boldsymbol{H}\boldsymbol{H}^{-1}=\boldsymbol{E}$，有

$$\begin{aligned}\boldsymbol{H}\boldsymbol{H}^{-1}&=\begin{pmatrix}\boldsymbol{A}&\boldsymbol{C}\\\boldsymbol{O}&\boldsymbol{B}\end{pmatrix}\begin{pmatrix}\boldsymbol{X}_1&\boldsymbol{X}_2\\\boldsymbol{X}_3&\boldsymbol{X}_4\end{pmatrix}\\&=\begin{pmatrix}\boldsymbol{A}\boldsymbol{X}_1+\boldsymbol{C}\boldsymbol{X}_3&\boldsymbol{A}\boldsymbol{X}_2+\boldsymbol{C}\boldsymbol{X}_4\\\boldsymbol{B}\boldsymbol{X}_3&\boldsymbol{B}\boldsymbol{X}_4\end{pmatrix}=\begin{pmatrix}\boldsymbol{E}_s&\boldsymbol{O}\\\boldsymbol{O}&\boldsymbol{E}_t\end{pmatrix}.\end{aligned}$$

比较最后两个分块矩阵，得到矩阵方程组

$$\begin{cases}\boldsymbol{A}\boldsymbol{X}_1+\boldsymbol{C}\boldsymbol{X}_3=\boldsymbol{E}_s,\\\boldsymbol{A}\boldsymbol{X}_2+\boldsymbol{C}\boldsymbol{X}_4=\boldsymbol{O},\\\boldsymbol{B}\boldsymbol{X}_3=\boldsymbol{O},\\\boldsymbol{B}\boldsymbol{X}_4=\boldsymbol{E}_t.\end{cases}$$

解之，得到

$$\begin{cases} X_1 = A^{-1}, \\ X_2 = -A^{-1}CB^{-1}, \\ X_3 = O, \\ X_4 = B^{-1}. \end{cases}$$

因此

$$H^{-1} = \begin{pmatrix} A^{-1} & -A^{-1}CB^{-1} \\ O & B^{-1} \end{pmatrix}.$$

对于一个矩阵，有两种分块方法特别重要，它们是按行分块和按列分块.

设有 $m \times n$ 矩阵，若按列分块，有

$$A = \begin{pmatrix} a_{11} & a_{12} & \cdots & a_{1n} \\ a_{21} & a_{22} & \cdots & a_{2n} \\ \vdots & \vdots & & \vdots \\ a_{m1} & a_{m2} & \cdots & a_{mn} \end{pmatrix} = (\alpha_1, \alpha_2, \cdots, \alpha_n),$$

其中，$\alpha_j = (a_{1j}, a_{2j}, \cdots, a_{mj})^{\mathrm{T}}$ $(j = 1, 2, \cdots, n)$ 是一个列矩阵(列向量).

若将 A 按行分块，则

$$A = \begin{pmatrix} \beta_1^{\mathrm{T}} \\ \beta_2^{\mathrm{T}} \\ \vdots \\ \beta_m^{\mathrm{T}} \end{pmatrix},$$

其中，$\beta_i = (a_{i1}, a_{i2}, \cdots, a_{in})^{\mathrm{T}}$ $(i = 1, 2, \cdots, m)$ 是一个列矩阵，$\beta_i^{\mathrm{T}} = (a_{i1}, a_{i2}, \cdots, a_{in})$ $(i = 1, 2, \cdots, m)$ 是一个行矩阵(行向量).

对于线性方程组

$$\begin{cases} a_{11}x_1 + a_{12}x_2 + \cdots + a_{1n}x_n = b_1, \\ a_{21}x_1 + a_{22}x_2 + \cdots + a_{2n}x_n = b_2, \\ \quad\cdots\cdots \\ a_{m1}x_1 + a_{m2}x_2 + \cdots + a_{mn}x_n = b_m, \end{cases} \tag{3.8}$$

记

$$A = \begin{pmatrix} a_{11} & a_{12} & \cdots & a_{1n} \\ a_{21} & a_{22} & \cdots & a_{2n} \\ \vdots & \vdots & & \vdots \\ a_{m1} & a_{m2} & \cdots & a_{mn} \end{pmatrix}, \quad x = \begin{pmatrix} x_1 \\ x_2 \\ \vdots \\ x_n \end{pmatrix}, \quad b = \begin{pmatrix} b_1 \\ b_2 \\ \vdots \\ b_m \end{pmatrix},$$

其中，A 称为**系数矩阵**，x 称为**未知项向量**，b 称为**常数项向量**. 线性方程组(3.8)的矩阵表示为

$$Ax = b. \tag{3.9}$$

若将系数矩阵 $\boldsymbol{A}$ 按列分成 n 块，则与 $\boldsymbol{A}$ 相乘的 $\boldsymbol{x}$ 应对应地按行分成 n 块，从而有

$$(\boldsymbol{\alpha}_1, \boldsymbol{\alpha}_2, \cdots, \boldsymbol{\alpha}_n)\begin{pmatrix} x_1 \\ x_2 \\ \vdots \\ x_n \end{pmatrix} = \boldsymbol{b},$$

即

$$x_1\boldsymbol{\alpha}_1 + x_2\boldsymbol{\alpha}_2 + x_n\boldsymbol{\alpha}_n = \boldsymbol{b}.$$

若将 $\boldsymbol{A}$ 按行分成 m 块，则有

$$\begin{pmatrix} \boldsymbol{\beta}_1^{\mathrm{T}} \\ \boldsymbol{\beta}_2^{\mathrm{T}} \\ \vdots \\ \boldsymbol{\beta}_m^{\mathrm{T}} \end{pmatrix}\boldsymbol{x} = \begin{pmatrix} b_1 \\ b_2 \\ \vdots \\ b_m \end{pmatrix}.$$

从而有

$$\begin{pmatrix} \boldsymbol{\beta}_1^{\mathrm{T}}\boldsymbol{x} \\ \boldsymbol{\beta}_2^{\mathrm{T}}\boldsymbol{x} \\ \vdots \\ \boldsymbol{\beta}_m^{\mathrm{T}}\boldsymbol{x} \end{pmatrix} = \begin{pmatrix} b_1 \\ b_2 \\ \vdots \\ b_m \end{pmatrix}.$$

这相当于把每个方程

$$a_{i1}x_1 + a_{i2}x_2 + \cdots + a_{in}x_n = b_i$$

记作

$$\boldsymbol{\beta}_i^{\mathrm{T}}\boldsymbol{x} = b_i \ (i = 1, 2, \cdots, m).$$

下面从分块矩阵的角度来考察矩阵相乘.

对于矩阵 $\boldsymbol{A} = (a_{ij})_{m\times s}$ 与矩阵 $\boldsymbol{B} = (b_{ij})_{s\times n}$ 的乘积 $\boldsymbol{C} = \boldsymbol{AB} = (c_{ij})_{m\times n}$，若将 $\boldsymbol{A}$ 按行分成 m 块，将 $\boldsymbol{B}$ 按列分成 n 块，便有

$$\boldsymbol{AB} = \begin{pmatrix} \boldsymbol{a}_1^{\mathrm{T}} \\ \boldsymbol{a}_2^{\mathrm{T}} \\ \vdots \\ \boldsymbol{a}_m^{\mathrm{T}} \end{pmatrix}(\boldsymbol{b}_1, \boldsymbol{b}_2, \cdots, \boldsymbol{b}_n) = \begin{pmatrix} \boldsymbol{a}_1^{\mathrm{T}}\boldsymbol{b}_1 & \boldsymbol{a}_1^{\mathrm{T}}\boldsymbol{b}_2 & \cdots & \boldsymbol{a}_1^{\mathrm{T}}\boldsymbol{b}_n \\ \boldsymbol{a}_2^{\mathrm{T}}\boldsymbol{b}_1 & \boldsymbol{a}_2^{\mathrm{T}}\boldsymbol{b}_2 & \cdots & \boldsymbol{a}_2^{\mathrm{T}}\boldsymbol{b}_n \\ \vdots & \vdots & & \vdots \\ \boldsymbol{a}_m^{\mathrm{T}}\boldsymbol{b}_1 & \boldsymbol{a}_m^{\mathrm{T}}\boldsymbol{b}_2 & \cdots & \boldsymbol{a}_m^{\mathrm{T}}\boldsymbol{b}_n \end{pmatrix}$$
$$= (c_{ij})_{m\times n},$$

其中

$$c_{ij} = \boldsymbol{a}_i^{\mathrm{T}}\boldsymbol{b}_j = (a_{i1}, a_{i2}, \cdots, a_{is})\begin{pmatrix} b_{1j} \\ b_{2j} \\ \vdots \\ b_{kj} \end{pmatrix} = \sum_{k=1}^{s} a_{ik}b_{kj}.$$

由此可进一步领会矩阵相乘的定义.

例 3.20 设 $\boldsymbol{A},\boldsymbol{B},\boldsymbol{C},\boldsymbol{D}$ 均为 n 阶方阵, $\boldsymbol{A}$ 是可逆矩阵, 且 $\boldsymbol{AC}=\boldsymbol{CA}$. 证明:

$$\begin{vmatrix}\boldsymbol{A} & \boldsymbol{B}\\ \boldsymbol{C} & \boldsymbol{D}\end{vmatrix}=|\boldsymbol{AD}-\boldsymbol{CB}|.$$

证 由于 $\boldsymbol{A}^{-1}$ 存在, 由分块矩阵的乘法, 可得

$$\begin{pmatrix}\boldsymbol{A}^{-1} & \boldsymbol{O}\\ -\boldsymbol{C} & \boldsymbol{A}\end{pmatrix}\begin{pmatrix}\boldsymbol{A} & \boldsymbol{B}\\ \boldsymbol{C} & \boldsymbol{D}\end{pmatrix}=\begin{pmatrix}\boldsymbol{E} & \boldsymbol{A}^{-1}\boldsymbol{B}\\ \boldsymbol{O} & \boldsymbol{AD}-\boldsymbol{CB}\end{pmatrix},$$

两边取行列式, 利用例 3.18 的结果, 得

$$|\boldsymbol{A}^{-1}||\boldsymbol{A}|\begin{vmatrix}\boldsymbol{A} & \boldsymbol{B}\\ \boldsymbol{C} & \boldsymbol{D}\end{vmatrix}=\begin{vmatrix}\boldsymbol{E} & \boldsymbol{A}^{-1}\boldsymbol{B}\\ \boldsymbol{O} & \boldsymbol{AD}-\boldsymbol{CB}\end{vmatrix}=|\boldsymbol{E}||\boldsymbol{AD}-\boldsymbol{CB}|=|\boldsymbol{AD}-\boldsymbol{CB}|,$$

即

$$\begin{vmatrix}\boldsymbol{A} & \boldsymbol{B}\\ \boldsymbol{C} & \boldsymbol{D}\end{vmatrix}=|\boldsymbol{AD}-\boldsymbol{CB}|.$$

例 3.21 设 $\boldsymbol{A},\boldsymbol{B}$ 都是 n 阶方阵, $\boldsymbol{E}$ 是 n 阶单位矩阵. 证明: $|\boldsymbol{E}-\boldsymbol{AB}|=|\boldsymbol{E}-\boldsymbol{BA}|$.

证 利用分块矩阵的乘积, 有

$$\begin{pmatrix}\boldsymbol{E} & -\boldsymbol{A}\\ \boldsymbol{O} & \boldsymbol{E}\end{pmatrix}\begin{pmatrix}\boldsymbol{E} & \boldsymbol{A}\\ \boldsymbol{B} & \boldsymbol{E}\end{pmatrix}=\begin{pmatrix}\boldsymbol{E}-\boldsymbol{AB} & \boldsymbol{O}\\ \boldsymbol{B} & \boldsymbol{E}\end{pmatrix},$$

对上式取行列式, 并利用例 3.18 的结果, 得

$$\begin{vmatrix}\boldsymbol{E} & -\boldsymbol{A}\\ \boldsymbol{O} & \boldsymbol{E}\end{vmatrix}\begin{vmatrix}\boldsymbol{E} & \boldsymbol{A}\\ \boldsymbol{B} & \boldsymbol{E}\end{vmatrix}=\begin{vmatrix}\boldsymbol{E}-\boldsymbol{AB} & \boldsymbol{O}\\ \boldsymbol{B} & \boldsymbol{E}\end{vmatrix}=|\boldsymbol{E}-\boldsymbol{AB}|,$$

即

$$\begin{vmatrix}\boldsymbol{E} & \boldsymbol{A}\\ \boldsymbol{B} & \boldsymbol{E}\end{vmatrix}=|\boldsymbol{E}-\boldsymbol{AB}|.$$

另外,

$$\begin{pmatrix}\boldsymbol{E} & \boldsymbol{A}\\ \boldsymbol{B} & \boldsymbol{E}\end{pmatrix}\begin{pmatrix}\boldsymbol{E} & -\boldsymbol{A}\\ \boldsymbol{O} & \boldsymbol{E}\end{pmatrix}=\begin{pmatrix}\boldsymbol{E} & \boldsymbol{O}\\ \boldsymbol{B} & \boldsymbol{E}-\boldsymbol{BA}\end{pmatrix},$$

对上式取行列式, 并利用例 3.18 的结果, 得

$$\begin{vmatrix}\boldsymbol{E} & \boldsymbol{A}\\ \boldsymbol{B} & \boldsymbol{E}\end{vmatrix}\begin{vmatrix}\boldsymbol{E} & -\boldsymbol{A}\\ \boldsymbol{O} & \boldsymbol{E}\end{vmatrix}=\begin{vmatrix}\boldsymbol{E} & \boldsymbol{O}\\ \boldsymbol{B} & \boldsymbol{E}-\boldsymbol{BA}\end{vmatrix}=|\boldsymbol{E}-\boldsymbol{BA}|,$$

即

$$\begin{vmatrix}\boldsymbol{E} & \boldsymbol{A}\\ \boldsymbol{B} & \boldsymbol{E}\end{vmatrix}=|\boldsymbol{E}-\boldsymbol{BA}|.$$

因此

$$|\boldsymbol{E}-\boldsymbol{AB}|=\begin{vmatrix}\boldsymbol{E} & \boldsymbol{A}\\ \boldsymbol{B} & \boldsymbol{E}\end{vmatrix}=|\boldsymbol{E}-\boldsymbol{BA}|.$$

3.5　矩阵的秩与初等变换

1. 矩阵的秩

矩阵的秩是刻画矩阵的一个数值特征，它是线性代数的一个重要概念. 为了定义矩阵的秩，需要引进矩阵子式的概念.

定义 3.10　对于一个 $m\times n$ 的矩阵 $\boldsymbol{A}=(a_{ij})$，任取其中的 k 行 $(i_1<i_2<\cdots<i_k)$ 和 k 列 $(j_1<j_2<\cdots<j_k)$，位于这些行和列交叉处的 k^2 个元素保持相对位置不变构成的 k 阶行列式称为矩阵 $\boldsymbol{A}$ 的一个 **k 阶子式**.

例如，对于矩阵 $\boldsymbol{A}=\begin{pmatrix}1&-2&4\\0&3&3\\-1&1&1\end{pmatrix}$，取第 1 行和第 3 行、第 2 列和第 3 列，位于这些行列交叉处的 4 个元素，构成一个二阶子式

$$\begin{vmatrix}-2&4\\1&1\end{vmatrix}=-6.$$

显然，一个 $m\times n$ 矩阵 $\boldsymbol{A}$ 的 $k\ (k\leqslant m, k\leqslant n)$ 阶子式共有 $C_m^k C_n^k$ 个.

定义 3.11　设在矩阵 $\boldsymbol{A}$ 中，

(1) 有一个不等于零的 r 阶子式 D；

(2) $\boldsymbol{A}$ 的所有 $r+1$ 阶子式(如果存在的话)全为零，

则称 D 为矩阵 $\boldsymbol{A}$ 的**最高阶非零子式**，数 r 称为**矩阵 $\boldsymbol{A}$ 的秩**，记为 $R(\boldsymbol{A})=r$ 或秩 $(\boldsymbol{A})=r$，零矩阵的秩规定为 0.

若矩阵 $\boldsymbol{A}$ 的所有 $r+1$ 阶子式全为零，则由行列式的展开法则可知，$\boldsymbol{A}$ 的所有高于 $r+1$ 阶的子式也全为零，因此可以称 r 阶非零子式为**最高阶非零子式**. 显然，$\boldsymbol{A}$ 的最高阶非零子式不一定唯一，但最高阶非零子式的阶数是唯一的，而 $\boldsymbol{A}$ 的秩 $R(\boldsymbol{A})$ 就是 $\boldsymbol{A}$ 的非零子式的最高阶数.

若矩阵 $\boldsymbol{A}$ 中有一个 s 阶子式不为零，则 $R(\boldsymbol{A})\geqslant s$；若 $\boldsymbol{A}$ 中所有 t 阶子全为零，则 $R(\boldsymbol{A})<t$.

对于 $m\times n$ 矩阵 $\boldsymbol{A}$，它没有阶数超过 $\min\{m,n\}$ 的子式，因此，$0\leqslant R(\boldsymbol{A})\leqslant \min\{m,n\}$.

对于 n 阶矩阵 $\boldsymbol{A}$，它的最高阶子式只有一个，就是 $|\boldsymbol{A}|$，因此，当 $|\boldsymbol{A}|\neq 0$ 时，$R(\boldsymbol{A})=n$；当 $|\boldsymbol{A}|=0$ 时，$R(\boldsymbol{A})<n$.

由行列式与其转置行列式相等的性质可知，$\boldsymbol{A}^{\mathrm{T}}$ 的子式与 $\boldsymbol{A}$ 的子式对应且相等，因此 $R(\boldsymbol{A}^{\mathrm{T}})=R(\boldsymbol{A})$.

例 3.22　求下列矩阵 $\boldsymbol{A}$ 和 $\boldsymbol{B}$ 的秩.

$$A=\begin{pmatrix}2&-3&2\\2&12&12\\1&3&4\end{pmatrix},\quad B=\begin{pmatrix}2&-1&0&3&-2\\0&1&1&-2&0\\0&0&0&-5&1\\0&0&0&0&0\end{pmatrix}.$$

解 在 A 中，三阶子式只有一个 $|A|$，可计算出 $|A|=0$，而容易找到一个二阶子式

$$\begin{vmatrix}2&-3\\2&12\end{vmatrix}\neq 0,$$

因此，$R(A)=2$.

由于 B 的最后一行全为零，所以它的所有四阶子式全为零，且容易找到一个三阶子式

$$\begin{vmatrix}2&-1&3\\0&1&-2\\0&0&-5\end{vmatrix},$$

它是一个上三角形行列式，显然不为零，因此，$R(B)=3$.

按定义求矩阵的秩，当行数和列数较大时，可能需要计算多个行列式，而对于形如例 3.22 中 B 的矩阵，秩的计算就较为方便. 那么，一个一般的矩阵是否能够化为矩阵 B 的形式而保持它的秩不变呢？下面将讨论这个问题.

2. 矩阵的初等变换

矩阵的初等变换是矩阵的一种十分重要的基本运算，它在矩阵秩的计算、求逆矩阵及线性方程组求解等方面都有重要作用.

定义 3.12 下面 3 种关于矩阵行的变换称为矩阵的**初等行变换**:

(1) 对调两行(对调第 i 行与第 j 行，记为 $r_i\leftrightarrow r_j$);

(2) 以数 $k\ (\neq 0)$ 乘某一行中的所有元素(第 i 行乘 k，记为 kr_i);

(3) 把某一行所有元素的 k 倍加到另一行对应的元素上去(第 j 行的 k 倍加到第 i 行上，记为 r_i+kr_j).

将定义中的“行”换成“列”，即得到矩阵的 3 种**初等列变换**(所用记号是把“r”换成“c”).

矩阵的初等行变换和初等列变换统称为**矩阵的初等变换**.

显然，3 种初等变换都是可逆的，且其逆变换是同一类型的初等变换. 以初等行变换为例: 变换 $r_i\leftrightarrow r_j$ 的逆变换是其本身; 变换 kr_i 的逆变换是 $\frac{1}{k}r_i$ (或记为 $r_i\div k$); 变换 r_i+kr_j 的逆变换为 $r_i+(-k)r_j$ (或记为 r_i-kr_j).

定义 3.13 如果矩阵 A 经有限次初等变换化成矩阵 B，则称矩阵 A 与 B **等价**，记为 $A\sim B$.

容易验证, 矩阵的等价关系具有下列性质:

(1) 反身性 $\boldsymbol{A}\sim\boldsymbol{A}$;

(2) 对称性 若 $\boldsymbol{A}\sim\boldsymbol{B}$, 则 $\boldsymbol{B}\sim\boldsymbol{A}$;

(3) 传递性 若 $\boldsymbol{A}\sim\boldsymbol{B}$, $\boldsymbol{B}\sim\boldsymbol{C}$, 则 $\boldsymbol{A}\sim\boldsymbol{C}$.

定理 3.3 矩阵的初等变换不改变矩阵的秩.

证 先就一次初等行变换情形证明.

(1) 将矩阵 $\boldsymbol{A}$ 的两行互换后得到矩阵 $\boldsymbol{B}$, 根据行列式的性质可知, 对于 $\boldsymbol{B}$ 中的任一个子式, 必定存在 $\boldsymbol{A}$ 的一个子式与之相等或仅相差一个负号; 反之, 亦然. 从而由矩阵秩的定义可知, $R(\boldsymbol{B})=R(\boldsymbol{A})$.

(2) 将矩阵 $\boldsymbol{A}$ 的某一行乘以一个非零常数 k, 得到矩阵 $\boldsymbol{B}$, 由行列式性质可知, 矩阵 $\boldsymbol{B}$ 的子式有可能是矩阵 $\boldsymbol{A}$ 相应子式的 k 倍, 有可能是相等, 因此, $R(\boldsymbol{B})=R(\boldsymbol{A})$.

(3) 将矩阵 $\boldsymbol{A}$ 的第 j 行的 k 倍加到第 i 行上得到矩阵 $\boldsymbol{B}$, 设 $R(\boldsymbol{A})=r$, 为了证明 $R(\boldsymbol{B})=r$, 先证 $R(\boldsymbol{B})\leqslant R(\boldsymbol{A})$.

对于 $\boldsymbol{B}$ 的任一 $r+1$ 阶子式 D_{r+1}, 分 3 种情况讨论如下.

① D_{r+1} 不含第 i 行的元素, 则 D_{r+1} 也是矩阵 $\boldsymbol{A}$ 的 $r+1$ 阶子式, 故 $D_{r+1}=0$.

② D_{r+1} 含第 i 行的元素, 而不含第 j 行的元素, 即

$$\begin{aligned}D_{r+1}&=\begin{vmatrix} & \cdots\cdots & \\ a_{is_1}+ka_{js_1} & a_{is_2}+ka_{js_1} & \cdots & a_{is_{r+1}}+ka_{js_{r+1}} \\ & \cdots\cdots & \end{vmatrix}\\ &=\begin{vmatrix} & \cdots\cdots & \\ a_{is_1} & a_{is_2} & \cdots & a_{is_{r+1}} \\ & \cdots\cdots & \end{vmatrix}+k\begin{vmatrix} & \cdots\cdots & \\ a_{js_1} & a_{js_2} & \cdots & a_{js_{r+1}} \\ & \cdots\cdots & \end{vmatrix}\\ &=D_{r+1}^{(1)}+kD_{r+1}^{(2)},\end{aligned}$$

其中, $D_{r+1}^{(1)}$ 是 $\boldsymbol{A}$ 的一个 $r+1$ 阶子式. 故 $D_{r+1}^{(1)}=0$, 而 $D_{r+1}^{(2)}$ 是矩阵 $\boldsymbol{A}$ 的某一个不含第 i 行元素的 $r+1$ 阶子式经行互换后得到的行列式, 故 $D_{r+1}^{(2)}=0$, 从而 $D_{r+1}=0$.

③ D_{r+1} 含第 i, j 两行元素, 则 D_{r+1} 是 $\boldsymbol{A}$ 中相应的 $r+1$ 阶子式将第 j 行元素的 k 倍加到第 i 行元素上而得到, 由行列式性质知 $D_{r+1}=0$.

以上证明了 $\boldsymbol{B}$ 的所有 $r+1$ 阶子式都等于零, 所以有

$$R(\boldsymbol{B})\leqslant r=R(\boldsymbol{A}).$$

由于将 $\boldsymbol{B}$ 的第 j 行的 $-k$ 倍加到第 i 行可得矩阵 $\boldsymbol{A}$, 所以有 $R(\boldsymbol{A})\leqslant R(\boldsymbol{B})$. 综合得到 $R(\boldsymbol{A})=R(\boldsymbol{B})$.

综合(1)、(2)、(3)可知, 一次初等行变换不改变矩阵的秩.

再讨论初等列变换的情形. 设 $\boldsymbol{A}$ 经一次初等列变换变为 $\boldsymbol{B}$, 相当于是 $\boldsymbol{A}^{\mathrm{T}}$ 经一次初等行变换变为 $\boldsymbol{B}^{\mathrm{T}}$, 而 $R(\boldsymbol{A}^{\mathrm{T}})=R(\boldsymbol{B}^{\mathrm{T}})$, 由矩阵秩的性质可知, $R(\boldsymbol{A})=R(\boldsymbol{B})$. 因此, 一次初等列变换不改变矩阵的秩.

总之，一次初等变换不改变矩阵的秩. 有限次亦然.

由定理 3.3 可知，若矩阵 $\boldsymbol{A}$ 经有限次初等变换化为 $\boldsymbol{B}$ (即 $\boldsymbol{A}\sim\boldsymbol{B}$)，则 $R(\boldsymbol{A})=R(\boldsymbol{B})$.

3. 用初等变换求矩阵的秩

由于初等变换不改变矩阵的秩，所以可先用初等变换将矩阵化简，再求矩阵的秩.

例 3.23 设 $\boldsymbol{A}=\begin{pmatrix}3&2&0&5&0\\3&-2&3&6&-1\\2&0&1&5&-3\\1&6&-4&-1&4\end{pmatrix}$，求 $\boldsymbol{A}$ 的秩.

解 先对 $\boldsymbol{A}$ 作初等行变换

$$\boldsymbol{A}\overset{r_1\leftrightarrow r_4}{\sim}\begin{pmatrix}1&6&-4&-1&4\\3&-2&3&6&-1\\2&0&1&5&-3\\3&2&0&5&0\end{pmatrix}\overset{\substack{r_4-r_2\\r_2-3r_1\\r_3-2r_1}}{\sim}\begin{pmatrix}1&6&-4&-1&4\\0&-20&15&9&-13\\0&-12&9&7&-11\\0&4&-3&-1&1\end{pmatrix}$$

$$\overset{r_2\leftrightarrow r_4}{\sim}\begin{pmatrix}1&6&-4&-1&4\\0&4&-3&-1&1\\0&-12&9&7&-11\\0&-20&15&9&-13\end{pmatrix}\overset{\substack{r_3+3r_2\\r_4+5r_2}}{\sim}\begin{pmatrix}1&6&-4&-1&4\\0&4&-3&-1&1\\0&0&0&4&-8\\0&0&0&4&-8\end{pmatrix}$$

$$\overset{r_4\leftrightarrow r_3}{\sim}\begin{pmatrix}1&6&-4&-1&4\\0&4&-3&-1&1\\0&0&0&4&-8\\0&0&0&0&0\end{pmatrix}=\boldsymbol{B}.$$

在矩阵 $\boldsymbol{B}$ 中，$\boldsymbol{B}$ 的所有四阶子式全为零(第四行元素全为零)，且有一个三阶子式

$$\begin{vmatrix}1&6&-1\\0&4&-1\\0&0&4\end{vmatrix}=16\neq0,$$

所以 $R(\boldsymbol{B})=3$，由定理 3.3 知 $R(\boldsymbol{A})=3$.

我们将形如例 3.23 中矩阵 $\boldsymbol{B}$ 的矩阵称为**行阶梯形矩阵**，其特点是:

(1) 若有零行(元素全为零的行)，则零行全部在矩阵的最下方;

(2) 从第一行起，每行第一个非零元素前面零的个数逐行增加.

行阶梯形矩阵的直观特点是，可以画出一条阶梯线，线下方的元素全为零；阶梯线的竖线后面第一个元素非零；每个台阶只有一行，台阶数就是非零行的行数.

例如，以下的矩阵都是行阶梯形矩阵

$$\begin{pmatrix}2&0&5&3\\0&3&5&-3\\0&0&-3&3\end{pmatrix},\quad\begin{pmatrix}1&2&0&0&5\\0&0&2&-4&1\\0&0&0&0&-1\\0&0&0&0&0\end{pmatrix}.$$

行阶梯形矩阵的秩就是其非零行的行数.

事实上，用初等变换求矩阵的秩，就是利用初等行变换将矩阵化成行阶梯形矩阵，其中非零行的行数就是原矩阵的秩. 这种方法比直接用定义求矩阵的秩要简便.

例 3.24 用初等行变换求矩阵的秩 $\boldsymbol{A}=\begin{pmatrix}2&-1&-1&1&2\\1&1&-2&1&4\\4&-6&2&-2&4\\3&6&-9&7&9\end{pmatrix}$.

解 仅对 $\boldsymbol{A}$ 施行初等行变换，得

$$\boldsymbol{A}\overset{\substack{r_1\leftrightarrow r_2\\ \frac{1}{2}r_3}}{\sim}\begin{pmatrix}1&1&-2&1&4\\2&-1&-1&1&2\\2&-3&1&-1&2\\3&6&-9&7&9\end{pmatrix}\overset{\substack{r_2-r_3\\ r_3-2r_1\\ r_4-3r_1}}{\sim}\begin{pmatrix}1&1&-2&1&4\\0&2&-2&2&0\\0&-5&5&-3&-6\\0&3&-3&4&-3\end{pmatrix}$$

$$\overset{\substack{r_2-r_4\\ r_3-5r_2\\ r_4+3r_2}}{\sim}\begin{pmatrix}1&1&-2&1&4\\0&-1&1&-2&3\\0&0&0&7&-21\\0&0&0&-2&6\end{pmatrix}\overset{\substack{\frac{1}{7}r_3\\ r_4+2r_3}}{\sim}\begin{pmatrix}1&1&-2&1&4\\0&-1&1&-2&3\\0&0&0&1&-3\\0&0&0&0&0\end{pmatrix}=\boldsymbol{B}_1.$$

因为行阶梯形矩阵 $\boldsymbol{B}_1$ 有 3 个非零行，所以 $R(\boldsymbol{A})=3$.

例 3.24 中，若继续对 $\boldsymbol{B}_1$ 施行初等行变换，可以得到更为简单的矩阵:

$$\boldsymbol{B}_1\overset{r_1+r_2}{\sim}\begin{pmatrix}1&0&-1&-1&7\\0&-1&1&-2&3\\0&0&0&1&-3\\0&0&0&0&0\end{pmatrix}\overset{\substack{r_1+r_3\\ r_2+2r_3}}{\sim}\begin{pmatrix}1&0&-1&0&4\\0&-1&1&0&-3\\0&0&0&1&-3\\0&0&0&0&0\end{pmatrix}$$

$$\overset{(-1)r_2}{\sim}\begin{pmatrix}1&0&-1&0&4\\0&1&-1&0&3\\0&0&0&1&-3\\0&0&0&0&0\end{pmatrix}=\boldsymbol{B}_2.$$

矩阵 $\boldsymbol{B}_2$ 具有这些特点: 非零行的第一个非零元素是 1，且它所在列的其他元素都为零. 我们称形如 $\boldsymbol{B}_2$ 的矩阵为**行最简形矩阵**.

若再对 $\boldsymbol{B}_2$ 施行初等列变换，还可以化为更简单的形式:

$$\boldsymbol{B}_2\overset{\substack{c_3+c_1\\ c_5-4c_1}}{\sim}\begin{pmatrix}1&0&0&0&0\\0&1&-1&0&3\\0&0&0&1&-3\\0&0&0&0&0\end{pmatrix}\overset{\substack{c_3+c_2\\ c_5-3c_2}}{\sim}\begin{pmatrix}1&0&0&0&0\\0&1&0&0&0\\0&0&0&1&-3\\0&0&0&0&0\end{pmatrix}$$

$$\xrightarrow[c_2 \leftrightarrow c_4]{c_5+3c_3} \begin{pmatrix} 1 & 0 & 0 & 0 & 0 \\ 0 & 1 & 0 & 0 & 0 \\ 0 & 0 & 1 & 0 & 0 \\ 0 & 0 & 0 & 0 & 0 \end{pmatrix} = \boldsymbol{B}_3.$$

矩阵 $\boldsymbol{B}_3$ 特点是，左上角是一个单位矩阵，其他位置元素都是零. 我们将矩阵 $\boldsymbol{B}_3$ 称为矩阵 $\boldsymbol{A}$ 的**标准形**.

由上述讨论可知，对 $m\times n$ 矩阵 $\boldsymbol{A}$，若 $R(\boldsymbol{A})=r$，则 $\boldsymbol{A}$ 经有限次初等行变换就可化为行阶梯形矩阵和行最简形矩阵；再经有限次初等列变换，还可化为如下的标准形：

$$\boldsymbol{A} \to \begin{pmatrix} 1 & 0 & \cdots & 0 & 0 & \cdots & 0 \\ 0 & 1 & \cdots & 0 & 0 & \cdots & 0 \\ \vdots & \vdots & & \vdots & \vdots & & \vdots \\ 0 & 0 & \cdots & 1 & 0 & \cdots & 0 \\ 0 & 0 & \cdots & 0 & 0 & \cdots & 0 \\ \vdots & \vdots & & \vdots & \vdots & & \vdots \\ 0 & 0 & \cdots & 0 & 0 & \cdots & 0 \end{pmatrix} = \begin{pmatrix} \boldsymbol{E}_r & \boldsymbol{O} \\ \boldsymbol{O} & \boldsymbol{O} \end{pmatrix}. \tag{3.10}$$

若矩阵 $\boldsymbol{A}$ 通过初等变换化为式(3.10)的形式，则称 $\boldsymbol{A}$ **等价于标准形**. 若 $\boldsymbol{A}\sim\boldsymbol{B}$，则 $\boldsymbol{A}$ 与 $\boldsymbol{B}$ 有相同的标准形.

若只求矩阵的秩，则只须用初等行变换将矩阵化为行阶梯形即可，不必求行最简形，更不必求标准形.

用初等行变换将一个矩阵化为行最简形矩阵是一种重要的运算，第 5 章将介绍这一内容在线性方程组求解中的应用.

若要将矩阵化为标准形，一般须经初等行变换和初等列变换结合使用才能完成.

定义 3.14 设 $\boldsymbol{A}$ 为 n 阶方阵，若 $\boldsymbol{A}\sim\boldsymbol{E}$，则称 $\boldsymbol{A}$ 为**满秩矩阵**，否则称为**降秩矩阵**.

若 $\boldsymbol{A}\sim\boldsymbol{E}$，则 $R(\boldsymbol{A})=n$，从而 $|\boldsymbol{A}|\neq 0$，即满秩矩阵是可逆矩阵，也就是非奇异矩阵；降秩矩阵就是不可逆矩阵，也就是奇异矩阵.

4. 矩阵秩的性质

前面已经讨论了矩阵秩的一些基本性质，现将其归纳并补充如下：

(1) $0\leqslant R(\boldsymbol{A}_{m\times n})\leqslant \min\{m,n\}$；

(2) 若 $R(\boldsymbol{A})=r$，则 $\boldsymbol{A}$ 中所有大于 r 阶的子式全为零；

(3) 若 $\boldsymbol{A}$ 的所有 $r+1$ 阶子式都为零，则 $R(\boldsymbol{A})\leqslant r$；

(4) 若 $\boldsymbol{A}$ 中有一个 r 阶子式不为零，则 $R(\boldsymbol{A})\geqslant r$；

(5) 若 n 阶矩阵 $\boldsymbol{A}$ 可逆，则 $R(\boldsymbol{A})=n$；若 n 阶矩阵 $\boldsymbol{A}$ 不可逆，则 $R(\boldsymbol{A})<n$；

(6) $R(\boldsymbol{A})=R(\boldsymbol{A}^{\mathrm{T}})$；$R(\lambda\boldsymbol{A})=R(\boldsymbol{A})$，$\lambda$ 为非零数；

(7) 若 $\boldsymbol{A}\sim\boldsymbol{B}$，则 $R(\mathbf{A})=R(\boldsymbol{B})$；

(8) $\max\{R(\boldsymbol{A}),R(\boldsymbol{B})\}\leqslant R(\boldsymbol{A},\boldsymbol{B})\leqslant R(\boldsymbol{A})+R(\boldsymbol{B})$；

证 设 $R(\boldsymbol{A})=r, R(\boldsymbol{B})=s$，则 $\boldsymbol{A}$ 中必有一个 r 阶子式 $D_r \neq 0$．D_r 也是 $(\boldsymbol{A}, \boldsymbol{B})$ 的一个子式，因此 $(\boldsymbol{A}, \boldsymbol{B})$ 中有一个 r 阶子式 $D_r \neq 0$，于是 $R(\boldsymbol{A}, \boldsymbol{B}) \geqslant r=R(\boldsymbol{A})$．同理有 $R(\boldsymbol{A}, \boldsymbol{B}) \geqslant R(\boldsymbol{B})$．结合后，得

$$\max\{R(\boldsymbol{A}), R(\boldsymbol{B})\} \leqslant R(\boldsymbol{A}, \boldsymbol{B}).$$

另外，对 $\boldsymbol{A}^{\mathrm{T}}$ 和 $\boldsymbol{B}^{\mathrm{T}}$ 分别作初等行变换将其化为行阶梯形矩阵 $\tilde{\boldsymbol{A}}$ 和 $\tilde{\boldsymbol{B}}$．由性质(6)可知，$R(\boldsymbol{A}^{\mathrm{T}})=r, R(\boldsymbol{B}^{\mathrm{T}})=s$．因此 $\tilde{\boldsymbol{A}}$ 和 $\tilde{\boldsymbol{B}}$ 中分别含有 r 和 s 个非零行，从而 $\begin{pmatrix}\tilde{\boldsymbol{A}}\\ \tilde{\boldsymbol{B}}\end{pmatrix}$ 中只含 $r+s$ 个非零行，且有

$$\begin{pmatrix}\boldsymbol{A}^{\mathrm{T}}\\ \boldsymbol{B}^{\mathrm{T}}\end{pmatrix} \overset{\text{初等行变换}}{\sim} \begin{pmatrix}\tilde{\boldsymbol{A}}\\ \tilde{\boldsymbol{B}}\end{pmatrix}$$

于是

$$R(\boldsymbol{A}, \boldsymbol{B})=R\begin{pmatrix}\boldsymbol{A}^{\mathrm{T}}\\ \boldsymbol{B}^{\mathrm{T}}\end{pmatrix}=R\begin{pmatrix}\tilde{\boldsymbol{A}}\\ \tilde{\boldsymbol{B}}\end{pmatrix} \leqslant r+s=R(\boldsymbol{A})+R(\boldsymbol{B}).$$

(9) $R(\boldsymbol{A}+\boldsymbol{B}) \leqslant R(\boldsymbol{A})+R(\boldsymbol{B})$;

证 不妨设 $\boldsymbol{A}, \boldsymbol{B}$ 为 $m \times n$ 矩阵，对矩阵 $(\boldsymbol{A}+\boldsymbol{B}, \boldsymbol{B})$ 作初等列变换 $c_i-c_{n+i}\ (i=1,2,\cdots,n)$，得

$$(\boldsymbol{A}+\boldsymbol{B}, \boldsymbol{B}) \overset{\text{初等列变换}}{\sim} (\boldsymbol{A}, \boldsymbol{B}),$$

于是由性质(8)，得

$$R(\boldsymbol{A}+\boldsymbol{B}) \leqslant R(\boldsymbol{A}+\boldsymbol{B}, \boldsymbol{B})=R(\boldsymbol{A}, \boldsymbol{B}) \leqslant R(\boldsymbol{A})+R(\boldsymbol{B}).$$

(10) 若 $\boldsymbol{A}$ 为 $m \times n$ 矩阵，$\boldsymbol{P}$ 为 m 阶可逆矩阵，$\boldsymbol{Q}$ 为 n 阶可逆矩阵，则 $R(\boldsymbol{PAQ})=R(\boldsymbol{A})$ (见下节的推论 3.4);

(11) $R(\boldsymbol{AB}) \leqslant \min\{R(\boldsymbol{A}), R(\boldsymbol{B})\}$ (见第 4 章的例 4.12);

(12) 若 $\boldsymbol{A}$ 是 $m \times n$ 矩阵，$\boldsymbol{B}$ 是 $n \times s$ 矩阵，则 $R(\boldsymbol{AB}) \geqslant R(\boldsymbol{A})+R(\boldsymbol{B})-n$ (见本章习题 B 组第 18 题). 特别地，若 $\boldsymbol{AB}=\boldsymbol{O}$，则 $R(\boldsymbol{A})+R(\boldsymbol{B}) \leqslant n$.

3.6 初 等 矩 阵

矩阵的初等变换是矩阵的一种最基本的运算，它可用一类特殊的矩阵表示，而这类矩阵是通过单位矩阵作初等变换得到的.

定义 3.15 单位矩阵 $\boldsymbol{E}$ 经过一次初等变换得到的矩阵称为**初等矩阵**.

初等矩阵一定是方阵, 3 种初等变换对应着 3 种初等矩阵.

(1) 对调两行或对调两列.

将单位矩阵 $\boldsymbol{E}$ 中的第 i 行与第 j 行对调，得到初等矩阵

$$E(i,j)=\begin{pmatrix}1&&&&&&&&&\\&\ddots&&&&&&&&\\&&1&&&&&&&\\&&&0&\cdots&1&&&&\\&&&&1&&&&&\\&&&\vdots&\ddots&\vdots&&&&\\&&&&&1&&&&\\&&&1&\cdots&0&&&&\\&&&&&&1&&\\&&&&&&&\ddots&\\&&&&&&&&1\end{pmatrix}\begin{matrix}\\ \\ \\ 第i行\\ \\ \\ \\ 第j行\\ \\ \\ \\ \end{matrix}.$$

$E(i,j)$ 也可以看成是将单位矩阵 E 的第 i 列与第 j 列对调而得到的初等矩阵.

若用 m 阶初等矩阵 $E_m(i,j)$ 左乘矩阵 $A=(a_{ij})_{m\times n}$，得到

$$E_m(i,j)\begin{pmatrix}a_{11}&a_{12}&\cdots&a_{1n}\\\vdots&\vdots&&\vdots\\a_{i1}&a_{i2}&\cdots&a_{in}\\\vdots&\vdots&&\vdots\\a_{j1}&a_{j2}&\cdots&a_{jn}\\\vdots&\vdots&&\vdots\\a_{m1}&a_{m2}&\cdots&a_{mn}\end{pmatrix}=\begin{pmatrix}a_{11}&a_{12}&\cdots&a_{1n}\\\vdots&\vdots&&\vdots\\a_{j1}&a_{j2}&\cdots&a_{jn}\\\vdots&\vdots&&\vdots\\a_{i1}&a_{i2}&\cdots&a_{in}\\\vdots&\vdots&&\vdots\\a_{m1}&a_{m2}&\cdots&a_{mn}\end{pmatrix}\begin{matrix}\\ \\ 第i行\\ \\ 第j行\\ \\ \\ \end{matrix}.$$

其结果相当于对矩阵 A 施行第一种初等行变换，即将 A 的第 i 行与第 j 行对调.

类似地，若以 $E_n(i,j)$ 右乘矩阵 A，即 $AE_n(i,j)$，就是对矩阵 A 施行第一种初等列变换，即将 A 的第 i 列与第 j 列对调.

(2) 以数 $k\neq 0$ 乘某行或某列.

将单位矩阵 E 的第 i 行乘非零数 k，得到初等矩阵

$$E(i(k))=\begin{pmatrix}1&&&&&&\\&\ddots&&&&&\\&&1&&&&\\&&&k&&&\\&&&&1&&\\&&&&&\ddots&\\&&&&&&1\end{pmatrix}\begin{matrix}\\ \\ \\ 第i行\\ \\ \\ \\ \end{matrix}.$$

$E(i(k))$ 也可以看成是将单位矩阵 E 的第 i 列乘非零数 k 而得到的初等矩阵.

容易验证，$E_m(i(k))A$ 相当于用数 k 乘 A 的第 i 行，而 $AE_n(i(k))$ 相当于用数 k 乘 A 的第 i 列.

(3) 将数 k 乘某行(列)加到另一行(列).

将单位矩阵 $\boldsymbol{E}$ 的第 j 行的 k 倍加到第 i 行，得到初等矩阵

$$\boldsymbol{E}(i,\ j(k))=\begin{pmatrix}1 & & & & & & \\ & \ddots & & & & & \\ & & 1 & \cdots & k & & \\ & & & \ddots & \vdots & & \\ & & & & 1 & & \\ & & & & & \ddots & \\ & & & & & & 1\end{pmatrix}\begin{matrix} \\ \\ 第\,i\,行 \\ \\ 第\,j\,行 \\ \\ \\ \end{matrix}.$$

$\boldsymbol{E}(i,\ j(k))$ 也可以看成是将单位矩阵 $\boldsymbol{E}$ 的第 i 列的 k 倍加到第 j 列上而得到的初等矩阵.

可以验证，$\boldsymbol{E}_m(i,\ j(k))\boldsymbol{A}$ 相当于将 $\boldsymbol{A}$ 的第 j 行的 k 倍加到第 i 行；$\boldsymbol{A}\boldsymbol{E}_n(i,\ j(k))$ 相当于将 $\boldsymbol{A}$ 的第 i 列的 k 倍加到第 j 列.

综上所述，可得下述定理.

定理 3.4　设 $\boldsymbol{A}$ 是一个 $m\times n$ 矩阵，对 $\boldsymbol{A}$ 施行一次初等行变换相当于在 $\boldsymbol{A}$ 的左边乘以相应的 m 阶初等矩阵；对 $\boldsymbol{A}$ 施行一次初等列变换相当于在 $\boldsymbol{A}$ 的右边乘以相应的 n 阶初等矩阵.

以初等行变换为例：

若 $\boldsymbol{A}\xrightarrow{r_i\leftrightarrow r_j}\boldsymbol{A}_1$，则 $\boldsymbol{A}_1=\boldsymbol{E}(i,\ j)\boldsymbol{A}$；

若 $\boldsymbol{A}\xrightarrow{kr_i}\boldsymbol{A}_2$，则 $\boldsymbol{A}_2=\boldsymbol{E}(i(k))\boldsymbol{A}$；

若 $\boldsymbol{A}\xrightarrow{r_i+kr_j}\boldsymbol{A}_3$，则 $\boldsymbol{A}_3=\boldsymbol{E}(i,\ j(k))\boldsymbol{A}$.

显然，初等矩阵是可逆矩阵，并且

$$[\boldsymbol{E}(i,\ j)]^{-1}=\boldsymbol{E}(i,\ j),\quad \left(\boldsymbol{E}(i(k))\right)^{-1}=\boldsymbol{E}\left(i\left(\frac{1}{k}\right)\right),\quad \left(\boldsymbol{E}(i,\ j(k))\right)^{-1}=\boldsymbol{E}(i,\ j(-k)).$$

初等矩阵的意义在于：它将对矩阵进行初等变换转化为矩阵与初等矩阵的乘积来实现.

由 3.5 节关于例 3.24 的讨论知，矩阵 $\boldsymbol{A}_{m\times n}$ 经有限次初等行、列变换可化为标准形. 而由定理 3.4 可知，这些初等行、列变换相当于对矩阵 $\boldsymbol{A}$ 左、右乘有限个初等矩阵，现将这些初等变换中的行变换对应的 m 阶初等矩阵和列变换对应的 n 阶初等矩阵分别记为

$$\boldsymbol{P}_1,\boldsymbol{P}_2,\cdots,\boldsymbol{P}_s \quad 和 \quad \boldsymbol{Q}_1,\boldsymbol{Q}_2,\cdots,\boldsymbol{Q}_t,$$

若 $R(\boldsymbol{A})=r$，则有

$$\boldsymbol{P}_s\boldsymbol{P}_{s-1}\cdots\boldsymbol{P}_2\boldsymbol{P}_1\boldsymbol{A}\boldsymbol{Q}_1\boldsymbol{Q}_2\cdots\boldsymbol{Q}_t=\begin{pmatrix}\boldsymbol{E}_r & \boldsymbol{O}\\ \boldsymbol{O} & \boldsymbol{O}\end{pmatrix}.$$

令

$$\boldsymbol{P}=\boldsymbol{P}_s\boldsymbol{P}_{s-1}\cdots\boldsymbol{P}_2\boldsymbol{P}_1,\quad \boldsymbol{Q}=\boldsymbol{Q}_1\boldsymbol{Q}_2\cdots\boldsymbol{Q}_t.$$

由初等矩阵的可逆性知，m 阶矩阵 $\boldsymbol{P}$ 和 n 阶矩阵 $\boldsymbol{Q}$ 都是可逆矩阵，于是得到以下定理.

定理 3.5 设 $\boldsymbol{A}$ 为 $m\times n$ 矩阵，$R(\boldsymbol{A})=r$，则存在 m 阶可逆矩阵 $\boldsymbol{P}$ 和 n 阶可逆矩阵 $\boldsymbol{Q}$，使

$$\boldsymbol{PAQ}=\begin{pmatrix}\boldsymbol{E}_r & \boldsymbol{O}\\ \boldsymbol{O} & \boldsymbol{O}\end{pmatrix}. \tag{3.11}$$

若 $\boldsymbol{A}$ 是一个可逆的 n 阶方阵，则 $\boldsymbol{A}\sim\boldsymbol{E}$. 因此，存在有限个初等矩阵 $\boldsymbol{Q}_1,\boldsymbol{Q}_2,\cdots,\boldsymbol{Q}_l$，使

$$\boldsymbol{Q}_s\boldsymbol{Q}_{s-1}\cdots\boldsymbol{Q}_1\boldsymbol{A}\boldsymbol{Q}_l\boldsymbol{Q}_{l-1}\cdots\boldsymbol{Q}_{s+1}=\boldsymbol{E},$$

即

$$\boldsymbol{A}=\boldsymbol{Q}_1^{-1}\boldsymbol{Q}_2^{-1}\cdots\boldsymbol{Q}_s^{-1}\boldsymbol{Q}_{s+1}^{-1}\cdots\boldsymbol{Q}_l^{-1}.$$

记 $\boldsymbol{P}_i=\boldsymbol{Q}_i^{-1}(i=1,2,\cdots,l)$，则 $\boldsymbol{P}_i$ 也是初等矩阵，且

$$\boldsymbol{A}=\boldsymbol{P}_1\boldsymbol{P}_2\cdots\boldsymbol{P}_l. \tag{3.12}$$

由此得到以下定理.

定理 3.6 可逆矩阵 $\boldsymbol{A}$ 可表示成有限个初等矩阵的乘积.

由定理 3.5 和定理 3.6 可得下面的结论.

推论 3.3 两个 $m\times n$ 矩阵 $\boldsymbol{A}$ 与 $\boldsymbol{B}$ 等价的充分必要条件是存在 m 阶可逆矩阵 $\boldsymbol{P}$ 和 n 阶可逆矩阵 $\boldsymbol{Q}$，使得 $\boldsymbol{PAQ}=\boldsymbol{B}$.

此推论请读者自证.

推论 3.4 若 $\boldsymbol{A}$ 为 $m\times n$ 矩阵，$\boldsymbol{P}$ 为 m 阶可逆矩阵，$\boldsymbol{Q}$ 为 n 阶可逆矩阵，则

$$R(\boldsymbol{PA})=R(\boldsymbol{AQ})=R(\boldsymbol{A}).$$

证 只证 $R(\boldsymbol{PA})=R(\boldsymbol{A})$. 由 $\boldsymbol{P}$ 可逆和定理 3.6 可知，存在有限个初等矩阵 $\boldsymbol{P}_1,\boldsymbol{P}_2,\cdots,\boldsymbol{P}_l$，使得 $\boldsymbol{P}=\boldsymbol{P}_1\boldsymbol{P}_2\cdots\boldsymbol{P}_l$. 于是

$$\boldsymbol{PA}=\boldsymbol{P}_1\boldsymbol{P}_2\cdots\boldsymbol{P}_l\boldsymbol{A},$$

即 $\boldsymbol{PA}$ 是由 $\boldsymbol{A}$ 经过有限次初等行变换得到的. 由定理 3.3 可知，$R(\boldsymbol{PA})=R(\boldsymbol{A})$.

$R(\boldsymbol{AQ})=R(\boldsymbol{A})$ 的情形类似可证.

由定理 3.6, 还可以得到一种矩阵求逆的方法——初等变换法，它在计算上十分方便.

设 $\boldsymbol{A}$ 为 n 阶可逆矩阵，则 $\boldsymbol{A}$ 可表示为有限个初等矩阵的乘积，即 $\boldsymbol{A}=\boldsymbol{P}_1\boldsymbol{P}_2\cdots\boldsymbol{P}_l$，$\boldsymbol{P}_1,\boldsymbol{P}_2,\cdots,\boldsymbol{P}_l$ 是初等矩阵. 因此

$$\boldsymbol{P}_l^{-1}\boldsymbol{P}_{l-1}^{-1}\cdots\boldsymbol{P}_1^{-1}\boldsymbol{A}=\boldsymbol{E}, \tag{3.13}$$

$$\boldsymbol{P}_l^{-1}\boldsymbol{P}_{l-1}^{-1}\cdots\boldsymbol{P}_1^{-1}\boldsymbol{E}=\boldsymbol{A}^{-1}. \tag{3.14}$$

式(3.13)和式(3.14)说明，当 $\boldsymbol{A}$ 经有限次初等行变换(由于是左乘初等矩阵)化为单位矩阵 $\boldsymbol{E}$ 时，$\boldsymbol{E}$ 经同一系列的初等行变换即化为 $\boldsymbol{A}^{-1}$. 将上面两式写在一起，则有

$$\boldsymbol{P}_l^{-1}\boldsymbol{P}_{l-1}^{-1}\cdots\boldsymbol{P}_1^{-1}(\boldsymbol{A},\ \boldsymbol{E})=(\boldsymbol{P}_l^{-1}\boldsymbol{P}_{l-1}^{-1}\cdots\boldsymbol{P}_1^{-1}\boldsymbol{A},\ \boldsymbol{P}_l^{-1}\boldsymbol{P}_{l-1}^{-1}\cdots\boldsymbol{P}_1^{-1}\boldsymbol{E})=(\boldsymbol{E},\ \boldsymbol{A}^{-1}).$$

即对 $n\times 2n$ 矩阵 $(\boldsymbol{A}\mid\boldsymbol{E})$ 施行初等行变换，使 $\boldsymbol{A}$ 化为单位矩阵 $\boldsymbol{E}$ 时，则原来的 $\boldsymbol{E}$ 就化成了 $\boldsymbol{A}^{-1}$.

例 3.25 求 $\boldsymbol{A}=\begin{pmatrix}1 & -1 & -1\\ 2 & -1 & -3\\ -3 & 4 & 4\end{pmatrix}$ 的逆矩阵 $\boldsymbol{A}^{-1}$.

解 因为

$$(\boldsymbol{A},\boldsymbol{E})=\left(\begin{array}{ccc:ccc}1 & -1 & -1 & 1 & 0 & 0\\ 2 & -1 & -3 & 0 & 1 & 0\\ -3 & 4 & 4 & 0 & 0 & 1\end{array}\right)\overset{\substack{r_2-2r_1\\ r_3+3r_1}}{\sim}\left(\begin{array}{ccc:ccc}1 & -1 & -1 & 1 & 0 & 0\\ 0 & 1 & -1 & -2 & 1 & 0\\ 0 & 1 & 1 & 3 & 0 & 1\end{array}\right)$$

$$\overset{\substack{r_1+r_2\\ r_3-r_2}}{\sim}\left(\begin{array}{ccc:ccc}1 & 0 & -2 & -1 & 1 & 0\\ 0 & 1 & -1 & -2 & 1 & 0\\ 0 & 0 & 2 & 5 & -1 & 1\end{array}\right)\overset{\substack{r_1+r_3\\ \frac{1}{2}r_3\\ r_2+r_3}}{\sim}\left(\begin{array}{ccc:ccc}1 & 0 & 0 & 4 & 0 & 1\\ 0 & 1 & 0 & \frac{1}{2} & \frac{1}{2} & \frac{1}{2}\\ 0 & 0 & 1 & \frac{5}{2} & -\frac{1}{2} & \frac{1}{2}\end{array}\right).$$

所以

$$\boldsymbol{A}^{-1}=\begin{pmatrix}4 & 0 & 1\\ \frac{1}{2} & \frac{1}{2} & \frac{1}{2}\\ \frac{5}{2} & -\frac{1}{2} & \frac{1}{2}\end{pmatrix}=\frac{1}{2}\begin{pmatrix}8 & 0 & 2\\ 1 & 1 & 1\\ 5 & -1 & 1\end{pmatrix}.$$

初等行变换求逆矩阵的方法, 还可用于求矩阵 $\boldsymbol{A}^{-1}\boldsymbol{B}$. 因为

$$\boldsymbol{A}^{-1}(\boldsymbol{A},\boldsymbol{B})=(\boldsymbol{E},\boldsymbol{A}^{-1}\boldsymbol{B}),$$

所以, 对矩阵 $(\boldsymbol{A},\boldsymbol{B})$ 施行初等行变换, 当 $\boldsymbol{A}$ 化为 $\boldsymbol{E}$ 时, $\boldsymbol{B}$ 就化为 $\boldsymbol{A}^{-1}\boldsymbol{B}$.

例 3.26 求矩阵 $\boldsymbol{X}$ 使 $\boldsymbol{AX}=\boldsymbol{B}$, 其中

$$\boldsymbol{A}=\begin{pmatrix}4 & 1 & -2\\ 2 & 2 & 1\\ 3 & 1 & -1\end{pmatrix},\quad \boldsymbol{B}=\begin{pmatrix}1 & -3\\ 2 & 2\\ 3 & -1\end{pmatrix}.$$

解 若 $\boldsymbol{A}$ 可逆, 则 $\boldsymbol{X}=\boldsymbol{A}^{-1}\boldsymbol{B}$.

$$(\boldsymbol{A},\boldsymbol{B})=\left(\begin{array}{ccc:cc}4 & 1 & -2 & 1 & -3\\ 2 & 2 & 1 & 2 & 2\\ 3 & 1 & -1 & 3 & -1\end{array}\right)\overset{\substack{r_1-r_3\\ r_2-2r_1\\ r_3-3r_1}}{\sim}\left(\begin{array}{ccc:cc}1 & 0 & -1 & -2 & -2\\ 0 & 2 & 3 & 6 & 6\\ 0 & 1 & 2 & 9 & 5\end{array}\right)$$

$$\overset{\substack{r_2-2r_3\\ r_2\leftrightarrow r_3}}{\sim}\left(\begin{array}{ccc:cc}1 & 0 & -1 & -2 & -2\\ 0 & 1 & 2 & 9 & 5\\ 0 & 0 & 1 & 12 & 4\end{array}\right)\overset{\substack{r_1+r_3\\ r_2-2r_3}}{\sim}\left(\begin{array}{ccc:cc}1 & 0 & 0 & 10 & 2\\ 0 & 1 & 0 & -15 & -3\\ 0 & 0 & 1 & 12 & 4\end{array}\right).$$

因此, $\boldsymbol{A}\sim\boldsymbol{E}$, $\boldsymbol{A}$ 可逆, 且

$$X=\begin{pmatrix}10 & 2\\ -15 & -3\\ 12 & 4\end{pmatrix}.$$

类似于用初等行变换求逆矩阵，也可以考虑用初等列变换求逆矩阵. 设 $\boldsymbol{A}$ 是一个 n 阶可逆矩阵，则有 $\boldsymbol{A}=\boldsymbol{P}_1\boldsymbol{P}_2\cdots\boldsymbol{P}_l$，$\boldsymbol{P}_i(i=1,2,\cdots,l)$ 是初等矩阵，并且

$$\boldsymbol{A}\boldsymbol{P}_l^{-1}\cdots\boldsymbol{P}_2^{-1}\boldsymbol{P}_1^{-1}=\boldsymbol{E}, \quad \boldsymbol{E}\boldsymbol{P}_l^{-1}\cdots\boldsymbol{P}_2^{-1}\boldsymbol{P}_1^{-1}=\boldsymbol{A}^{-1}.$$

即

$$\begin{pmatrix}\boldsymbol{A}\\ \hline \boldsymbol{E}\end{pmatrix}\boldsymbol{P}_l^{-1}\cdots\boldsymbol{P}_2^{-1}\boldsymbol{P}_1^{-1}=\begin{pmatrix}\boldsymbol{A}\boldsymbol{P}_l^{-1}\cdots\boldsymbol{P}_2^{-1}\boldsymbol{P}_1^{-1}\\ \boldsymbol{E}\boldsymbol{P}_l^{-1}\cdots\boldsymbol{P}_2^{-1}\boldsymbol{P}_1^{-1}\end{pmatrix}=\begin{pmatrix}\boldsymbol{E}\\ \hline \boldsymbol{A}^{-1}\end{pmatrix}.$$

这说明对 $2n\times n$ 矩阵 $\begin{pmatrix}\boldsymbol{A}\\ \hline \boldsymbol{E}\end{pmatrix}$ 施行初等列变换，使 $\boldsymbol{A}$ 化为单位矩阵 $\boldsymbol{E}$ 时，则原来的 $\boldsymbol{E}$ 就化成了 $\boldsymbol{A}^{-1}$.

在实际的矩阵求逆计算中，我们习惯用初等行变换的方法.

若要求 $\boldsymbol{B}\boldsymbol{A}^{-1}$，有两种办法实现. 第 1 种方法是直接用初等列变换，只要对矩阵 $\begin{pmatrix}\boldsymbol{A}\\ \hline \boldsymbol{B}\end{pmatrix}$ 作初等列变换:

$$\begin{pmatrix}\boldsymbol{A}\\ \hline \boldsymbol{B}\end{pmatrix}\xrightarrow{\text{初等列变换}}\begin{pmatrix}\boldsymbol{E}\\ \hline \boldsymbol{B}\boldsymbol{A}^{-1}\end{pmatrix}$$

即当 $\boldsymbol{A}$ 化成 $\boldsymbol{E}$ 时，$\boldsymbol{B}$ 就化成了 $\boldsymbol{B}\boldsymbol{A}^{-1}$. 第 2 种方法是先利用初等行变换求出 $(\boldsymbol{A}^{\mathrm{T}})^{-1}\boldsymbol{B}^{\mathrm{T}}$，再对其取转置就可得到 $\boldsymbol{B}\boldsymbol{A}^{-1}$:

$$((\boldsymbol{A}^{\mathrm{T}})^{-1}\boldsymbol{B}^{\mathrm{T}})^{\mathrm{T}}=(\boldsymbol{B}^{\mathrm{T}})^{\mathrm{T}}((\boldsymbol{A}^{\mathrm{T}})^{-1})^{\mathrm{T}}=\boldsymbol{B}\boldsymbol{A}^{-1}.$$

*3.7 矩阵的 Kronecker 积、广义逆、导数与积分

1. 矩阵的 Kronecker 积

矩阵的 Kronecker 积是矩阵的一类特殊乘积，它不同于前面讨论的矩阵乘法,本节对矩阵的这种乘积运算作简单介绍.

定义 3.16 设 $\boldsymbol{A}$ 和 $\boldsymbol{B}$ 分别是 $m\times n$ 和 $s\times t$ 矩阵,

$$\boldsymbol{A}=\begin{pmatrix}a_{11} & a_{12} & \cdots & a_{1n}\\ a_{21} & a_{22} & \cdots & a_{2n}\\ \vdots & \vdots & & \vdots\\ a_{m1} & a_{m2} & \cdots & a_{mn}\end{pmatrix}, \quad \boldsymbol{B}=\begin{pmatrix}b_{11} & b_{12} & \cdots & b_{1t}\\ b_{21} & b_{22} & \cdots & b_{2t}\\ \vdots & \vdots & & \vdots\\ b_{s1} & b_{s2} & \cdots & b_{st}\end{pmatrix},$$

称 $ms\times nt$ 矩阵

$$\begin{pmatrix} a_{11}\boldsymbol{B} & a_{12}\boldsymbol{B} & \cdots & a_{1n}\boldsymbol{B} \\ a_{21}\boldsymbol{B} & a_{22}\boldsymbol{B} & \cdots & a_{2n}\boldsymbol{B} \\ \vdots & \vdots & & \vdots \\ a_{m1}\boldsymbol{B} & a_{m2}\boldsymbol{B} & \cdots & a_{mn}\boldsymbol{B} \end{pmatrix}$$

为 $\boldsymbol{A}$ 与 $\boldsymbol{B}$ 的 **Kronecker** 积，记为 $\boldsymbol{A}\otimes\boldsymbol{B}$.

例 3.27 设矩阵 $\boldsymbol{A}=\begin{pmatrix} 2 & 3 \\ -1 & 4 \end{pmatrix}$，$\boldsymbol{B}=\begin{pmatrix} 3 & -2 & 5 \\ 1 & 4 & 2 \end{pmatrix}$，求 $\boldsymbol{A}\otimes\boldsymbol{B}$ 和 $\boldsymbol{B}\otimes\boldsymbol{A}$.

解

$$\boldsymbol{A}\otimes\boldsymbol{B}=\begin{pmatrix} 2\boldsymbol{B} & 3\boldsymbol{B} \\ -\boldsymbol{B} & 4\boldsymbol{B} \end{pmatrix}=\begin{pmatrix} 6 & -4 & 10 & 9 & -6 & 15 \\ 2 & 8 & 4 & 3 & 12 & 6 \\ -3 & 2 & -5 & 12 & -8 & 20 \\ -1 & -4 & -2 & 4 & 16 & 8 \end{pmatrix},$$

$$\boldsymbol{B}\otimes\boldsymbol{A}=\begin{pmatrix} 3\boldsymbol{A} & -2\boldsymbol{A} & 5\boldsymbol{A} \\ \boldsymbol{A} & 4\boldsymbol{A} & 2\boldsymbol{A} \end{pmatrix}=\begin{pmatrix} 6 & 9 & -4 & -6 & 10 & 15 \\ -3 & 12 & 2 & -8 & -5 & 20 \\ 2 & 3 & 8 & 12 & 4 & 6 \\ -1 & 4 & -4 & 16 & -2 & 8 \end{pmatrix}.$$

从例 3.27 可知，矩阵的 Kronecker 积不满足交换律，即一般情形下 $\boldsymbol{A}\otimes\boldsymbol{B}\neq\boldsymbol{B}\otimes\boldsymbol{A}$，这一点类似于矩阵的乘法.

矩阵的 Kronecker 积具有如下性质：

(1) 若 λ、μ 为任意常数，则 $(\lambda\boldsymbol{A})\otimes(\mu\boldsymbol{B})=\lambda\mu(\boldsymbol{A}\otimes\boldsymbol{B})$；

(2) 若 $\boldsymbol{B}$、$\boldsymbol{C}$ 为同型矩阵，则

$$\boldsymbol{A}\otimes(\boldsymbol{B}\pm\boldsymbol{C})=\boldsymbol{A}\otimes\boldsymbol{B}\pm\boldsymbol{A}\otimes\boldsymbol{C},\quad (\boldsymbol{B}\pm\boldsymbol{C})\otimes\boldsymbol{A}=\boldsymbol{B}\otimes\boldsymbol{A}\pm\boldsymbol{C}\otimes\boldsymbol{A};$$

(3) $(\boldsymbol{A}\otimes\boldsymbol{B})\otimes\boldsymbol{C}=\boldsymbol{A}\otimes(\boldsymbol{B}\otimes\boldsymbol{C})$；

(4) $\boldsymbol{E}_{mn}=\boldsymbol{E}_m\otimes\boldsymbol{E}_n=\boldsymbol{E}_n\otimes\boldsymbol{E}_m$；

(5) 若 $\boldsymbol{a}$ 和 $\boldsymbol{b}$ 为列向量，则 $\boldsymbol{a}\boldsymbol{b}^{\mathrm{T}}=\boldsymbol{a}\otimes\boldsymbol{b}^{\mathrm{T}}=\boldsymbol{b}^{\mathrm{T}}\otimes\boldsymbol{a}$；

(6) 若 $\boldsymbol{AC}$ 和 $\boldsymbol{BD}$ 有意义，则 $(\boldsymbol{A}\otimes\boldsymbol{B})(\boldsymbol{C}\otimes\boldsymbol{D})-\boldsymbol{AC}\otimes\boldsymbol{BD}$；

(7) $(\boldsymbol{A}\otimes\boldsymbol{B})^{\mathrm{T}}=\boldsymbol{A}^{\mathrm{T}}\otimes\boldsymbol{B}^{\mathrm{T}}$；

(8) 若 $\boldsymbol{A}$ 和 $\boldsymbol{B}$ 是可逆方阵，则 $(\boldsymbol{A}\otimes\boldsymbol{B})^{-1}=\boldsymbol{A}^{-1}\otimes\boldsymbol{B}^{-1}$；

(9) 若 $\boldsymbol{A}$ 是 m 阶方阵，$\boldsymbol{B}$ 是 n 阶方阵，则 $|\boldsymbol{A}\otimes\boldsymbol{B}|=|\boldsymbol{A}|^n|\boldsymbol{B}|^m$.

以上性质的证明留给读者.

2. 广义逆矩阵 $\boldsymbol{A}^-$

对矩阵 $\boldsymbol{A}$ 求逆，首先要求 $\boldsymbol{A}$ 必须是方阵，这限制了逆矩阵的应用范围. 下面讨论一般矩阵的逆矩阵——广义逆矩阵问题.

定义 3.17 设 $\boldsymbol{A}$ 是 $m\times n$ 复矩阵. 如果存在 $n\times m$ 矩阵 $\boldsymbol{G}$，满足 $\boldsymbol{AGA}=\boldsymbol{A}$，则称 $\boldsymbol{G}$ 为

$\boldsymbol{A}$ **的广义逆矩阵**，记为 $\boldsymbol{A}^-$，即 $\boldsymbol{A}^-=\boldsymbol{G}$.

特别地，当 $\boldsymbol{A}$ 是可逆矩阵时，$\boldsymbol{A}^-=\boldsymbol{A}^{-1}$.

下面先讨论广义逆矩阵 $\boldsymbol{A}^-$ 的存在性.

定理 3.7 设 $\boldsymbol{A}$ 是秩为 r 的 $m\times n$ 复矩阵，且

$$\boldsymbol{PAQ}=\begin{pmatrix}\boldsymbol{E}_r & \boldsymbol{O}\\ \boldsymbol{O} & \boldsymbol{O}\end{pmatrix},$$

其中 $\boldsymbol{P}$，$\boldsymbol{Q}$ 分别为 m 与 n 阶可逆复矩阵，则 $\boldsymbol{G}$ 是 $\boldsymbol{A}$ 的广义逆，当且仅当

$$\boldsymbol{G}=\boldsymbol{Q}\begin{pmatrix}\boldsymbol{E}_r & \boldsymbol{L}\\ \boldsymbol{M} & \boldsymbol{N}\end{pmatrix}\boldsymbol{P},$$

其中，$\boldsymbol{L}$，$\boldsymbol{M}$，$\boldsymbol{N}$ 分别是 $r\times(m-r)$，$(n-r)\times r$ 与 $(n-r)\times(m-r)$ 的任意复矩阵.

证 充分性. 设

$$\boldsymbol{G}=\boldsymbol{Q}\begin{pmatrix}\boldsymbol{E}_r & \boldsymbol{L}_{r\times(m-r)}\\ \boldsymbol{M}_{(n-r)\times r} & \boldsymbol{N}_{(n-r)\times(m-r)}\end{pmatrix}\boldsymbol{P},$$

其中，$\boldsymbol{L}$，$\boldsymbol{M}$，$\boldsymbol{N}$ 中的元素为任意复数，则有

$$\begin{aligned}\boldsymbol{AGA}&=\boldsymbol{P}^{-1}\begin{pmatrix}\boldsymbol{E}_r & \boldsymbol{O}\\ \boldsymbol{O} & \boldsymbol{O}\end{pmatrix}\boldsymbol{Q}^{-1}\boldsymbol{Q}\begin{pmatrix}\boldsymbol{E}_r & \boldsymbol{L}\\ \boldsymbol{M} & \boldsymbol{N}\end{pmatrix}\boldsymbol{PP}^{-1}\begin{pmatrix}\boldsymbol{E}_r & \boldsymbol{O}\\ \boldsymbol{O} & \boldsymbol{O}\end{pmatrix}\boldsymbol{Q}^{-1}\\&=\boldsymbol{P}^{-1}\begin{pmatrix}\boldsymbol{E}_r & \boldsymbol{O}\\ \boldsymbol{O} & \boldsymbol{O}\end{pmatrix}\boldsymbol{Q}^{-1}=\boldsymbol{A},\end{aligned}$$

即 $\boldsymbol{G}$ 是 $\boldsymbol{A}$ 的广义逆.

必要性. 设 $\boldsymbol{G}$ 是 $\boldsymbol{A}$ 的广义逆，令

$$\boldsymbol{G}=\boldsymbol{Q}\begin{pmatrix}\boldsymbol{X}_r & \boldsymbol{L}_{r\times(m-r)}\\ \boldsymbol{M}_{(n-r)\times r} & \boldsymbol{N}_{(n-r)\times(m-r)}\end{pmatrix}\boldsymbol{P},$$

由 $\boldsymbol{AGA}=\boldsymbol{A}$ 可知

$$\begin{aligned}\boldsymbol{AGA}&=\boldsymbol{P}^{-1}\begin{pmatrix}\boldsymbol{E}_r & \boldsymbol{O}\\ \boldsymbol{O} & \boldsymbol{O}\end{pmatrix}\boldsymbol{Q}^{-1}\boldsymbol{Q}\begin{pmatrix}\boldsymbol{X} & \boldsymbol{L}\\ \boldsymbol{M} & \boldsymbol{N}\end{pmatrix}\boldsymbol{PP}^{-1}\begin{pmatrix}\boldsymbol{E}_r & \boldsymbol{O}\\ \boldsymbol{O} & \boldsymbol{O}\end{pmatrix}\boldsymbol{Q}^{-1}\\&=\boldsymbol{P}^{-1}\begin{pmatrix}\boldsymbol{X} & \boldsymbol{O}\\ \boldsymbol{O} & \boldsymbol{O}\end{pmatrix}\boldsymbol{Q}^{-1}=\boldsymbol{A}=\boldsymbol{P}^{-1}\begin{pmatrix}\boldsymbol{E}_r & \boldsymbol{O}\\ \boldsymbol{O} & \boldsymbol{O}\end{pmatrix}\boldsymbol{Q}^{-1},\end{aligned}$$

则

$$\boldsymbol{X}=\boldsymbol{E}_r.$$

故 $\boldsymbol{A}$ 的广义逆 $\boldsymbol{G}$ 必是形如 $\boldsymbol{Q}\begin{pmatrix}\boldsymbol{E}_r & \boldsymbol{L}\\ \boldsymbol{M} & \boldsymbol{N}\end{pmatrix}\boldsymbol{P}$ 的矩阵.

由定理 3.7 可知，对于任意的 $m\times n$ 矩阵 $\boldsymbol{A}$，其广义逆矩阵 $\boldsymbol{A}^-$ 总是存在的，且有如下形式

$$\boldsymbol{A}^-=\boldsymbol{Q}\begin{pmatrix}\boldsymbol{E}_r & \boldsymbol{L}\\ \boldsymbol{M} & \boldsymbol{N}\end{pmatrix}\boldsymbol{P},$$

其中，$\boldsymbol{P}$，$\boldsymbol{Q}$ 由 $\boldsymbol{A}$ 的等价分解

$$\boldsymbol{PAQ}=\begin{pmatrix}\boldsymbol{E}_r & \boldsymbol{O}\\ \boldsymbol{O} & \boldsymbol{O}\end{pmatrix}$$

所决定，这就给出了广义逆矩阵 $\boldsymbol{A}^-$ 的一种求法.

另外，由 $\boldsymbol{L},\boldsymbol{M},\boldsymbol{N}$ 取值的任意性可知，矩阵 $\boldsymbol{A}$ 的广义逆 $\boldsymbol{A}^-$ 一般不是唯一的.

特别地，若取 $\boldsymbol{L}=\boldsymbol{O}$，$\boldsymbol{M}=\boldsymbol{O}$，$\boldsymbol{N}=\boldsymbol{O}$，则可得一个特殊的广义逆为

$$\boldsymbol{A}_0^-=\boldsymbol{Q}\begin{pmatrix}\boldsymbol{E}_r & \boldsymbol{O}\\ \boldsymbol{O} & \boldsymbol{O}\end{pmatrix}\boldsymbol{P}.$$

例 3.28 求矩阵 $\boldsymbol{A}=\begin{pmatrix}1 & 1\\ 0 & -1\\ 2 & 0\end{pmatrix}$ 的广义逆 $\boldsymbol{A}^-$.

解 对矩阵 $\boldsymbol{A}$ 进行初等变换，得

$$\boldsymbol{A}=\begin{pmatrix}1 & 1\\ 0 & -1\\ 2 & 0\end{pmatrix}\overset{r_3+(-2)r_1}{\sim}\begin{pmatrix}1 & 1\\ 0 & -1\\ 0 & -2\end{pmatrix}\overset{c_2+(-1)c_1}{\sim}\begin{pmatrix}1 & 0\\ 0 & -1\\ 0 & -2\end{pmatrix}$$

$$\overset{(-1)r_2}{\sim}\begin{pmatrix}1 & 0\\ 0 & 1\\ 0 & -2\end{pmatrix}\overset{r_3+2r_2}{\sim}\begin{pmatrix}1 & 0\\ 0 & 1\\ 0 & 0\end{pmatrix}.$$

用初等矩阵可将上述过程表示为

$$\boldsymbol{E}(3,2(2))\boldsymbol{E}(2(-1))\boldsymbol{E}(3,1(-2))\boldsymbol{AE}(1,2(-1))=\begin{pmatrix}1 & 0\\ 0 & 1\\ 0 & 0\end{pmatrix},$$

即

$$\begin{pmatrix}1 & 0 & 0\\ 0 & 1 & 0\\ 0 & 2 & 1\end{pmatrix}\begin{pmatrix}1 & 0 & 0\\ 0 & -1 & 0\\ 0 & 0 & 1\end{pmatrix}\begin{pmatrix}1 & 0 & 0\\ 0 & 1 & 0\\ -2 & 0 & 1\end{pmatrix}\boldsymbol{A}\begin{pmatrix}1 & -1\\ 0 & 1\end{pmatrix}=\begin{pmatrix}1 & 0\\ 0 & 1\\ 0 & 0\end{pmatrix},$$

$$\begin{pmatrix}1 & 0 & 0\\ 0 & -1 & 0\\ -2 & -2 & 1\end{pmatrix}\boldsymbol{A}\begin{pmatrix}1 & -1\\ 0 & 1\end{pmatrix}=\begin{pmatrix}1 & 0\\ 0 & 1\\ 0 & 0\end{pmatrix}.$$

于是

$$\boldsymbol{P}=\begin{pmatrix}1 & 0 & 0\\ 0 & -1 & 0\\ -2 & -2 & 1\end{pmatrix},\quad \boldsymbol{Q}=\begin{pmatrix}1 & -1\\ 0 & 1\end{pmatrix}.$$

因此，$\boldsymbol{A}$ 的广义逆为

$$A^{-}=Q\begin{pmatrix}E_2 & L\\ M & N\end{pmatrix}P=\begin{pmatrix}1 & -1\\ 0 & 1\end{pmatrix}\begin{pmatrix}1 & 0 & l_1\\ 0 & 1 & l_2\end{pmatrix}\begin{pmatrix}1 & 0 & 0\\ 0 & -1 & 0\\ -2 & -2 & 1\end{pmatrix}$$

$$=\begin{pmatrix}1-2(l_1-l_2) & 1-2(l_1-l_2) & l_1-l_2\\ -2l_2 & -1-2l_2 & l_2\end{pmatrix},$$

其中，l_1，l_2 为任意复数. 验算如下:

$$AA^{-}A=\begin{pmatrix}1 & 1\\ 0 & -1\\ 2 & 0\end{pmatrix}\begin{pmatrix}1-2(l_1-l_2) & 1-2(l_1-l_2) & l_1-l_2\\ -2l_2 & -1-2l_2 & l_2\end{pmatrix}\begin{pmatrix}1 & 1\\ 0 & -1\\ 2 & 0\end{pmatrix}$$

$$=\begin{pmatrix}1-2l_1 & -2l_1 & l_1\\ 2l_1 & 1+2l_2 & -l_2\\ 2-4(l_1-l_2) & 2-4(l_1-l_2) & 2(l_1-l_2)\end{pmatrix}\begin{pmatrix}1 & 1\\ 0 & -1\\ 2 & 0\end{pmatrix}$$

$$=\begin{pmatrix}1 & 1\\ 0 & -1\\ 2 & 0\end{pmatrix}=A.$$

广义逆矩阵 A^{-} 具有以下基本性质:

(1) 设 λ 为任意常数, 则 $(\lambda A)^{-}=\lambda^{+}A^{-}$，其中 $\lambda^{+}=\begin{cases}0, & \lambda=0,\\ \lambda^{-1}, & \lambda\neq 0;\end{cases}$

(2) $(A^{-})^{\mathrm{T}}=(A^{\mathrm{T}})^{-}$；

(3) 设 B 和 C 分别为 n 和 m 阶可逆方阵, 则 $(AB)^{-}=B^{-1}A^{-}$，$(CA)^{-}=A^{-}C^{-1}$；

(4) 设 G 为 $n\times m$ 矩阵, 则 $AGA=A$ 成立的充分必要条件为 $A^{\mathrm{T}}AGA=A^{\mathrm{T}}A$；

(5) $R(A^{-})\geqslant R(A)$；

(6) $AA^{-}=E_m \Leftrightarrow R(A)=m$，$A^{-}A=E_n \Leftrightarrow R(A)=n$.

以上性质可以根据广义逆 A^{-} 的定义给出证明.

最后, 考虑 A^{-} 的一般表达式.

定理 3.8 设 A^{-} 是 $m\times n$ 矩阵 A 的任一给定的广义逆, 则 A 的任一广义逆 G 可表示为

$$G=A^{-}+B(E_m-AA^{-})+(E_n-A^{-}A)C$$

其中 B 和 C 是任意的 $n\times m$ 矩阵.

证 由于

$$\begin{aligned}AGA&=AA^{-}A+AB(E_m-AA^{-})A+A(E_n-A^{-}A)CA\\&=A+ABA-ABAA^{-}A+ACA-AA^{-}ACA\\&=A,\end{aligned}$$

所以定理中的 G 一定是 A 的广义逆.

对于 A 的任一广义逆 G，取 $B=G-A^{-}$，$C=GAA^{-}$，则

$$ABA=AGA-AA^{-}A=O,$$

$$(E_n-A^{-}A)BAA^{-}=(E_n-A^{-}A)(G-A^{-})AA^{-}=GAA^{-}-A^{-}AGAA^{-}=(E_n-A^{-}A)C,$$

于是

$$\begin{aligned} \boldsymbol{G} &= \boldsymbol{A}^- + \boldsymbol{B} - \boldsymbol{A}^-(\boldsymbol{ABA})\boldsymbol{A}^- \\ &= \boldsymbol{A}^- + \boldsymbol{B}(\boldsymbol{E}_m - \boldsymbol{AA}^-) + (\boldsymbol{E}_n - \boldsymbol{A}^-\boldsymbol{A})\boldsymbol{BAA}^- \\ &= \boldsymbol{A}^- + \boldsymbol{B}(\boldsymbol{E}_m - \boldsymbol{AA}^-) + (\boldsymbol{E}_n - \boldsymbol{A}^-\boldsymbol{A})\boldsymbol{C}. \end{aligned}$$

这说明 $\boldsymbol{A}$ 的任一个广义逆 $\boldsymbol{G}$ 都可表示为定理中的形式，因此它又称为 $\boldsymbol{A}^-$ 的**一般表达式**.

广义逆矩阵不仅与一般线性方程组的求解有密切关系，而且是优化、控制、测绘、统计等学科广泛使用的一个重要工具.

3. Moore-Penrose 广义逆矩阵 $\boldsymbol{A}^+$

上一小节定义的广义逆 $\boldsymbol{A}^-$ 的不唯一性，在应用上是不方便的. 在工程应用中往往需要增加条件，使广义逆唯一.

定义 3.18　设 $\boldsymbol{A}$ 是 $m\times n$ 复矩阵，若存在 $n\times m$ 矩阵 $\boldsymbol{G}$，满足

(1) $\boldsymbol{AGA} = \boldsymbol{A}$;

(2) $\boldsymbol{GAG} = \boldsymbol{G}$;

(3) $\overline{(\boldsymbol{AG})}^{\mathrm{T}} = \boldsymbol{AG}$;

(4) $\overline{(\boldsymbol{GA})}^{\mathrm{T}} = \boldsymbol{GA}$,

则称 $\boldsymbol{G}$ 为 $\boldsymbol{A}$ 的 **Moore-Penrose 广义逆**，记为 $\boldsymbol{A}^+$，即 $\boldsymbol{G} = \boldsymbol{A}^+$.

下面考虑 $\boldsymbol{A}^+$ 的存在性和唯一性.

定理 3.9　设 $\boldsymbol{A}$ 是秩为 r 的 $m\times n$ 复矩阵，且 $\boldsymbol{A} = \boldsymbol{F}_{m\times r}\boldsymbol{G}_{r\times n}$，$\boldsymbol{F}$ 与 $\boldsymbol{G}$ 的秩都为 r，则

$$\boldsymbol{A}^+ = \overline{\boldsymbol{G}}^{\mathrm{T}}(\overline{\boldsymbol{F}}^{\mathrm{T}}\boldsymbol{A}\overline{\boldsymbol{G}}^{\mathrm{T}})^{-1}\overline{\boldsymbol{F}}^{\mathrm{T}},$$

是 $\boldsymbol{A}$ 的 Moore-Penrose 广义逆，且它是唯一的.

证　易知

$$\begin{aligned} \boldsymbol{AA}^+\boldsymbol{A} &= \boldsymbol{FG}\overline{\boldsymbol{G}}^{\mathrm{T}}(\overline{\boldsymbol{F}}^{\mathrm{T}}\boldsymbol{FG}\overline{\boldsymbol{G}}^{\mathrm{T}})^{-1}\overline{\boldsymbol{F}}^{\mathrm{T}}\boldsymbol{FG} \\ &= \boldsymbol{F}(\boldsymbol{G}\overline{\boldsymbol{G}}^{\mathrm{T}})(\boldsymbol{G}\overline{\boldsymbol{G}}^{\mathrm{T}})^{-1}(\overline{\boldsymbol{F}}^{\mathrm{T}}\boldsymbol{F})^{-1}(\overline{\boldsymbol{F}}^{\mathrm{T}}\boldsymbol{F})\boldsymbol{G} = \boldsymbol{FG} = \boldsymbol{A}, \\ \boldsymbol{A}^+\boldsymbol{AA}^+ &= \overline{\boldsymbol{G}}^{\mathrm{T}}(\overline{\boldsymbol{F}}^{\mathrm{T}}\boldsymbol{FG}\overline{\boldsymbol{G}}^{\mathrm{T}})^{-1}\overline{\boldsymbol{F}}^{\mathrm{T}}\boldsymbol{FG}\overline{\boldsymbol{G}}^{\mathrm{T}}(\overline{\boldsymbol{F}}^{\mathrm{T}}\boldsymbol{FG}\overline{\boldsymbol{G}}^{\mathrm{T}})^{-1}\overline{\boldsymbol{F}}^{\mathrm{T}} \\ &= \overline{\boldsymbol{G}}^{\mathrm{T}}(\boldsymbol{G}\overline{\boldsymbol{G}}^{\mathrm{T}})^{-1}(\overline{\boldsymbol{F}}^{\mathrm{T}}\boldsymbol{F})^{-1}(\overline{\boldsymbol{F}}^{\mathrm{T}}\boldsymbol{F})(\boldsymbol{G}\overline{\boldsymbol{G}}^{\mathrm{T}})(\boldsymbol{G}\overline{\boldsymbol{G}}^{\mathrm{T}})^{-1}(\overline{\boldsymbol{F}}^{\mathrm{T}}\boldsymbol{F})^{-1}\overline{\boldsymbol{F}}^{\mathrm{T}} \\ &= \overline{\boldsymbol{G}}^{\mathrm{T}}(\boldsymbol{G}\overline{\boldsymbol{G}}^{\mathrm{T}})^{-1}(\overline{\boldsymbol{F}}^{\mathrm{T}}\boldsymbol{F})^{-1}\overline{\boldsymbol{F}}^{\mathrm{T}} = \overline{\boldsymbol{G}}^{\mathrm{T}}(\overline{\boldsymbol{F}}^{\mathrm{T}}\boldsymbol{A}\overline{\boldsymbol{G}}^{\mathrm{T}})^{-1}\overline{\boldsymbol{F}}^{\mathrm{T}} = \boldsymbol{A}^+, \\ (\boldsymbol{AA}^+)^{\mathrm{T}} &= (\boldsymbol{FG}\overline{\boldsymbol{G}}^{\mathrm{T}}(\overline{\boldsymbol{F}}^{\mathrm{T}}\boldsymbol{FG}\overline{\boldsymbol{G}}^{\mathrm{T}})^{-1}\overline{\boldsymbol{F}}^{\mathrm{T}})^{\mathrm{T}} = (\boldsymbol{F}(\overline{\boldsymbol{F}}^{\mathrm{T}}\boldsymbol{F})^{-1}\overline{\boldsymbol{F}}^{\mathrm{T}})^{\mathrm{T}} \\ &= \overline{\boldsymbol{F}}(\boldsymbol{F}^{\mathrm{T}}\overline{\boldsymbol{F}})^{-1}\boldsymbol{F}^{\mathrm{T}} = \overline{\boldsymbol{F}(\boldsymbol{F}^{\mathrm{T}}\overline{\boldsymbol{F}})^{-1}\overline{\boldsymbol{F}}^{\mathrm{T}}} \\ &= \overline{\boldsymbol{AA}^+}, \\ (\boldsymbol{A}^+\boldsymbol{A})^{\mathrm{T}} &= (\overline{\boldsymbol{G}}^{\mathrm{T}}(\overline{\boldsymbol{F}}^{\mathrm{T}}\boldsymbol{FG}\overline{\boldsymbol{G}}^{\mathrm{T}})^{-1}\overline{\boldsymbol{F}}^{\mathrm{T}}\boldsymbol{FG})^{\mathrm{T}} = (\overline{\boldsymbol{G}}^{\mathrm{T}}(\boldsymbol{G}\overline{\boldsymbol{G}}^{\mathrm{T}})^{-1}\boldsymbol{G})^{\mathrm{T}} \\ &= \boldsymbol{G}^{\mathrm{T}}(\overline{\boldsymbol{G}}\boldsymbol{G}^{\mathrm{T}})^{-1}\overline{\boldsymbol{G}} = \overline{\overline{\boldsymbol{G}}^{\mathrm{T}}(\boldsymbol{G}\overline{\boldsymbol{G}}^{\mathrm{T}})^{-1}\boldsymbol{G}} \\ &= \overline{\boldsymbol{A}^+\boldsymbol{A}}, \end{aligned}$$

由定义可知，A^+ 是 A 的 Moore-Penrose 广义逆.

再证唯一性. 设 A_1^+ 和 A_2^+ 都是 A 的 Moore-Penrose 广义逆，则有

$$\begin{aligned}A_1^+ &= A_1^+AA_1^+ = A_1^+(AA_2^+A)A_1^+ = A_1^+\overline{(AA_2^+)^{\mathrm{T}}(AA_1^+)^{\mathrm{T}}}\\ &= A_1^+\overline{(AA_1^+AA_2^+)^{\mathrm{T}}} = A_1^+\overline{(AA_2^+)^{\mathrm{T}}} = A_1^+AA_2^+\\ &= A_1^+(AA_2^+A)A_2^+ = \overline{(A_1^+A)^{\mathrm{T}}(A_2^+A)^{\mathrm{T}}}A_2^+\\ &= \overline{(A_2^+AA_1^+A)^{\mathrm{T}}}A_2^+ = \overline{(A_2^+A)^{\mathrm{T}}}A_2^+ = A_2^+AA_2^+\\ &= A_2^+.\end{aligned}$$

这说明 A 的 Moore-Penrose 广义逆是唯一的.

定理 3.9 不仅说明了任意一个 $m\times n$ 复矩阵 A 的 Moore-Penrose 广义逆 A^+ 是存在且唯一的，而且给出了 A^+ 的求解方法. 我们将其总结如下:

(1) 将 A 经过初等变换化为标准形

$$PAQ=\begin{pmatrix}E_r & O\\ O & O\end{pmatrix},\quad A=P^{-1}\begin{pmatrix}E_r & O\\ O & O\end{pmatrix}Q^{-1},$$

其中 P 与 Q 分别为 m 与 n 阶可逆矩阵，$r=R(A)$；

(2) 令 $P^{-1}=(F_{m\times r}\mid C_{m\times(m-r)})$，$Q^{-1}=\begin{pmatrix}G_{r\times n}\\ \hdashline D_{(n-r)\times n}\end{pmatrix}$，从而

$$A=(F\quad C)\begin{pmatrix}E_r & O\\ O & O\end{pmatrix}\begin{pmatrix}G\\ D\end{pmatrix}=(F\quad O)\begin{pmatrix}G\\ D\end{pmatrix}=FG;$$

(3) 取 A 的 Moore-Penrose 广义逆为

$$A^+=\overline{G^{\mathrm{T}}}(\overline{F^{\mathrm{T}}}A\overline{G^{\mathrm{T}}})^{-1}\overline{F^{\mathrm{T}}}.$$

例 3.29 求矩阵 $A=\begin{pmatrix}1 & 1\\ 0 & -1\\ 2 & 0\end{pmatrix}$ 的广义逆 A^+.

解 由例 3.28 知 $PAQ=\begin{pmatrix}1 & 0\\ 0 & 1\\ 0 & 0\end{pmatrix}$，其中，$P=\begin{pmatrix}1 & 0 & 0\\ 0 & -1 & 0\\ -2 & -2 & 1\end{pmatrix}$，$Q=\begin{pmatrix}1 & -1\\ 0 & 1\end{pmatrix}$. 于是

$$P^{-1}=\begin{pmatrix}1 & 0 & 0\\ 0 & -1 & 0\\ 2 & -2 & 1\end{pmatrix},\quad Q^{-1}=\begin{pmatrix}1 & 1\\ 0 & 1\end{pmatrix}.$$

由于 $R(A)=2$，所以

$$F=\begin{pmatrix}1 & 0\\ 0 & -1\\ 2 & -2\end{pmatrix},\quad G=\begin{pmatrix}1 & 1\\ 0 & 1\end{pmatrix}.$$

因此

$$A^+ = \overline{G^{\mathrm{T}}}(\overline{F^{\mathrm{T}}}A\overline{G^{\mathrm{T}}})^{-1}\overline{F^{\mathrm{T}}} = \begin{pmatrix}1 & 0\\ 1 & 1\end{pmatrix}\left(\begin{pmatrix}1 & 0 & 2\\ 0 & -1 & -2\end{pmatrix}\begin{pmatrix}1 & 1\\ 0 & -1\\ 2 & 0\end{pmatrix}\begin{pmatrix}1 & 0\\ 1 & 1\end{pmatrix}\right)^{-1}\begin{pmatrix}1 & 0 & 2\\ 0 & -1 & -2\end{pmatrix}$$

$$= \begin{pmatrix}1 & 0\\ 1 & 1\end{pmatrix}\begin{pmatrix}6 & 1\\ -3 & 1\end{pmatrix}^{-1}\begin{pmatrix}1 & 0 & 2\\ 0 & -1 & -2\end{pmatrix} = \begin{pmatrix}1 & 0\\ 1 & 1\end{pmatrix}\begin{pmatrix}1/9 & -1/9\\ 3/9 & 6/9\end{pmatrix}\begin{pmatrix}1 & 0 & 2\\ 0 & -1 & -2\end{pmatrix}$$

$$= \frac{1}{9}\begin{pmatrix}1 & 1 & 4\\ 4 & -5 & -2\end{pmatrix}.$$

Moore-Penrose 广义逆具有如下性质(A 、 B 均为 $m\times n$ 矩阵):

(1) $(A^+)^+ = A$;

(2) $(A^{\mathrm{T}})^+ = (A^+)^{\mathrm{T}}$

(3) 若 C 是可逆方阵, 则 $C^+ = C^{-1}$;

(4) 若 $A = \begin{pmatrix}D & O\\ O & O\end{pmatrix}$, 其中 $D = \mathrm{diag}(d_1, d_2, \cdots, d_r)$, $d_i \neq 0\ (i = 1, 2, \cdots, r)$, 则

$$A^+ = \begin{pmatrix}D^{-1} & O\\ O & O\end{pmatrix},$$

其中, $D^{-1} = \mathrm{diag}\left(\dfrac{1}{d_1}, \dfrac{1}{d_2}, \cdots, \dfrac{1}{d_r}\right)$;

(5) 若 $A^+ = B^+$, 则 $A = B$;

(6) $(A^{\mathrm{T}}A)^+ = A^+(A^{\mathrm{T}})^+$, $(AA^{\mathrm{T}})^+ = (A^{\mathrm{T}})^+A^+$;

(7) $A^+ = A^{\mathrm{T}}(AA^{\mathrm{T}})^+ = (A^{\mathrm{T}}A)^+A^{\mathrm{T}}$;

(8) 若 $R(A_{m\times n}) = n$, 则 $A^+ = (A^{\mathrm{T}}A)^{-1}A^{\mathrm{T}}$;

(9) $R(A) = R(A^+) = R(A^+A) = R(AA^+)$.

以上性质请读者自证.

例 3.30 求矩阵 $A = \begin{pmatrix}1 & 0\\ 0 & 1\\ 2 & 0\end{pmatrix}$ 的广义逆矩阵 A^+.

解 易知 $R(A) = 2$, 由性质(8), 得

$$A^+ = (A^{\mathrm{T}}A)^{-1}A^{\mathrm{T}} = \left(\begin{pmatrix}1 & 0 & 2\\ 0 & 1 & 0\end{pmatrix}\begin{pmatrix}1 & 0\\ 0 & 1\\ 2 & 0\end{pmatrix}\right)^{-1}\begin{pmatrix}1 & 0 & 2\\ 0 & 1 & 0\end{pmatrix}$$

$$= \begin{pmatrix}\frac{1}{5} & 0\\ 0 & 1\end{pmatrix}\begin{pmatrix}1 & 0 & 2\\ 0 & 1 & 0\end{pmatrix} = \begin{pmatrix}\frac{1}{5} & 0 & \frac{2}{5}\\ 0 & 1 & 0\end{pmatrix}.$$

4. 矩阵的导数

定义 3.19 设矩阵 $\boldsymbol{A}=\boldsymbol{A}(t)=(a_{ij}(t))_{m\times n}$ 的元素 $a_{ij}(t)$ 都是变量 t 的函数，且 $a_{ij}(t)$ 对 t 都可导，则称

$$\begin{pmatrix} \frac{\mathrm{d}a_{11}(t)}{\mathrm{d}t} & \frac{\mathrm{d}a_{12}(t)}{\mathrm{d}t} & \cdots & \frac{\mathrm{d}a_{1n}(t)}{\mathrm{d}t} \\ \frac{\mathrm{d}a_{21}(t)}{\mathrm{d}t} & \frac{\mathrm{d}a_{22}(t)}{\mathrm{d}t} & \cdots & \frac{\mathrm{d}a_{2n}(t)}{\mathrm{d}t} \\ \vdots & \vdots & & \vdots \\ \frac{\mathrm{d}a_{m1}(t)}{\mathrm{d}t} & \frac{\mathrm{d}a_{m2}(t)}{\mathrm{d}t} & \cdots & \frac{\mathrm{d}a_{mn}(t)}{\mathrm{d}t} \end{pmatrix}$$

为矩阵 $\boldsymbol{A}=\boldsymbol{A}(t)$ 对 t 的**导数**，记为 $\frac{\mathrm{d}\boldsymbol{A}(t)}{\mathrm{d}t}$，即

$$\frac{\mathrm{d}\boldsymbol{A}(t)}{\mathrm{d}t}=\left(\frac{\mathrm{d}a_{ij}(t)}{\mathrm{d}t}\right)_{m\times n}.$$

例 3.31 设 $\boldsymbol{A}=\boldsymbol{A}(t)=\begin{pmatrix}\sin t & t^3 \\ -3 & \mathrm{e}^{3t}\end{pmatrix}$，求 $\frac{\mathrm{d}\boldsymbol{A}}{\mathrm{d}t}$.

解 由定义 3.19 可得

$$\frac{\mathrm{d}\boldsymbol{A}}{\mathrm{d}t}=\begin{pmatrix}\frac{\mathrm{d}\sin t}{\mathrm{d}t} & \frac{\mathrm{d}t^3}{\mathrm{d}t} \\ \frac{\mathrm{d}(-3)}{\mathrm{d}t} & \frac{\mathrm{d}\mathrm{e}^{3t}}{\mathrm{d}t}\end{pmatrix}=\begin{pmatrix}\cos t & 3t^2 \\ 0 & 3\mathrm{e}^{3t}\end{pmatrix}.$$

矩阵的导数具有如下性质:

(1) 若 $\boldsymbol{A}$ 是常数矩阵，则 $\frac{\mathrm{d}\boldsymbol{A}}{\mathrm{d}t}=\boldsymbol{O}$；

(2) 若 $\boldsymbol{A}(t)$ 和 $\boldsymbol{B}(t)$ 都为 $m\times n$ 的可导矩阵，λ 和 μ 为任意常数，则

$$\frac{\mathrm{d}}{\mathrm{d}t}(\lambda\boldsymbol{A}(t)+\mu\boldsymbol{B}(t))=\lambda\frac{\mathrm{d}\boldsymbol{A}(t)}{\mathrm{d}t}+\mu\frac{\mathrm{d}\boldsymbol{B}(t)}{\mathrm{d}t};$$

(3) 若 $\boldsymbol{A}(t)$ 和 $\boldsymbol{B}(t)$ 分别为 $m\times r$ 与 $r\times n$ 的可导矩阵，则

$$\frac{\mathrm{d}}{\mathrm{d}t}(\boldsymbol{A}(t)\boldsymbol{B}(t))=\frac{\mathrm{d}\boldsymbol{A}(t)}{\mathrm{d}t}\boldsymbol{B}(t)+\boldsymbol{A}(t)\frac{\mathrm{d}\boldsymbol{B}(t)}{\mathrm{d}t};$$

(4) 若 $\boldsymbol{A}(t)$ 和 $\boldsymbol{B}(t)$ 分别为 $m\times n$ 与 $p\times q$ 的可导矩阵，则

$$\frac{\mathrm{d}}{\mathrm{d}t}(\boldsymbol{A}(t)\otimes\boldsymbol{B}(t))=\frac{\mathrm{d}\boldsymbol{A}(t)}{\mathrm{d}t}\otimes\boldsymbol{B}(t)+\boldsymbol{A}(t)\otimes\frac{\mathrm{d}\boldsymbol{B}(t)}{\mathrm{d}t};$$

(5) 若 $\boldsymbol{A}(t)$ 和 $\boldsymbol{A}^{-1}(t)$ 都是可导矩阵，则

$$\frac{\mathrm{d}\boldsymbol{A}^{-1}(t)}{\mathrm{d}t}=-\boldsymbol{A}^{-1}(t)\frac{\mathrm{d}\boldsymbol{A}(t)}{\mathrm{d}t}\boldsymbol{A}^{-1}(t);$$

(6) 若矩阵 $\boldsymbol{A}(t)$ 和函数 $u(t)$ 都可导，则

$$\frac{\mathrm{d}}{\mathrm{d}t}(u(t)\boldsymbol{A}(t))=\frac{\mathrm{d}u(t)}{\mathrm{d}t}\boldsymbol{A}(t)+u(t)\frac{\mathrm{d}\boldsymbol{A}(t)}{\mathrm{d}t}.$$

以上性质(1)、(2)、(4)和(6)由矩阵导数的定义立即可得，性质(3)的证明如下：

$$\begin{aligned}\frac{\mathrm{d}}{\mathrm{d}t}(\boldsymbol{A}(t)\boldsymbol{B}(t))&=\frac{\mathrm{d}}{\mathrm{d}t}\left(\sum_{k=1}^{r}a_{ik}b_{kj}\right)_{m\times n}=\left(\sum_{k=1}^{r}\frac{\mathrm{d}a_{ik}}{\mathrm{d}t}b_{kj}\right)_{m\times n}+\left(\sum_{k=1}^{r}a_{ik}\frac{\mathrm{d}b_{kj}}{\mathrm{d}t}\right)_{m\times n}\\&=\frac{\mathrm{d}\boldsymbol{A}(t)}{\mathrm{d}t}\boldsymbol{B}(t)+\boldsymbol{A}(t)\frac{\mathrm{d}\boldsymbol{B}(t)}{\mathrm{d}t}.\end{aligned}$$

再考虑性质(5)，由于 $\boldsymbol{A}(t)\boldsymbol{A}^{-1}(t)=\boldsymbol{E}$，两边对 t 求导，可得

$$\frac{\mathrm{d}}{\mathrm{d}t}(\boldsymbol{A}(t)\boldsymbol{A}^{-1}(t))=\frac{\mathrm{d}\boldsymbol{A}(t)}{\mathrm{d}t}\boldsymbol{A}^{-1}(t)+\boldsymbol{A}(t)\frac{\mathrm{d}\boldsymbol{A}^{-1}(t)}{\mathrm{d}t}=\boldsymbol{O},$$

$$\frac{\mathrm{d}\boldsymbol{A}^{-1}(t)}{\mathrm{d}t}=-\boldsymbol{A}^{-1}(t)\frac{\mathrm{d}\boldsymbol{A}(t)}{\mathrm{d}t}\boldsymbol{A}^{-1}(t).$$

值得注意的是，因为矩阵乘法不满足交换律，所以在一般情形下

$$\frac{\mathrm{d}\boldsymbol{A}^2(t)}{\mathrm{d}t}=\frac{\mathrm{d}\boldsymbol{A}(t)}{\mathrm{d}t}\boldsymbol{A}(t)+\boldsymbol{A}(t)\frac{\mathrm{d}\boldsymbol{A}(t)}{\mathrm{d}t}\neq 2\boldsymbol{A}(t)\frac{\mathrm{d}\boldsymbol{A}(t)}{\mathrm{d}t}.$$

例 3.32　设

$$\boldsymbol{A}(t)=\begin{pmatrix}\mathrm{e}^{3t} & \sin t & 3\\ -2 & t^2 & \cos t\end{pmatrix},\quad \boldsymbol{B}(t)=\begin{pmatrix}t & 5\\ t^3 & \cos t\\ 3 & -1\end{pmatrix},$$

求 $\dfrac{\mathrm{d}}{\mathrm{d}t}(\boldsymbol{A}(t)\boldsymbol{B}(t))$.

解　由矩阵导数的性质，得

$$\begin{aligned}\frac{\mathrm{d}}{\mathrm{d}t}\big(\boldsymbol{A}(t)\boldsymbol{B}(t)\big)&=\frac{\mathrm{d}\boldsymbol{A}(t)}{\mathrm{d}t}\boldsymbol{B}(t)+\boldsymbol{A}(t)\frac{\mathrm{d}\boldsymbol{B}(t)}{\mathrm{d}t}\\&=\begin{pmatrix}3\mathrm{e}^{3t} & \cos t & 0\\ 0 & 2t & -\sin t\end{pmatrix}\begin{pmatrix}t & 5\\ t^3 & \cos t\\ 3 & -1\end{pmatrix}+\begin{pmatrix}\mathrm{e}^{3t} & \sin t & 3\\ -2 & t^2 & \cos t\end{pmatrix}\begin{pmatrix}1 & 0\\ 3t^2 & -\sin t\\ 0 & 0\end{pmatrix}\\&=\begin{pmatrix}\mathrm{e}^{3t}(3t+1)+t^2(t\cos t+3\sin t) & 15\mathrm{e}^{3t}+\cos^2 t-\sin^2 t\\ 5t^4-(3\sin t+2) & 2t\cos t+\sin t(1-t^2)\end{pmatrix}.\end{aligned}$$

5. 矩阵的积分

定义 3.20　设矩阵 $\boldsymbol{A}=\boldsymbol{A}(t)=(a_{ij}(t))_{m\times n}$ 的元素 $a_{ij}(t)$ 都是变量 t 的函数，且 $a_{ij}(t)$ 关于 t 都可积，则称

$$\begin{pmatrix} \int a_{11}(t)\mathrm{d}t & \int a_{12}(t)\mathrm{d}t & \cdots & \int a_{1n}(t)\mathrm{d}t \\ \int a_{21}(t)\mathrm{d}t & \int a_{22}(t)\mathrm{d}t & \cdots & \int a_{2n}(t)\mathrm{d}t \\ \vdots & \vdots & & \vdots \\ \int a_{m1}(t)\mathrm{d}t & \int a_{m2}(t)\mathrm{d}t & \cdots & \int a_{mn}(t)\mathrm{d}t \end{pmatrix}$$

为矩阵 $\boldsymbol{A}=\boldsymbol{A}(t)$ 关于 t 的**不定积分**，记为 $\int \boldsymbol{A}(t)\mathrm{d}t$，即 $\int \boldsymbol{A}(t)\mathrm{d}t=\left(\int a_{ij}(t)\mathrm{d}t\right)_{m\times n}$. 类似地，定义 $\boldsymbol{A}(t)$ 在区间 $[a, b]$ 上的**定积分** $\int_a^b \boldsymbol{A}(t)\mathrm{d}t$ 为

$$\int_a^b \boldsymbol{A}(t)\mathrm{d}t=\left(\int_a^b a_{ij}(t)\mathrm{d}t\right)_{m\times n}.$$

上述定义表明，矩阵的积分具有类似函数积分的性质($\boldsymbol{A}(t)$ 和 $\boldsymbol{B}(t)$ 是 $m\times n$ 矩阵):

(1) $\int[\lambda \boldsymbol{A}(t)+\mu \boldsymbol{B}(t)]\mathrm{d}t=\lambda\int \boldsymbol{A}(t)\mathrm{d}t+\mu\int \boldsymbol{B}(t)\mathrm{d}t$ (λ 和 μ 是不同时为零的常数);

(2) $\int_a^b \boldsymbol{A}'(t)\mathrm{d}t=\boldsymbol{A}(b)-\boldsymbol{A}(a)$;

(3) $\dfrac{\mathrm{d}}{\mathrm{d}t}\int_a^t \boldsymbol{A}(s)\mathrm{d}s=\boldsymbol{A}(t)$，$t\in[a, b]$.

下面仅就性质(3)给出证明. 由于

$$\int_a^t \boldsymbol{A}(s)\mathrm{d}s=\left(\int_a^t a_{ij}(s)\mathrm{d}s\right)_{m\times n},$$

所以

$$\frac{\mathrm{d}}{\mathrm{d}t}\int_a^t \boldsymbol{A}(s)\mathrm{d}s=\left(\frac{\mathrm{d}}{\mathrm{d}t}\int_a^t a_{ij}(s)\mathrm{d}s\right)_{m\times n}=(a_{ij}(t))_{m\times n}=\boldsymbol{A}(t).$$

例 3.33 设有矩阵 $\boldsymbol{A}(t)=\begin{pmatrix} t & 1 & \sin t \\ \dfrac{1}{t} & 0 & 2t \end{pmatrix}$，求 $\int_1^2 \boldsymbol{A}(t)\mathrm{d}t$.

解 由矩阵积分的定义有

$$\int_1^2 \boldsymbol{A}(t)\mathrm{d}t=\begin{pmatrix} \int_1^2 t\mathrm{d}t & \int_1^2 1\mathrm{d}t & \int_1^2 \sin t\mathrm{d}t \\ \int_1^2 \dfrac{1}{t}\mathrm{d}t & \int_1^2 0\mathrm{d}t & \int_1^2 2t\mathrm{d}t \end{pmatrix}=\begin{pmatrix} \dfrac{3}{2} & 1 & \cos 1-\cos 2 \\ \ln 2 & 0 & 3 \end{pmatrix}.$$

例 3.34 设有矩阵 $\boldsymbol{A}(t)=\begin{pmatrix} \sin t & -\cos t \\ \cos t & \sin t \end{pmatrix}$，求 $\dfrac{\mathrm{d}}{\mathrm{d}t}\int_1^{t^2} \boldsymbol{A}(s)\mathrm{d}s$.

解 由矩阵积分的性质并结合变上限函数求导，有

$$\begin{aligned}\frac{\mathrm{d}}{\mathrm{d}t}\int_0^{t^2} \boldsymbol{A}(s)\mathrm{d}s &\overset{u=t^2}{=} \frac{\mathrm{d}}{\mathrm{d}u}\int_0^u \boldsymbol{A}(s)\mathrm{d}s\frac{\mathrm{d}u}{\mathrm{d}t}=2t\boldsymbol{A}(u)=2t\boldsymbol{A}(t^2)\\ &=\begin{pmatrix} 2t\sin t^2 & -2t\cos t^2 \\ 2t\cos t^2 & 2t\sin t^2 \end{pmatrix}.\end{aligned}$$

习 题 三

A 组

1. 填空题

(1) 设 $\boldsymbol{a}=(1,1,1)$，$\boldsymbol{b}=(-1,-1,-1)$，则 $\boldsymbol{ab}^{\mathrm{T}}=$________，$\boldsymbol{a}^{\mathrm{T}}\boldsymbol{b}=$________.

(2) 设 $\boldsymbol{A}=\begin{pmatrix}2 & 2\\-3 & -3\end{pmatrix}$，$\boldsymbol{B}=\begin{pmatrix}1 & -\frac{1}{3}\\-1 & \frac{1}{3}\end{pmatrix}$，则 $\boldsymbol{AB}=$________，$\boldsymbol{BA}=$________.

(3) 若 $\boldsymbol{\alpha}=(1,\ 2,\ 3)$，$\boldsymbol{\beta}=\left(1,\ \frac{1}{2},\ \frac{1}{3}\right)$，$\boldsymbol{A}=\boldsymbol{\alpha}^{\mathrm{T}}\boldsymbol{\beta}$，则 $\boldsymbol{A}^n=$________.

(4) 设 $\boldsymbol{A}=\begin{pmatrix}1 & 0 & 1\\0 & 2 & 0\\1 & 0 & 1\end{pmatrix}$，正整数 $n\geqslant 2$，则 $\boldsymbol{A}^n-2\boldsymbol{A}^{n-1}=$________.

(5) 设 $\boldsymbol{\alpha}=(1,\ 0,\ -1)^{\mathrm{T}}$，矩阵 $\boldsymbol{A}=\boldsymbol{\alpha\alpha}^{\mathrm{T}}$，$n$ 为正整数，则 $|k\boldsymbol{E}-\boldsymbol{A}^n|=$________.

(6) 设 $\boldsymbol{A}$ 为 n 阶矩阵，且 $|\boldsymbol{A}|=2$，则 $||\boldsymbol{A}|\boldsymbol{A}^{\mathrm{T}}|=$________，$|\boldsymbol{AA}^*|=$________.

(7) 设 $a_1a_2\cdots a_n\neq 0$，则 $\begin{pmatrix}a_1 & & & \\ & a_2 & & \\ & & \ddots & \\ & & & a_n\end{pmatrix}^{-1}=$________，$\begin{pmatrix} & & & a_1\\ & & a_2 & \\ & \iddots & & \\ a_n & & & \end{pmatrix}^{-1}=$________.

(8) 设 $\boldsymbol{A}=\begin{pmatrix}1 & 0 & 0\\2 & 2 & 0\\3 & 4 & 5\end{pmatrix}$，则 $(\boldsymbol{A}^*)^{-1}=$________.

(9) 设 $\boldsymbol{A},\boldsymbol{B}$ 为三阶矩阵，且 $|\boldsymbol{A}|=3,|\boldsymbol{B}|=2,|\boldsymbol{A}^{-1}+\boldsymbol{B}|=2$，则 $|\boldsymbol{A}+\boldsymbol{B}^{-1}|=$________.

(10) 设 $\boldsymbol{A}$ 为 m 阶方阵，$\boldsymbol{B}$ 为 n 阶方阵，$|\boldsymbol{A}|=a$，$|\boldsymbol{B}|=b$，$\boldsymbol{C}=\begin{pmatrix}\boldsymbol{O} & \boldsymbol{A}\\\boldsymbol{B} & \boldsymbol{O}\end{pmatrix}$，则 $|\boldsymbol{C}|=$________.

(11) 已知矩阵 $\boldsymbol{A}$ 和 $\boldsymbol{E}-\boldsymbol{A}$ 可逆，若矩阵 $\boldsymbol{B}$ 满足 $[\boldsymbol{E}-(\boldsymbol{E}-\boldsymbol{A})^{-1}]\boldsymbol{B}=\boldsymbol{A}$，则 $\boldsymbol{B}-\boldsymbol{A}=$________.

(12) 设矩阵 $\boldsymbol{A}=\begin{pmatrix}0 & 1 & 0 & 0\\0 & 0 & 1 & 0\\0 & 0 & 0 & 1\\0 & 0 & 0 & 0\end{pmatrix}$，则 $\boldsymbol{A}^3$ 的秩为________.

(13) 设矩阵 $\boldsymbol{A}=\begin{pmatrix} k & 1 & 1 & 1 \\ 1 & k & 1 & 1 \\ 1 & 1 & k & 1 \\ 1 & 1 & 1 & k \end{pmatrix}$，且 $R(\boldsymbol{A})=3$，则 $k=$________.

(14) 设 $\boldsymbol{A}=\begin{pmatrix} a_1b_1 & a_1b_2 & \cdots & a_1b_n \\ a_2b_1 & a_2b_2 & \cdots & a_2b_n \\ \vdots & \vdots & & \vdots \\ a_nb_1 & a_nb_2 & \cdots & a_nb_n \end{pmatrix}$，其中 $a_i \neq 0$，$b_i \neq 0$ $(i=1,2,\cdots,n)$，则 $\boldsymbol{A}$ 的秩 $R(\boldsymbol{A})=$________.

(15) 设矩阵 $\boldsymbol{A}=\begin{pmatrix} a & -1 & -1 \\ -1 & a & -1 \\ -1 & -1 & a \end{pmatrix}$ 与 $\boldsymbol{B}=\begin{pmatrix} 1 & 1 & 0 \\ 0 & -1 & 1 \\ 1 & 0 & 1 \end{pmatrix}$ 等价，则 $a=$________.

(16) 设 $\boldsymbol{A}=\begin{pmatrix} 4 & 0 \\ -1 & -2 \end{pmatrix}$，则将 $\boldsymbol{A}$ 可以表示成三个初等矩阵的乘积为________.

(17) 设 $\boldsymbol{A}$ 为三阶矩阵，$|\boldsymbol{A}|=3$，$\boldsymbol{A}^*$ 为 $\boldsymbol{A}$ 的伴随矩阵. 若交换 $\boldsymbol{A}$ 的第 1 行与第 2 行得矩阵 $\boldsymbol{B}$，则 $|\boldsymbol{B}\boldsymbol{A}^*|=$________.

2. 选择题

(1) 设 $\boldsymbol{A}$ 是 $m\times n$ 矩阵，$\boldsymbol{B}$ 是 $n\times p$ 矩阵，$\boldsymbol{C}$ 是 $p\times m$ 矩阵，m,n,p 互不相等，则下列运算没有意义的是(　　).

A. $\boldsymbol{C}+(\boldsymbol{AB})^{\mathrm{T}}$　　B. $\boldsymbol{ABC}$　　C. $(\boldsymbol{BC})^{\mathrm{T}}-\boldsymbol{A}$　　D. $\boldsymbol{AC}^{\mathrm{T}}$

(2) 设 $\boldsymbol{A},\boldsymbol{B}$ 是 n 阶方阵，$\boldsymbol{AB}=\boldsymbol{O}$，则有(　　).

A. $\boldsymbol{A}=\boldsymbol{B}=\boldsymbol{O}$　　B. $\boldsymbol{A}+\boldsymbol{B}=\boldsymbol{O}$　　C. $|\boldsymbol{A}|=0$ 或 $|\boldsymbol{B}|=0$　　D. $|\boldsymbol{A}|+|\boldsymbol{B}|=0$

(3) 设 $\boldsymbol{A},\boldsymbol{B}$ 都是 n 阶矩阵，则必有(　　).

A. $|\boldsymbol{A}+\boldsymbol{B}|=|\boldsymbol{A}|+|\boldsymbol{B}|$　　B. $\boldsymbol{AB}=\boldsymbol{BA}$

C. $|\boldsymbol{AB}|=|\boldsymbol{BA}|$　　D. $(\boldsymbol{A}+\boldsymbol{B})^{-1}=\boldsymbol{A}^{-1}+\boldsymbol{B}^{-1}$

(4) 设 $\boldsymbol{A}$, $\boldsymbol{B}$, $\boldsymbol{A}+\boldsymbol{B}$, $\boldsymbol{A}^{-1}+\boldsymbol{B}^{-1}$ 均为 n 阶可逆矩阵，则 $(\boldsymbol{A}^{-1}+\boldsymbol{B}^{-1})^{-1}$ 等于(　　).

A. $\boldsymbol{A}^{-1}+\boldsymbol{B}^{-1}$　　B. $\boldsymbol{A}+\boldsymbol{B}$　　C. $\boldsymbol{A}(\boldsymbol{A}+\boldsymbol{B})^{-1}\boldsymbol{B}$　　D. $(\boldsymbol{A}+\boldsymbol{B})^{-1}$

(5) 设 n 阶方阵 $\boldsymbol{A},\boldsymbol{B},\boldsymbol{C}$ 满足关系式 $\boldsymbol{ABC}=\boldsymbol{E}$，则必有(　　).

A. $\boldsymbol{ACB}=\boldsymbol{E}$　　B. $\boldsymbol{CBA}=\boldsymbol{E}$　　C. $\boldsymbol{BAC}=\boldsymbol{E}$　　D. $\boldsymbol{BCA}=\boldsymbol{E}$

(6) 设 $\boldsymbol{A}$ 为 n 阶非零矩阵，$\boldsymbol{E}$ 为 n 阶单位矩阵. 若 $\boldsymbol{A}^3=\boldsymbol{O}$，则(　　).

A. $\boldsymbol{E}-\boldsymbol{A}$ 不可逆，$\boldsymbol{E}+\boldsymbol{A}$ 不可逆　　B. $\boldsymbol{E}-\boldsymbol{A}$ 不可逆，$\boldsymbol{E}+\boldsymbol{A}$ 可逆

C. $\boldsymbol{E}-\boldsymbol{A}$ 可逆，$\boldsymbol{E}+\boldsymbol{A}$ 可逆　　D. $\boldsymbol{E}-\boldsymbol{A}$ 可逆，$\boldsymbol{E}+\boldsymbol{A}$ 不可逆

(7) 设矩阵 $\boldsymbol{A}=(a_{ij})_{3\times3}$ 满足 $\boldsymbol{A}^*=\boldsymbol{A}^{\mathrm{T}}$，其中 $\boldsymbol{A}^*$ 是 $\boldsymbol{A}$ 的伴随矩阵，$\boldsymbol{A}^{\mathrm{T}}$ 为 $\boldsymbol{A}$ 的转置矩阵. 若 a_{11},a_{12},a_{13} 为三个相等的正数，则 a_{11} 为(　　).

A. $\dfrac{\sqrt{3}}{3}$　　B. 3　　C. $\dfrac{1}{3}$　　D. $\sqrt{3}$

(8) 设 $\boldsymbol{A},\boldsymbol{B},\boldsymbol{C}$ 均为 n 阶矩阵，若 $\boldsymbol{B}=\boldsymbol{E}+\boldsymbol{AB}$，$\boldsymbol{C}=\boldsymbol{A}+\boldsymbol{CA}$，则 $\boldsymbol{B}-\boldsymbol{C}$ 为(　　).

A. $\boldsymbol{E}$　　B. $-\boldsymbol{E}$　　C. $\boldsymbol{A}$　　D. $-\boldsymbol{A}$

(9) 设 $\boldsymbol{A},\boldsymbol{B}$ 为二阶矩阵，$\boldsymbol{A}^*,\boldsymbol{B}^*$ 分别为 $\boldsymbol{A},\boldsymbol{B}$ 的伴随矩阵，若 $|\boldsymbol{A}|=2,|\boldsymbol{B}|=3$，则分块矩阵 $\begin{pmatrix}\boldsymbol{O}&\boldsymbol{A}\\\boldsymbol{B}&\boldsymbol{O}\end{pmatrix}$ 的伴随矩阵为(　　).

A. $\begin{pmatrix}\boldsymbol{O}&3\boldsymbol{B}^*\\2\boldsymbol{A}^*&\boldsymbol{O}\end{pmatrix}$　　B. $\begin{pmatrix}\boldsymbol{O}&2\boldsymbol{B}^*\\3\boldsymbol{A}^*&\boldsymbol{O}\end{pmatrix}$

C. $\begin{pmatrix}\boldsymbol{O}&3\boldsymbol{A}^*\\2\boldsymbol{B}^*&\boldsymbol{O}\end{pmatrix}$　　D. $\begin{pmatrix}\boldsymbol{O}&2\boldsymbol{A}^*\\3\boldsymbol{B}^*&\boldsymbol{O}\end{pmatrix}$

(10) 设 $\boldsymbol{A},\boldsymbol{B}$ 都是 n 阶非零矩阵，且 $\boldsymbol{AB}=\boldsymbol{O}$，则 $\boldsymbol{A},\boldsymbol{B}$ 的秩(　　).

A. 必有一个等于零　　B. 都小于 n

C. 一个小于 n，一个等于 n　　D. 都等于 n

(11) 设 $\boldsymbol{A}$ 为 $m\times n$ 矩阵，$\boldsymbol{B}$ 为矩阵 $n\times m$，$\boldsymbol{E}$ 为 m 阶单位矩阵. 若 $\boldsymbol{AB}=\boldsymbol{E}$，则(　　).

A. $R(\boldsymbol{A})=m$，$R(\boldsymbol{B})=m$　　B. $R(\boldsymbol{A})=m$，$R(\boldsymbol{B})=n$

C. $R(\boldsymbol{A})=n$，$R(\boldsymbol{B})=m$　　D. $R(\boldsymbol{A})=n$，$R(\boldsymbol{B})=n$

(12) 设 $\boldsymbol{A}=\begin{pmatrix}a_{11}&a_{12}&a_{13}\\a_{21}&a_{22}&a_{23}\\a_{31}&a_{32}&a_{33}\end{pmatrix}$，$\boldsymbol{B}=\begin{pmatrix}a_{21}&a_{22}&a_{23}\\a_{11}&a_{12}&a_{13}\\a_{31}+a_{11}&a_{32}+a_{12}&a_{33}+a_{13}\end{pmatrix}$，$\boldsymbol{P}_1=\begin{pmatrix}0&1&0\\1&0&0\\0&0&1\end{pmatrix}$，$\boldsymbol{P}_2=\begin{pmatrix}1&0&0\\0&1&0\\1&0&1\end{pmatrix}$，则必有(　　).

A. $\boldsymbol{AP}_1\boldsymbol{P}_2=\boldsymbol{B}$　　B. $\boldsymbol{AP}_2\boldsymbol{P}_1=\boldsymbol{B}$　　C. $\boldsymbol{P}_1\boldsymbol{P}_2\boldsymbol{A}=\boldsymbol{B}$　　D. $\boldsymbol{P}_2\boldsymbol{P}_1\boldsymbol{A}=\boldsymbol{B}$

(13) 设 $\boldsymbol{A}$ 为三阶矩阵，将 $\boldsymbol{A}$ 的第 2 列加到第 1 列得矩阵 $\boldsymbol{B}$，再交换 $\boldsymbol{B}$ 的第 2 行与第 3 行得单位矩阵，记 $\boldsymbol{P}_1=\begin{pmatrix}1&0&0\\1&1&0\\0&0&1\end{pmatrix}$，$\boldsymbol{P}_2=\begin{pmatrix}1&0&0\\0&0&1\\0&1&0\end{pmatrix}$，则 $\boldsymbol{A}=$(　　).

A. $\boldsymbol{P}_1\boldsymbol{P}_2$　　B. $\boldsymbol{P}_1^{-1}\boldsymbol{P}_2$　　C. $\boldsymbol{P}_2\boldsymbol{P}_1$　　D. $\boldsymbol{P}_2\boldsymbol{P}_1^{-1}$

(14) 设 n 阶矩阵 $\boldsymbol{A}$ 与 $\boldsymbol{B}$ 等价，则必有(　　).

A. 当 $|\boldsymbol{A}|=a(a\neq 0)$ 时，$|\boldsymbol{B}|=a$　　B. 当 $|\boldsymbol{A}|=a(a\neq 0)$ 时，$|\boldsymbol{B}|=-a$

C. 当 $|\boldsymbol{A}|\neq 0$ 时，$|\boldsymbol{B}|=0$　　D. 当 $|\boldsymbol{A}|=0$ 时，$|\boldsymbol{B}|=0$

(15) 设 $\boldsymbol{A}$ 为 $n(n\geqslant 2)$ 阶可逆矩阵，交换 $\boldsymbol{A}$ 的第 1 行与第 2 行得矩阵 $\boldsymbol{B}$，$\boldsymbol{A}^*,\boldsymbol{B}^*$ 分别为 $\boldsymbol{A}$，$\boldsymbol{B}$ 的伴随矩阵，则(　　).

A. 交换 $\boldsymbol{A}^*$ 的第 1 列与第 2 列得 $\boldsymbol{B}^*$　　B. 交换 $\boldsymbol{A}^*$ 的第 1 行与第 2 行得 $\boldsymbol{B}^*$

C. 交换 $\boldsymbol{A}^*$ 的第 1 列与第 2 列得 $-\boldsymbol{B}^*$　　D. 交换 $\boldsymbol{A}^*$ 的第 1 行与第 2 行得 $-\boldsymbol{B}^*$

(16) 设 $\boldsymbol{A},\boldsymbol{B}$ 均为 n 阶矩阵, 则(　　).

A. $R(\boldsymbol{A},\boldsymbol{AB})=R(\boldsymbol{A})$　　B. $R(\boldsymbol{A},\boldsymbol{BA})=R(\boldsymbol{A})$

C. $R(\boldsymbol{A},\boldsymbol{B})=\max\{R(\boldsymbol{A}),R(\boldsymbol{B})\}$　　D. $R(\boldsymbol{A},\boldsymbol{B})=R(\boldsymbol{A}^{\mathrm{T}},\boldsymbol{B}^{\mathrm{T}})$

(17) 设 $\boldsymbol{A},\boldsymbol{B}$ 分别为 m,n 阶矩阵, $\boldsymbol{C}$ 为 $n\times m$ 矩阵, 则下列不成立的是(　　).

A. $R\begin{pmatrix}\boldsymbol{A} & \boldsymbol{O}\\ \boldsymbol{O} & \boldsymbol{B}\end{pmatrix}=R(\boldsymbol{A})+R(\boldsymbol{B})$　　B. $R\begin{pmatrix}\boldsymbol{O} & \boldsymbol{A}\\ \boldsymbol{B} & \boldsymbol{O}\end{pmatrix}=R(\boldsymbol{A})+R(\boldsymbol{B})$

C. $R\begin{pmatrix}\boldsymbol{A} & \boldsymbol{O}\\ \boldsymbol{C} & \boldsymbol{B}\end{pmatrix}=R(\boldsymbol{A})+R(\boldsymbol{B})$　　D. $R\begin{pmatrix}\boldsymbol{A} & \boldsymbol{O}\\ \boldsymbol{C} & \boldsymbol{B}\end{pmatrix}\geqslant R(\boldsymbol{A})+R(\boldsymbol{B})$

(18) 设 n 阶矩阵 $\boldsymbol{A},\boldsymbol{B},\boldsymbol{C}$ 满足 $\boldsymbol{ABC}=\boldsymbol{O}$, 记矩阵 $\begin{pmatrix}\boldsymbol{O} & \boldsymbol{A}\\ \boldsymbol{BC} & \boldsymbol{E}\end{pmatrix},\begin{pmatrix}\boldsymbol{AB} & \boldsymbol{C}\\ \boldsymbol{O} & \boldsymbol{E}\end{pmatrix},\begin{pmatrix}\boldsymbol{E} & \boldsymbol{AB}\\ \boldsymbol{AB} & \boldsymbol{O}\end{pmatrix}$ 的秩分别为 r_1,r_2,r_3, 则有(　　).

A. $r_1\leqslant r_2\leqslant r_3$　　B. $r_1\leqslant r_3\leqslant r_2$　　C. $r_3\leqslant r_1\leqslant r_2$　　D. $r_2\leqslant r_1\leqslant r_3$

3. 已知矩阵 $\boldsymbol{A}=\begin{pmatrix}1 & 3\\ -2 & -1\end{pmatrix}$, $\boldsymbol{B}=\begin{pmatrix}2 & 0\\ 1 & 2\end{pmatrix}$, 求 $2\boldsymbol{A}$, $\boldsymbol{A}+\boldsymbol{B}$, $3\boldsymbol{A}-2\boldsymbol{B}$, $\boldsymbol{AB}$, $\boldsymbol{A}^3+2\boldsymbol{A}^2+\boldsymbol{A}-\boldsymbol{E}$.

4. 设 $\boldsymbol{A}=\begin{pmatrix}1 & 1 & 1\\ 1 & 1 & -1\\ 1 & -1 & 1\end{pmatrix}$, $\boldsymbol{B}=\begin{pmatrix}1 & 2 & 3\\ -1 & -2 & 4\\ 0 & 5 & 1\end{pmatrix}$, 求 $2\boldsymbol{AB}-3\boldsymbol{A}$, $\boldsymbol{A}^{\mathrm{T}}\boldsymbol{B}^{\mathrm{T}}$.

5. 计算下列矩阵的乘积:

(1) $(a,\ b,\ c)\begin{pmatrix}x\\ y\\ z\end{pmatrix}$;　　(2) $\begin{pmatrix}x\\ y\\ z\end{pmatrix}(x,\ y,\ z)$;

(3) $\begin{pmatrix}3\\ 2\\ 1\end{pmatrix}(-1,\ 2)$;　　(4) $\begin{pmatrix}4 & 3 & 1\\ 1 & -2 & 3\\ 5 & 7 & 0\end{pmatrix}\begin{pmatrix}7\\ 2\\ 1\end{pmatrix}$;

(5) $\begin{pmatrix}2 & 1 & 4 & 0\\ 1 & -1 & 3 & -4\end{pmatrix}\begin{pmatrix}1 & 3 & 1\\ 0 & -1 & 2\\ -1 & -3 & 1\\ 4 & 0 & -2\end{pmatrix}$;　　(6) $\begin{pmatrix}1 & 0 & 0\\ 0 & 1 & 0\\ k & 0 & 1\end{pmatrix}\begin{pmatrix}a_{11} & a_{12}\\ a_{21} & a_{22}\\ a_{31} & a_{32}\end{pmatrix}$;

(7) $(x_1,\ x_2,\ x_3)\begin{pmatrix}a_{11} & a_{12} & a_{13}\\ a_{12} & a_{22} & a_{23}\\ a_{13} & a_{23} & a_{33}\end{pmatrix}\begin{pmatrix}x_1\\ x_2\\ x_3\end{pmatrix}$;　　(8) $\begin{pmatrix}1 & 2 & 1 & 0\\ 0 & 1 & 0 & 1\\ 0 & 0 & -2 & 1\\ 0 & 0 & 0 & 2\end{pmatrix}\begin{pmatrix}1 & 0 & 3 & 1\\ 0 & 1 & 2 & -1\\ 0 & 0 & 2 & -3\\ 0 & 0 & 0 & 3\end{pmatrix}$.

6. 设 $\boldsymbol{A}=\begin{pmatrix}1&0\\1&2\end{pmatrix}$，$\boldsymbol{B}=\begin{pmatrix}1&2\\1&3\end{pmatrix}$，试问：下列等式是否成立？

(1) $\boldsymbol{AB}=\boldsymbol{BA}$；

(2) $(\boldsymbol{A}+\boldsymbol{B})^2=\boldsymbol{A}^2+2\boldsymbol{AB}+\boldsymbol{B}^2$；

(3) $(\boldsymbol{A}+\boldsymbol{B})(\boldsymbol{A}-\boldsymbol{B})=\boldsymbol{A}^2-\boldsymbol{B}^2$.

7. 举例说明下列命题是错误的:

(1) 若 $\boldsymbol{A}^2=\boldsymbol{O}$，则 $\boldsymbol{A}=\boldsymbol{O}$；

(2) 若 $\boldsymbol{A}^2=\boldsymbol{A}$，则 $\boldsymbol{A}=\boldsymbol{O}$ 或 $\boldsymbol{A}=\boldsymbol{E}$；

(3) 若 $\boldsymbol{AX}=\boldsymbol{AY}$，且 $\boldsymbol{A}\neq\boldsymbol{O}$，则 $\boldsymbol{X}=\boldsymbol{Y}$.

8. 设 k 为正整数，求 $\boldsymbol{A}^k$，其中:

(1) $\boldsymbol{A}=\begin{pmatrix}1&0\\\lambda&1\end{pmatrix}$；　　(2) $\boldsymbol{A}=\begin{pmatrix}\lambda&1&0\\0&\lambda&1\\0&0&\lambda\end{pmatrix}$.

9. 设 $\boldsymbol{A}=\begin{pmatrix}3&2&0\\0&3&2\\0&0&3\end{pmatrix}$，求满足 $\boldsymbol{AB}=\boldsymbol{BA}$ 的矩阵 $\boldsymbol{B}$.

10. 设 $\boldsymbol{A},\boldsymbol{B}$ 均为 n 阶矩阵，证明:

(1) 若 $\boldsymbol{A}$ 是对称矩阵，则 $\boldsymbol{B}^{\mathrm{T}}\boldsymbol{AB}$ 也是对称矩阵;

(2) 若 $\boldsymbol{A},\boldsymbol{B}$ 都是对称矩阵，则 $\boldsymbol{AB}$ 是对称矩阵的充分必要条件是 $\boldsymbol{AB}=\boldsymbol{BA}$.

11. 设 $\boldsymbol{A}$ 是 n 阶对称矩阵，$\boldsymbol{B}$ 为 n 阶反对称矩阵，证明:

(1) $\boldsymbol{B}^2$ 是对称矩阵;

(2) $\boldsymbol{AB}-\boldsymbol{BA}$ 是对称矩阵，$\boldsymbol{AB}+\boldsymbol{BA}$ 是反对称矩阵.

12. 设 $\boldsymbol{A}$ 为 n 阶矩阵且 $\boldsymbol{A}^{\mathrm{T}}\boldsymbol{A}=\boldsymbol{E}$，$|\boldsymbol{A}|<0$，证明 $|\boldsymbol{E}+\boldsymbol{A}|=0$.

13. 求下列矩阵的逆矩阵:

(1) $\begin{pmatrix}1&0&4\\2&2&7\\0&1&-2\end{pmatrix}$；　　(2) $\begin{pmatrix}-11&2&2\\-4&0&1\\6&-1&-1\end{pmatrix}$；　　(3) $\begin{pmatrix}1&0&0&0\\1&2&0&0\\2&1&3&0\\1&2&1&4\end{pmatrix}$.

14. 利用逆矩阵解线性方程组 $\begin{cases}x_1-x_2-x_3=2,\\2x_1-x_2-3x_3=1,\\3x_1+2x_2-5x_3=0.\end{cases}$

15. 设 $\boldsymbol{A}$ 为 n 阶可逆矩阵，且每一行元素之和都等于常数 $a(a\neq 0)$，证明 $\boldsymbol{A}$ 的逆矩阵的每一行元素之和为 a^{-1}.

16. 设 $\boldsymbol{A}^k=\boldsymbol{O}$，$k$ 为正整数，证明：$(\boldsymbol{E}-\boldsymbol{A})^{-1}=\boldsymbol{E}+\boldsymbol{A}+\cdots+\boldsymbol{A}^{k-1}$.

17. 已知 $\boldsymbol{E}+\boldsymbol{AB}$ 可逆，试证 $\boldsymbol{E}+\boldsymbol{BA}$ 也可逆，且 $(\boldsymbol{E}+\boldsymbol{BA})^{-1}=\boldsymbol{E}-\boldsymbol{B}(\boldsymbol{E}+\boldsymbol{AB})^{-1}\boldsymbol{A}$.

18. 设 n 阶矩阵 $\boldsymbol{A}$ 满足 $\boldsymbol{A}^2-\boldsymbol{A}-4\boldsymbol{E}=\boldsymbol{O}$，证明：$\boldsymbol{A}-\boldsymbol{E}$ 、$\boldsymbol{A}+\boldsymbol{E}$ 均可逆，并求 $(\boldsymbol{A}-\boldsymbol{E})^{-1}$，$(\boldsymbol{A}+\boldsymbol{E})^{-1}$.

19. 设三阶矩阵 $\boldsymbol{A}$ 满足 $\boldsymbol{A}\boldsymbol{\alpha}_i=i\boldsymbol{\alpha}_i\ (i=1,2,3)$，其中，列向量

$$\boldsymbol{\alpha}_1=(1,\ 2,\ 2)^{\mathrm{T}},\quad \boldsymbol{\alpha}_2=(2,\ -2,\ 1)^{\mathrm{T}},\quad \boldsymbol{\alpha}_3=(-2,\ -1,\ 2)^{\mathrm{T}},$$

试求矩阵 $\boldsymbol{A}$.

20. 已知矩阵方程 $\boldsymbol{X}=\boldsymbol{AX}+\boldsymbol{B}$，其中 $\boldsymbol{A}=\begin{pmatrix}0&1&0\\-1&1&1\\-1&0&-1\end{pmatrix}$，$\boldsymbol{B}=\begin{pmatrix}1&-1\\2&0\\5&-3\end{pmatrix}$，求矩阵 $\boldsymbol{X}$.

21. 设三阶方阵 $\boldsymbol{A},\boldsymbol{B}$ 满足关系式 $\boldsymbol{A}^{-1}\boldsymbol{BA}=6\boldsymbol{A}+\boldsymbol{BA}$，且 $\boldsymbol{A}=\begin{pmatrix}\frac{1}{3}&0&0\\0&\frac{1}{4}&0\\0&0&\frac{1}{7}\end{pmatrix}$，求矩阵 $\boldsymbol{B}$.

22. 已知三阶矩阵 $\boldsymbol{A}$ 的逆矩阵为 $\boldsymbol{A}^{-1}=\begin{pmatrix}1&1&1\\1&2&1\\1&1&3\end{pmatrix}$，求伴随矩阵 $\boldsymbol{A}^*$ 的逆矩阵.

23. 设有 $\boldsymbol{P}=\begin{pmatrix}-1&-4\\1&2\end{pmatrix}$，$\boldsymbol{\Lambda}=\begin{pmatrix}1&0\\0&-2\end{pmatrix}$，$\boldsymbol{P}^{-1}\boldsymbol{AP}=\boldsymbol{\Lambda}$，求 $\boldsymbol{A}^{15}$.

24. 求下列分块矩阵的乘积，其中 $\boldsymbol{A},\boldsymbol{B},\boldsymbol{E}$ 均为 n 阶矩阵:

(1) $\boldsymbol{A}^{-1}(\boldsymbol{A},\boldsymbol{E})$；　(2) $(\boldsymbol{A},\boldsymbol{E})^{\mathrm{T}}(\boldsymbol{A},\boldsymbol{E})$；　(3) $\begin{pmatrix}\boldsymbol{A}\\\boldsymbol{E}\end{pmatrix}\boldsymbol{A}^{-1}$;

(4) $\begin{pmatrix}\boldsymbol{A}^{-1}\\\boldsymbol{E}\end{pmatrix}(\boldsymbol{A},\boldsymbol{E})$；　(5) $\begin{pmatrix}\boldsymbol{O}&\boldsymbol{E}\\\boldsymbol{E}&\boldsymbol{O}\end{pmatrix}\begin{pmatrix}\boldsymbol{A}\\\boldsymbol{B}\end{pmatrix}$;　(6) $\begin{pmatrix}\boldsymbol{E}&\boldsymbol{O}\\\boldsymbol{O}&\boldsymbol{O}\end{pmatrix}\begin{pmatrix}\boldsymbol{A}\\\boldsymbol{B}\end{pmatrix}$.

25. 设 k 为正整数，$\boldsymbol{A}=\begin{pmatrix}3&4&0&0\\4&-3&0&0\\0&0&2&4\\0&0&0&2\end{pmatrix}$，求 $|\boldsymbol{A}^{2k}|$，$\boldsymbol{A}^{2k}$.

26. 设 $\boldsymbol{A},\boldsymbol{B}$ 分别为 r 阶和 s 阶可逆矩阵，求下列分块矩阵的逆矩阵:

(1) $\begin{pmatrix}\boldsymbol{O}&\boldsymbol{A}\\\boldsymbol{B}&\boldsymbol{O}\end{pmatrix}$;　(2) $\begin{pmatrix}\boldsymbol{A}&\boldsymbol{O}\\\boldsymbol{C}&\boldsymbol{B}\end{pmatrix}$.

27. 用矩阵的分块法求下列矩阵的逆矩阵:

(1) $\begin{pmatrix} 1 & 0 & -1 & 2 \\ 2 & 1 & 1 & 1 \\ 0 & 0 & 1 & 0 \\ 0 & 0 & -1 & 1 \end{pmatrix}$;　　(2) $\begin{pmatrix} 1 & 3 & 0 & 0 \\ 2 & 8 & 0 & 0 \\ 1 & 0 & 1 & 0 \\ 0 & 1 & 2 & 3 \end{pmatrix}$;

(3) $\begin{pmatrix} \cos\theta & \sin\theta & 0 & 0 & 0 \\ -\sin\theta & \cos\theta & 0 & 0 & 0 \\ 0 & 0 & 1 & a & b \\ 0 & 0 & 0 & 1 & a \\ 0 & 0 & 0 & 0 & 1 \end{pmatrix}$;　　(4) $\begin{pmatrix} 0 & a_1 & 0 & \cdots & 0 \\ 0 & 0 & a_2 & \cdots & 0 \\ \vdots & \vdots & \vdots & & \vdots \\ 0 & 0 & 0 & \cdots & a_{n-1} \\ a_n & 0 & 0 & \cdots & 0 \end{pmatrix}$, $\prod_{i=1}^{n} a_i \neq 0$.

28. 用初等变换求下列矩阵的秩:

(1) $\begin{pmatrix} 4 & -1 & 3 & -2 \\ 3 & -1 & 4 & -2 \\ 3 & -2 & 2 & -4 \\ 0 & 1 & 2 & 2 \end{pmatrix}$;　　(2) $\begin{pmatrix} 1 & 1 & 2 & 2 & 1 \\ 0 & 2 & 1 & 5 & -1 \\ 2 & 0 & 3 & -1 & 3 \\ 1 & 1 & 0 & 4 & -1 \end{pmatrix}$;

(3) $\begin{pmatrix} 1 & 1 & 1 & 1 & 1 \\ 3 & 2 & 1 & 1 & -3 \\ 0 & 1 & 3 & 2 & 5 \\ 5 & 4 & 3 & 3 & -1 \end{pmatrix}$;　　(4) $\begin{pmatrix} 2 & 1 & 8 & 3 & 7 \\ 2 & -3 & 0 & 7 & -5 \\ 3 & -2 & 5 & 8 & 0 \\ 1 & 0 & 3 & 2 & 0 \end{pmatrix}$.

29. 证明奇数阶反对称矩阵一定不满秩.

30. 设 $\boldsymbol{A}$ 是 n 阶可逆矩阵, 将 $\boldsymbol{A}$ 的第 i 行和第 j 行互换后得到的矩阵记为 $\boldsymbol{B}$,

(1) 证明 $\boldsymbol{B}$ 可逆;　　(2) 求 $\boldsymbol{A}\boldsymbol{B}^{-1}$.

31. 用初等变换法求下列矩阵的逆矩阵:

(1) $\begin{pmatrix} 1 & 0 & 2 \\ 2 & -1 & 3 \\ 4 & 1 & 8 \end{pmatrix}$;　　(2) $\begin{pmatrix} 3 & 2 & 1 \\ 3 & 1 & 5 \\ 3 & 2 & 3 \end{pmatrix}$;

(3) $\begin{pmatrix} 1 & 1 & 1 & 1 \\ 1 & 1 & 1 & 0 \\ 1 & 1 & 0 & 0 \\ 1 & 0 & 0 & 0 \end{pmatrix}$;　　(4) $\begin{pmatrix} 3 & -2 & 0 & -1 \\ 0 & 2 & 2 & 1 \\ 1 & -2 & -3 & -2 \\ 0 & 1 & 2 & 1 \end{pmatrix}$.

*32. 对以下矩阵 $\boldsymbol{A}$ 和 $\boldsymbol{B}$, 分别求 $\boldsymbol{A}\otimes\boldsymbol{B}$ 和 $\boldsymbol{B}\otimes\boldsymbol{A}$:

(1) $\boldsymbol{A}=\begin{pmatrix} -1 & 5 \\ 3 & 4 \end{pmatrix}$, $\boldsymbol{B}=\begin{pmatrix} -1 & 4 \\ 2 & -3 \end{pmatrix}$;　　(2) $\boldsymbol{A}=\begin{pmatrix} 1 & 2 \\ 0 & -1 \end{pmatrix}$, $\boldsymbol{B}=\begin{pmatrix} 2 & -1 \\ 3 & 0 \\ 1 & 1 \end{pmatrix}$.

*33. 求下列矩阵 $\boldsymbol{A}$ 的广义逆 $\boldsymbol{A}^-$:

(1) $A=\begin{pmatrix}1\\2\\0\end{pmatrix}$; (2) $A=(0,\ \ 0,\ \ 1)$;

(3) $A=\begin{pmatrix}1 & -1\\-1 & 2\end{pmatrix}$; (4) $A=\begin{pmatrix}1 & 0 & 1\\1 & -1 & 1\end{pmatrix}$.

*34. 求下列矩阵 A 的 Moore-Penrose 广义逆 A^+:

(1) $A=\begin{pmatrix}1 & 2 & -1\\0 & -1 & 1\end{pmatrix}$; (2) $A=\begin{pmatrix}1 & 2\\2 & 3\\4 & 6\end{pmatrix}$;

(3) $A=\begin{pmatrix}1 & 0 & 2\\2 & 1 & 5\\0 & 1 & -1\\1 & 3 & -1\end{pmatrix}$; (4) $A=\begin{pmatrix}0 & 1 & 2 & -1\\-2 & 0 & 0 & 6\\4 & -2 & -4 & -10\end{pmatrix}$.

*35. 设矩阵 $A=A(t)=\begin{pmatrix}2t & -2 & \cos t\\ \mathrm{e}^t & 4t^3 & 6\end{pmatrix}$, 求 $\dfrac{\mathrm{d}A}{\mathrm{d}t}$.

*36. 设有矩阵 $A(t)=\begin{pmatrix}1 & t^2\\t & 0\end{pmatrix}$, 求 $\dfrac{\mathrm{d}A(t)}{\mathrm{d}t}$ 和 $\dfrac{\mathrm{d}A^{-1}(t)}{\mathrm{d}t}$.

*37. 设 $f=X^{\mathrm{T}}AX$, 其中

$$X=\begin{pmatrix}x_1(t)\\x_2(t)\\\vdots\\x_n(t)\end{pmatrix},\quad A=\begin{pmatrix}a_{11}(t) & a_{12}(t) & \cdots & a_{1n}(t)\\a_{21}(t) & a_{22}(t) & \cdots & a_{2n}(t)\\\vdots & \vdots & & \vdots\\a_{n1}(t) & a_{n2}(t) & \cdots & a_{nn}(t)\end{pmatrix},$$

且 $A^{\mathrm{T}}=A$, 证明 $\dfrac{\mathrm{d}f}{\mathrm{d}t}=X^{\mathrm{T}}\dfrac{\mathrm{d}A}{\mathrm{d}t}X+2X^{\mathrm{T}}A\dfrac{\mathrm{d}X}{\mathrm{d}t}$.

*38. 对下列矩阵 $A(t)$, 计算 $\int A(t)\mathrm{d}t$ 和 $\int_0^x A(t)\mathrm{d}t$:

(1) $A(t)=\begin{pmatrix}\cos t & 6t^2 & 0\\1 & t & 2\mathrm{e}^t\end{pmatrix}$; (2) $A(t)=\begin{pmatrix}\mathrm{e}^{2t} & t\mathrm{e}^t & 1\\\mathrm{e}^{-t} & 2\mathrm{e}^{2t} & 0\\3t & 0 & 0\end{pmatrix}$.

B　组

1. 设 A, B 为两个 n 阶矩阵, 证明 AB 与 BA 的主对角线上的元素之和相等.

2. 设 n 阶方阵 A, B 满足关系式 $A^2=A$, $B^2=B$ 和 $(A+B)^2=A+B$, 证明: $AB=O$.

3. 设 n 阶方阵 A, B 满足 $AB=A+B$, 证明: A 与 B 可交换(即 $AB=BA$), 且

$$A=B(B-E)^{-1}.$$

4. 设 A 为 n 阶方阵，$A^2+2A+2E=O$，λ 为任一实数，试证 A 与 $A+\lambda E$ 均可逆，并求之.

5. 设 $A=E-xx^{\mathrm{T}}$，$x=(x_1,x_2,\cdots,x_n)^{\mathrm{T}}$ 为非零列矩阵，证明:

(1) $A^2=A$ 的充要条件是 $x^{\mathrm{T}}x=1$;

(2) 若 $x^{\mathrm{T}}x=1$，则 A 不可逆.

6. 设 A 为 $n(n>2)$ 阶非零实矩阵，A_{ij} 是矩阵 A 的元素 a_{ij} 对应的代数余子式，$A_{ij}=a_{ij}$，证明:

(1) A 可逆; (2) $|A|=1$.

7. 设 A^* 是 n 阶矩阵 A 的伴随矩阵，证明：$|A^*|=|A|^{n-1}$.

8. 设 A 为 n 阶可逆矩阵，A^* 为 A 的伴随矩阵，证明:

(1) $(A^*)^{\mathrm{T}}=(A^{\mathrm{T}})^*$; (2) $(A^*)^*=|A|^{n-2}A$.

9. 设 A 为 n 阶方阵，且 $|E+A|\neq 0$，试证：$(E-A)(E+A)^*=(E+A)^*(E-A)$.

10. 设 A 是一个 n 阶矩阵，$R(A)=1$，证明:

(1) $A=\begin{pmatrix} a_1 \\ a_2 \\ \vdots \\ a_n \end{pmatrix}(b_1,b_2,\cdots,b_n)$; (2) $A^2=kA$.

11. 设 A 为二阶矩阵，如果 $A^l=O$，$l\geqslant 2$，证明：$A^2=O$.

12. 设有关系式 $(2E-C^{-1}B)A^{\mathrm{T}}=C^{-1}$，其中

$$B=\begin{pmatrix} 1 & 2 & -3 & -2 \\ 0 & 1 & 2 & -3 \\ 0 & 0 & 1 & 2 \\ 0 & 0 & 0 & 1 \end{pmatrix},\quad C=\begin{pmatrix} 1 & 2 & 0 & 1 \\ 0 & 1 & 2 & 0 \\ 0 & 0 & 1 & 2 \\ 0 & 0 & 0 & 1 \end{pmatrix},$$

试求矩阵 A.

13. 设矩阵 $A=\begin{pmatrix} a & 1 & 0 \\ 1 & a & -1 \\ 0 & 1 & a \end{pmatrix}$，且 $A^3=O$. (1) 求 a 的值; (2) 若矩阵 X 满足

$$X-XA^2-AX+AXA^2=E,$$

求 X.

14. 设矩阵 $A=\begin{pmatrix} 1 & 1 & -1 \\ -1 & 1 & 1 \\ 1 & -1 & 1 \end{pmatrix}$，$A^*$ 是 A 的伴随矩阵，矩阵 X 满足 $A^*X=A^{-1}+2X$，求矩阵 X.

15. 设矩阵 $\boldsymbol{A}$ 的伴随矩阵 $\boldsymbol{A}^*=\begin{pmatrix}1&0&0&0\\0&1&0&0\\1&0&1&0\\0&-3&0&8\end{pmatrix}$，且 $\boldsymbol{ABA}^{-1}=\boldsymbol{BA}^{-1}+3\boldsymbol{E}$，求矩阵 $\boldsymbol{B}$.

16. 已知矩阵 $\boldsymbol{A}=\begin{pmatrix}1&0&0\\1&1&0\\1&1&1\end{pmatrix}$，$\boldsymbol{B}=\begin{pmatrix}0&1&1\\1&0&1\\1&1&0\end{pmatrix}$，且矩阵 $\boldsymbol{X}$ 满足

$$\boldsymbol{AXA}+\boldsymbol{BXB}=\boldsymbol{AXB}+\boldsymbol{BXA}+\boldsymbol{E},$$

求 $\boldsymbol{X}$.

17. 设 $\boldsymbol{A}=\begin{pmatrix}1&a&\cdots&a\\a&1&\cdots&a\\\vdots&\vdots&&\vdots\\a&a&\cdots&1\end{pmatrix}$ 是 $n\ (n\geqslant 3)$ 阶方阵，求 $R(\boldsymbol{A})$.

18. 设 $\boldsymbol{A}$ 是 $m\times n$ 矩阵，$\boldsymbol{B}$ 是 $n\times s$ 矩阵，证明：$R(\boldsymbol{AB})\geqslant R(\boldsymbol{A})+R(\boldsymbol{B})-n$.

19. 设 n 阶矩阵 $\boldsymbol{A},\boldsymbol{B},\boldsymbol{C}$ 满足 $R(\boldsymbol{A})+R(\boldsymbol{B})+R(\boldsymbol{C})=R(\boldsymbol{ABC})+2n$，证明：

(1) $R(\boldsymbol{ABC})=R(\boldsymbol{AB})+R(\boldsymbol{C})-n$； (2) $R(\boldsymbol{AB})=R(\boldsymbol{A})+R(\boldsymbol{B})-n$.

20. 设 $\boldsymbol{A}$ 为 n 阶非奇异矩阵，$\boldsymbol{\alpha}$ 为 $n\times 1$ 矩阵(列向量)，b 为常数，记

$$\boldsymbol{P}=\begin{pmatrix}\boldsymbol{E}&\boldsymbol{O}\\-\boldsymbol{\alpha}^{\mathrm{T}}\boldsymbol{A}^*&|\boldsymbol{A}|\end{pmatrix},\quad \boldsymbol{Q}=\begin{pmatrix}\boldsymbol{A}&\boldsymbol{\alpha}\\\boldsymbol{\alpha}^{\mathrm{T}}&b\end{pmatrix},$$

其中 $\boldsymbol{E}$ 为 n 阶单位矩阵.

(1) 计算并化简 $\boldsymbol{PQ}$；

(2) 证明 $\boldsymbol{Q}$ 可逆的充分必要条件是 $\boldsymbol{\alpha}^{\mathrm{T}}\boldsymbol{A}^{-1}\boldsymbol{\alpha}\neq b$.

习题三部分难题详解

第 4 章　向量组的线性相关性

知识框架

向量组理论是线性代数的基础理论之一，也是线性代数的主要研究工具. 本章介绍 n 维向量的概念，并讨论向量组的线性相关性、向量组的秩以及这些问题和矩阵对应理论之间的联系. 最后介绍向量空间及其基与维数的概念. 本章内容比较抽象，但又是线性代数中最基本的内容之一，是线性空间和线性变换理论的基础.

4.1　n 维向量及其运算

定义 4.1　n 个有顺序的数 $a_1, a_2, \cdots, a_n$ 所组成的数组

$$\begin{pmatrix} a_1 \\ a_2 \\ \vdots \\ a_n \end{pmatrix} \quad 或 \quad (a_1, a_2, \cdots, a_n)$$

称为 n 维**列向量**或 n 维**行向量**，分别记为 $\boldsymbol{\alpha}$ 或 $\boldsymbol{\alpha}^{\mathrm{T}}$，即

$$\boldsymbol{\alpha} = \begin{pmatrix} a_1 \\ a_2 \\ \vdots \\ a_n \end{pmatrix} \quad 或 \quad \boldsymbol{\alpha}^{\mathrm{T}} = (a_1, a_2, \cdots, a_n).$$

n 维列向量和 n 维行向量统称为 n 维**向量**，数 $a_i\ (i = 1, 2, \cdots, n)$ 称为向量 $\boldsymbol{\alpha}$ (或向量 $\boldsymbol{\alpha}^{\mathrm{T}}$) 的第 i 个**分量**，正整数 n 称为向量的**维数**.

分量全是实数的向量称为**实向量**；有分量为复数的向量称为**复向量**，除特别说明外，本书只讨论实向量.

n 维列向量 $\boldsymbol{\alpha}$ 可以看成 $n\times 1$ 的列矩阵，n 维行向量 $\boldsymbol{\alpha}^{\mathrm{T}}$ 可以看成 $1\times n$ 的行矩阵，因此在定义 4.1 中，有 $\boldsymbol{\alpha} = (\boldsymbol{\alpha}^{\mathrm{T}})^{\mathrm{T}}$. 请注意，$\boldsymbol{\alpha}$ 和 $\boldsymbol{\alpha}^{\mathrm{T}}$ 是不相等的.

在空间解析几何中，我们把“既有大小又有方向的量”称为向量. 例如，以原点 $O(0, 0, 0)$ 为起点、以点 $P(x, y, z)$ 为终点的有向线段，就是三维向量 $\overrightarrow{OP} = (x, y, z)^{\mathrm{T}}$，$n$ 维向量是三维向量的推广. 三维向量可以用有向线段直观地体现出来，$n\ (n > 3)$ 维向量就没有这种直观的几何意义，只是沿用了几何上关于向量的术语. 除特别说明外，本书中涉

及的向量都是指列向量，用黑体小写字母$\boldsymbol{a},\boldsymbol{b},\boldsymbol{\alpha},\boldsymbol{\beta}$等表示，行向量用列向量转置的形式$\boldsymbol{a}^{\mathrm{T}},\boldsymbol{b}^{\mathrm{T}},\boldsymbol{\alpha}^{\mathrm{T}},\boldsymbol{\beta}^{\mathrm{T}}$表示.

全体n维向量所组成的集合，记为$\mathbf{R}^n$，即

$$\mathbf{R}^n=\{\boldsymbol{x}=(x_1,x_2,\cdots,x_n)^{\mathrm{T}}\mid x_1,x_2,\cdots,x_n\in\mathbf{R}\}.$$

而n维向量集合

$$\pi=\left\{\boldsymbol{x}=(x_1,x_2,\cdots,x_n)^{\mathrm{T}}\,\middle|\,\sum_{i=1}^{n}a_ix_i=b;\ x_1,x_2,\cdots,x_n,b\in\mathbf{R}\right\}$$

称为$\mathbf{R}^n$中的$\boldsymbol{n-1}$**维超平面**.

齐次线性方程组

$$\begin{cases}a_{11}x_1+a_{12}x_2+\cdots+a_{1n}x_n=0,\\a_{21}x_1+a_{22}x_2+\cdots+a_{2n}x_n=0,\\\qquad\cdots\cdots\\a_{m1}x_1+a_{m2}x_2+\cdots+a_{mn}x_n=0\end{cases}$$

的第i个方程所对应的系数构成的行向量为

$$\boldsymbol{\alpha}_i^{\mathrm{T}}=(a_{i1},a_{i2},\cdots,a_{in})\ (i=1,2,\cdots,m)$$

这说明，线性方程组与向量之间存在对应关系. 因此，我们可以利用向量来研究线性方程组的问题. 事实上，n维向量的概念是对许多客观研究对象在数量上的一种抽象，它有着广泛的实际意义.

以下关于列向量的定义，也适用于行向量.

定义 4.2 分量都是零的向量称为**零向量**，记为$\mathbf{0}$，即

$$\mathbf{0}=(0,0,\cdots,0)^{\mathrm{T}}.$$

定义 4.3 设$\boldsymbol{\alpha}=(a_1,a_2,\cdots,a_n)^{\mathrm{T}}$是一个$n$维向量，称向量$(-a_1,-a_2,\cdots,-a_n)^{\mathrm{T}}$为向量$\boldsymbol{\alpha}$的**负向量**，记为$-\boldsymbol{\alpha}$，即

$$-\boldsymbol{\alpha}=(-a_1,-a_2,\cdots,-a_n)^{\mathrm{T}}.$$

定义 4.4 设$\boldsymbol{\alpha}=(a_1,a_2,\cdots,a_n)^{\mathrm{T}}$，$\boldsymbol{\beta}=(b_1,b_2,\cdots,b_n)^{\mathrm{T}}$是两个$n$维向量，若$a_i=b_i$ $(i=1,2,\cdots,n)$，则称向量$\boldsymbol{\alpha}$与$\boldsymbol{\beta}$**相等**，记为$\boldsymbol{\alpha}=\boldsymbol{\beta}$.

下面讨论n维向量的线性运算.

因为n维行向量是$1\times n$矩阵，n维列向量是$n\times 1$矩阵，所以n维向量的加法和数乘运算按矩阵的加法和数乘运算进行，以列向量为例说明如下.

定义 4.5 设$\boldsymbol{\alpha}=(a_1,a_2,\cdots,a_n)^{\mathrm{T}}$，$\boldsymbol{\beta}=(b_1,b_2,\cdots,b_n)^{\mathrm{T}}$是两个$n$维列向量，则向量

$$(a_1+b_1,a_2+b_2,\cdots,a_n+b_n)^{\mathrm{T}}$$

称为向量$\boldsymbol{\alpha}$与$\boldsymbol{\beta}$的**和**，记为$\boldsymbol{\alpha}+\boldsymbol{\beta}$，即

$$\boldsymbol{\alpha}+\boldsymbol{\beta}=(a_1+b_1,a_2+b_2,\cdots,a_n+b_n)^{\mathrm{T}}.$$

根据向量的加法与负向量的概念还可定义向量的减法.

定义 4.6　设$\boldsymbol{\alpha}=(a_1,a_2,\cdots,a_n)^{\mathrm T}$，$\boldsymbol{\beta}=(b_1,b_2,\cdots,b_n)^{\mathrm T}$是两个$n$维向量，则向量$\boldsymbol{\alpha}+(-\boldsymbol{\beta})$称为向量$\boldsymbol{\alpha}$与$\boldsymbol{\beta}$的**差**，记为$\boldsymbol{\alpha}-\boldsymbol{\beta}$，即

$$\boldsymbol{\alpha}-\boldsymbol{\beta}=(a_1-b_1,\ a_2-b_2,\ \cdots,\ a_n-b_n)^{\mathrm T}.$$

定义 4.7　设有n维向量$\boldsymbol{\alpha}=(a_1,a_2,\cdots,a_n)^{\mathrm T}$，$\lambda$为实数，则向量

$$(\lambda a_1,\lambda a_2,\cdots,\lambda a_n)^{\mathrm T}$$

称为数λ与向量$\boldsymbol{\alpha}$的**乘积**，记为$\lambda\boldsymbol{\alpha}$或$\boldsymbol{\alpha}\lambda$，即

$$\lambda\boldsymbol{\alpha}=\boldsymbol{\alpha}\lambda=(\lambda a_1,\lambda a_2,\cdots,\lambda a_n)^{\mathrm T}.$$

n维向量的加法和数乘运算，满足下面的运算律(假设$\boldsymbol{\alpha},\boldsymbol{\beta},\boldsymbol{\gamma}$都是$n$维向量，$\lambda,\mu$为实数)：

(1) $\boldsymbol{\alpha}+\boldsymbol{\beta}=\boldsymbol{\beta}+\boldsymbol{\alpha}$；

(2) $(\boldsymbol{\alpha}+\boldsymbol{\beta})+\boldsymbol{\gamma}=\boldsymbol{\alpha}+(\boldsymbol{\beta}+\boldsymbol{\gamma})$；

(3) $\boldsymbol{\alpha}+\boldsymbol{0}=\boldsymbol{0}+\boldsymbol{\alpha}=\boldsymbol{\alpha}$；

(4) $\boldsymbol{\alpha}+(-\boldsymbol{\alpha})=\boldsymbol{0}$；

(5) $1\boldsymbol{\alpha}=\boldsymbol{\alpha}$，$0\boldsymbol{\alpha}=\boldsymbol{0}$；

(6) $\lambda(\mu\boldsymbol{\alpha})=(\lambda\mu)\boldsymbol{\alpha}$；

(7) $\lambda(\boldsymbol{\alpha}+\boldsymbol{\beta})=\lambda\boldsymbol{\alpha}+\lambda\boldsymbol{\beta}$；

(8) $(\lambda+\mu)\boldsymbol{\alpha}=\lambda\boldsymbol{\alpha}+\mu\boldsymbol{\alpha}$.

例 4.1　设向量$\boldsymbol{\alpha}=(1,2,3,-1)^{\mathrm T}$，$\boldsymbol{\beta}=(-2,0,1,-1)^{\mathrm T}$，求满足$2\boldsymbol{\alpha}+\boldsymbol{\beta}-4\boldsymbol{\gamma}=\boldsymbol{0}$的向量$\boldsymbol{\gamma}$.

解

$$\begin{aligned}\boldsymbol{\gamma}&=\frac{1}{4}(2\boldsymbol{\alpha}+\boldsymbol{\beta})\\&=\frac{1}{4}[2(1,2,3,-1)^{\mathrm T}+(-2,0,1,-1)^{\mathrm T}]=\frac{1}{4}[(2,4,6,-2)^{\mathrm T}+(-2,0,1,-1)^{\mathrm T}]\\&=\left(0,1,\frac{7}{4},-\frac{3}{4}\right)^{\mathrm T}.\end{aligned}$$

4.2　向量组的线性相关性的定义

本节利用向量的线性运算研究向量之间的线性关系. 为此，先介绍向量组的线性相关和线性无关的概念，并利用矩阵来研究向量组线性相关性的判定及其结论.

定义 4.8　若干个(有限个或无穷个)维数相同的列向量或维数相同的行向量所组成的集合称为**向量组**.

例如，矩阵$\boldsymbol{A}=(a_{ij})_{m\times n}$含有$m$个$n$维行向量

$$\boldsymbol{a}_i^{\mathrm T}=(a_{i1},a_{i2},\cdots,a_{in})\ (i=1,2,\cdots,m).$$

它所组成的向量组$\boldsymbol{a}_1^{\mathrm T},\boldsymbol{a}_2^{\mathrm T},\cdots,\boldsymbol{a}_n^{\mathrm T}$称为矩阵$\boldsymbol{A}$的**行向量组**.

另外，矩阵 $\boldsymbol{A}=(a_{ij})_{m\times n}$ 含有 n 个 m 维列向量

$$\boldsymbol{\alpha}_j=\begin{pmatrix}\alpha_{1j}\\ \alpha_{2j}\\ \vdots\\ \alpha_{mj}\end{pmatrix}\ (j=1,2,\cdots,n).$$

它所组成的向量组 $\boldsymbol{\alpha}_1,\boldsymbol{\alpha}_2,\cdots,\boldsymbol{\alpha}_m$ 称为矩阵 $\boldsymbol{A}$ 的**列向量组**.

三元非齐次线性方程组

$$\begin{cases}x+2y-z=1,\\ 2x-3y+z=2,\\ 4x+\ y-z=4\end{cases}$$

的系数及常数项，对应于3个行向量

$$\boldsymbol{a}_1^{\mathrm{T}}=(1,2,-1,1),\quad \boldsymbol{a}_2^{\mathrm{T}}=(2,-3,1,2),\quad \boldsymbol{a}_3^{\mathrm{T}}=(4,1,-1,4).$$

经观察可以看出，在上述方程组中，第 1 个方程乘以 2 加到第 2 个方程上，就可以得到第 3 个方程. 即方程组中的3个方程并不是相互独立的. 这个线性关系也对应着向量组 $\boldsymbol{a}_1^{\mathrm{T}},\boldsymbol{a}_2^{\mathrm{T}},\boldsymbol{a}_3^{\mathrm{T}}$ 之间的线性关系，$\boldsymbol{a}_3^{\mathrm{T}}=2\boldsymbol{a}_1^{\mathrm{T}}+\boldsymbol{a}_2^{\mathrm{T}}$.

向量之间的线性关系是十分常见的. 例如，平面上两个互相平行的非零向量 $\boldsymbol{\alpha},\boldsymbol{\beta}$，可以表示为

$$\boldsymbol{\beta}=\lambda\boldsymbol{\alpha},$$

其中，λ 为实数. 若 $\boldsymbol{\alpha},\boldsymbol{\beta}$ 不平行，则 $\boldsymbol{\alpha},\boldsymbol{\beta}$ 所决定的平面上任一向量 $\boldsymbol{\gamma}$ 可以表示为

$$\boldsymbol{\gamma}=\lambda\boldsymbol{\alpha}+\mu\boldsymbol{\beta},$$

其中，λ,μ 为实数. 因此，有必要讨论一般的 n 维向量之间的线性关系.

定义 4.9 设有 n 维向量 $\boldsymbol{\alpha},\boldsymbol{\alpha}_1,\boldsymbol{\alpha}_2,\cdots,\boldsymbol{\alpha}_m$，若存在一组数 $\lambda_1,\lambda_2,\cdots,\lambda_m$，使

$$\boldsymbol{\alpha}=\lambda_1\boldsymbol{\alpha}_1+\lambda_2\boldsymbol{\alpha}_2+\cdots+\lambda_m\boldsymbol{\alpha}_m,$$

则称向量 $\boldsymbol{\alpha}$ 是向量组 $\boldsymbol{\alpha}_1,\boldsymbol{\alpha}_2,\cdots,\boldsymbol{\alpha}_m$ 的**线性组合**，或者说向量 $\boldsymbol{\alpha}$ 可由向量组 $\boldsymbol{\alpha}_1,\boldsymbol{\alpha}_2,\cdots,\boldsymbol{\alpha}_m$ **线性表示**.

例如，本节开始时讨论过的向量 $\boldsymbol{a}_3=\begin{pmatrix}4\\1\\-1\\4\end{pmatrix}$ 可由向量 $\boldsymbol{a}_1=\begin{pmatrix}1\\2\\-1\\1\end{pmatrix}$，$\boldsymbol{a}_2=\begin{pmatrix}2\\-3\\1\\2\end{pmatrix}$ 线性表示：$\boldsymbol{a}_3=2\boldsymbol{a}_1+\boldsymbol{a}_2$.

例 4.2 设 $\boldsymbol{\alpha}_1=\begin{pmatrix}0\\1\\-1\end{pmatrix}$，$\boldsymbol{\alpha}_2=\begin{pmatrix}1\\1\\0\end{pmatrix}$，$\boldsymbol{\alpha}_3=\begin{pmatrix}1\\0\\2\end{pmatrix}$，$\boldsymbol{\alpha}=\begin{pmatrix}1\\1\\1\end{pmatrix}$，问 $\boldsymbol{\alpha}$ 能否由 $\boldsymbol{\alpha}_1,\boldsymbol{\alpha}_2,\boldsymbol{\alpha}_3$ 线性表示？若能，写出具体的线性表示式.

解 设

$$\boldsymbol{\alpha}=x_1\boldsymbol{\alpha}_1+x_2\boldsymbol{\alpha}_2+x_3\boldsymbol{\alpha}_3,$$

即

$$\begin{pmatrix}1\\1\\1\end{pmatrix}=x_1\begin{pmatrix}0\\1\\-1\end{pmatrix}+x_2\begin{pmatrix}1\\1\\0\end{pmatrix}+x_3\begin{pmatrix}1\\0\\2\end{pmatrix},$$

得线性方程组

$$\begin{cases}x_2+x_3=1,\\x_1+x_2=1,\\-x_1+2x_3=1.\end{cases}$$

因为

$$D=\begin{vmatrix}0&1&1\\1&1&0\\-1&0&2\end{vmatrix}=-1\neq 0,$$

所以，由 Cramer 法则可计算出

$$x_1=1,\quad x_2=0,\quad x_3=1.$$

因此，$\boldsymbol{\alpha}$ 能由 $\boldsymbol{\alpha}_1,\boldsymbol{\alpha}_2,\boldsymbol{\alpha}_3$ 线性表示，表示式为

$$\boldsymbol{\alpha}=\boldsymbol{\alpha}_1+0\cdot\boldsymbol{\alpha}_2+\boldsymbol{\alpha}_3.$$

一个向量组中是否有某个向量可由其余向量线性表示，这是向量组的重要性质. 下面给出向量组线性相关性的定义.

定义 4.10　设有向量组 $\boldsymbol{\alpha}_1,\boldsymbol{\alpha}_2,\cdots,\boldsymbol{\alpha}_m$，若存在一组不全为零的数 $k_1,k_2,\cdots,k_m$，使

$$k_1\boldsymbol{\alpha}_1+k_2\boldsymbol{\alpha}_2+\cdots+k_m\boldsymbol{\alpha}_m=\boldsymbol{0},$$

则称向量组 $\boldsymbol{\alpha}_1,\boldsymbol{\alpha}_2,\cdots,\boldsymbol{\alpha}_m$ **线性相关**；否则，称向量组 $\boldsymbol{\alpha}_1,\boldsymbol{\alpha}_2,\cdots,\boldsymbol{\alpha}_m$ **线性无关**.

对于仅由一个向量 $\boldsymbol{\alpha}$ 组成的向量组，由以上定义可知，当 $\boldsymbol{\alpha}$ 为零向量时，$\boldsymbol{\alpha}$ 线性相关；当 $\boldsymbol{\alpha}$ 为非零向量时，$\boldsymbol{\alpha}$ 线性无关.

这里只讨论向量组的线性关系，所以一个向量组 $\boldsymbol{\alpha}_1,\boldsymbol{\alpha}_2,\cdots,\boldsymbol{\alpha}_m$ 不是线性相关，就是线性无关. 所谓线性无关就是，只有当 $k_1=k_2=\cdots=k_m=0$ 时，

$$k_1\boldsymbol{\alpha}_1+k_2\boldsymbol{\alpha}_2+\cdots+k_m\boldsymbol{\alpha}_m=\boldsymbol{0}$$

才能成立.

例 4.3　讨论向量组

$$\boldsymbol{\alpha}_1=\begin{pmatrix}1\\4\\7\end{pmatrix},\quad \boldsymbol{\alpha}_2=\begin{pmatrix}2\\5\\8\end{pmatrix},\quad \boldsymbol{\alpha}_3=\begin{pmatrix}3\\6\\9\end{pmatrix}$$

的线性相关性.

解　因 $\boldsymbol{\alpha}_3-\boldsymbol{\alpha}_2=\boldsymbol{\alpha}_2-\boldsymbol{\alpha}_1$，故有

$$\boldsymbol{\alpha}_1-2\boldsymbol{\alpha}_2+\boldsymbol{\alpha}_3=\boldsymbol{0}.$$

而系数$1,-2,1$全不为零，因此$\boldsymbol{\alpha}_1,\boldsymbol{\alpha}_2,\boldsymbol{\alpha}_3$线性相关.

例 4.4 n维向量组

$$\boldsymbol{e}_1=\begin{pmatrix}1\\0\\\vdots\\0\end{pmatrix},\ \boldsymbol{e}_2=\begin{pmatrix}0\\1\\\vdots\\0\end{pmatrix},\ \cdots,\ \boldsymbol{e}_n=\begin{pmatrix}0\\0\\\vdots\\1\end{pmatrix}$$

称为 ***n*** **维单位坐标向量组**，试讨论它的线性相关性.

解 设有一组数$\lambda_1,\lambda_2,\cdots,\lambda_n$，使

$$\lambda_1\boldsymbol{e}_1+\lambda_2\boldsymbol{e}_2+\cdots+\lambda_n\boldsymbol{e}_n=\boldsymbol{0},$$

则有

$$(\lambda_1,\lambda_2,\cdots,\lambda_n)^{\mathrm{T}}=\boldsymbol{0},$$

即

$$\lambda_1=\lambda_2=\cdots=\lambda_n=0.$$

因此，向量组$\boldsymbol{e}_1,\boldsymbol{e}_2,\cdots,\boldsymbol{e}_n$线性无关.

例 4.5 设向量组$\boldsymbol{\alpha}_1,\boldsymbol{\alpha}_2,\boldsymbol{\alpha}_3$线性无关，$\boldsymbol{\beta}_1=\boldsymbol{\alpha}_1+\boldsymbol{\alpha}_2$，$\boldsymbol{\beta}_2=\boldsymbol{\alpha}_2+\boldsymbol{\alpha}_3$，$\boldsymbol{\beta}_3=\boldsymbol{\alpha}_3+\boldsymbol{\alpha}_1$，试证明向量组$\boldsymbol{\beta}_1,\boldsymbol{\beta}_2,\boldsymbol{\beta}_3$也线性无关.

证 设有一组数x_1,x_2,x_3，使

$$x_1\boldsymbol{\beta}_1+x_2\boldsymbol{\beta}_2+x_3\boldsymbol{\beta}_3=\boldsymbol{0},$$

则有

$$x_1(\boldsymbol{\alpha}_1+\boldsymbol{\alpha}_2)+x_2(\boldsymbol{\alpha}_2+\boldsymbol{\alpha}_3)+x_3(\boldsymbol{\alpha}_3+\boldsymbol{\alpha}_1)=\boldsymbol{0},$$

即

$$(x_3+x_1)\boldsymbol{\alpha}_1+(x_1+x_2)\boldsymbol{\alpha}_2+(x_2+x_3)\boldsymbol{\alpha}_3=\boldsymbol{0}.$$

因$\boldsymbol{\alpha}_1,\boldsymbol{\alpha}_2,\boldsymbol{\alpha}_3$线性无关，故有

$$\begin{cases}x_1+x_3=0,\\x_1+x_2=0,\\x_2+x_3=0.\end{cases}$$

该方程组只有零解$x_1=x_2=x_3=0$，因此$\boldsymbol{\beta}_1,\boldsymbol{\beta}_2,\boldsymbol{\beta}_3$线性无关.

向量组的线性相关性、一个向量可表示为一个向量组的线性组合分别从不同的角度描述了向量之间的线性关系，下面给出它们之间的内在联系.

定理 4.1 向量组$\boldsymbol{\alpha}_1,\boldsymbol{\alpha}_2,\cdots,\boldsymbol{\alpha}_m$ $(m\geqslant 2)$线性相关的充分必要条件是向量组$\boldsymbol{\alpha}_1,\boldsymbol{\alpha}_2,\cdots,\boldsymbol{\alpha}_m$中至少有一个向量可由其余$m-1$个向量线性表示.

证 先证必要性. 设$\boldsymbol{\alpha}_1,\boldsymbol{\alpha}_2,\cdots,\boldsymbol{\alpha}_m$线性相关，所以有一组不全为零的数$k_1,k_2,\cdots,k_m$，使

$$k_1\boldsymbol{\alpha}_1+k_2\boldsymbol{\alpha}_2+\cdots+k_m\boldsymbol{\alpha}_m=\boldsymbol{0}.$$

不妨设$k_1\neq 0$，则有

$$\boldsymbol{\alpha}_1=\left(-\frac{k_2}{k_1}\right)\boldsymbol{\alpha}_2+\cdots+\left(-\frac{k_m}{k_1}\right)\boldsymbol{\alpha}_m,$$

即 $\boldsymbol{\alpha}_1$ 可由其余 $m-1$ 个向量 $\boldsymbol{\alpha}_2,\cdots,\boldsymbol{\alpha}_m$ 线性表示.

再证充分性. 已知向量组 $\boldsymbol{\alpha}_1,\boldsymbol{\alpha}_2,\cdots,\boldsymbol{\alpha}_m$ 中有一个向量(不妨设为 $\boldsymbol{\alpha}_m$)可由其余 $m-1$ 个向量 $\boldsymbol{\alpha}_1,\boldsymbol{\alpha}_2,\cdots,\boldsymbol{\alpha}_{m-1}$ 线性表示, 即

$$\boldsymbol{\alpha}_m=\lambda_1\boldsymbol{\alpha}_1+\cdots+\lambda_{m-1}\boldsymbol{\alpha}_{m-1},$$

所以

$$\lambda_1\boldsymbol{\alpha}_1+\cdots+\lambda_{m-1}\boldsymbol{\alpha}_{m-1}+(-1)\boldsymbol{\alpha}_m=\mathbf{0}.$$

因 $\lambda_1,\lambda_2,\cdots,\lambda_{m-1},-1$ 这 m 个数不全为零(至少 $-1\neq 0$), 故向量组 $\boldsymbol{\alpha}_1,\boldsymbol{\alpha}_2,\cdots,\boldsymbol{\alpha}_m$ 线性相关.

例如, 对于向量组 $\boldsymbol{\alpha}_1=\begin{pmatrix}1\\2\\-1\\1\end{pmatrix}$, $\boldsymbol{\alpha}_2=\begin{pmatrix}2\\-3\\1\\2\end{pmatrix}$, $\boldsymbol{\alpha}_3=\begin{pmatrix}4\\1\\-1\\4\end{pmatrix}$, 因 $\boldsymbol{\alpha}_3=2\boldsymbol{\alpha}_1+\boldsymbol{\alpha}_2$, 故向量组 $\boldsymbol{\alpha}_1,\boldsymbol{\alpha}_2,\boldsymbol{\alpha}_3$ 线性相关.

这里需要注意, 并不是线性相关向量组中每个向量都可以用其余向量线性表示, 例如向量组

$$\boldsymbol{\alpha}_1=\begin{pmatrix}1\\0\\0\end{pmatrix},\quad \boldsymbol{\alpha}_2=\begin{pmatrix}0\\1\\0\end{pmatrix},\quad \boldsymbol{\alpha}_3=\begin{pmatrix}1\\1\\0\end{pmatrix},\quad \boldsymbol{\alpha}_4=\begin{pmatrix}1\\1\\1\end{pmatrix}$$

线性相关, $\boldsymbol{\alpha}_1=-\boldsymbol{\alpha}_2+\boldsymbol{\alpha}_3,\boldsymbol{\alpha}_2=-\boldsymbol{\alpha}_1+\boldsymbol{\alpha}_3,\boldsymbol{\alpha}_3=\boldsymbol{\alpha}_1+\boldsymbol{\alpha}_2$, 但是 $\boldsymbol{\alpha}_4$ 却不能用 $\boldsymbol{\alpha}_1,\boldsymbol{\alpha}_2,\boldsymbol{\alpha}_3$ 线性表示.

设有向量 $\boldsymbol{\alpha}=(a_1,a_2,\cdots,a_n)^{\mathrm{T}}$, $\boldsymbol{\beta}=(b_1,b_2,\cdots,b_n)^{\mathrm{T}}$, 由定理 4.1 知, $\boldsymbol{\alpha},\boldsymbol{\beta}$ 线性相关当且仅当其中的一个向量可由另一个向量线性表示, 不妨设 $\boldsymbol{\alpha}=\lambda\boldsymbol{\beta}$, 则

$$a_i=\lambda b_i\ (i=1,2,\cdots,n).$$

即 $\boldsymbol{\alpha}$ 与 $\boldsymbol{\beta}$ 的分量对应成比例时线性相关(几何上叫作平行), 否则线性无关. 因此, 有如下结论: 两个向量线性相关的充分必要条件是它们的分量对应成比例.

以下定理是关于向量组线性相关性理论中的一个常用结论.

定理 4.2 设 $m\geqslant 2$, 如果向量组 $\boldsymbol{\alpha}_1,\boldsymbol{\alpha}_2,\cdots,\boldsymbol{\alpha}_{m-1}$ 线性无关, 而向量组 $\boldsymbol{\alpha}_1,\boldsymbol{\alpha}_2,\cdots,\boldsymbol{\alpha}_{m-1},\boldsymbol{\alpha}_m$ 线性相关, 则 $\boldsymbol{\alpha}_m$ 可由前面的 $m-1$ 个向量 $\boldsymbol{\alpha}_1,\boldsymbol{\alpha}_2,\cdots,\boldsymbol{\alpha}_{m-1}$ 线性表示, 且表示式是唯一的.

证 因 $\boldsymbol{\alpha}_1,\boldsymbol{\alpha}_2,\cdots,\boldsymbol{\alpha}_{m-1},\boldsymbol{\alpha}_m$ 线性相关, 故有一组不全为零的数 $k_1,k_2,\cdots,k_{m-1},k_m$, 使

$$k_1\boldsymbol{\alpha}_1+\cdots+k_{m-1}\boldsymbol{\alpha}_{m-1}+k_m\boldsymbol{\alpha}_m=\mathbf{0}.$$

现在证明 $k_m\neq 0$. 用反证法, 假设 $k_m=0$, 则 $k_1,k_2,\cdots,k_{m-1}$ 不全为零, 且有

$$k_1\boldsymbol{\alpha}_1+\cdots+k_{m-1}\boldsymbol{\alpha}_{m-1}=\mathbf{0}.$$

从而得 $\boldsymbol{\alpha}_1,\boldsymbol{\alpha}_2,\cdots,\boldsymbol{\alpha}_{m-1}$ 线性相关, 与假设矛盾, 因此 $k_m\neq 0$. 于是

$$\boldsymbol{\alpha}_m=\left(-\frac{k_1}{k_m}\right)\boldsymbol{\alpha}_1+\cdots+\left(-\frac{k_{m-1}}{k_m}\right)\boldsymbol{\alpha}_{m-1},$$

即 $\boldsymbol{\alpha}_m$ 可由 $\boldsymbol{\alpha}_1,\boldsymbol{\alpha}_2,\cdots,\boldsymbol{\alpha}_{m-1}$ 线性表示.

再证明表示式是唯一的. 设 $\boldsymbol{\alpha}_m$ 可以分别表示为

$$\boldsymbol{\alpha}_m=\lambda_1\boldsymbol{\alpha}_1+\cdots+\lambda_{m-1}\boldsymbol{\alpha}_{m-1},$$

$$\boldsymbol{\alpha}_m=\mu_1\boldsymbol{\alpha}_1+\cdots+\mu_{m-1}\boldsymbol{\alpha}_{m-1},$$

两式相减, 得到

$$(\lambda_1-\mu_1)\boldsymbol{\alpha}_1+\cdots+(\lambda_{m-1}-\mu_{m-1})\boldsymbol{\alpha}_{m-1}=\mathbf{0}.$$

因为 $\boldsymbol{\alpha}_1,\boldsymbol{\alpha}_2,\cdots,\boldsymbol{\alpha}_{m-1}$ 线性无关, 所以

$$\lambda_i-\mu_i=0\ \ (i=1,2,\cdots,m-1)$$

即 $\lambda_i=\mu_i\ (i=1,2,\cdots,m-1)$, 所以表示式是唯一的.

例 4.6 设向量组 $\boldsymbol{\alpha}_1,\boldsymbol{\alpha}_2$, $\boldsymbol{\alpha}_3$ 与 $\boldsymbol{\alpha}_1,\boldsymbol{\alpha}_2,\boldsymbol{\alpha}_3,\boldsymbol{\alpha}_4$ 均线性无关, 向量组 $\boldsymbol{\alpha}_1,\boldsymbol{\alpha}_2,\boldsymbol{\alpha}_3,\boldsymbol{\alpha}_5$ 线性相关, 试讨论 $\boldsymbol{\alpha}_1,\boldsymbol{\alpha}_2,\boldsymbol{\alpha}_3,\boldsymbol{\alpha}_4+\boldsymbol{\alpha}_5$ 的线性相关性.

解 假如向量组 $\boldsymbol{\alpha}_1,\boldsymbol{\alpha}_2,\boldsymbol{\alpha}_3,\boldsymbol{\alpha}_4+\boldsymbol{\alpha}_5$ 线性相关, 由于向量组 $\boldsymbol{\alpha}_1,\boldsymbol{\alpha}_2$, $\boldsymbol{\alpha}_3$ 线性无关, 根据定理 4.2 知 $\boldsymbol{\alpha}_4+\boldsymbol{\alpha}_5$ 可以表示成 $\boldsymbol{\alpha}_1,\boldsymbol{\alpha}_2$, $\boldsymbol{\alpha}_3$ 的线性组合, 设为 $\boldsymbol{\alpha}_4+\boldsymbol{\alpha}_5=k_1\boldsymbol{\alpha}_1+k_2\boldsymbol{\alpha}_2+k_3\boldsymbol{\alpha}_3$.

又由于 $\boldsymbol{\alpha}_1,\boldsymbol{\alpha}_2,\boldsymbol{\alpha}_3,\boldsymbol{\alpha}_5$ 也线性相关, 所以 $\boldsymbol{\alpha}_5$ 也可以用 $\boldsymbol{\alpha}_1,\boldsymbol{\alpha}_2$, $\boldsymbol{\alpha}_3$ 线性表示, 设为

$$\boldsymbol{\alpha}_5=l_1\boldsymbol{\alpha}_1+l_2\boldsymbol{\alpha}_2+l_3\boldsymbol{\alpha}_3,$$

将此式代入 $\boldsymbol{\alpha}_4+\boldsymbol{\alpha}_5=k_1\boldsymbol{\alpha}_1+k_2\boldsymbol{\alpha}_2+k_3\boldsymbol{\alpha}_3$ 得 $\boldsymbol{\alpha}_4=(k_1-l_1)\boldsymbol{\alpha}_1+(k_2-l_2)\boldsymbol{\alpha}_2+(k_3-l_3)\boldsymbol{\alpha}_3$, 即 $\boldsymbol{\alpha}_4$ 也可以用 $\boldsymbol{\alpha}_1,\boldsymbol{\alpha}_2$, $\boldsymbol{\alpha}_3$ 线性表示. 根据定理 4.1 知, $\boldsymbol{\alpha}_1,\boldsymbol{\alpha}_2,\boldsymbol{\alpha}_3,\boldsymbol{\alpha}_4$ 线性相关, 与题设矛盾, 所以假设不成立, 即 $\boldsymbol{\alpha}_1,\boldsymbol{\alpha}_2,\boldsymbol{\alpha}_3,\boldsymbol{\alpha}_4+\boldsymbol{\alpha}_5$ 线性无关.

此题用到的反证法是讨论向量组线性相关性的常用方法.

4.3 线性相关性的判别定理

线性相关性是向量组的一个重要性质, 而如何判定一个向量组的线性相关性是我们要探讨的一个问题, 本节介绍与之有关的常用结论. 下面讨论向量组中部分向量构成的向量组与整个向量组线性相关性的关系.

定理 4.3 如果向量组 $\boldsymbol{\alpha}_1,\boldsymbol{\alpha}_2,\cdots,\boldsymbol{\alpha}_m$ 线性相关, 则向量组 $\boldsymbol{\alpha}_1,\boldsymbol{\alpha}_2,\cdots,\boldsymbol{\alpha}_m,\boldsymbol{\alpha}_{m+1}$ 也线性相关.

证 因向量组 $\boldsymbol{\alpha}_1,\boldsymbol{\alpha}_2,\cdots,\boldsymbol{\alpha}_m$ 线性相关, 故有一组不全为零的数 $k_1,k_2,\cdots,k_m$, 使

$$k_1\boldsymbol{\alpha}_1+\cdots+k_m\boldsymbol{\alpha}_m=\mathbf{0},$$

从而

$$k_1\boldsymbol{\alpha}_1+\cdots+k_m\boldsymbol{\alpha}_m+0\boldsymbol{\alpha}_{m+1}=\mathbf{0}.$$

因为 $k_1,k_2,\cdots,k_m,0$ 这 $m+1$ 个数不全为零, 所以向量组 $\boldsymbol{\alpha}_1,\boldsymbol{\alpha}_2,\cdots,\boldsymbol{\alpha}_m,\boldsymbol{\alpha}_{m+1}$ 线性相关.

定理4.3说明，一个向量组中若有部分向量构成的向量组是线性相关的，则整个向量组一定是线性相关的；反之，若一个向量组线性无关，则它的任何部分向量构成的向量组一定线性无关.

例 4.7　讨论向量组 $\boldsymbol{\alpha}_1=(1,2,3,1)^{\mathrm{T}}$，$\boldsymbol{\alpha}_2=(0,1,-1,1)^{\mathrm{T}}$，$\boldsymbol{\alpha}_3=(2,4,6,2)^{\mathrm{T}}$ 的线性相关性.

解　因 $\boldsymbol{\alpha}_3=2\boldsymbol{\alpha}_1$，故 $\boldsymbol{\alpha}_1,\boldsymbol{\alpha}_3$ 线性相关，由定理 4.3 知，$\boldsymbol{\alpha}_1,\boldsymbol{\alpha}_2,\boldsymbol{\alpha}_3$ 线性相关.

推论 4.1　若某向量组中含有零向量，则此向量组一定线性相关.

此推论说明，任何线性无关的向量组，一定不含零向量.

定理 4.4　r 个 n 维列向量 $\boldsymbol{\alpha}_1,\boldsymbol{\alpha}_2,\cdots,\boldsymbol{\alpha}_r$ 线性相关的充分必要条件为 $\boldsymbol{\alpha}_1,\boldsymbol{\alpha}_2,\cdots,\boldsymbol{\alpha}_r$ 按列排成的矩阵

$$\boldsymbol{A}=(\boldsymbol{\alpha}_1,\boldsymbol{\alpha}_2,\cdots,\boldsymbol{\alpha}_r)=\begin{pmatrix} a_{11} & a_{12} & \cdots & a_{1r} \\ a_{21} & a_{22} & \cdots & a_{2r} \\ \vdots & \vdots & & \vdots \\ a_{n1} & a_{n2} & \cdots & a_{nr} \end{pmatrix}$$

的秩 $R(\boldsymbol{A})<r$.

证　先证必要性. 由于 $\boldsymbol{\alpha}_1,\boldsymbol{\alpha}_2,\cdots,\boldsymbol{\alpha}_r$ 线性相关，根据定理 4.1，至少有一个向量可以表示成其余向量的线性组合，不妨设 $\boldsymbol{\alpha}_r$ 可由其余 $r-1$ 个向量 $\boldsymbol{\alpha}_1,\boldsymbol{\alpha}_2,\cdots,\boldsymbol{\alpha}_{r-1}$ 线性表示，设为 $\boldsymbol{\alpha}_r=k_1\boldsymbol{\alpha}_1+k_2\boldsymbol{\alpha}_2+\cdots k_{r-1}\boldsymbol{\alpha}_{r-1}$，写成分量形式为 $a_{ir}=k_1a_{i1}+k_2a_{i2}+\cdots k_{r-1}a_{i(r-1)}(i=1,2,\cdots,n)$.

对矩阵 $\boldsymbol{A}$ 作初等列变换，用 $-k_1,-k_2,\cdots,-k_{r-1}$ 分别乘以 $\boldsymbol{A}$ 的第 $1,2,\cdots,r-1$ 列后都加到第 r 列上去，则有

$$\boldsymbol{A}=\begin{pmatrix} a_{11} & \cdots & a_{1(r-1)} & a_{1r} \\ a_{21} & \cdots & a_{2(r-1)} & a_{2r} \\ \vdots & \vdots & & \vdots \\ a_{n1} & \cdots & a_{n(r-1)} & a_{nr} \end{pmatrix}\sim\begin{pmatrix} a_{11} & \cdots & a_{1(r-1)} & 0 \\ a_{21} & \cdots & a_{2(r-1)} & 0 \\ \vdots & \vdots & & \vdots \\ a_{n1} & \cdots & a_{n(r-1)} & 0 \end{pmatrix}\triangleq\boldsymbol{B},$$

所以 $R(\boldsymbol{A})=R(\boldsymbol{B})\leqslant r-1<r$.

再证充分性. 若 $R(\boldsymbol{A})<r$，用初等行变换将矩阵化为行最简形，则行最简形矩阵中含有 1 的列数小于 r，不含有 1 的那些列均可由含有 1 的列线性表示，而对矩阵作初等行变换不改变矩阵列向量组的线性关系，说明矩阵 $\boldsymbol{A}$ 的列向量组中至少有一个向量可以由其他向量线性表示，根据定理 4.1 知 $\boldsymbol{A}$ 的列向量组线性相关.

定理 4.5　m 维行向量组 $\boldsymbol{a}_1^{\mathrm{T}},\boldsymbol{a}_2^{\mathrm{T}},\cdots,\boldsymbol{a}_r^{\mathrm{T}}$ 线性相关的充分必要条件为向量组 $\boldsymbol{a}_1^{\mathrm{T}},\boldsymbol{a}_2^{\mathrm{T}},\cdots,\boldsymbol{a}_r^{\mathrm{T}}$ 按行排成矩阵

$$\boldsymbol{A}=\begin{pmatrix} \boldsymbol{a}_1^{\mathrm{T}} \\ \boldsymbol{a}_2^{\mathrm{T}} \\ \vdots \\ \boldsymbol{a}_r^{\mathrm{T}} \end{pmatrix}=\begin{pmatrix} a_{11} & a_{12} & \cdots & a_{1m} \\ a_{21} & a_{22} & \cdots & a_{2m} \\ \vdots & \vdots & & \vdots \\ a_{r1} & a_{r2} & \cdots & a_{rm} \end{pmatrix}$$

的秩 $R(\boldsymbol{A})<r$.

请读者注意，定理 4.4 和定理 4.5 将判定向量组的线性相关性转化为比较矩阵的秩和向量组中所含向量个数之间的关系.

推论 4.2 列向量组 $\boldsymbol{\alpha}_1,\boldsymbol{\alpha}_2,\cdots,\boldsymbol{\alpha}_r$ 线性无关的充分必要条件为 $\boldsymbol{\alpha}_1,\boldsymbol{\alpha}_2,\cdots,\boldsymbol{\alpha}_r$ 按列排成的矩阵 $\boldsymbol{A}=(\boldsymbol{\alpha}_1,\boldsymbol{\alpha}_2,\cdots,\boldsymbol{\alpha}_r)$ 的秩 $R(\boldsymbol{A})=r$.

推论 4.3 行向量组 $\boldsymbol{a}_1^{\mathrm{T}},\boldsymbol{a}_2^{\mathrm{T}},\cdots,\boldsymbol{a}_r^{\mathrm{T}}$ 线性无关的充分必要条件是 $R(\boldsymbol{A})=r$，其中矩阵

$$\boldsymbol{A}=\begin{pmatrix}\boldsymbol{a}_1^{\mathrm{T}}\\ \boldsymbol{a}_2^{\mathrm{T}}\\ \vdots\\ \boldsymbol{a}_r^{\mathrm{T}}\end{pmatrix}.$$

注 推论 4.2、推论 4.3 没有提到向量组中向量的维数，如果是 n 个 n 维向量按行(或者按列)排成方阵，方阵的行列式不等于零等价于方阵满秩，所以有以下推论.

推论 4.4 n 个 n 维向量线性无关的充分必要条件是它们按行(按列)排成方阵的行列式不等于零.

推论 4.5 当 $m>n$ 时，m 个 n 维向量一定线性相关. 特别地，$n+1$ 个 n 维向量一定线性相关.

证 设 m 个 n 维列向量按列排成矩阵 $\boldsymbol{A}_{n\times m}=(\boldsymbol{\alpha}_1,\boldsymbol{\alpha}_2,\cdots,\boldsymbol{\alpha}_m)$，而矩阵 $R(\boldsymbol{A})\leqslant n<m$，根据定理 4.4 知这 m 个 n 维向量一定线性相关.

例 4.8 讨论下列向量组的线性相关性.

(1) $\begin{pmatrix}2\\-3\\0\end{pmatrix},\begin{pmatrix}3\\1\\-2\end{pmatrix}$； (2) $\begin{pmatrix}1\\2\\3\end{pmatrix},\begin{pmatrix}2\\2\\4\end{pmatrix},\begin{pmatrix}3\\2\\3\end{pmatrix}$； (3) $\begin{pmatrix}1\\0\\-2\end{pmatrix},\begin{pmatrix}3\\2\\0\end{pmatrix},\begin{pmatrix}-2\\-1\\1\end{pmatrix},\begin{pmatrix}2\\3\\5\end{pmatrix}$.

解 (1) 因为 2 个向量的分量不是对应成比例的，所以这 2 个向量线性无关.

(2) 因 $\begin{vmatrix}1&2&3\\2&2&2\\3&4&3\end{vmatrix}=4\neq0$，故由推论 4.4 知，这 3 个三维列向量线性无关.

(3) 由推论 4.5 知，这 4 个三维列向量线性相关.

定理 4.6 设有向量组

$$\boldsymbol{a}_j=\begin{pmatrix}a_{1j}\\a_{2j}\\\vdots\\a_{(m-1)j}\\a_{mj}\end{pmatrix},\quad \boldsymbol{b}_j=\begin{pmatrix}a_{1j}\\a_{2j}\\\vdots\\a_{mj}\\a_{(m+1)j}\end{pmatrix},$$

其中，$j=1,2,\cdots,r$. 若向量组 $\boldsymbol{a}_1,\boldsymbol{a}_2,\cdots,\boldsymbol{a}_r$ 线性无关，则向量组 $\boldsymbol{b}_1,\boldsymbol{b}_2,\cdots,\boldsymbol{b}_r$ 也线性无关.

证　记 $\boldsymbol{A}_{m\times r}=(\boldsymbol{a}_1,\boldsymbol{a}_2,\cdots,\boldsymbol{a}_r)$，$\boldsymbol{B}_{(m+1)\times r}=(\boldsymbol{b}_1,\boldsymbol{b}_2,\cdots,\boldsymbol{b}_r)$，因为 $\boldsymbol{a}_1,\boldsymbol{a}_2,\cdots,\boldsymbol{a}_r$ 线性无关，根据推论 4.2 知 $R(\boldsymbol{A})=r$，并且 $\boldsymbol{A}$ 的 r 阶非零子式也是 $\boldsymbol{B}$ 的 r 阶非零子式，而 $\boldsymbol{B}$ 没有更高阶的子式了，所以 $R(\boldsymbol{B})=r$，因此向量组 $\boldsymbol{b}_1,\boldsymbol{b}_2,\cdots,\boldsymbol{b}_r$ 线性无关.

该定理也可以用线性方程组的观点解释.

因为向量组 $\boldsymbol{a}_1,\boldsymbol{a}_2,\cdots,\boldsymbol{a}_r$ 线性无关，即 $x_1\boldsymbol{a}_1+x_2\boldsymbol{a}_2+\cdots+x_r\boldsymbol{a}_r=\boldsymbol{0}$ 只有零解，即方程组

$$\begin{cases}a_{11}x_1+a_{12}x_2+\cdots+a_{1r}x_r=0,\\a_{21}x_1+a_{22}x_2+\cdots+a_{2r}x_r=0,\\\qquad\cdots\cdots\\a_{m1}x_1+a_{m2}x_2+\cdots+a_{mr}x_r=0\end{cases}\tag{4.1}$$

只有零解.

向量组 $\boldsymbol{b}_1,\boldsymbol{b}_2,\cdots,\boldsymbol{b}_r$ 线性无关，即 $x_1\boldsymbol{b}_1+x_2\boldsymbol{b}_2+\cdots+x_r\boldsymbol{b}_r=\boldsymbol{0}$ 只有零解，即方程组

$$\begin{cases}a_{11}x_1+a_{12}x_2+\cdots+a_{1r}x_r=0,\\a_{21}x_1+a_{22}x_2+\cdots+a_{2r}x_r=0,\\\qquad\cdots\cdots\\a_{m1}x_1+a_{m2}x_2+\cdots+a_{mr}x_r=0,\\a_{(m+1)1}x_1+a_{(m+1)2}x_2+\cdots+a_{(m+1)r}x_r=0\end{cases}\tag{4.2}$$

只有零解.

可以看出方程组(4.2)中前 m 个方程就是上面的方程组，即方程组(4.1)是方程组(4.2)中的部分方程构成的，所以方程组(4.1)只有零解，方程组(4.2)也必须只有零解，因此向量组 $\boldsymbol{b}_1,\boldsymbol{b}_2,\cdots,\boldsymbol{b}_r$ 线性无关. 而方程组(4.2)的非零解也一定是方程组(4.1)的非零解，即若 $\boldsymbol{b}_1,\boldsymbol{b}_2,\cdots,\boldsymbol{b}_r$ 线性相关，则 $\boldsymbol{a}_1,\boldsymbol{a}_2,\cdots,\boldsymbol{a}_r$ 线性相关，这便是该定理的逆否命题.

定理 4.6 说明，在向量组的每一个向量的同一个位置上添加一个分量，得到一个新的向量组，若原向量组线性无关，则新向量组也线性无关. 由定理 4.6 的证明可知，添加的分量统一加在任何位置上或者统一加若干个分量，定理结论不变. 即得如下推论.

推论 4.6　m 个 r 维向量的每个向量的对应位置上添上 $n-r$ 个分量，成为 m 个 n 维向量. 若 m 个 r 维向量线性无关，则 m 个 n 维向量亦线性无关.

推论 4.7　若 $m\times n$ 矩阵 $\boldsymbol{A}$ 中有一个 r 阶子式 $D_r\neq 0$，则 D_r 所在的矩阵 $\boldsymbol{A}$ 的 r 个列向量及 r 个行向量都线性无关 .

证　设 D_r 所在矩阵的列向量组记为 $\boldsymbol{d}_1,\boldsymbol{d}_2,\cdots,\boldsymbol{d}_r$，根据推论 4.4，向量组 $\boldsymbol{d}_1,\boldsymbol{d}_2,\cdots,\boldsymbol{d}_r$ 线性无关.而矩阵 $\boldsymbol{A}$ 的含有 $\boldsymbol{d}_1,\boldsymbol{d}_2,\cdots,\boldsymbol{d}_r$ 的向量组 $\boldsymbol{a}_1,\boldsymbol{a}_2,\cdots,\boldsymbol{a}_r$ 只是在 $\boldsymbol{d}_1,\boldsymbol{d}_2,\cdots,\boldsymbol{d}_r$ 的对应位置上各增加了 $m-r$ 个分量，根据定理 4.6，向量组 $\boldsymbol{a}_1,\boldsymbol{a}_2,\cdots,\boldsymbol{a}_r$ 也线性无关.同理，D_r 所在的矩阵 $\boldsymbol{A}$ 的 r 个行向量也线性无关.

4.4 向量组的秩

在第3章中，我们利用矩阵的最高阶非零子式，定义了矩阵的秩. 本节将给出向量组的最大无关组的概念，并由此定义向量组的秩. 最后讨论怎样通过矩阵的初等变换求向量组的最大无关组、秩以及不在最大无关组里的向量怎样用最大无关组来线性表示.

定义 4.11 设有两个 n 维向量组 A 和 B，如果向量组 A 中的每个向量都可由向量组 B 线性表示，则称**向量组 A 可由向量组 B 线性表示**；如果向量组 A 可由向量组 B 线性表示，且向量组 B 也可由向量组 A 线性表示，则称**向量组 A 与向量组 B 等价**.

向量组之间的等价关系具有下述性质:

(1) 反身性，即向量组 A 与向量组 A 等价;

(2) 对称性，即若向量组 A 与向量组 B 等价，则向量组 B 与向量组 A 等价;

(3) 传递性，即若向量组 A 与向量组 B 等价，向量组 B 又与向量组 C 等价，则向量组 A 与向量组 C 等价.

定义 4.12 设有向量组 A，如果:

(1) 向量组 A 中有 r 个向量 $\boldsymbol{\alpha}_1,\boldsymbol{\alpha}_2,\cdots,\boldsymbol{\alpha}_r$ 线性无关;

(2) 向量组 A 中任意 $r+1$ 个向量(若 A 中存在 $r+1$ 个向量)都线性相关,

则称 $\boldsymbol{\alpha}_1,\boldsymbol{\alpha}_2,\cdots,\boldsymbol{\alpha}_r$ 是向量组 A 的一个**最大线性无关向量组**(简称**最大无关组**)；向量组 $\boldsymbol{\alpha}_1,\boldsymbol{\alpha}_2,\cdots,\boldsymbol{\alpha}_r$ 中所含向量的个数 r 称为向量组 A 的**秩**.

规定: 只含零向量的向量组的秩为 0.

例 4.9 求向量组 A: $\boldsymbol{\alpha}_1=(1,2,-1,1)^{\mathrm{T}}$，$\boldsymbol{\alpha}_2=(2,-3,1,2)^{\mathrm{T}}$，$\boldsymbol{\alpha}_3=(4,1,-1,4)^{\mathrm{T}}$ 的最大无关组.

解 因为 $\boldsymbol{\alpha}_3=2\boldsymbol{\alpha}_1+\boldsymbol{\alpha}_2$，所以 $\boldsymbol{\alpha}_1,\boldsymbol{\alpha}_2,\boldsymbol{\alpha}_3$ 线性相关. 又由于向量组 $\boldsymbol{\alpha}_1,\boldsymbol{\alpha}_2$，向量组 $\boldsymbol{\alpha}_2,\boldsymbol{\alpha}_3$，向量组 $\boldsymbol{\alpha}_1,\boldsymbol{\alpha}_3$ 均线性无关(根据对应分量不成比例判断). 因此，$\boldsymbol{\alpha}_1,\boldsymbol{\alpha}_2$ 是 A 的最大无关组，并且，向量组 $\boldsymbol{\alpha}_2,\boldsymbol{\alpha}_3$ 和向量组 $\boldsymbol{\alpha}_1,\boldsymbol{\alpha}_3$ 都是 A 的最大无关组.

此例说明，一个向量组的最大无关组可能不唯一.

例 4.10 求 $\mathbf{R}^n$ 的一个最大无关组及 $\mathbf{R}^n$ 的秩.

解 由例 4.4 知，n 维单位坐标向量组

$$\boldsymbol{e}_1=\begin{pmatrix}1\\0\\\vdots\\0\end{pmatrix},\ \boldsymbol{e}_2=\begin{pmatrix}0\\1\\\vdots\\0\end{pmatrix},\ \cdots,\ \boldsymbol{e}_n=\begin{pmatrix}0\\0\\\vdots\\1\end{pmatrix}$$

线性无关，又由推论 4.5 知，$\mathbf{R}^n$ 中任意 $n+1$ 个向量都线性相关，因此，向量组 $\boldsymbol{e}_1,\boldsymbol{e}_2,\cdots,\boldsymbol{e}_n$ 是 $\mathbf{R}^n$ 的一个最大无关组，于是 $\mathbf{R}^n$ 的秩等于 n.

为什么要给出最大无关向量组？最大无关向量组和原向量组是什么关系？怎么求最大无关向量组？为此我们先给出下面的定理.

定理 4.7　设向量组 $\boldsymbol{\alpha}_1,\boldsymbol{\alpha}_2,\cdots,\boldsymbol{\alpha}_r$ 线性无关，且可由向量组 $\boldsymbol{\beta}_1,\boldsymbol{\beta}_2,\cdots,\boldsymbol{\beta}_s$ 线性表示，则 $r\leqslant s$.

证　因为向量组 $\boldsymbol{\alpha}_1,\boldsymbol{\alpha}_2,\cdots,\boldsymbol{\alpha}_r$ 可由向量组 $\boldsymbol{\beta}_1,\boldsymbol{\beta}_2,\cdots,\boldsymbol{\beta}_s$ 线性表示，设为

$$\boldsymbol{\alpha}_i=k_{i1}\boldsymbol{\beta}_1+k_{i2}\boldsymbol{\beta}_2+\cdots+k_{is}\boldsymbol{\beta}_s\ (i=1,2,\cdots,r).$$

令 $\boldsymbol{A}=(\boldsymbol{\alpha}_1,\boldsymbol{\alpha}_2,\cdots,\boldsymbol{\alpha}_r),\boldsymbol{C}=(\boldsymbol{\beta}_1,\boldsymbol{\beta}_2,\cdots,\boldsymbol{\beta}_s,\boldsymbol{\alpha}_1,\boldsymbol{\alpha}_2,\cdots,\boldsymbol{\alpha}_r)$，对矩阵 $\boldsymbol{C}$ 作初等列变换，以 $-k_{i1},-k_{i2},\cdots,-k_{is}$ 分别乘以第 $1,2,\cdots,s$ 列后加到第 $s+i(i=1,2,\cdots,r)$ 列上，得到

$$\boldsymbol{C}=(\boldsymbol{\beta}_1,\boldsymbol{\beta}_2,\cdots,\boldsymbol{\beta}_s,\boldsymbol{\alpha}_1,\boldsymbol{\alpha}_2,\cdots,\boldsymbol{\alpha}_r)\sim(\boldsymbol{\beta}_1,\boldsymbol{\beta}_2,\cdots,\boldsymbol{\beta}_s,\boldsymbol{0},\boldsymbol{0},\cdots,\boldsymbol{0}),$$

所以 $r=R(\boldsymbol{A})\leqslant R(\boldsymbol{C})=R(\boldsymbol{\beta}_1,\boldsymbol{\beta}_2,\cdots,\boldsymbol{\beta}_s,\boldsymbol{0},\boldsymbol{0},\cdots,\boldsymbol{0})\leqslant s$.

下面的定理，可以帮助读者加深对向量组的最大无关组这个概念的理解.

定理 4.8　$\boldsymbol{\alpha}_1,\boldsymbol{\alpha}_2,\cdots,\boldsymbol{\alpha}_r$ 是向量组 A 的最大无关组的充分必要条件为

(1) $\boldsymbol{\alpha}_1,\boldsymbol{\alpha}_2,\cdots,\boldsymbol{\alpha}_r$ 线性无关;

(2) A 中任意向量 $\boldsymbol{\alpha}$ 可由 $\boldsymbol{\alpha}_1,\boldsymbol{\alpha}_2,\cdots,\boldsymbol{\alpha}_r$ 线性表示.

证　先证必要性. 因 $\boldsymbol{\alpha}_1,\boldsymbol{\alpha}_2,\cdots,\boldsymbol{\alpha}_r$ 是向量组 A 的最大无关组，故由定义 4.12，可知

(1) $\boldsymbol{\alpha}_1,\boldsymbol{\alpha}_2,\cdots,\boldsymbol{\alpha}_r$ 线性无关;

(2) 对于 A 中任意向量 $\boldsymbol{\alpha}$，则 $r+1$ 个向量构成的向量组 $\boldsymbol{\alpha},\boldsymbol{\alpha}_1,\boldsymbol{\alpha}_2,\cdots,\boldsymbol{\alpha}_r$ 线性相关. 根据定理 4.2 可知，$\boldsymbol{\alpha}$ 可由 $\boldsymbol{\alpha}_1,\boldsymbol{\alpha}_2,\cdots,\boldsymbol{\alpha}_r$ 线性表示(且表示式唯一).

再证充分性. 在向量组 A 中任意取 $r+1$ 个向量 $\boldsymbol{\beta}_1,\boldsymbol{\beta}_2,\cdots,\boldsymbol{\beta}_{r+1}$，下面证明其是线性相关的.

假设 $\boldsymbol{\beta}_1,\boldsymbol{\beta}_2,\cdots,\boldsymbol{\beta}_{r+1}$ 线性无关，根据已知它们都可以由向量组 $\boldsymbol{\alpha}_1,\boldsymbol{\alpha}_2,\cdots,\boldsymbol{\alpha}_r$ 线性表示，根据定理 4.7 得到 $r+1\leqslant r$，这是矛盾的，所以假设不成立，即 $\boldsymbol{\beta}_1,\boldsymbol{\beta}_2,\cdots,\boldsymbol{\beta}_{r+1}$ 线性相关.

定理 4.8 可以作为最大无关组的另一个定义. 由定理 4.8 还可得以下推论.

推论 4.8　向量组 A 的最大无关组 $\boldsymbol{\alpha}_1,\boldsymbol{\alpha}_2,\cdots,\boldsymbol{\alpha}_r$ 与向量组 A 等价.

例如，向量组 $\boldsymbol{e}_1,\boldsymbol{e}_2,\cdots,\boldsymbol{e}_n$ 是 $\mathbf{R}^n$ 的最大无关组($\mathbf{R}^n$ 的秩是 n)，$\mathbf{R}^n$ 中任意向量 $\boldsymbol{\alpha}$ 都可由 $\boldsymbol{e}_1,\boldsymbol{e}_2,\cdots,\boldsymbol{e}_n$ 线性表示，且 $\boldsymbol{e}_1,\boldsymbol{e}_2,\cdots,\boldsymbol{e}_n$ 与 $\mathbf{R}^n$ 等价. 在等价的意义下，最大无关组精简了原来的向量组.

定理 4.9　设向量组 A 的秩为 r_1，向量组 B 的秩为 r_2，且向量组 A 可由向量组 B 线性表示，则 $r_1\leq r_2$.

证　设向量组 A 的最大无关组是 $\boldsymbol{\alpha}_1,\boldsymbol{\alpha}_2,\cdots,\boldsymbol{\alpha}_{r_1}$，向量组 B 的最大无关组是 $\boldsymbol{\beta}_1,\boldsymbol{\beta}_2,\cdots,\boldsymbol{\beta}_{r_2}$，则 $\boldsymbol{\alpha}_1,\boldsymbol{\alpha}_2,\cdots,\boldsymbol{\alpha}_{r_1}$ 可由 A 线性表示，A 可由 B 线性表示，B 可由 $\boldsymbol{\beta}_1,\boldsymbol{\beta}_2,\cdots,\boldsymbol{\beta}_{r_2}$ 线性表示，所以 $\boldsymbol{\alpha}_1,\boldsymbol{\alpha}_2,\cdots,\boldsymbol{\alpha}_{r_1}$ 可由 $\boldsymbol{\beta}_1,\boldsymbol{\beta}_2,\cdots,\boldsymbol{\beta}_{r_2}$ 线性表示. 令向量组 C：$\boldsymbol{\alpha}_1,\boldsymbol{\alpha}_2,\cdots,\boldsymbol{\alpha}_{r_1}$，$\boldsymbol{\beta}_1,\boldsymbol{\beta}_2,\cdots,\boldsymbol{\beta}_{r_2}$，则有

(1) $\boldsymbol{\beta}_1,\boldsymbol{\beta}_2,\cdots,\boldsymbol{\beta}_{r_2}$ 线性无关;

(2) 向量组 C 中任意向量可由 $\boldsymbol{\beta}_1,\boldsymbol{\beta}_2,\cdots,\boldsymbol{\beta}_{r_2}$ 线性表示.

由定理 4.8，$\boldsymbol{\beta}_1,\boldsymbol{\beta}_2,\cdots,\boldsymbol{\beta}_{r_2}$ 是 C 的最大无关组，即向量组 C 的秩为 r_2.

下面说明 $r_1 \leqslant r_2$，因为向量组 C 的秩为 r_2，即向量组 C 中最多只能有 r_2 个向量线性无关，而 $\boldsymbol{\alpha}_1,\boldsymbol{\alpha}_2,\cdots,\boldsymbol{\alpha}_{r_1}$ 线性无关，所以不可能有 $r_1 > r_2$.

这个定理也可以根据定理 4.7 证明，但是这里给出的证明方法有助于更深刻地理解最大无关组的内涵.

由上面定理立即得到以下推论.

推论 4.9　等价的向量组有相等的秩.

下面的定理告诉我们怎么根据矩阵的最高阶非零子式求矩阵列(行)向量组的最大无关组.

定理 4.10　设矩阵 $\boldsymbol{A}$ 的最高阶非零子式是 r 阶子式 D_r，则 D_r 所在的 r 个列(行)向量是矩阵 $\boldsymbol{A}$ 的列(行)向量组的最大无关组.

证　设 D_r 为选取 $\boldsymbol{A}$ 的前 r 行、前 r 列构成的最高子式，即

$$D_r = \begin{vmatrix} a_{11} & a_{12} & \cdots & a_{1r} \\ a_{21} & a_{22} & \cdots & a_{2r} \\ \vdots & \vdots & & \vdots \\ a_{r1} & a_{r2} & \cdots & a_{rr} \end{vmatrix},$$

由于 $D_r \neq 0$，根据推论 4.4 知向量组 $\boldsymbol{\beta}_1 = \begin{pmatrix} a_{11} \\ a_{21} \\ \vdots \\ a_{r1} \end{pmatrix}, \boldsymbol{\beta}_2 = \begin{pmatrix} a_{12} \\ a_{22} \\ \vdots \\ a_{r2} \end{pmatrix}, \cdots, \boldsymbol{\beta}_r = \begin{pmatrix} a_{1r} \\ a_{2r} \\ \vdots \\ a_{rr} \end{pmatrix}$ 线性无关，再根据定理 4.6 知矩阵 $\boldsymbol{A}$ 的前 r 列 $\boldsymbol{\alpha}_1 = \begin{pmatrix} a_{11} \\ \vdots \\ a_{r1} \\ \vdots \\ a_{n1} \end{pmatrix}, \boldsymbol{\alpha}_2 = \begin{pmatrix} a_{12} \\ \vdots \\ a_{r2} \\ \vdots \\ a_{n2} \end{pmatrix}, \cdots, \boldsymbol{\alpha}_r = \begin{pmatrix} a_{1r} \\ \vdots \\ a_{rr} \\ \vdots \\ a_{nr} \end{pmatrix}$ 也线性无关.

下面证明矩阵 $\boldsymbol{A}$ 的列向量组中任意 $r+1$ 个向量(如果有)一定线性相关.

假如向量组 $\boldsymbol{\gamma}_1,\boldsymbol{\gamma}_2,\cdots,\boldsymbol{\gamma}_{r+1}$ 为矩阵 $\boldsymbol{A}$ 的列向量组的部分组，并且线性无关，记 $\boldsymbol{C} = (\boldsymbol{\gamma}_1,\boldsymbol{\gamma}_2,\cdots,\boldsymbol{\gamma}_{r+1})$，根据推论 4.2，可知 $R(\boldsymbol{C}) = r+1$，那么矩阵 $\boldsymbol{C}$ 一定至少有一个不等于零的 $r+1$ 子式，而 $\boldsymbol{C}$ 的子式也是 $\boldsymbol{A}$ 的子式，说明 $\boldsymbol{A}$ 有一个不等于零的 $r+1$ 子式，与 $\boldsymbol{A}$ 的最高阶非零子式是 r 阶子式矛盾，所以假设不成立，即 $\boldsymbol{\gamma}_1,\boldsymbol{\gamma}_2,\cdots,\boldsymbol{\gamma}_{r+1}$ 线性相关，则 $\boldsymbol{\alpha}_1,\boldsymbol{\alpha}_2,\cdots,\boldsymbol{\alpha}_r$ 是矩阵 $\boldsymbol{A}$ 的列向量组的最大无关组.

由第 3 章的定义 3.12 以及本章的定义 4.12 和定理 4.10，可得以下推论.

推论 4.10　矩阵 $\boldsymbol{A}$ 的秩等于 $\boldsymbol{A}$ 的列(行)向量组的秩.

注　推论 4.10 解决了怎样计算向量组秩的问题.

根据定理 4.8, 一个向量组可以用其一个最大无关组线性表示, 那不在最大无关组里的向量怎么用最大无关组来线性表示呢？下面的定理很好地解决了这个问题.

定理 4.11　矩阵 $\boldsymbol{A}$ 经过初等行变换化为矩阵 $\boldsymbol{B}$, 则 $\boldsymbol{A}$ 的列向量组与 $\boldsymbol{B}$ 对应的列向量组有相同的线性组合关系.

证　施行初等行变换将 $\boldsymbol{A}_{m\times n}$ 化为 $\boldsymbol{B}_{m\times n}$, 相当于用可逆的 m 阶矩阵 $\boldsymbol{P}$ 左乘 $\boldsymbol{A}$, 即 $\boldsymbol{PA}=\boldsymbol{B}$. 对 $\boldsymbol{A}$ 和 $\boldsymbol{B}$ 按列分块

$$\boldsymbol{A}=(\boldsymbol{a}_1,\boldsymbol{a}_2,\cdots,\boldsymbol{a}_n),\quad \boldsymbol{B}=(\boldsymbol{b}_1,\boldsymbol{b}_2,\cdots,\boldsymbol{b}_n),$$

则

$$(\boldsymbol{Pa}_1,\boldsymbol{Pa}_2,\cdots,\boldsymbol{Pa}_n)=\boldsymbol{B}=(\boldsymbol{b}_1,\boldsymbol{b}_2,\cdots,\boldsymbol{b}_n),$$

即

$$\boldsymbol{b}_i=\boldsymbol{Pa}_i\ \ (i=1,2,\cdots,n).$$

设 $\boldsymbol{A}$ 的某些列 $\boldsymbol{a}_{i_1},\boldsymbol{a}_{i_2},\cdots,\boldsymbol{a}_{i_k}$ 有组合关系

$$x_1\boldsymbol{a}_{i_1}+x_2\boldsymbol{a}_{i_2}+\cdots+x_k\boldsymbol{a}_{i_k}=\boldsymbol{0},$$

则

$$x_1\boldsymbol{b}_{i_1}+x_2\boldsymbol{b}_{i_2}+\cdots+x_k\boldsymbol{b}_{i_k}=\boldsymbol{P}(x_1\boldsymbol{a}_{i_1}+x_2\boldsymbol{a}_{i_2}+\cdots+x_k\boldsymbol{a}_{i_k})=\boldsymbol{0},$$

即 $\boldsymbol{B}$ 的列向量组 $\boldsymbol{b}_{i_1},\boldsymbol{b}_{i_2},\cdots,\boldsymbol{b}_{i_k}$ 与 $\boldsymbol{A}$ 的对应列向量组 $\boldsymbol{a}_{i_1},\boldsymbol{a}_{i_2},\cdots,\boldsymbol{a}_{i_k}$ 有相同的线性组合关系. 由 $\boldsymbol{P}$ 可逆可知, $\boldsymbol{A}$ 的列向量组与 $\boldsymbol{B}$ 的对应列向量组也有相同的线性组合关系.

该定理说明对矩阵作初等行变换不会改变矩阵列向量组的线性组合关系.

例 4.11　求向量组

$$\boldsymbol{a}_1=(2,1,4,3)^{\mathrm{T}},\quad \boldsymbol{a}_2=(-1,1,-6,6)^{\mathrm{T}},\quad \boldsymbol{a}_3=(-1,-2,2,-9)^{\mathrm{T}},\quad \boldsymbol{a}_4=(1,1,-2,7)^{\mathrm{T}}$$

的秩及最大无关组, 并把不属于最大无关组里的向量用最大无关组线性表示.

解　将向量组按列写成矩阵 $\boldsymbol{A}$, 用初等行变换求 $\boldsymbol{A}$ 的秩.

$$\boldsymbol{A}=\begin{pmatrix}2&-1&-1&1\\1&1&-2&1\\4&-6&2&-2\\3&6&-9&7\end{pmatrix}\sim\begin{pmatrix}1&1&-2&1\\0&1&-1&1\\0&0&0&1\\0&0&0&0\end{pmatrix},$$

因此 $R(\boldsymbol{A})=3$, 故向量组 $\boldsymbol{a}_1,\boldsymbol{a}_2,\boldsymbol{a}_3,\boldsymbol{a}_4$ 的秩为 3.

进一步再将 $\boldsymbol{A}$ 化为行最简形:

$$\boldsymbol{A}\sim\begin{pmatrix}1&0&-1&0\\0&1&-1&0\\0&0&0&1\\0&0&0&0\end{pmatrix}\overset{\Delta}{=}\boldsymbol{B}=(\boldsymbol{b}_1,\boldsymbol{b}_2,\boldsymbol{b}_3,\boldsymbol{b}_4).$$

矩阵 $\boldsymbol{B}$ 的第 1, 2, 4 列 $\boldsymbol{b}_1,\boldsymbol{b}_2,\boldsymbol{b}_4$ 线性无关, 利用定理 4.11 可知, $\boldsymbol{A}$ 的第 1, 2, 4 列 $\boldsymbol{a}_1,\boldsymbol{a}_2,\boldsymbol{a}_4$ 线性无关, 并且已经知道列向量组的秩是 3, 所以 $\boldsymbol{a}_1,\boldsymbol{a}_2,\boldsymbol{a}_4$ 是 $\boldsymbol{a}_1,\boldsymbol{a}_2,\boldsymbol{a}_3,\boldsymbol{a}_4$ 的一个最大无关组.

由矩阵 $\boldsymbol{B}$ 易知，$\boldsymbol{b}_3=-\boldsymbol{b}_1-\boldsymbol{b}_2$，所以根据定理 4.11 知 $\boldsymbol{a}_3=-\boldsymbol{a}_1-\boldsymbol{a}_2$.

这个例题说明：要求向量组的最大无关组并把不在最大无关组里的向量用最大无关组线性表示出来，只要将其按列排成矩阵，再按上述方法作初等行变换直至行最简形矩阵即可.

定理 4.12 向量组 B：$\boldsymbol{\beta}_1,\boldsymbol{\beta}_2,\cdots,\boldsymbol{\beta}_s$ 能由向量组 A：$\boldsymbol{\alpha}_1,\boldsymbol{\alpha}_2,\cdots,\boldsymbol{\alpha}_r$ 线性表示的的充分必要条件是 $R(\boldsymbol{A})=R(\boldsymbol{A},\boldsymbol{B})$，其中 $\boldsymbol{A}=(\boldsymbol{\alpha}_1,\boldsymbol{\alpha}_2,\cdots,\boldsymbol{\alpha}_r)$，$(\boldsymbol{A},\boldsymbol{B})=(\boldsymbol{\alpha}_1,\boldsymbol{\alpha}_2,\cdots,\boldsymbol{\alpha}_r,\boldsymbol{\beta}_1,\boldsymbol{\beta}_2,\cdots,\boldsymbol{\beta}_s)$.

证 先证必要性. 向量组 B：$\boldsymbol{\beta}_1,\boldsymbol{\beta}_2,\cdots,\boldsymbol{\beta}_s$ 能由向量组 A：$\boldsymbol{\alpha}_1,\boldsymbol{\alpha}_2,\cdots,\boldsymbol{\alpha}_r$ 线性表示，则通过矩阵的初等列变化得

$$(\boldsymbol{A},\boldsymbol{B})\sim(\boldsymbol{A},\boldsymbol{O}),$$

所以

$$R(\boldsymbol{A})=R(\boldsymbol{A},\boldsymbol{O})=R(\boldsymbol{A},\boldsymbol{B}).$$

再证充分性. 根据推论 4.10，由 $R(\boldsymbol{A})=R(\boldsymbol{A},\boldsymbol{B})$，则

$$R(\boldsymbol{\alpha}_1,\boldsymbol{\alpha}_2,\cdots,\boldsymbol{\alpha}_r)=R(\boldsymbol{\alpha}_1,\boldsymbol{\alpha}_2,\cdots,\boldsymbol{\alpha}_r,\boldsymbol{\beta}_1,\boldsymbol{\beta}_2,\cdots,\boldsymbol{\beta}_s),$$

而 $\boldsymbol{\alpha}_1,\boldsymbol{\alpha}_2,\cdots,\boldsymbol{\alpha}_r$ 是 $\boldsymbol{\alpha}_1,\boldsymbol{\alpha}_2,\cdots,\boldsymbol{\alpha}_r,\boldsymbol{\beta}_1,\boldsymbol{\beta}_2,\cdots,\boldsymbol{\beta}_s$ 的部分向量构成的向量组，所以 $\boldsymbol{\beta}_1,\boldsymbol{\beta}_2,\cdots,\boldsymbol{\beta}_s$ 可以由 $\boldsymbol{\alpha}_1,\boldsymbol{\alpha}_2,\cdots,\boldsymbol{\alpha}_r$ 线性表示.

推论 4.11 向量组 A: $\boldsymbol{\alpha}_1,\boldsymbol{\alpha}_2,\cdots,\boldsymbol{\alpha}_r$ 与向量组 B: $\boldsymbol{\beta}_1,\boldsymbol{\beta}_2,\cdots,\boldsymbol{\beta}_s$ 等价的充分必要条件是 $R(\boldsymbol{A})=R(\boldsymbol{B})=R(\boldsymbol{A},\boldsymbol{B})$.

例 4.12 设 $\boldsymbol{A},\boldsymbol{B}$ 分别是 $m\times r$ 矩阵和 $r\times n$ 矩阵，证明：$R(\boldsymbol{AB})\leqslant\min\{R(\boldsymbol{A}),\ R(\boldsymbol{B})\}$.

证 记 $\boldsymbol{C}_{m\times n}=\boldsymbol{A}_{m\times r}\boldsymbol{B}_{r\times n}$，将 $\boldsymbol{C}$, $\boldsymbol{A}$ 按列分块表示为

$$(\boldsymbol{c}_1,\boldsymbol{c}_2,\cdots,\boldsymbol{c}_n)=(\boldsymbol{\alpha}_1,\boldsymbol{\alpha}_2,\cdots,\boldsymbol{\alpha}_r)\begin{pmatrix} b_{11} & b_{12} & \cdots & b_{1n} \\ b_{21} & b_{22} & \cdots & b_{2n} \\ \vdots & \vdots & & \vdots \\ b_{r1} & b_{r2} & \cdots & b_{rn} \end{pmatrix},$$

有

$$\boldsymbol{c}_i=b_{1i}\boldsymbol{\alpha}_1+b_{2i}\boldsymbol{\alpha}_2+\cdots+a_{ri}\boldsymbol{\alpha}_r\quad(i=1,2,\cdots,n).$$

上式表明向量组 $\boldsymbol{c}_1,\boldsymbol{c}_2,\cdots,\boldsymbol{c}_n$ 可由向量组 $\boldsymbol{\alpha}_1,\boldsymbol{\alpha}_2,\cdots,\boldsymbol{\alpha}_r$ 线性表示，即矩阵 $\boldsymbol{C}$ 的列向量组可以由矩阵 $\boldsymbol{A}$ 的列向量组线性表示. 由定理 4.9，向量组 $\boldsymbol{c}_1,\boldsymbol{c}_2,\cdots,\boldsymbol{c}_n$ 的秩小于或等于向量组 $\boldsymbol{\alpha}_1,\boldsymbol{\alpha}_2,\cdots,\boldsymbol{\alpha}_r$ 的秩. 又由推论 4.10 得，$R(\boldsymbol{C})\leqslant R(\boldsymbol{A})$.

由 $\boldsymbol{C}^{\mathrm{T}}=\boldsymbol{B}^{\mathrm{T}}\boldsymbol{A}^{\mathrm{T}}$，根据上面的结论得 $R(\boldsymbol{C}^{\mathrm{T}})\leqslant R(\boldsymbol{B}^{\mathrm{T}})$. 而

$$R(\boldsymbol{C}^{\mathrm{T}})=R(\boldsymbol{C}),\quad R(\boldsymbol{B}^{\mathrm{T}})=R(\boldsymbol{B}),$$

因此，$R(\boldsymbol{C})\leqslant R(\boldsymbol{B})$.

综合得到，$R(\boldsymbol{AB})\leqslant\min\{R(\boldsymbol{A}),\ R(\boldsymbol{B})\}$.

注 这个题目的结论和定理 4.9 是一致的，只是在矩阵和向量中的表现形式不一样而已，请读者进而理解向量的线性运算和矩阵的乘法运算这两者之间关系.

4.5 向量空间

1. 向量空间的定义

在 4.4 节, 我们讨论了向量组及其秩的问题, 在此基础上, 本节介绍向量空间及其维数的概念.

定义 4.13　设 V 为 n 维向量的非空集合, 如果集合 V 对于向量的加法及数乘两种运算封闭, 即

(1) 对于任意 $\boldsymbol{\alpha}, \boldsymbol{\beta} \in V$, 都有 $\boldsymbol{\alpha} + \boldsymbol{\beta} \in V$;

(2) 对于任意 $\boldsymbol{\alpha} \in V$ 及实数 λ, 都有 $\lambda\boldsymbol{\alpha} \in V$.

则称向量集合 V 为**向量空间**.

上述定义中的条件(1)和(2)称为集合 V **对加法和数乘两种运算封闭**. 由定义 4.13 知, 一个非空的 n 维向量的集合 V 要成为一个向量空间, 必须满足对加法和数乘运算的封闭性.

只有一个零向量的集合也是一个向量空间, 称为**零空间**.

如果 V_1 和 V 都是向量空间, 且 $V_1 \subseteq V$, 则称 V_1 是 V 的**子空间**. 任何一个向量空间都有一个子空间——零空间.

例 4.13　验证 n 维向量的全体 $\mathbf{R}^n$ 是向量空间.

证　任意两个 n 维向量之和仍然是 n 维向量, 实数 λ 乘 n 维向量仍然是 n 维向量. 由定义 4.13 知, $\mathbf{R}^n$ 是向量空间.

例 4.14　证明: 集合 $V = \{\boldsymbol{x} = (0, x_2, \cdots, x_n)^{\mathrm{T}} \mid x_2, \cdots, x_n \in \mathbf{R}\}$ 是一个向量空间.

证　任取

$$\boldsymbol{\alpha} = (0, a_2, \cdots, a_n)^{\mathrm{T}} \in V, \quad \boldsymbol{\beta} = (0, b_2, \cdots, b_n)^{\mathrm{T}} \in V$$

以及实数 λ, 有

$$\boldsymbol{\alpha} + \boldsymbol{\beta} = (0, a_2 + b_2, \cdots, a_n + b_n)^{\mathrm{T}} \in V,$$

$$\lambda\boldsymbol{\alpha} = (0, \lambda a_2, \cdots, \lambda a_n)^{\mathrm{T}} \in V.$$

由定义 4.13 知, V 是向量空间.

例 4.15　试说明集合

$$V = \{\boldsymbol{x} = (1, x_2, \cdots, x_n)^{\mathrm{T}} \mid x_2, \cdots, x_n \in \mathbf{R}\}$$

不是向量空间.

证　任取向量 $\boldsymbol{\alpha} = (1, a_2, \cdots, a_n)^{\mathrm{T}} \in V$ 和实数 $\lambda=2$, 有

$$\lambda\boldsymbol{\alpha} = 2\boldsymbol{\alpha} = (2, 2a_2, \cdots, 2a_n)^{\mathrm{T}} \notin V,$$

因此, V 不是向量空间.

例 4.16 设有向量组 $\boldsymbol{\alpha}_1, \boldsymbol{\alpha}_2, \cdots, \boldsymbol{\alpha}_m$，证明

$$V=\{\boldsymbol{x}=\lambda_1\boldsymbol{\alpha}_1+\lambda_2\boldsymbol{\alpha}_2+\cdots+\lambda_m\boldsymbol{\alpha}_m \mid \lambda_1, \lambda_2, \cdots, \lambda_m \in \mathbf{R}\}$$

是向量空间.

证 任取实数 k 和向量

$$\boldsymbol{x}=\lambda_1\boldsymbol{\alpha}_1+\lambda_2\boldsymbol{\alpha}_2+\cdots+\lambda_m\boldsymbol{\alpha}_m \in V,$$

$$\boldsymbol{y}=\mu_1\boldsymbol{\alpha}_1+\mu_2\boldsymbol{\alpha}_2+\cdots+\mu_m\boldsymbol{\alpha}_m \in V,$$

其中，$\lambda_i, \mu_i \in \mathbf{R}\ (i=1,2,\cdots,m)$，有

$$\boldsymbol{x}+\boldsymbol{y}=(\lambda_1+\mu_1)\boldsymbol{\alpha}_1+(\lambda_2+\mu_2)\boldsymbol{\alpha}_2+\cdots+(\lambda_m+\mu_m)\boldsymbol{\alpha}_m \in V,$$

$$k\boldsymbol{x}=k\lambda_1\boldsymbol{\alpha}_1+k\lambda_2\boldsymbol{\alpha}_2+\cdots+k\lambda_m\boldsymbol{\alpha}_m \in V.$$

所以 V 是向量空间.

定义 4.14 设有向量组 $\boldsymbol{\alpha}_1, \boldsymbol{\alpha}_2, \cdots, \boldsymbol{\alpha}_m$，称向量空间

$$V=\{\boldsymbol{x}=\lambda_1\boldsymbol{\alpha}_1+\lambda_2\boldsymbol{\alpha}_2+\cdots+\lambda_m\boldsymbol{\alpha}_m \mid \lambda_1, \lambda_2, \cdots, \lambda_m \in \mathbf{R}\}$$

是由**向量组 $\boldsymbol{\alpha}_1, \boldsymbol{\alpha}_2, \cdots, \boldsymbol{\alpha}_m$ 生成的向量空间**.

2. 向量空间的基与维数

除零空间外，一般的向量空间都含有无穷多个向量，我们希望找到有限个向量来表示向量空间的所有向量，这需要引入基的概念.

定义 4.15 设 V 为向量空间，$\boldsymbol{\alpha}_1, \boldsymbol{\alpha}_2, \cdots, \boldsymbol{\alpha}_r \in V$，如果

(1) $\boldsymbol{\alpha}_1, \boldsymbol{\alpha}_2, \cdots, \boldsymbol{\alpha}_r$ 线性无关；

(2) V 中任意向量 $\boldsymbol{\alpha}$ 都可由 $\boldsymbol{\alpha}_1, \boldsymbol{\alpha}_2, \cdots, \boldsymbol{\alpha}_r$ 线性表示，

则称向量组 $\boldsymbol{\alpha}_1, \boldsymbol{\alpha}_2, \cdots, \boldsymbol{\alpha}_r$ 为向量空间 V 的**基**；r 称为向量空间 V 的**维数**，记为 $\dim V=r$，并称 V 为 r **维向量空间**.

零空间没有基，规定零空间的维数是 0.

在 $\mathbf{R}^n$ 中，n 维单位坐标向量 $\boldsymbol{e}_1=(1,0,\cdots,0)^{\mathrm{T}}$，$\boldsymbol{e}_2=(0,1,\cdots,0)^{\mathrm{T}}, \cdots$，$\boldsymbol{e}_n=(0,0,\cdots,1)^{\mathrm{T}}$ 线性无关，且 $\mathbf{R}^n$ 中任一向量 $\boldsymbol{\alpha}=(x_1,x_2,\cdots,x_n)^{\mathrm{T}}$ 都可表示为

$$\boldsymbol{\alpha}=x_1\boldsymbol{e}_1+x_2\boldsymbol{e}_2+\cdots+x_n\boldsymbol{e}_n.$$

因此，$\boldsymbol{e}_1, \boldsymbol{e}_2, \cdots, \boldsymbol{e}_n$ 是 $\mathbf{R}^n$ 的一个基，且 $\dim \mathbf{R}^n=n$，即 $\mathbf{R}^n$ 是 n 维向量空间.

向量空间的基与向量组的最大无关组有本质的联系，若将向量空间 V 看作向量组 V，则向量空间 V 的基就是向量组 V 中的最大无关组(因为向量组的最大无关组不唯一，所以向量空间的基也不唯一)，向量空间 V 的维数就是向量组 V 的秩.

例 4.17 讨论向量空间

$$V=\{\boldsymbol{x}=(0,x_2,\cdots,x_n)^{\mathrm{T}} \mid x_2,\cdots,x_n \in \mathbf{R}\}$$

的基与维数.

解 显然

$$e_2=(0,1,0,\cdots,0)^{\mathrm{T}},\ e_3=(0,0,1,\cdots,0)^{\mathrm{T}},\ \ldots,\ e_n=(0,0,0,\cdots,1)^{\mathrm{T}}$$

线性无关，且V中任意向量可由$e_2,e_3,\cdots,e_n$线性表示．所以$e_2,e_3,\cdots,e_n$是V的基，且V是$n-1$维向量空间．

例 4.18　$\mathbf{R}^n$中任意n个线性无关的向量都是$\mathbf{R}^n$的基．

证　设$\alpha_1,\alpha_2,\cdots,\alpha_n$是$\mathbf{R}^n$中$n$个线性无关的向量，$\alpha$是$\mathbf{R}^n$中的任一向量，则$\alpha,\alpha_1,\alpha_2,\cdots,\alpha_n$这$n+1$个$n$维向量一定线性相关．由本章定理 4.2 可知，$\alpha$一定可由$\alpha_1,\alpha_2,\cdots,\alpha_n$线性表示，由定义 4.15，$\alpha_1,\alpha_2,\cdots,\alpha_n$是$\mathbf{R}^n$的一个基．

例如，$a_1=(1,0,0,0)^{\mathrm{T}}$，$a_2=(1,1,0,0)^{\mathrm{T}}$，$a_3=(1,1,1,0)^{\mathrm{T}}$，$a_4=(1,1,1,1)^{\mathrm{T}}$是线性无关的，因此，它们是$\mathbf{R}^4$的一个基．

如果向量组$\alpha_1,\alpha_2,\cdots,\alpha_r$线性无关，则由$\alpha_1,\alpha_2,\cdots,\alpha_r$生成的向量空间$V$是$r$维向量空间，且$\alpha_1,\alpha_2,\cdots,\alpha_r$是$V$的基．

3. 向量空间中向量的坐标

定义 4.16　设$\alpha_1,\alpha_2,\cdots,\alpha_n$是 n 维向量空间V的基．对任一向量$\alpha\in V$，有且仅有一组有序数$x_1,x_2,\cdots,x_n$，使

$$\alpha=x_1\alpha_1+x_2\alpha_2+\cdots+x_n\alpha_n,$$

称有序数组$x_1,x_2,\cdots,x_n$为**向量α在基$\alpha_1,\alpha_2,\cdots,\alpha_n$下的坐标**，记为$(x_1,x_2,\cdots,x_n)^{\mathrm{T}}$．

例 4.19　设有 3 个向量$a_1=(2,2,-1)^{\mathrm{T}}$，$a_2=(2,-1,2)^{\mathrm{T}}$，$a_3=(-1,2,2)^{\mathrm{T}}$，证明$a_1,a_2,a_3$是$\mathbf{R}^3$的一个基，并求$b_1=(1,0,-4)^{\mathrm{T}}$，$b_2=(4,3,2)^{\mathrm{T}}$在这个基下的坐标．

解　要证a_1,a_2,a_3是$\mathbf{R}^3$的一个基，即证a_1,a_2,a_3线性无关，只要证$(a_1,a_2,a_3)\sim E$．

又设$b_1=x_1a_1+x_2a_2+x_3a_3$，$b_2=y_1a_1+y_2a_2+y_3a_3$，即

$$(b_1,b_2)=(a_1,a_2,a_3)\begin{pmatrix}x_1 & y_1\\ x_2 & y_2\\ x_3 & y_3\end{pmatrix}.$$

记为$B=AX$．对矩阵(A,B)作初等行变换，若能将A化为E，则$\alpha_1,\alpha_2,\alpha_3$为$\mathbf{R}^3$的一个基，且当$A$化为$E$时，$B$就化成了$X=A^{-1}B$．

施行初等行变换可得

$$(A\,\vdots\,B)=\left(\begin{array}{ccc:cc}2 & 2 & -1 & 1 & 4\\ 2 & -1 & 2 & 0 & 3\\ -1 & 2 & 2 & -4 & 2\end{array}\right)\sim\left(\begin{array}{ccc:cc}1 & 0 & 0 & \frac{2}{3} & \frac{4}{3}\\ 0 & 1 & 0 & -\frac{2}{3} & 1\\ 0 & 0 & 1 & -1 & \frac{2}{3}\end{array}\right),$$

于是，$A\sim E$，故a_1,a_2,a_3是$\mathbf{R}^3$的一个基，且

$$(\boldsymbol{b}_1,\boldsymbol{b}_2)=(\boldsymbol{a}_1,\boldsymbol{a}_2,\boldsymbol{a}_3)\begin{pmatrix}\frac{2}{3} & \frac{4}{3}\\ -\frac{2}{3} & 1\\ -1 & \frac{2}{3}\end{pmatrix},$$

即 $\boldsymbol{b}_1$ 关于基 $\boldsymbol{a}_1,\boldsymbol{a}_2,\boldsymbol{a}_3$ 的坐标为 $\left(\frac{2}{3},\ -\frac{2}{3},\ -1\right)^{\mathrm{T}}$，$\boldsymbol{b}_2$ 关于基 $\boldsymbol{a}_1,\boldsymbol{a}_2,\boldsymbol{a}_3$ 的坐标为 $\left(\frac{4}{3},\ 1,\ \frac{2}{3}\right)^{\mathrm{T}}$.

注 该例题中不管是判断 $\boldsymbol{\alpha}_1,\boldsymbol{\alpha}_2,\boldsymbol{\alpha}_3$ 是 $\mathbf{R}^3$ 的基，还是求其他向量用这组基线性表示的坐标都可以通过对矩阵作初等变换来实现.

习 题 四

A 组

1. 填空题

(1) 设 $\boldsymbol{x}=(2,3,7)^{\mathrm{T}}$，$\boldsymbol{y}=(4,0,2)^{\mathrm{T}}$，$\boldsymbol{z}=(1,0,2)^{\mathrm{T}}$，且 $2(\boldsymbol{x}-\boldsymbol{a})+3(\boldsymbol{y}+\boldsymbol{a})=\boldsymbol{z}$，则 $\boldsymbol{a}=$________.

(2) 单个向量 $\boldsymbol{\alpha}$ 线性无关的充分必要条件是________.

(3) 任何含有零向量的向量组必定线性________.

(4) 设三阶矩阵 $\boldsymbol{A}=\begin{pmatrix}1 & 2 & -2\\ 2 & 1 & 2\\ 3 & 0 & 4\end{pmatrix}$，三维列向量 $\boldsymbol{\alpha}=(a,1,1)^{\mathrm{T}}$. 已知 $\boldsymbol{A\alpha}$ 与 $\boldsymbol{\alpha}$ 线性相关，则 $a=$________.

(5) 当 $k=$______时，向量组 $\boldsymbol{\alpha}_1=(1,\ 0,\ 1)^{\mathrm{T}}$，$\boldsymbol{\alpha}_2=(2,\ k,\ 2)^{\mathrm{T}}$，$\boldsymbol{\alpha}_3=(4,\ 3,\ 9)^{\mathrm{T}}$，$\boldsymbol{\alpha}_4=(4,\ 1,\ 1)^{\mathrm{T}}$ 线性相关.

(6) 若向量组 $\boldsymbol{\alpha}_1=\begin{pmatrix}1\\0\\0\end{pmatrix}$，$\boldsymbol{\alpha}_2=\begin{pmatrix}1\\1\\0\end{pmatrix}$，$\boldsymbol{\alpha}_3=\begin{pmatrix}a\\b\\c\end{pmatrix}$ 线性相关，则要求 $c=$________.

(7) 已知向量组 $\boldsymbol{\alpha}_1=(1,\ 0,\ 1)^{\mathrm{T}}$，$\boldsymbol{\alpha}_2=(2,\ 2,\ 3)^{\mathrm{T}}$，$\boldsymbol{\alpha}_3=(1,\ 3,\ t)^{\mathrm{T}}$ 线性相关，则 $t=$________.

(8) 向量组 $\boldsymbol{\alpha}_1=(1,1,2)^{\mathrm{T}}$，$\boldsymbol{\alpha}_2=(3,\ t,\ 1)^{\mathrm{T}}$，$\boldsymbol{\alpha}_3=(0,2,-t)^{\mathrm{T}}$ 线性无关的充分必要条件是________.

(9) 设向量组 $\boldsymbol{\alpha}_1=(a,0,c)^{\mathrm{T}}$，$\boldsymbol{\alpha}_2=(b,c,0)^{\mathrm{T}}$，$\boldsymbol{\alpha}_3=(0,a,b)^{\mathrm{T}}$ 线性无关，则 a,b,c 必满足关系式________.

(10) 设行向量组 $(2,1,1,1)$，$(2,1,a,a)$，$(3,2,1,a)$，$(4,3,2,1)$ 线性相关，且 $a\neq 1$，则 $a=$________.

(11) 已知 $\boldsymbol{\alpha}_1=(a_1,a_2,a_3,a_4)^{\mathrm{T}}$，$\boldsymbol{\alpha}_2=(b_1,b_2,b_3,b_4)^{\mathrm{T}}$，$\boldsymbol{\alpha}_3=(c_1,c_2,c_3,c_4)^{\mathrm{T}}$ 线性相关，则 $\boldsymbol{\beta}_1=(a_1,a_2,a_4)^{\mathrm{T}}$，$\boldsymbol{\beta}_2=(b_1,b_2,b_4)^{\mathrm{T}}$，$\boldsymbol{\beta}_3=(c_1,c_2,c_4)^{\mathrm{T}}$ 线性________.

(12) 设 $\boldsymbol{\alpha}_1$，$\boldsymbol{\alpha}_2$，$\boldsymbol{\alpha}_3$，$\boldsymbol{\alpha}_4$ 线性无关，则 $\boldsymbol{\alpha}_1-\boldsymbol{\alpha}_2$，$\boldsymbol{\alpha}_2$，$\boldsymbol{\alpha}_3$ 线性________.

(13) 若 m 个向量 $\boldsymbol{\alpha}_1,\boldsymbol{\alpha}_2,\cdots,\boldsymbol{\alpha}_m$ 线性相关，则此向量组的秩 r 和 m 的关系为________.

(14) 矩阵 $\boldsymbol{A}=\begin{pmatrix}1&0&1\\1&1&2\\0&1&1\end{pmatrix}$，$\boldsymbol{\alpha}_1,\boldsymbol{\alpha}_2,\boldsymbol{\alpha}_3$ 为线性无关的三维列向量组，则向量组 $\boldsymbol{A\alpha}_1$, $A\boldsymbol{\alpha}_2$, $A\boldsymbol{\alpha}_3$ 的秩为________.

(15) 设有向量组 $\boldsymbol{\beta}_1,\boldsymbol{\beta}_2$，又 $\boldsymbol{\alpha}_1=\boldsymbol{\beta}_1-\boldsymbol{\beta}_2$，$\boldsymbol{\alpha}_2=\boldsymbol{\beta}_1+2\boldsymbol{\beta}_2$，$\boldsymbol{\alpha}_3=5\boldsymbol{\beta}_1-2\boldsymbol{\beta}_2$，则向量组 $\boldsymbol{\alpha}_1,\boldsymbol{\alpha}_2,\boldsymbol{\alpha}_3$ 线性________.

(16) 若向量组 $\boldsymbol{\alpha}_1,\boldsymbol{\alpha}_2,\boldsymbol{\alpha}_3$ 线性相关，则向量组 $\boldsymbol{\alpha}_1+\boldsymbol{\alpha}_2$，$\boldsymbol{\alpha}_2+\boldsymbol{\alpha}_3$，$\boldsymbol{\alpha}_3+\boldsymbol{\alpha}_1$ 线性________.

(17) 向量组 $\begin{pmatrix}-1\\0\\1\end{pmatrix},\begin{pmatrix}1\\2\\1\end{pmatrix},\begin{pmatrix}3\\2\\-1\end{pmatrix}$ 的一个最大无关组是________.

(18) 向量空间 $V=\{\boldsymbol{x}=(x_1,x_2,0)^{\mathrm{T}}\mid x_1,x_2\in\mathbf{R}\}$ 的一组基为________.

2. 选择题

(1) 设向量 $\boldsymbol{\beta}$ 可由 $\boldsymbol{\alpha}_1,\boldsymbol{\alpha}_2,\cdots,\boldsymbol{\alpha}_m$ 线性表示，但不能由向量组 I: $\boldsymbol{\alpha}_1,\boldsymbol{\alpha}_2,\cdots,\boldsymbol{\alpha}_{m-1}$ 线性表示，记向量组 II: $\boldsymbol{\alpha}_1,\boldsymbol{\alpha}_2,\cdots,\boldsymbol{\alpha}_{m-1},\boldsymbol{\beta}$，则 $\boldsymbol{\alpha}_m$ (　　).

A. 不能由 I 线性表示，也不能由 II 线性表示

B. 不能由 I 线性表示，但可由 II 线性表示

C. 可由 I 线性表示，也可由 II 线性表示

D. 可由 I 线性表示，但不可由 II 线性表示

(2) 已知直线 $L_1:\dfrac{x-a_2}{a_1}=\dfrac{y-b_2}{b_1}=\dfrac{z-c_2}{c_1}$ 与直线 $L_2:\dfrac{x-a_3}{a_2}=\dfrac{y-b_3}{b_2}=\dfrac{z-c_3}{c_2}$ 相交于一点，向量 $\boldsymbol{\alpha}_i=\begin{pmatrix}a_i\\b_i\\c_i\end{pmatrix}(i=1,2,3)$，则(　　).

A. $\boldsymbol{\alpha}_1$ 可由 $\boldsymbol{\alpha}_2,\boldsymbol{\alpha}_3$ 线性表示　　B. $\boldsymbol{\alpha}_2$ 可由 $\boldsymbol{\alpha}_1,\boldsymbol{\alpha}_3$ 线性表示

C. $\boldsymbol{\alpha}_3$ 可由 $\boldsymbol{\alpha}_1,\boldsymbol{\alpha}_2$ 线性表示　　D. $\boldsymbol{\alpha}_1,\boldsymbol{\alpha}_2,\boldsymbol{\alpha}_3$ 线性无关

(3) n 维向量组 $\boldsymbol{\alpha}_1,\boldsymbol{\alpha}_2,\cdots,\boldsymbol{\alpha}_s$ $(3\leqslant s\leqslant n)$ 线性无关的充分必要条件是(　　).

A. 存在一组全为零的数 $k_1,k_2,\cdots,k_s$，使 $k_1\boldsymbol{\alpha}_1+k_2\boldsymbol{\alpha}_2+\cdots+k_s\boldsymbol{\alpha}_s=\mathbf{0}$

B. 存在一组不全为零的数 $k_1,k_2,\cdots,k_s$，使 $k_1\boldsymbol{\alpha}_1+k_2\boldsymbol{\alpha}_2+\cdots+k_s\boldsymbol{\alpha}_s\neq\mathbf{0}$

C. $\boldsymbol{\alpha}_1,\boldsymbol{\alpha}_2,\cdots,\boldsymbol{\alpha}_s$ 中任意两个向量都线性无关

D. $\boldsymbol{\alpha}_1,\boldsymbol{\alpha}_2,\cdots,\boldsymbol{\alpha}_s$ 中任意一个向量都不能由其余向量线性表示

(4) 设有两个 n 维向量组 $\boldsymbol{\alpha}_1,\boldsymbol{\alpha}_2,\cdots,\boldsymbol{\alpha}_s$ 和 $\boldsymbol{\beta}_1,\boldsymbol{\beta}_2,\cdots,\boldsymbol{\beta}_s$，若存在两组不全为零的数 $k_1,k_2,\cdots,k_s$；$\lambda_1,\lambda_2,\cdots,\lambda_s$，使 $(k_1+\lambda_1)\boldsymbol{\alpha}_1+\cdots+(k_s+\lambda_s)\boldsymbol{\alpha}_s+(k_1-\lambda_1)\boldsymbol{\beta}_1+\cdots+(k_s-\lambda_s)\boldsymbol{\beta}_s=\mathbf{0}$，则 (　　).

A. $\boldsymbol{\alpha}_1+\boldsymbol{\beta}_1,\cdots,\boldsymbol{\alpha}_s+\boldsymbol{\beta}_s$，$\boldsymbol{\alpha}_1-\boldsymbol{\beta}_1,\cdots,\boldsymbol{\alpha}_s-\boldsymbol{\beta}_s$ 线性相关

B. $\boldsymbol{\alpha}_1,\boldsymbol{\alpha}_2,\cdots,\boldsymbol{\alpha}_s$；$\boldsymbol{\beta}_1,\boldsymbol{\beta}_2,\cdots,\boldsymbol{\beta}_s$ 均线性无关

C. $\boldsymbol{\alpha}_1,\boldsymbol{\alpha}_2,\cdots,\boldsymbol{\alpha}_s$；$\boldsymbol{\beta}_1,\boldsymbol{\beta}_2,\cdots,\boldsymbol{\beta}_s$ 均线性相关

D. $\boldsymbol{\alpha}_1+\boldsymbol{\beta}_1,\cdots,\boldsymbol{\alpha}_s+\boldsymbol{\beta}_s$，$\boldsymbol{\alpha}_1-\boldsymbol{\beta}_1,\cdots,\boldsymbol{\alpha}_s-\boldsymbol{\beta}_s$ 线性无关

(5) 设 $\boldsymbol{A},\boldsymbol{B}$ 为满足 $\boldsymbol{AB}=\boldsymbol{O}$ 的任意两个非零矩阵，则必有(　　).

A. $\boldsymbol{A}$ 的列向量组线性相关，$\boldsymbol{B}$ 的行向量组线性相关

B. $\boldsymbol{A}$ 的列向量组线性相关，$\boldsymbol{B}$ 的列向量组线性相关

C. $\boldsymbol{A}$ 的行向量组线性相关，$\boldsymbol{B}$ 的行向量组线性相关

D. $\boldsymbol{A}$ 的行向量组线性相关，$\boldsymbol{B}$ 的列向量组线性相关

(6) 设有两个 n 维向量组 $\boldsymbol{\alpha}_1,\boldsymbol{\alpha}_2,\cdots,\boldsymbol{\alpha}_m$ 和 $\boldsymbol{\beta}_1,\boldsymbol{\beta}_2,\cdots,\boldsymbol{\beta}_m$ 均线性无关，则向量组 $\boldsymbol{\alpha}_1+\boldsymbol{\beta}_1$，$\boldsymbol{\alpha}_2+\boldsymbol{\beta}_2$，$\cdots$，$\boldsymbol{\alpha}_m+\boldsymbol{\beta}_m$ (　　).

A. 线性相关　　B. 线性无关

C. 可能线性相关也可能线性无关　　D. 既不线性相关，也不线性无关

(7) 设有向量组 A：$\boldsymbol{\alpha}_1,\boldsymbol{\alpha}_2,\cdots,\boldsymbol{\alpha}_s$ 与 B：$\boldsymbol{\beta}_1,\boldsymbol{\beta}_2,\cdots,\boldsymbol{\beta}_t$ 均线性无关，且向量组 A 中的每个向量都不能由向量组 B 线性表示，同时向量组 B 中的每个向量也不能由向量组 A 线性表示，则向量组 $\boldsymbol{\alpha}_1,\boldsymbol{\alpha}_2,\cdots,\boldsymbol{\alpha}_s,\boldsymbol{\beta}_1,\boldsymbol{\beta}_2,\cdots,\boldsymbol{\beta}_t$ 的线性相关性为(　　).

A. 线性相关　　B. 线性无关

C. 可能线性相关也可能线性无关　　D. 既不线性相关，也不线性无关

(8) 若向量组 $\boldsymbol{\alpha}_1,\boldsymbol{\alpha}_2,\boldsymbol{\alpha}_3,\boldsymbol{\alpha}_4$ 线性无关，则(　　).

A. $\boldsymbol{\alpha}_1+\boldsymbol{\alpha}_2,\boldsymbol{\alpha}_2+\boldsymbol{\alpha}_3,\boldsymbol{\alpha}_3+\boldsymbol{\alpha}_4,\boldsymbol{\alpha}_4+\boldsymbol{\alpha}_1$ 线性无关

B. $\boldsymbol{\alpha}_1-\boldsymbol{\alpha}_2,\boldsymbol{\alpha}_2-\boldsymbol{\alpha}_3,\boldsymbol{\alpha}_3-\boldsymbol{\alpha}_4,\boldsymbol{\alpha}_4-\boldsymbol{\alpha}_1$ 线性无关

C. $\boldsymbol{\alpha}_1+\boldsymbol{\alpha}_2,\boldsymbol{\alpha}_2+\boldsymbol{\alpha}_3,\boldsymbol{\alpha}_3+\boldsymbol{\alpha}_4,\boldsymbol{\alpha}_4-\boldsymbol{\alpha}_1$ 线性无关

D. $\boldsymbol{\alpha}_1+\boldsymbol{\alpha}_2,\boldsymbol{\alpha}_2+\boldsymbol{\alpha}_3,\boldsymbol{\alpha}_3-\boldsymbol{\alpha}_4,\boldsymbol{\alpha}_4-\boldsymbol{\alpha}_1$ 线性无关

(9) 下列向量组中，线性无关的向量组是(　　).

A. $(2,0,1)$，$(0,2,3)$，$(0,0,0)$　　B. $(-1,2,3)$，$(2,-4,-6)$，$(5,3,7)$

C. $(1,2)$，$(2,3)$，$(5,6)$　　D. $(1,1,1,-1)$，$(0,1,0,2)$，$(0,0,3,5)$

(10) 设向量组 I: $\boldsymbol{\alpha}_1,\boldsymbol{\alpha}_2,\cdots,\boldsymbol{\alpha}_r$ 可由向量组 II: $\boldsymbol{\beta}_1,\boldsymbol{\beta}_2,\cdots,\boldsymbol{\beta}_s$ 线性表示，则(　　).

A. 当 $r<s$ 时，向量组 II 必线性相关

B. 当 $r>s$ 时，向量组 II 必线性相关

C. 当 $r<s$ 时，向量组 I 必线性相关

D. 当 $r>s$ 时，向量组 I 必线性相关

(11) 设 $\boldsymbol{\alpha}_1,\boldsymbol{\alpha}_2,\boldsymbol{\alpha}_3$ 均为三维向量，则对任意常数 k,l，向量组 $\boldsymbol{\alpha}_1+k\boldsymbol{\alpha}_3,\boldsymbol{\alpha}_2+l\boldsymbol{\alpha}_3$ 线性无关

是向量组 $\boldsymbol{\alpha}_1,\boldsymbol{\alpha}_2,\boldsymbol{\alpha}_3$ 线性无关的(　　).

A. 必要非充分条件　　B. 充分非必要条件

C. 充分必要条件　　D. 既非充分也非必要条件

(12) 设向量组 $\boldsymbol{\alpha}_1,\boldsymbol{\alpha}_2,\cdots,\boldsymbol{\alpha}_m$ 和向量组 $\boldsymbol{\beta}_1,\boldsymbol{\beta}_2,\cdots,\boldsymbol{\beta}_m$ $(m\geqslant 2)$ 为两个 n 维向量组，且

$$\begin{cases}\boldsymbol{\alpha}_1=\boldsymbol{\beta}_2+\boldsymbol{\beta}_3+\cdots+\boldsymbol{\beta}_m,\\ \boldsymbol{\alpha}_2=\boldsymbol{\beta}_1+\boldsymbol{\beta}_3+\cdots+\boldsymbol{\beta}_m,\\ \quad\cdots\cdots\\ \boldsymbol{\alpha}_m=\boldsymbol{\beta}_1+\boldsymbol{\beta}_2+\cdots+\boldsymbol{\beta}_{m-1},\end{cases}$$

则有(　　).

A. $\boldsymbol{\alpha}_1,\boldsymbol{\alpha}_2,\cdots,\boldsymbol{\alpha}_m$ 的秩小于 $\boldsymbol{\beta}_1,\boldsymbol{\beta}_2,\cdots,\boldsymbol{\beta}_m$ 的秩

B. $\boldsymbol{\alpha}_1,\boldsymbol{\alpha}_2,\cdots,\boldsymbol{\alpha}_m$ 的秩大于 $\boldsymbol{\beta}_1,\boldsymbol{\beta}_2,\cdots,\boldsymbol{\beta}_m$ 的秩

C. $\boldsymbol{\alpha}_1,\boldsymbol{\alpha}_2,\cdots,\boldsymbol{\alpha}_m$ 的秩等于 $\boldsymbol{\beta}_1,\boldsymbol{\beta}_2,\cdots,\boldsymbol{\beta}_m$ 的秩

D. 无法判定

(13) 设 $\boldsymbol{\alpha}_1,\boldsymbol{\alpha}_2,\cdots,\boldsymbol{\alpha}_s$ 均为 n 维向量，下列结论不正确的是(　　).

A. 若对于任意一组不全为零的数 $k_1,k_2,\cdots,k_s$，都有 $k_1\boldsymbol{\alpha}_1+k_2\boldsymbol{\alpha}_2+\cdots+k_s\boldsymbol{\alpha}_s\neq\mathbf{0}$，则 $\boldsymbol{\alpha}_1,\boldsymbol{\alpha}_2,\cdots,\boldsymbol{\alpha}_s$ 线性无关

B. 若 $\boldsymbol{\alpha}_1,\boldsymbol{\alpha}_2,\cdots,\boldsymbol{\alpha}_s$ 线性相关，则对于任意一组不全为零的数 $k_1,k_2,\cdots,k_s$，都有 $k_1\boldsymbol{\alpha}_1+k_2\boldsymbol{\alpha}_2+\cdots+k_s\boldsymbol{\alpha}_s=\mathbf{0}$

C. $\boldsymbol{\alpha}_1,\boldsymbol{\alpha}_2,\cdots,\boldsymbol{\alpha}_s$ 线性无关的充分必要条件是此向量组的秩为 s

D. $\boldsymbol{\alpha}_1,\boldsymbol{\alpha}_2,\cdots,\boldsymbol{\alpha}_s$ 线性无关的必要条件是其中任意两个向量线性无关

(14) 设向量 $\boldsymbol{\alpha}_1=\begin{pmatrix}a\\1\\-1\\1\end{pmatrix},\boldsymbol{\alpha}_2=\begin{pmatrix}1\\1\\b\\a\end{pmatrix},\boldsymbol{\alpha}_3=\begin{pmatrix}1\\a\\-1\\1\end{pmatrix}$，若 $\boldsymbol{\alpha}_1,\boldsymbol{\alpha}_2,\boldsymbol{\alpha}_3$ 线性相关，且其中任意两个向量均线性无关，则(　　).

A. $a=1,b\neq-1$　　B. $a=1,b=-1$

C. $a\neq-2,b=2$　　D. $a=-2,b=2$

(15) 设 $\boldsymbol{\alpha}_1=(\lambda,1,1)^{\mathrm{T}},\boldsymbol{\alpha}_2=(1,\lambda,1)^{\mathrm{T}},\boldsymbol{\alpha}_3=(1,1,\lambda)^{\mathrm{T}},\boldsymbol{\alpha}_4=(1,\lambda,\lambda^2)^{\mathrm{T}}$，若 $\boldsymbol{\alpha}_1,\boldsymbol{\alpha}_2,\boldsymbol{\alpha}_3$ 与 $\boldsymbol{\alpha}_1,\boldsymbol{\alpha}_2,\boldsymbol{\alpha}_4$ 等价，则 λ 的取值范围是(　　).

A. $\{0,1\}$　　B. $\{\lambda\mid\lambda\in\mathbf{R},\lambda\neq-2\}$

C. $\{\lambda\mid\lambda\in\mathbf{R},\lambda\neq-1,\lambda\neq-2\}$　　D. $\{\lambda\mid\lambda\in\mathbf{R},\lambda\neq-1\}$

(16) 当 k 为(　　)时，$\boldsymbol{\alpha}_1=\begin{pmatrix}1\\0\\1\end{pmatrix}$，$\boldsymbol{\alpha}_2=\begin{pmatrix}0\\-2\\k\end{pmatrix}$，$\boldsymbol{\alpha}_3=\begin{pmatrix}2\\-1\\3\end{pmatrix}$ 不构成 $\mathbf{R}^3$ 的一个基.

A. 0　　B. 1　　C. 2　　D. 3

(17) 向量 $\boldsymbol{\beta}=\begin{pmatrix}5\\-2\\-2\\0\end{pmatrix}$ 在基 $\boldsymbol{\alpha}_1=\begin{pmatrix}1\\1\\2\\3\end{pmatrix}$，$\boldsymbol{\alpha}_2=\begin{pmatrix}1\\2\\-3\\1\end{pmatrix}$，$\boldsymbol{\alpha}_3=\begin{pmatrix}1\\-1\\-1\\2\end{pmatrix}$，$\boldsymbol{\alpha}_4=\begin{pmatrix}1\\4\\-5\\11\end{pmatrix}$ 下的坐标为( ).

A. $(-1,3,2,1)^{\mathrm{T}}$　　B. $(3,1,2,-1)^{\mathrm{T}}$　　C. $(2,1,3,-1)^{\mathrm{T}}$　　D. $(1,2,3,-1)^{\mathrm{T}}$

(18) 向量 $\boldsymbol{\beta}=(\quad)$在基 $\boldsymbol{\alpha}_1=\begin{pmatrix}1\\1\\0\end{pmatrix}$，$\boldsymbol{\alpha}_2=\begin{pmatrix}0\\1\\1\end{pmatrix}$，$\boldsymbol{\alpha}_3=\begin{pmatrix}1\\0\\1\end{pmatrix}$ 下的坐标为 $(-1,0,1)$.

A. $\begin{pmatrix}1\\0\\-1\end{pmatrix}$　　B. $\begin{pmatrix}-1\\0\\1\end{pmatrix}$　　C. $\begin{pmatrix}0\\1\\-1\end{pmatrix}$　　D. $\begin{pmatrix}0\\-1\\1\end{pmatrix}$

(19) 向量 $\boldsymbol{\beta}=(\quad)$在基 $\boldsymbol{\alpha}_1=\begin{pmatrix}1\\2\\3\\2\end{pmatrix}$，$\boldsymbol{\alpha}_2=\begin{pmatrix}2\\-1\\2\\-3\end{pmatrix}$，$\boldsymbol{\alpha}_3=\begin{pmatrix}3\\-2\\-1\\2\end{pmatrix}$，$\boldsymbol{\alpha}_4=\begin{pmatrix}-2\\-3\\4\\1\end{pmatrix}$ 下的坐标为 $(1,2,-1,-2)^{\mathrm{T}}$.

A. $\begin{pmatrix}-8\\6\\4\\8\end{pmatrix}$　　B. $\begin{pmatrix}-6\\8\\4\\-6\end{pmatrix}$　　C. $\begin{pmatrix}6\\8\\4\\-8\end{pmatrix}$　　D. $\begin{pmatrix}-4\\8\\6\\-8\end{pmatrix}$

3. 将 $\boldsymbol{b}$ 表示为 $\boldsymbol{a}_1,\boldsymbol{a}_2,\boldsymbol{a}_3$ 的线性组合.

(1) $\boldsymbol{a}_1=(1,1,-1)^{\mathrm{T}}$，$\boldsymbol{a}_2=(1,2,1)^{\mathrm{T}}$，$\boldsymbol{a}_3=(0,0,1)^{\mathrm{T}}$，$\boldsymbol{b}=(1,0,-2)^{\mathrm{T}}$；

(2) $\boldsymbol{a}_1=(1,2,3)^{\mathrm{T}}$，$\boldsymbol{a}_2=(1,0,4)^{\mathrm{T}}$，$\boldsymbol{a}_3=(1,3,1)^{\mathrm{T}}$，$\boldsymbol{b}=(3,1,11)^{\mathrm{T}}$.

4. 已知向量组 $\boldsymbol{a}_1,\boldsymbol{a}_2,\cdots,\boldsymbol{a}_r$ 线性无关，且 $\boldsymbol{b}_1=\boldsymbol{a}_1+\boldsymbol{a}_2$，$\boldsymbol{b}_2=\boldsymbol{a}_2+\boldsymbol{a}_3$，…，$\boldsymbol{b}_r=\boldsymbol{a}_r+\boldsymbol{a}_1$. 证明：当 r 为奇数时 $\boldsymbol{b}_1, \boldsymbol{b}_2, \cdots, \boldsymbol{b}_r$ 线性无关；当 r 为偶数时 $\boldsymbol{b}_1, \boldsymbol{b}_2, \cdots, \boldsymbol{b}_r$ 线性相关.

5. 已知 $\boldsymbol{a}_1, \boldsymbol{a}_2, \cdots, \boldsymbol{a}_r$ 线性无关，且 $\boldsymbol{b}_1=\boldsymbol{a}_1$，$\boldsymbol{b}_2=\boldsymbol{a}_1+\boldsymbol{a}_2$，…，$\boldsymbol{b}_r=\boldsymbol{a}_1+\boldsymbol{a}_2+\cdots+\boldsymbol{a}_r$，证明：$\boldsymbol{b}_1, \boldsymbol{b}_2, \cdots, \boldsymbol{b}_r$ 线性无关.

6. 设有两个 n 维向量组 A: $\boldsymbol{a}_i=(a_{i1},a_{i2},\cdots,a_{in})$，$B$: $\boldsymbol{b}_i=(a_{ip_1},a_{ip_2},\cdots,a_{ip_n})$，其中 $i=1,2,\cdots,m$，而 $p_1p_2\cdots p_n$ 是 $1,2,\cdots,n$ 这 n 个自然数的某个排列，证明：向量组 A 与向量组 B 的线性相关性相同.

7. m 个 r 维向量的每个向量添上 $n-r$ 个分量，成为 m 个 n 维向量. 若 m 个 r 维向量线性无关，证明：m 个 n 维向量亦线性无关.

8. 判别下列向量组的线性相关性.

(1) $(1,1,0)$，$(0,1,1)$，$(3,0,0)$；

(2) $(1,1,3)$, $(2,4,5)$, $(1,-1,0)$, $(2,2,6)$;

(3) $(2,1)$, $(3,4)$, $(-1,3)$;

(4) $(2,-1,7,3)$, $(1,4,11,-2)$, $(3,-6,3,8)$;

(5) $(1,0,0,2)$, $(2,1,0,3)$, $(3,0,1,5)$.

9. 利用初等行变换，求下列矩阵的列向量组的一个最大无关组，并把不在最大无关组中的向量用最大无关组线性表示.

(1) $\begin{pmatrix} 25 & 31 & 17 & 43 \\ 75 & 94 & 53 & 132 \\ 75 & 94 & 54 & 134 \\ 25 & 32 & 20 & 48 \end{pmatrix}$;　　(2) $\begin{pmatrix} 1 & 1 & 2 & 2 & 1 \\ 0 & 2 & 1 & 5 & -1 \\ 2 & 0 & 3 & -1 & 3 \\ 1 & 1 & 0 & 4 & -1 \end{pmatrix}$.

10. 求下列向量组的秩，并求一个最大无关组.

(1) $\boldsymbol{a}_1 = \begin{pmatrix} 1 \\ 2 \\ -1 \\ 4 \end{pmatrix}, \boldsymbol{a}_2 = \begin{pmatrix} 9 \\ 100 \\ 10 \\ 4 \end{pmatrix}, \boldsymbol{a}_3 = \begin{pmatrix} -2 \\ -4 \\ 2 \\ -8 \end{pmatrix}$;　　(2) $\boldsymbol{a}_1 = \begin{pmatrix} 1 \\ 2 \\ 1 \\ 3 \end{pmatrix}, \boldsymbol{a}_2 = \begin{pmatrix} 4 \\ -1 \\ -5 \\ -6 \end{pmatrix}, \boldsymbol{a}_3 = \begin{pmatrix} 1 \\ -3 \\ -4 \\ -7 \end{pmatrix}$.

11. 已知向量组

(1) $\boldsymbol{a}_1 = \begin{pmatrix} 1 \\ 1 \\ 4 \end{pmatrix}, \boldsymbol{a}_2 = \begin{pmatrix} 1 \\ 0 \\ 4 \end{pmatrix}, \boldsymbol{a}_3 = \begin{pmatrix} 1 \\ 2 \\ a^2+3 \end{pmatrix}$;　　(2) $\beta_1 = \begin{pmatrix} 1 \\ 1 \\ a+3 \end{pmatrix}, \beta_2 = \begin{pmatrix} 0 \\ 2 \\ 1-a \end{pmatrix}, \beta_3 = \begin{pmatrix} 1 \\ 3 \\ a^2+3 \end{pmatrix}$.

若向量组(1)和向量组(2)等价，求 a 的取值，并将 $\boldsymbol{\beta}_3$ 用 $\boldsymbol{a}_1, \boldsymbol{a}_2, \boldsymbol{a}_3$ 线性表示.

12. 已知 n 维单位坐标向量 $\boldsymbol{e}_1, \boldsymbol{e}_2, \cdots, \boldsymbol{e}_n$ 可由 n 维向量组 $\boldsymbol{a}_1, \boldsymbol{a}_2, \cdots, \boldsymbol{a}_n$ 线性表示，证明：$\boldsymbol{a}_1, \boldsymbol{a}_2, \cdots, \boldsymbol{a}_n$ 线性无关.

13. 证明：n 维向量组 $\boldsymbol{a}_1, \boldsymbol{a}_2, \cdots, \boldsymbol{a}_n$ 线性无关的充分必要条件是任一 n 维向量都可由 $\boldsymbol{a}_1, \boldsymbol{a}_2, \cdots, \boldsymbol{a}_n$ 线性表示.

14. 向量组 $\boldsymbol{\alpha}_1, \boldsymbol{\alpha}_2, \cdots, \boldsymbol{\alpha}_s$ 的秩为 r_1，向量组 $\boldsymbol{\beta}_1, \boldsymbol{\beta}_2, \cdots, \boldsymbol{\beta}_t$ 的秩为 r_2，向量组 $\boldsymbol{\alpha}_1, \boldsymbol{\alpha}_2, \cdots, \boldsymbol{\alpha}_s, \boldsymbol{\beta}_1, \boldsymbol{\beta}_2, \cdots, \boldsymbol{\beta}_t$ 的秩为 r_3，证明：$\max\{r_1, r_2\} \leqslant r_3 \leqslant r_1 + r_2$.

15. 设 $\boldsymbol{A}, \boldsymbol{B}$ 是同型矩阵，证明：$R(\boldsymbol{A}+\boldsymbol{B}) \leqslant R(\boldsymbol{A}) + R(\boldsymbol{B})$.

16. 判别下列向量集合 V 是否为向量空间？为什么？

(1) $V = \{\boldsymbol{x} = (x_1, \cdots, x_n)^{\mathrm{T}} \mid \sum_{i=1}^{n} x_i = 0; x_i \in \mathbf{R}, i = 1, 2, \cdots, n\}$;

(2) $V = \{\boldsymbol{x} = (x_1, \cdots, x_n)^{\mathrm{T}} \mid \sum_{i=1}^{n} x_i = 1; x_i \in \mathbf{R}, i = 1, 2, \cdots, n\}$;

(3) $V = \{\boldsymbol{x} = (x_1, \cdots, x_n)^{\mathrm{T}} \mid x_1 = \cdots = x_n; x_i \in \mathbf{R}, i = 1, 2, \cdots, n\}$.

17. 设向量组$\boldsymbol{\alpha}_1,\boldsymbol{\alpha}_2,\boldsymbol{\alpha}_3$为三维向量空间$\mathbf{R}^3$的一个基,

$$\boldsymbol{\beta}_1=2\boldsymbol{\alpha}_1+2k\boldsymbol{\alpha}_3,\quad \boldsymbol{\beta}_2=2\boldsymbol{\alpha}_2,\quad \boldsymbol{\beta}_3=\boldsymbol{\alpha}_1+(k+1)\boldsymbol{\alpha}_3,$$

(1) 证明向量组$\boldsymbol{\beta}_1,\boldsymbol{\beta}_2,\boldsymbol{\beta}_3$为$\mathbf{R}^3$的一个基;

(2) 当k为何值时, 存在非零向量$\boldsymbol{\xi}$在基$\boldsymbol{\alpha}_1,\boldsymbol{\alpha}_2,\boldsymbol{\alpha}_3$与基$\boldsymbol{\beta}_1,\boldsymbol{\beta}_2,\boldsymbol{\beta}_3$下的坐标相同, 并求所有的$\boldsymbol{\xi}$.

18. 证明: 由$\boldsymbol{\alpha}_1=(0,1,1)^{\mathrm{T}},\boldsymbol{\alpha}_2=(1,0,1)^{\mathrm{T}},\boldsymbol{\alpha}_3=(1,1,0)^{\mathrm{T}}$所生成的向量空间就是$\mathbf{R}^3$.

19. 设V_1是由$\boldsymbol{a}_1=(1,1,0,0)^{\mathrm{T}}$, $\boldsymbol{a}_2=(1,0,1,1)^{\mathrm{T}}$所生成的向量空间, V_2是由$\boldsymbol{b}_1=(2,-1,3,3)^{\mathrm{T}}$, $\boldsymbol{b}_2=(0,1,-1,-1)^{\mathrm{T}}$所生成的向量空间, 试证: $V_1=V_2$.

20. 验证$\boldsymbol{\alpha}_1=(1,-1,0)^{\mathrm{T}}$, $\boldsymbol{\alpha}_2=(2,1,3)^{\mathrm{T}}$, $\boldsymbol{\alpha}_3=(3,1,2)^{\mathrm{T}}$为$\mathbf{R}^3$的一个基, 并求$\boldsymbol{\alpha}=(5,0,7)^{\mathrm{T}}$在这个基下的坐标.

B　组

1. 已知向量组$\boldsymbol{\alpha}_1,\boldsymbol{\alpha}_2,\boldsymbol{\alpha}_3$线性相关, 向量组$\boldsymbol{\alpha}_2,\boldsymbol{\alpha}_3,\boldsymbol{\alpha}_4$线性无关, 证明:

(1) $\boldsymbol{\alpha}_1$可由$\boldsymbol{\alpha}_2,\boldsymbol{\alpha}_3$线性表示;

(2) $\boldsymbol{\alpha}_4$不能由$\boldsymbol{\alpha}_1,\boldsymbol{\alpha}_2,\boldsymbol{\alpha}_3$线性表示.

2. 设$\boldsymbol{A}$是n阶方阵, $\boldsymbol{a}_1,\boldsymbol{a}_2,\boldsymbol{a}_3$是$n$维列向量, 且$\boldsymbol{a}_1\neq\boldsymbol{0}$, $\boldsymbol{A}\boldsymbol{a}_1=\boldsymbol{a}_1$, $\boldsymbol{A}\boldsymbol{a}_2=\boldsymbol{a}_1+\boldsymbol{a}_2$, $\boldsymbol{A}\boldsymbol{a}_3=\boldsymbol{a}_2+\boldsymbol{a}_3$. 证明: $\boldsymbol{a}_1,\boldsymbol{a}_2,\boldsymbol{a}_3$线性无关.

3. 设$\boldsymbol{\alpha}_1,\boldsymbol{\alpha}_2,\cdots\boldsymbol{\alpha}_s$线性无关, $\boldsymbol{\beta}=\lambda_1\boldsymbol{\alpha}_1+\lambda_2\boldsymbol{\alpha}_2+\cdots+\lambda_s\boldsymbol{\alpha}_s$, 其中$\lambda_i\neq 0$. 证明:

$$\boldsymbol{\alpha}_1,\cdots,\boldsymbol{\alpha}_{i-1},\boldsymbol{\beta},\boldsymbol{\alpha}_{i+1},\cdots\boldsymbol{\alpha}_s$$

线性无关.

4. 设向量组A: $\boldsymbol{\alpha}_1,\boldsymbol{\alpha}_2,\cdots,\boldsymbol{\alpha}_m$线性无关, 向量$\boldsymbol{\beta}_1$可由向量组$A$线性表示, 而向量$\boldsymbol{\beta}_2$不能由向量组$A$线性表示. 证明: 向量组$\boldsymbol{\alpha}_1,\boldsymbol{\alpha}_2,\cdots,\boldsymbol{\alpha}_m,l\boldsymbol{\beta}_1+\boldsymbol{\beta}_2$线性无关(其中$l$为常数).

5. 设有一个含m个向量的向量组$\boldsymbol{\alpha}_1,\boldsymbol{\alpha}_2,\cdots,\boldsymbol{\alpha}_m$ $(m\geqslant 2)$,且$\boldsymbol{\beta}=\boldsymbol{\alpha}_1+\boldsymbol{\alpha}_2+\cdots+\boldsymbol{\alpha}_m$, 证明: 向量组$\boldsymbol{\beta}-\boldsymbol{\alpha}_1,\boldsymbol{\beta}-\boldsymbol{\alpha}_2,\cdots,\boldsymbol{\beta}-\boldsymbol{\alpha}_m$线性无关的充分必要条件是$\boldsymbol{\alpha}_1,\boldsymbol{\alpha}_2,\cdots,\boldsymbol{\alpha}_m$线性无关.

6. 设向量组B: $\boldsymbol{b}_1,\boldsymbol{b}_2,\cdots,\boldsymbol{b}_r$能由向量组$A$: $\boldsymbol{a}_1,\boldsymbol{a}_2,\cdots,\boldsymbol{a}_s$线性表示为

$$(\boldsymbol{b}_1,\boldsymbol{b}_2,\cdots,\boldsymbol{b}_r)=(\boldsymbol{a}_1,\boldsymbol{a}_2,\cdots,\boldsymbol{a}_s)\boldsymbol{K},$$

其中, $\boldsymbol{K}$为$s\times r$矩阵, 且向量组A线性无关, 证明: 向量组B线性无关的充分必要条件是矩阵$\boldsymbol{K}$的秩$R(\boldsymbol{K})=r$.

7. 设有两个向量组A: $\boldsymbol{\alpha}_1,\boldsymbol{\alpha}_2,\cdots,\boldsymbol{\alpha}_r$; B: $\boldsymbol{\beta}_1=\boldsymbol{\alpha}_1-\boldsymbol{\alpha}_2$, $\boldsymbol{\beta}_2=\boldsymbol{\alpha}_2-\boldsymbol{\alpha}_3,\cdots,\boldsymbol{\beta}_{r-1}=\boldsymbol{\alpha}_{r-1}-\boldsymbol{\alpha}_r$, $\boldsymbol{\beta}_r=\boldsymbol{\alpha}_r+\boldsymbol{\alpha}_1$, 证明: 向量组$A$的秩等于向量组$B$的秩.

8. 设 $\boldsymbol{A}$ 是 n 阶方阵，$\boldsymbol{\alpha}$ 是 n 维列向量，若 $\boldsymbol{A}^{m-1}\boldsymbol{\alpha} \neq \boldsymbol{0}$，$\boldsymbol{A}^{m}\boldsymbol{\alpha} = \boldsymbol{0}$，试证

$$\boldsymbol{\alpha}, \boldsymbol{A\alpha}, \boldsymbol{A}^2\boldsymbol{\alpha}, \cdots, \boldsymbol{A}^{m-1}\boldsymbol{\alpha}$$

线性无关$(m \geqslant 2)$.

9. 已知向量组 $\boldsymbol{\alpha}_1, \boldsymbol{\alpha}_2, \boldsymbol{\alpha}_3$ 的秩为 3，向量组 $\boldsymbol{\alpha}_1, \boldsymbol{\alpha}_2, \boldsymbol{\alpha}_3, \boldsymbol{\alpha}_4$ 的秩为 3，而向量组 $\boldsymbol{\alpha}_1, \boldsymbol{\alpha}_2, \boldsymbol{\alpha}_3, \boldsymbol{\alpha}_5$ 的秩为 4. 证明：向量组 $\boldsymbol{\alpha}_1, \boldsymbol{\alpha}_2, \boldsymbol{\alpha}_3, \boldsymbol{\alpha}_5 - \boldsymbol{\alpha}_4$ 的秩为 4.

10. 已知向量组 $\boldsymbol{\alpha}_1, \boldsymbol{\alpha}_2, \cdots, \boldsymbol{\alpha}_m$ 中任一向量 $\boldsymbol{\alpha}_i$ 都不是它前面 $i-1$ 个向量的线性组合，且 $\boldsymbol{\alpha}_1 \neq \boldsymbol{0}$，证明：$\boldsymbol{\alpha}_1, \boldsymbol{\alpha}_2, \cdots, \boldsymbol{\alpha}_m$ 的秩为 m.

11. 设 $A: \boldsymbol{\alpha}_1, \boldsymbol{\alpha}_2, \cdots, \boldsymbol{\alpha}_n$；$B: \boldsymbol{\beta}_1, \boldsymbol{\beta}_2, \cdots, \boldsymbol{\beta}_n$ 都是 n 维空间 V 的基.

$$W = \left\{ \boldsymbol{\alpha} \mid \boldsymbol{\alpha} = \sum_{i=1}^{n} x_i \boldsymbol{\alpha}_i; \sum_{i=1}^{n} x_i (\boldsymbol{\alpha}_i - \boldsymbol{\beta}_i) = \boldsymbol{0}, x_i \in \mathbf{R}, i = 1, 2, \cdots, n \right\}$$

证明：W 是 V 的子空间.

习题四部分难题详解

第5章　线性方程组

知识框架

在自然科学、工程技术等领域，许多问题常常归结为线性方程组的求解，因此研究线性方程组的求解问题是线性代数的一个重要内容. 本章以向量和矩阵为工具，讨论线性方程组的理论和求解方法.

5.1　线性方程组解的判别定理

设有 m 个方程 n 个未知数(元)的线性方程组

$$\begin{cases} a_{11}x_1 + a_{12}x_2 + \cdots + a_{1n}x_n = b_1, \\ a_{21}x_1 + a_{22}x_2 + \cdots + a_{2n}x_n = b_2, \\ \cdots\cdots \\ a_{m1}x_1 + a_{m2}x_2 + \cdots + a_{mn}x_n = b_m, \end{cases} \tag{5.1}$$

记

$$\boldsymbol{A} = \begin{pmatrix} a_{11} & a_{12} & \cdots & a_{1n} \\ a_{21} & a_{22} & \cdots & a_{2n} \\ \vdots & \vdots & & \vdots \\ a_{m1} & a_{m2} & \cdots & a_{mn} \end{pmatrix}, \quad \boldsymbol{x} = \begin{pmatrix} x_1 \\ x_2 \\ \vdots \\ x_n \end{pmatrix}, \quad \boldsymbol{b} = \begin{pmatrix} b_1 \\ b_2 \\ \vdots \\ b_m \end{pmatrix},$$

则线性方程组(5.1)可写成

$$\boldsymbol{Ax} = \boldsymbol{b}. \tag{5.2}$$

矩阵 $\boldsymbol{A}$ 和 $\boldsymbol{b}$ 分别称为线性方程组(5.1)的**系数矩阵**和**常数项向量**，

$$\boldsymbol{B} = (\boldsymbol{A}, \boldsymbol{b}) = \left(\begin{array}{cccc|c} a_{11} & a_{12} & \cdots & a_{1n} & b_1 \\ a_{21} & a_{22} & \cdots & a_{2n} & b_2 \\ \vdots & \vdots & & \vdots & \vdots \\ a_{m1} & a_{m2} & \cdots & a_{mn} & b_m \end{array}\right)$$

称为线性方程组(5.1)的**增广矩阵**.

如果将增广矩阵 $\boldsymbol{B}$ 按列分块，即 $\boldsymbol{B} = (\boldsymbol{A}, \boldsymbol{b}) = (\boldsymbol{a}_1, \boldsymbol{a}_2, \cdots, \boldsymbol{a}_n, \boldsymbol{b})$，这里

$$\boldsymbol{a}_1 = \begin{pmatrix} a_{11} \\ a_{21} \\ \vdots \\ a_{m1} \end{pmatrix}, \ \boldsymbol{a}_2 = \begin{pmatrix} a_{12} \\ a_{22} \\ \vdots \\ a_{m2} \end{pmatrix}, \ \cdots, \ \boldsymbol{a}_n = \begin{pmatrix} a_{1n} \\ a_{2n} \\ \vdots \\ a_{mn} \end{pmatrix},$$

此时方程组可写成

$$x_1\boldsymbol{a}_1+x_2\boldsymbol{a}_2+\cdots+x_n\boldsymbol{a}_n=\boldsymbol{b}. \tag{5.3}$$

事实上, 式(5.2)是方程组(5.1)的矩阵表示形式, 式(5.3)是方程组(5.1)的向量表示形式.

若 $x_1, x_2, \cdots, x_n$ 是方程组(5.1)的解, 则称 $\boldsymbol{x}=(x_1, x_2, \cdots, x_n)^{\mathrm{T}}$ 是方程组(5.1)或式(5.2)的**解向量**.

在线性方程组(5.1)中, 若 $b_1=b_2=\cdots=b_m=0$, 得到方程组

$$\begin{cases} a_{11}x_1+a_{12}x_2+\cdots+a_{1n}x_n=0, \\ a_{21}x_1+a_{22}x_2+\cdots+a_{2n}x_n=0, \\ \qquad\cdots\cdots \\ a_{m1}x_1+a_{m2}x_2+\cdots+a_{mn}x_n=0, \end{cases} \tag{5.4}$$

或

$$\boldsymbol{Ax}=\boldsymbol{0}. \tag{5.5}$$

式(5.4)称为**齐次线性方程组**.

若 $b_1, b_2, \cdots, b_m$ 不全为零, 方程组(5.1)称为**非齐次线性方程组**. 方程组(5.4)称为方程组(5.1)对应的齐次方程组.

同样地, 如果将矩阵 $\boldsymbol{A}$ 按列分块, 即 $\boldsymbol{A}=(\boldsymbol{a}_1, \boldsymbol{a}_2, \cdots, \boldsymbol{a}_n)$, 这里

$$\boldsymbol{a}_1=\begin{pmatrix} a_{11} \\ a_{21} \\ \vdots \\ a_{m1} \end{pmatrix}, \boldsymbol{a}_2=\begin{pmatrix} a_{12} \\ a_{22} \\ \vdots \\ a_{m2} \end{pmatrix}, \cdots, \boldsymbol{a}_n=\begin{pmatrix} a_{1n} \\ a_{2n} \\ \vdots \\ a_{mn} \end{pmatrix},$$

则齐次线性方程组可写成

$$x_1\boldsymbol{a}_1+x_2\boldsymbol{a}_2+\cdots+x_n\boldsymbol{a}_n=\boldsymbol{0}. \tag{5.6}$$

对于齐次线性方程组, $x_1=x_2=\cdots=x_n=0$ 即 $\boldsymbol{x}=(0,0,\cdots,0)^{\mathrm{T}}$ 总是该方程组的解, 称为**零解**. 我们关心的问题是齐次线性方程组有没有非零解? 事实上, 齐次线性方程组(5.4)是否有非零解等价于系数矩阵 $\boldsymbol{A}$ 的列向量组是否线性相关.

对于线性方程组方程(5.3), 其有解就是常数项向量 $\boldsymbol{b}$ 可以由系数矩阵 $\boldsymbol{A}$ 的列向量组线性表示, 线性表示的系数就是该方程组的解, 所以非齐次线性方程组的求解问题便转化为常数项向量 $\boldsymbol{b}$ 能否用系数矩阵 $\boldsymbol{A}$ 的列向量组线性表示.

下面从向量组的理论出发, 利用向量组和矩阵之间的内在联系给出非齐次线性方程组有解的判定定理和齐次线性方程组是否有非零解的判定定理.

定理 5.1 n 元非齐次线性方程组(5.1)有解的充分必要条件是系数矩阵 $\boldsymbol{A}$ 的秩与增广矩阵 $(\boldsymbol{A},\boldsymbol{b})$ 的秩相等.

证 先证明必要性. 设方程组(5.1)有解, 即有 n 维向量 $\boldsymbol{x}$ 使向量方程

$$x_1\boldsymbol{a}_1+x_2\boldsymbol{a}_2+\cdots+x_n\boldsymbol{a}_n=\boldsymbol{b}$$

成立，根据向量组的理论知，向量组 $\boldsymbol{a}_1,\boldsymbol{a}_2,\cdots,\boldsymbol{a}_n$ 与向量组 $\boldsymbol{a}_1,\boldsymbol{a}_2,\cdots,\boldsymbol{a}_n,\boldsymbol{b}$ 等价，所以 $\boldsymbol{a}_1,\boldsymbol{a}_2,\cdots,\boldsymbol{a}_n$ 的秩与 $\boldsymbol{a}_1,\boldsymbol{a}_2,\cdots,\boldsymbol{a}_n,\boldsymbol{b}$ 的秩相等，即 $R(\boldsymbol{A})=R(\boldsymbol{A},\boldsymbol{b})$.

再证充分性. 设系数矩阵 $\boldsymbol{A}=(\boldsymbol{a}_1,\boldsymbol{a}_2,\cdots,\boldsymbol{a}_n)$ 与增广矩阵 $(\boldsymbol{A},\boldsymbol{b})=(\boldsymbol{a}_1,\boldsymbol{a}_2,\cdots,\boldsymbol{a}_n,\boldsymbol{b})$ 的秩相等. 不妨设 $R(\boldsymbol{A})=R(\boldsymbol{A},\boldsymbol{b})=r$，则由向量组的理论可知，向量组 $\boldsymbol{a}_1,\boldsymbol{a}_2,\cdots,\boldsymbol{a}_n$ 与向量组 $\boldsymbol{a}_1,\boldsymbol{a}_2,\cdots,\boldsymbol{a}_n,\boldsymbol{b}$ 的秩都是 r. 而向量组 $\boldsymbol{a}_1,\boldsymbol{a}_2,\cdots,\boldsymbol{a}_n$ 是向量组 $\boldsymbol{a}_1,\boldsymbol{a}_2,\cdots,\boldsymbol{a}_n,\boldsymbol{b}$ 的部分组，设 $\boldsymbol{a}_{n_1},\boldsymbol{a}_{n_2},\cdots,\boldsymbol{a}_{n_r}$ 是 $\boldsymbol{a}_1,\boldsymbol{a}_2,\cdots,\boldsymbol{a}_n$ 的最大无关组，显然 $\boldsymbol{a}_{n_1},\boldsymbol{a}_{n_2},\cdots,\boldsymbol{a}_{n_r}$ 也是 $\boldsymbol{a}_1,\boldsymbol{a}_2,\cdots,\boldsymbol{a}_n,\boldsymbol{b}$ 的最大无关组. 因此，$\boldsymbol{b}$ 可由 $\boldsymbol{a}_{n_1},\boldsymbol{a}_{n_2},\cdots,\boldsymbol{a}_{n_r}$ 线性表示，从而可由 $\boldsymbol{a}_1,\boldsymbol{a}_2,\cdots,\boldsymbol{a}_n$ 线性表示，即存在一组数 $x_1,x_2,\cdots,x_n$，使得

$$x_1\boldsymbol{a}_1+x_2\boldsymbol{a}_2+\cdots+x_n\boldsymbol{a}_n=\boldsymbol{b}.$$

所以这组数 $x_1,x_2,\cdots,x_n$ 是方程组(5.1)的解，即线性方程组(5.1)有解.

定理 5.2　n 元齐次线性方程组(5.4)有非零解的充分必要条件是系数矩阵的秩 $R(\boldsymbol{A})<n$.

证　先证必要性. 设 $\boldsymbol{A}=(\boldsymbol{a}_1,\boldsymbol{a}_2,\cdots,\boldsymbol{a}_n)$，因为方程组 $\boldsymbol{Ax}=\boldsymbol{0}$ 有非零解，所以有一组不全为零的数 $x_1,x_2,\cdots,x_n$，使

$$x_1\boldsymbol{a}_1+x_2\boldsymbol{a}_2+\cdots+x_n\boldsymbol{a}_n=\boldsymbol{0}$$

成立. 从而可知，$\boldsymbol{A}$ 的列向量组 $\boldsymbol{a}_1,\boldsymbol{a}_2,\cdots,\boldsymbol{a}_n$ 线性相关，即向量组 $\boldsymbol{a}_1,\boldsymbol{a}_2,\cdots,\boldsymbol{a}_n$ 的秩小于 n，所以 $R(\boldsymbol{A})<n$.

再证充分性. 设 $R(\boldsymbol{A})<n$，则 $\boldsymbol{A}$ 的列向量组 $\boldsymbol{a}_1,\boldsymbol{a}_2,\cdots,\boldsymbol{a}_n$ 的秩小于 n，所以 $\boldsymbol{a}_1,\boldsymbol{a}_2,\cdots,\boldsymbol{a}_n$ 线性相关，即有一组不全为零的数 $x_1,x_2,\cdots,x_n$，使

$$x_1\boldsymbol{a}_1+x_2\boldsymbol{a}_2+\cdots+x_n\boldsymbol{a}_n=\boldsymbol{0}$$

成立. 故非零向量 $\boldsymbol{x}=(x_1,x_2,\cdots,x_n)^{\mathrm{T}}$ 就是 $\boldsymbol{Ax}=\boldsymbol{0}$ 的非零解.

根据定理 5.1, 判定一个非齐次线性方程组是否有解，只需计算系数矩阵的秩与增广矩阵的秩. 若两者相等则方程组有解；若两者不相等(此时只能是 $R(\boldsymbol{B})=R(\boldsymbol{A})+1$)，则方程组无解. 而矩阵秩的计算可用初等行变换来实现，并且两个矩阵秩的计算可合并进行. 判断齐次线性方程组是否具有非零解只需计算系数矩阵的秩并比较和 n 的大小关系即可.

例 5.1　判别线性方程组

$$\begin{cases} x_1-2x_2+3x_3-\ \ x_4=1,\\ 3x_1-\ \ x_2+5x_3-3x_4=2,\\ 2x_1+\ \ x_2+2x_3-2x_4=3 \end{cases}$$

是否有解.

解　对增广矩阵 $(\boldsymbol{A},\boldsymbol{b})$ 施行初等行变换

$$(\boldsymbol{A},\boldsymbol{b})=\left(\begin{array}{cccc:c}1&-2&3&-1&1\\3&-1&5&-3&2\\2&1&2&-2&3\end{array}\right)\sim\left(\begin{array}{cccc:c}1&-2&3&-1&1\\0&5&-4&0&-1\\0&5&-4&0&1\end{array}\right)\sim\left(\begin{array}{cccc:c}1&-2&3&-1&1\\0&5&-4&0&-1\\0&0&0&0&2\end{array}\right)$$

所以 $R(\boldsymbol{A})=2$, $R(\boldsymbol{A},\boldsymbol{b})=3$，即 $R(\boldsymbol{A})\neq R(\boldsymbol{A},\boldsymbol{b})$，根据定理 5.1，该非齐次方程组无解.

例 5.2 判别线性方程组

$$\begin{cases}x_1-x_2-x_3+x_4=0,\\x_1-x_2+x_3-3x_4=1,\\x_1-x_2-2x_3+3x_4=-\dfrac{1}{2}\end{cases}$$

是否有解.

解 对增广矩阵 $(\boldsymbol{A},\boldsymbol{b})$ 施行初等行变换

$$(\boldsymbol{A},\boldsymbol{b})=\left(\begin{array}{cccc:c}1&-1&-1&1&0\\1&-1&1&-3&1\\1&-1&-2&3&-\dfrac{1}{2}\end{array}\right)\sim\left(\begin{array}{cccc:c}1&-1&-1&1&0\\0&0&2&-4&1\\0&0&-1&2&-\dfrac{1}{2}\end{array}\right)\sim\left(\begin{array}{cccc:c}1&-1&-1&1&0\\0&0&2&-4&1\\0&0&0&0&0\end{array}\right)$$

可见 $R(\boldsymbol{A})=R(\boldsymbol{A},\boldsymbol{b})=2$，故方程组有解.

例 5.3 判别齐次方程组 $\begin{cases}x_1+x_2+x_3=0,\\x_2+x_3=0,\\2x_1+3x_2+3x_3=0\end{cases}$ 是否有非零解.

解 对系数矩阵 $\boldsymbol{A}$ 实施初等行变换

$$\boldsymbol{A}=\begin{pmatrix}1&1&1\\0&1&1\\2&3&3\end{pmatrix}\sim\begin{pmatrix}1&1&1\\0&1&1\\0&1&1\end{pmatrix}\sim\begin{pmatrix}1&1&1\\0&1&1\\0&0&0\end{pmatrix}$$

因为 $R(\boldsymbol{A})=2<3$，根据定理 5.2，齐次方程组有非零解.

推论 5.1 矩阵方程 $\boldsymbol{AX}=\boldsymbol{B}$ 有解的充分必要条件是 $R(\boldsymbol{A})=R(\boldsymbol{A},\boldsymbol{B})$.

证 设 $\boldsymbol{A}$ 为 $m\times l$ 矩阵，$\boldsymbol{B}$ 为 $m\times n$ 矩阵，则 $\boldsymbol{X}$ 为 $l\times n$ 矩阵. 把 $\boldsymbol{X},\boldsymbol{B}$ 都按列分块，

$$\boldsymbol{X}=(\boldsymbol{x}_1,\boldsymbol{x}_2,\cdots,\boldsymbol{x}_n),\quad \boldsymbol{B}=(\boldsymbol{b}_1,\boldsymbol{b}_2,\cdots,\boldsymbol{b}_n).$$

先证必要性. 矩阵方程 $\boldsymbol{AX}=\boldsymbol{B}$ 有解等价于 $\boldsymbol{Ax}_i=\boldsymbol{b}_i(i=1,2,\cdots,n)$ 均有解，即 $\boldsymbol{b}_i(i=1,2,\cdots,n)$ 均可由矩阵 $\boldsymbol{A}$ 的列向量组线性表示，所以 $(\boldsymbol{A},\boldsymbol{B})\sim(\boldsymbol{A},\boldsymbol{O})$，从而 $R(\boldsymbol{A})=R(\boldsymbol{A},\boldsymbol{B})$.

再证充分性. 因为 $R(\boldsymbol{A})\leqslant R(\boldsymbol{A},\boldsymbol{b}_i)\leqslant R(\boldsymbol{A},\boldsymbol{B})\ (i=1,2,\cdots,n)$，根据已知条件 $R(\boldsymbol{A})=R(\boldsymbol{A},\boldsymbol{B})$，所以 $R(\boldsymbol{A})=R(\boldsymbol{A},\boldsymbol{b}_i)=R(\boldsymbol{A},\boldsymbol{B})\ (i=1,2,\cdots,n)$，根据非齐次方程组有解的充分条件知 $\boldsymbol{Ax}_i=\boldsymbol{b}_i$ $(i=1,2,\cdots,n)$ 均有解，从而矩阵方程 $\boldsymbol{AX}=\boldsymbol{B}$ 有解.

5.2 齐次线性方程组解的性质和结构

前面我们研究了非齐次线性方程组是否有解、齐次线性方程组是否有非零解，本节讨论齐次线性方程组解的性质和结构.

性质 5.1 若 $\boldsymbol{\xi}_1$，$\boldsymbol{\xi}_2$ 是齐次线性方程组 $\boldsymbol{Ax}=\boldsymbol{0}$ 的解，则 $\boldsymbol{\xi}_1+\boldsymbol{\xi}_2$ 也是 $\boldsymbol{Ax}=\boldsymbol{0}$ 的解.

证 因为 $\boldsymbol{A\xi}_1=\boldsymbol{0}$，$\boldsymbol{A\xi}_2=\boldsymbol{0}$，所以

$$\boldsymbol{A}(\boldsymbol{\xi}_1+\boldsymbol{\xi}_2)=\boldsymbol{A\xi}_1+\boldsymbol{A\xi}_2=\boldsymbol{0}+\boldsymbol{0}=\boldsymbol{0}.$$

故 $\boldsymbol{\xi}_1+\boldsymbol{\xi}_2$ 是 $\boldsymbol{Ax}=\boldsymbol{0}$ 的解.

性质 5.2 若 $\boldsymbol{\xi}$ 为齐次线性方程组 $\boldsymbol{Ax}=\boldsymbol{0}$ 的解，k 为任意实数，则 $k\boldsymbol{\xi}$ 也是 $\boldsymbol{Ax}=\boldsymbol{0}$ 的解.

证 因为 $\boldsymbol{A\xi}=\boldsymbol{0}$，所以

$$\boldsymbol{A}(k\boldsymbol{\xi})=k(\boldsymbol{A\xi})=k\boldsymbol{0}=\boldsymbol{0}.$$

故 $k\boldsymbol{\xi}$ 是 $\boldsymbol{Ax}=\boldsymbol{0}$ 的解.

若记 S 为齐次线性方程组 $\boldsymbol{Ax}=\boldsymbol{0}$ 的全体解所组成的集合，则由上述两条性质有

(1) 若 $\boldsymbol{\xi}_1,\boldsymbol{\xi}_2\in S$，则 $\boldsymbol{\xi}_1+\boldsymbol{\xi}_2\in S$；

(2) 若 $\boldsymbol{\xi}\in S,\ k\in\mathbf{R}$，则 $k\boldsymbol{\xi}\in S$.

这说明，S 对向量的加法和数乘运算封闭，并且 S 非空(总含有零向量)，因此 S 是一个向量空间，称为齐次线性方程组 $\boldsymbol{Ax}=\boldsymbol{0}$ 的**解空间**.

如果齐次线性方程组只有零解，它的解空间就是零空间. 如果有非零解，所有的解构成其解空间，根据上一章向量空间的理论，想要把向量空间中所有向量表示出来就需要找到向量空间的一个基.

定义 5.1 齐次线性方程组 $\boldsymbol{Ax}=\boldsymbol{0}$ 的解空间 S 的基，称为该方程组的**基础解系**.

若 $\boldsymbol{\xi}_1,\boldsymbol{\xi}_2,\cdots,\boldsymbol{\xi}_l$ 是 $\boldsymbol{Ax}=\boldsymbol{0}$ 的一组解，并且满足下面两个条件:

(1) $\boldsymbol{\xi}_1,\boldsymbol{\xi}_2,\cdots,\boldsymbol{\xi}_l$ 线性无关;

(2) $\boldsymbol{Ax}=\boldsymbol{0}$ 的任一解 $\boldsymbol{\xi}$ 可由 $\boldsymbol{\xi}_1,\boldsymbol{\xi}_2,\cdots,\boldsymbol{\xi}_l$ 线性表示，即

$$\boldsymbol{\xi}=k_1\boldsymbol{\xi}_1+k_2\boldsymbol{\xi}_2+\cdots+k_l\boldsymbol{\xi}_l,$$

则 $\boldsymbol{\xi}_1,\boldsymbol{\xi}_2,\cdots,\boldsymbol{\xi}_l$ 便构成齐次线性方程组 $\boldsymbol{Ax}=\boldsymbol{0}$ 的一个基础解系.

下面来求 $\boldsymbol{Ax}=\boldsymbol{0}$ 的基础解系(或 $\boldsymbol{Ax}=\boldsymbol{0}$ 的解空间 S 的基)与解空间的维数.

设 $\boldsymbol{Ax}=\boldsymbol{0}$ 的系数矩阵 $\boldsymbol{A}$ 的秩 $R(\boldsymbol{A})=r<n$，不妨设 $\boldsymbol{A}$ 的前 r 个列向量线性无关(这一点可以通过改变方程组中未知量的顺序来实现). 于是经过若干次初等行变换，可将 $\boldsymbol{A}$ 化为行最简形

$$
\boldsymbol{A} \sim \begin{pmatrix} 1 & 0 & \cdots & 0 & b_{11} & \cdots & b_{1(n-r)} \\ 0 & 1 & \cdots & 0 & b_{21} & \cdots & b_{2(n-r)} \\ \vdots & \vdots & & \vdots & \vdots & & \vdots \\ 0 & 0 & \cdots & 1 & b_{r1} & \cdots & b_{r(n-r)} \\ 0 & 0 & \cdots & 0 & 0 & \cdots & 0 \\ \vdots & \vdots & & \vdots & \vdots & & \vdots \\ 0 & 0 & \cdots & 0 & 0 & \cdots & 0 \end{pmatrix},
$$

所以，与方程组(5.4)同解的方程组为

$$
\begin{cases} x_1 = -b_{11}x_{r+1} - b_{12}x_{r+2} - \cdots - b_{1(n-r)}x_n, \\ x_2 = -b_{21}x_{r+1} - b_{22}x_{r+2} - \cdots - b_{2(n-r)}x_n, \\ \qquad \cdots\cdots \\ x_r = -b_{r1}x_{r+1} - b_{r2}x_{r+2} - \cdots - b_{r(n-r)}x_n. \end{cases} \tag{5.7}
$$

在式(5.7)中，任给 $x_{r+1}, x_{r+2}, \cdots, x_n$ 一组值，将唯一确定 $x_1, x_2, \cdots, x_r$ 的一组值，从而得到方程组(5.7)的一个解，也就是方程组(5.4)的一个解．下面取 $x_{r+1}, x_{r+2}, \cdots, x_n$ 的 $n-r$ 组值，分别为

$$
\begin{pmatrix} x_{r+1} \\ x_{r+2} \\ \vdots \\ x_n \end{pmatrix} = \begin{pmatrix} 1 \\ 0 \\ \vdots \\ 0 \end{pmatrix}, \begin{pmatrix} 0 \\ 1 \\ \vdots \\ 0 \end{pmatrix}, \cdots, \begin{pmatrix} 0 \\ 0 \\ \vdots \\ 1 \end{pmatrix},
$$

由式(5.7)，便得到 $x_1, x_2, \cdots, x_r$ 对应的 $n-r$ 组值

$$
\begin{pmatrix} x_1 \\ x_2 \\ \vdots \\ x_r \end{pmatrix} = \begin{pmatrix} -b_{11} \\ -b_{21} \\ \vdots \\ -b_{r1} \end{pmatrix}, \begin{pmatrix} -b_{12} \\ -b_{22} \\ \vdots \\ -b_{r2} \end{pmatrix}, \cdots, \begin{pmatrix} -b_{1(n-r)} \\ -b_{2(n-r)} \\ \vdots \\ -b_{r(n-r)} \end{pmatrix},
$$

从而求得 $x_1, x_2, \cdots, x_r, x_{r+1}, x_{r+2}, \cdots, x_n$ 的 $n-r$ 组值，即为方程组(5.7)的 $n-r$ 个解，也就是方程组(5.4)的 $n-r$ 个解

$$
\boldsymbol{\xi}_1 = \begin{pmatrix} -b_{11} \\ -b_{21} \\ \vdots \\ -b_{r1} \\ 1 \\ 0 \\ \vdots \\ 0 \end{pmatrix}, \boldsymbol{\xi}_2 = \begin{pmatrix} -b_{12} \\ -b_{22} \\ \vdots \\ -b_{r2} \\ 0 \\ 1 \\ \vdots \\ 0 \end{pmatrix}, \cdots, \boldsymbol{\xi}_{n-r} = \begin{pmatrix} -b_{1(n-r)} \\ -b_{2(n-r)} \\ \vdots \\ -b_{r(n-r)} \\ 0 \\ 0 \\ \vdots \\ 1 \end{pmatrix}.
$$

下面证明 $\boldsymbol{\xi}_1, \boldsymbol{\xi}_2, \cdots, \boldsymbol{\xi}_{n-r}$ 是解空间 S 的一个基.

由于$\xi_1, \xi_2, \cdots, \xi_{n-r}$中每一个向量的后$n-r$个分量构成的向量组按列排成的矩阵为$n-r$阶单位矩阵，所以这$n-r$个$n-r$维向量是线性无关的，因此由推论 4.6 可知，$\xi_1, \xi_2, \cdots, \xi_{n-r}$也线性无关.

再证明方程组(5.4)的任一解$\xi = \begin{pmatrix} \lambda_1 \\ \lambda_2 \\ \vdots \\ \lambda_n \end{pmatrix}$可由$\xi_1, \xi_2, \cdots, \xi_{n-r}$线性表示. 为此，作向量

$$\eta = \lambda_{r+1}\xi_1 + \lambda_{r+2}\xi_2 + \cdots + \lambda_n \xi_{n-r}.$$

因为$\xi_1, \xi_2, \cdots, \xi_{n-r}$是方程组(5.4)的解，所以$\eta$也是方程组(5.4)的解. 比较$\eta$与$\xi$可知，它们的后$n-r$个分量对应相等. 由于$\xi$与$\eta$都满足方程组(5.7)，从而可知$\xi$与$\eta$的前$r$个分量也对应相等，所以

$$\xi = \eta = \lambda_{r+1}\xi_1 + \lambda_{r+2}\xi_2 + \cdots + \lambda_n \xi_{n-r},$$

即方程组(5.4)的任意解ξ可由$\xi_1, \xi_2, \cdots, \xi_{n-r}$线性表示.

综上所述，可知$\xi_1, \xi_2, \cdots, \xi_{n-r}$是解空间$S$的一个基，也就是方程组的一个基础解系，而且$\dim S = n-r$.

将上面的讨论总结在下面的定理中.

定理 5.3 n元齐次线性方程组$\boldsymbol{Ax}=\boldsymbol{0}$的全体解向量所构成的集合$S$是一个向量空间，当系数矩阵的秩$R(\boldsymbol{A})=r$时，解空间$S$的维数为$n-r$.

当$R(\boldsymbol{A})=r=n$时，方程组$\boldsymbol{Ax}=\boldsymbol{0}$只有零解，解空间$S$只含一个零向量，方程组没有基础解系.

当$R(\boldsymbol{A})=r<n$时，方程组$\boldsymbol{Ax}=\boldsymbol{0}$的基础解系含有$n-r$个向量$\xi_1, \xi_2, \cdots, \xi_{n-r}$，该方程组的任一解$\boldsymbol{x}$可表示为

$$\boldsymbol{x} = k_1\xi_1 + k_2\xi_2 + \cdots + k_{n-r}\xi_{n-r},$$

其中，$k_1, k_2, \cdots, k_{n-r}$为任意实数，上式称为方程组$\boldsymbol{Ax}=\boldsymbol{0}$的**通解**.

若方程组$\boldsymbol{Ax}=\boldsymbol{0}$的解空间$S$的维数为$n-r$，则$S$中的任意$n-r$个线性无关的向量都可以作为方程组的基础解系. 也就是说，基础解系是不唯一的，因此，通解的表达形式也是不唯一的.

求解齐次线性方程组$\boldsymbol{Ax}=\boldsymbol{0}$的关键是要求出它的一个基础解系. 上面的讨论过程提供了一种求基础解系的方法.

例 5.4 求齐次线性方程组

$$\begin{cases} x_1 - x_2 - x_3 + x_4 = 0, \\ x_1 - x_2 + x_3 - 3x_4 = 0, \\ x_1 - x_2 - 2x_3 + 3x_4 = 0 \end{cases}$$

的基础解系和通解.

解 对系数矩阵施行初等行变换，将其化为行最简形

$$A=\begin{pmatrix}1&-1&-1&1\\1&-1&1&-3\\1&-1&-2&3\end{pmatrix}\sim\begin{pmatrix}1&-1&-1&1\\0&0&2&-4\\0&0&-1&2\end{pmatrix}\sim\begin{pmatrix}1&-1&0&-1\\0&0&1&-2\\0&0&0&0\end{pmatrix}.$$

得到与原方程组同解的方程组为

$$\begin{cases}x_1-x_2\qquad -x_4=0,\\ \qquad\qquad x_3-2x_4=0,\end{cases}$$

即

$$\begin{cases}x_1=x_2+\ x_4,\\ x_3=\qquad 2x_4.\end{cases}$$

取

$$\begin{pmatrix}x_2\\x_4\end{pmatrix}=\begin{pmatrix}1\\0\end{pmatrix},\begin{pmatrix}0\\1\end{pmatrix},$$

代入同解方程组得到

$$\begin{pmatrix}x_1\\x_3\end{pmatrix}=\begin{pmatrix}1\\0\end{pmatrix},\begin{pmatrix}1\\2\end{pmatrix},$$

由此得基础解系

$$\boldsymbol{\xi}_1=\begin{pmatrix}x_1\\x_2\\x_3\\x_4\end{pmatrix}=\begin{pmatrix}1\\1\\0\\0\end{pmatrix},\quad \boldsymbol{\xi}_2=\begin{pmatrix}x_1\\x_2\\x_3\\x_4\end{pmatrix}=\begin{pmatrix}1\\0\\2\\1\end{pmatrix}.$$

于是方程组的通解为

$$\boldsymbol{x}=k_1\boldsymbol{\xi}_1+k_2\boldsymbol{\xi}_2=k_1\begin{pmatrix}1\\1\\0\\0\end{pmatrix}+k_2\begin{pmatrix}1\\0\\2\\1\end{pmatrix},$$

其中，k_1，k_2为任意实数.

例 5.5 求齐次线性方程组

$$\begin{cases}x_1+2x_2+2x_3+\ x_4=0,\\2x_1+\ x_2-2x_3-2x_4=0,\\x_1-\ x_2-4x_3-3x_4=0\end{cases}$$

的通解.

解 对系数矩阵施行初等行变换，将其化为行最简形

$$A=\begin{pmatrix}1&2&2&1\\2&1&-2&-2\\1&-1&-4&-3\end{pmatrix}\sim\begin{pmatrix}1&2&2&1\\0&-3&-6&-4\\0&-3&-6&-4\end{pmatrix}\sim\begin{pmatrix}1&0&-2&-\frac{5}{3}\\0&1&2&\frac{4}{3}\\0&0&0&0\end{pmatrix},$$

得到与原方程组同解的方程组

$$\begin{cases} x_1 = \ \ 2x_3 + \dfrac{5}{3}x_4, \\ x_2 = -2x_3 - \dfrac{4}{3}x_4. \end{cases}$$

取

$$\begin{pmatrix} x_3 \\ x_4 \end{pmatrix} = \begin{pmatrix} 1 \\ 0 \end{pmatrix}, \begin{pmatrix} 0 \\ 1 \end{pmatrix},$$

代入同解方程组得到

$$\begin{pmatrix} x_1 \\ x_2 \end{pmatrix} = \begin{pmatrix} 2 \\ -2 \end{pmatrix}, \begin{pmatrix} \dfrac{5}{3} \\ -\dfrac{4}{3} \end{pmatrix},$$

由此得基础解系

$$\boldsymbol{\xi}_1 = \begin{pmatrix} x_1 \\ x_2 \\ x_3 \\ x_4 \end{pmatrix} = \begin{pmatrix} 2 \\ -2 \\ 1 \\ 0 \end{pmatrix}, \quad \boldsymbol{\xi}_2 = \begin{pmatrix} x_1 \\ x_2 \\ x_3 \\ x_4 \end{pmatrix} = \begin{pmatrix} \dfrac{5}{3} \\ -\dfrac{4}{3} \\ 0 \\ 1 \end{pmatrix}.$$

于是方程组的通解为

$$\boldsymbol{x} = k_1\boldsymbol{\xi}_1 + k_2\boldsymbol{\xi}_2 = k_1\begin{pmatrix} 2 \\ -2 \\ 1 \\ 0 \end{pmatrix} + k_2\begin{pmatrix} \dfrac{5}{3} \\ -\dfrac{4}{3} \\ 0 \\ 1 \end{pmatrix},$$

其中，k_1，k_2 为任意实数.

下面给出一种既直接又简单的求解方法.

解 对系数矩阵施行初等行变换，将其化为行最简形：

$$\boldsymbol{A} = \begin{pmatrix} 1 & 2 & 2 & 1 \\ 2 & 1 & -2 & -2 \\ 1 & -1 & -4 & -3 \end{pmatrix} \sim \begin{pmatrix} 1 & 2 & 2 & 1 \\ 0 & -3 & -6 & -4 \\ 0 & -3 & -6 & -4 \end{pmatrix} \sim \begin{pmatrix} 1 & 0 & -2 & -\dfrac{5}{3} \\ 0 & 1 & 2 & \dfrac{4}{3} \\ 0 & 0 & 0 & 0 \end{pmatrix}$$

得到与原方程组同解的方程组

$$\begin{cases} x_1 = \ \ 2x_3 + \dfrac{5}{3}x_4, \\ x_2 = -2x_3 - \dfrac{4}{3}x_4. \end{cases}$$

即

$$\begin{cases} x_1 = \ \ 2x_3 + \dfrac{5}{3}x_4, \\ x_2 = -2x_3 - \dfrac{4}{3}x_4, \\ x_3 = \quad x_3, \\ x_4 = \qquad\quad x_4, \end{cases}$$

从而

$$\begin{pmatrix} x_1 \\ x_2 \\ x_3 \\ x_4 \end{pmatrix} = x_3 \begin{pmatrix} 2 \\ -2 \\ 1 \\ 0 \end{pmatrix} + x_4 \begin{pmatrix} \dfrac{5}{3} \\ -\dfrac{4}{3} \\ 0 \\ 1 \end{pmatrix},$$

令 $x_3 = k_1$, $x_4 = k_2$, 于是方程组的通解为

$$\boldsymbol{x} = k_1 \begin{pmatrix} 2 \\ -2 \\ 1 \\ 0 \end{pmatrix} + k_2 \begin{pmatrix} \dfrac{5}{3} \\ -\dfrac{4}{3} \\ 0 \\ 1 \end{pmatrix}，\text{其中 } k_1, k_2 \text{ 为任意实数.}$$

例 5.6　设 $\boldsymbol{B}$ 是一个三阶非零矩阵, 它的每一列是齐次线性方程组

$$\begin{cases} x_1 + 2x_2 - 2x_3 = 0, \\ 2x_1 - x_2 + \lambda x_3 = 0, \\ 3x_1 + x_2 - x_3 = 0 \end{cases}$$

的解, 求 λ 的值和 $|\boldsymbol{B}|$.

解　因为 $\boldsymbol{B}$ 非零, 所以 $\boldsymbol{B}$ 中至少有一个非零列向量. 因此, 齐次线性方程组有非零解, 从而系数行列式

$$|\boldsymbol{A}| = \begin{vmatrix} 1 & 2 & -2 \\ 2 & -1 & \lambda \\ 3 & 1 & -1 \end{vmatrix} = 5(\lambda - 1) = 0,$$

得 $\lambda = 1$.

当 $\lambda = 1$ 时，$R(\boldsymbol{A}) = 2$，方程组的解空间的维数为 $3 - R(\boldsymbol{A}) = 1$，即基础解系只有一个解向量. 因此, $\boldsymbol{B}$ 的三个列向量必线性相关, 故 $|\boldsymbol{B}| = 0$.

例 5.7 设 $\boldsymbol{A},\boldsymbol{B}$ 都是 n 阶方阵，且 $\boldsymbol{AB}=\boldsymbol{O}$. 证明：$R(\boldsymbol{A})+R(\boldsymbol{B})\leqslant n$.

证 设 $\boldsymbol{B}=(\boldsymbol{b}_1,\boldsymbol{b}_2,\cdots,\boldsymbol{b}_n)$，则有

$$\boldsymbol{Ab}_j=\boldsymbol{0}\ (j=1,2,\cdots,n).$$

可见每个 $\boldsymbol{b}_j$ 都是 $\boldsymbol{Ax}=\boldsymbol{0}$ 的解向量. 因为 $R(\boldsymbol{A})=r$，可知 $\boldsymbol{Ax}=\boldsymbol{0}$ 的解空间的维数是 $n-r$，所以向量组 $\boldsymbol{b}_1,\boldsymbol{b}_2,\cdots,\boldsymbol{b}_n$ 的秩小于等于 $n-r$，从而 $R(\boldsymbol{B})\leqslant n-r$，于是 $R(\boldsymbol{A})+R(\boldsymbol{B})\leqslant r+(n-r)=n$.

例 5.8 设 $\boldsymbol{A}$ 为 $m\times n$ 实矩阵，证明：$R(\boldsymbol{A}^{\mathrm{T}}\boldsymbol{A})=R(\boldsymbol{A})$.

证 考虑齐次线性方程组 $\boldsymbol{Ax}=\boldsymbol{0}$ 和 $(\boldsymbol{A}^{\mathrm{T}}\boldsymbol{A})\boldsymbol{x}=\boldsymbol{0}$.

若 $\boldsymbol{\xi}$ 是 $\boldsymbol{Ax}=\boldsymbol{0}$ 的解，则 $\boldsymbol{A\xi}=\boldsymbol{0}$，$\boldsymbol{A}^{\mathrm{T}}(\boldsymbol{A\xi})=\boldsymbol{0}$，即 $\boldsymbol{\xi}$ 是 $(\boldsymbol{A}^{\mathrm{T}}\boldsymbol{A})\boldsymbol{x}=\boldsymbol{0}$ 的解.

若 $\boldsymbol{\xi}$ 是 $(\boldsymbol{A}^{\mathrm{T}}\boldsymbol{A})\boldsymbol{x}=\boldsymbol{0}$ 的解，则 $(\boldsymbol{A}^{\mathrm{T}}\boldsymbol{A})\boldsymbol{\xi}=\boldsymbol{0}$，于是 $\boldsymbol{\xi}^{\mathrm{T}}(\boldsymbol{A}^{\mathrm{T}}\boldsymbol{A})\boldsymbol{\xi}=0$，即

$$(\boldsymbol{A\xi})^{\mathrm{T}}(\boldsymbol{A\xi})=0.$$

$\boldsymbol{A\xi}$ 是一个列向量，记 $\boldsymbol{A\xi}=(y_1,y_2,\cdots,y_m)^{\mathrm{T}}$，$y_i$ 为实数，则有

$$(\boldsymbol{A\xi})^{\mathrm{T}}(\boldsymbol{A\xi})=y_1^2+y_2^2+\cdots+y_m^2=0.$$

于是 $y_1=y_2=\cdots=y_m=0$，从而有 $\boldsymbol{A\xi}=\boldsymbol{0}$，说明 $\boldsymbol{\xi}$ 是 $\boldsymbol{Ax}=\boldsymbol{0}$ 的解.

综上可知，齐次线性方程组 $\boldsymbol{Ax}=\boldsymbol{0}$ 与 $(\boldsymbol{A}^{\mathrm{T}}\boldsymbol{A})\boldsymbol{x}=\boldsymbol{0}$ 同解，因此它们的解空间的维数相同，$n-R(\boldsymbol{A})=n-R(\boldsymbol{A}^{\mathrm{T}}\boldsymbol{A})$，即 $R(\boldsymbol{A})=R(\boldsymbol{A}^{\mathrm{T}}\boldsymbol{A})$.

5.3 非齐次线性方程组解的性质和结构

定理 5.1 讨论了非齐次线性方程组有解的充要条件；本节讨论当非齐次线性方程组有解时，什么情况下有唯一解，什么情况下有无穷多解及相应的求解方法.

下面先讨论非齐次线性方程组的解的性质.

性质 5.3 若 $\boldsymbol{\eta}_1$ 和 $\boldsymbol{\eta}_2$ 是非齐次线性方程组 $\boldsymbol{Ax}=\boldsymbol{b}$ 的解，则 $\boldsymbol{\eta}_1-\boldsymbol{\eta}_2$ 是对应的齐次线性方程组 $\boldsymbol{Ax}=\boldsymbol{0}$ 的解.

证 因为

$$\boldsymbol{A}(\boldsymbol{\eta}_1-\boldsymbol{\eta}_2)=\boldsymbol{A\eta}_1-\boldsymbol{A\eta}_2=\boldsymbol{b}-\boldsymbol{b}=\boldsymbol{0},$$

所以，$\boldsymbol{\eta}_1-\boldsymbol{\eta}_2$ 是 $\boldsymbol{Ax}=\boldsymbol{0}$ 的解.

性质 5.4 若 $\boldsymbol{\eta}$ 是非齐次线性方程组 $\boldsymbol{Ax}=\boldsymbol{b}$ 的解，$\boldsymbol{\xi}$ 是对应的齐次线性方程组 $\boldsymbol{Ax}=\boldsymbol{0}$ 的解，则 $\boldsymbol{\xi}+\boldsymbol{\eta}$ 仍是 $\boldsymbol{Ax}=\boldsymbol{b}$ 的解.

证 因为

$$\boldsymbol{A}(\boldsymbol{\xi}+\boldsymbol{\eta})=\boldsymbol{A\xi}+\boldsymbol{A\eta}=\boldsymbol{0}+\boldsymbol{b}=\boldsymbol{b},$$

所以，$\boldsymbol{\xi}+\boldsymbol{\eta}$ 是 $\boldsymbol{Ax}=\boldsymbol{b}$ 的解.

定理 5.4 设 $\boldsymbol{Ax}=\boldsymbol{b}$ 是 n 元非齐次线性方程组，且系数矩阵 $\boldsymbol{A}$ 的秩为 r，则该方程组

的任意一个解 $\boldsymbol{x}$ 都可以表示为

$$\boldsymbol{x}=k_1\boldsymbol{\xi}_1+\cdots+k_{n-r}\boldsymbol{\xi}_{n-r}+\boldsymbol{\eta}^*$$

其中，$\boldsymbol{\xi}_1,\cdots,\boldsymbol{\xi}_{n-r}$ 是对应的齐次线性方程组 $\boldsymbol{Ax}=\boldsymbol{0}$ 的基础解系，$k_1,\cdots,k_{n-r}$ 是任意常数，$\boldsymbol{\eta}^*$ 是 $\boldsymbol{Ax}=\boldsymbol{b}$ 的某一个解.

证　设 $\boldsymbol{x}$ 是方程组 $\boldsymbol{Ax}=\boldsymbol{b}$ 的任一解，则由性质 5.3 可知，$\boldsymbol{x}-\boldsymbol{\eta}^*$ 是对应的齐次线性方程组 $\boldsymbol{Ax}=\boldsymbol{0}$ 的解，于是有

$$\boldsymbol{x}-\boldsymbol{\eta}^*=k_1\boldsymbol{\xi}_1+\cdots+k_{n-r}\boldsymbol{\xi}_{n-r},$$

即 $\boldsymbol{x}=k_1\boldsymbol{\xi}_1+\cdots+k_{n-r}\boldsymbol{\xi}_{n-r}+\boldsymbol{\eta}^*$，其中，$k_1,k_2,\cdots,k_{n-r}$ 为任意实数.

我们称 $\boldsymbol{x}=\boldsymbol{\xi}+\boldsymbol{\eta}^*$ 为非齐次线性方程组 $\boldsymbol{Ax}=\boldsymbol{b}$ 的**通解**；称 $\boldsymbol{\eta}^*$ 为 $\boldsymbol{Ax}=\boldsymbol{b}$ 的**特解**.

由定理 5.1 和定理 5.4，我们可以得到关于非齐次线性方程组解的各种情况的结论.

推论 5.2　n 元非齐次线性方程组 $\boldsymbol{Ax}=\boldsymbol{b}$，

(1) 无解的充分必要条件是 $R(\boldsymbol{A})<R(\boldsymbol{A},\boldsymbol{b})$；

(2) 有唯一解的充分必要条件是 $R(\boldsymbol{A})=R(\boldsymbol{A},\boldsymbol{b})=n$；

(3) 有无穷多解的充分必要条件是 $R(\boldsymbol{A})=R(\boldsymbol{A},\boldsymbol{b})<n$.

根据定理 5.4，若求得非齐次线性方程组 $\boldsymbol{Ax}=\boldsymbol{b}$ 的一个特解 $\boldsymbol{\eta}^*$ 和对应的齐次线性方程组 $\boldsymbol{Ax}=\boldsymbol{0}$ 的通解 $\boldsymbol{x}=k_1\boldsymbol{\xi}_1+\cdots+k_{n-r}\boldsymbol{\xi}_{n-r}$，就可得到非齐次线性方程组 $\boldsymbol{Ax}=\boldsymbol{b}$ 的通解

$$\boldsymbol{x}=k_1\boldsymbol{\xi}_1+\cdots+k_{n-r}\boldsymbol{\xi}_{n-r}+\boldsymbol{\eta}^*,$$

其中，$k_1,k_2,\cdots,k_{n-r}$ 为任意实数.

下面的例题用来说明如何求解具体的非齐次线性方程组.

例 5.9　解线性方程组

$$\begin{cases}x_1-x_2-x_3+x_4=0,\\ x_1-x_2+x_3-3x_4=1,\\ x_1-x_2-2x_3+3x_4=-\dfrac{1}{2}.\end{cases}$$

解　由例 5.2 可知 $R(\boldsymbol{A})=R(\boldsymbol{A},\boldsymbol{b})=2<4$，故方程组有解，且有无穷多个解. 又因为

$$(\boldsymbol{A},\boldsymbol{b})=\left(\begin{array}{cccc|c}1&-1&-1&1&0\\1&-1&1&-3&1\\1&-1&-2&3&-\dfrac{1}{2}\end{array}\right)\sim\left(\begin{array}{cccc|c}1&-1&-1&1&0\\0&0&2&-4&1\\0&0&0&0&0\end{array}\right)\sim\left(\begin{array}{cccc|c}1&-1&0&-1&\dfrac{1}{2}\\0&0&1&-2&\dfrac{1}{2}\\0&0&0&0&0\end{array}\right),$$

所以得到与原方程组同解的方程组为

$$\begin{cases} x_1 - x_2 \quad - x_4 = \dfrac{1}{2}, \\ \qquad\qquad x_3 - 2x_4 = \dfrac{1}{2}, \end{cases}$$

即

$$\begin{cases} x_1 = x_2 + \ x_4 + \dfrac{1}{2}, \\ x_3 = \qquad 2x_4 + \dfrac{1}{2}. \end{cases}$$

在上面的方程组中取 $x_2 = x_4 = 0$，得 $x_1 = x_3 = \dfrac{1}{2}$，于是得方程组的一个特解

$$\boldsymbol{\eta}^* = \begin{pmatrix} \dfrac{1}{2} \\ 0 \\ \dfrac{1}{2} \\ 0 \end{pmatrix},$$

而对应的齐次线性方程组 $\begin{cases} x_1 = x_2 + \ x_4, \\ x_2 = x_2, \\ x_3 = \qquad 2x_4, \\ x_4 = \qquad\ x_4 \end{cases}$ 的通解为 $k_1\begin{pmatrix} 1 \\ 1 \\ 0 \\ 0 \end{pmatrix} + k_2\begin{pmatrix} 1 \\ 0 \\ 2 \\ 1 \end{pmatrix}$，故原方程的通解为

$$\boldsymbol{x} = k_1\begin{pmatrix} 1 \\ 1 \\ 0 \\ 0 \end{pmatrix} + k_2\begin{pmatrix} 1 \\ 0 \\ 2 \\ 1 \end{pmatrix} + \begin{pmatrix} \dfrac{1}{2} \\ 0 \\ \dfrac{1}{2} \\ 0 \end{pmatrix},$$

其中，k_1, k_2 为任意实数.

下面给出一种较为直接的做法.

解 由例 5.2 可知 $R(\boldsymbol{A}) = R(\boldsymbol{A},\boldsymbol{b}) = 2 < 4$，故方程组有解，且有无穷多个解. 又因为

$$(\boldsymbol{A},\boldsymbol{b}) = \left(\begin{array}{cccc|c} 1 & -1 & -1 & 1 & 0 \\ 1 & -1 & 1 & -3 & 1 \\ 1 & -1 & -2 & 3 & -\dfrac{1}{2} \end{array}\right) \sim \left(\begin{array}{cccc|c} 1 & -1 & -1 & 1 & 0 \\ 0 & 0 & 2 & -4 & 1 \\ 0 & 0 & 0 & 0 & 0 \end{array}\right) \sim \left(\begin{array}{cccc|c} 1 & -1 & 0 & -1 & \dfrac{1}{2} \\ 0 & 0 & 1 & -2 & \dfrac{1}{2} \\ 0 & 0 & 0 & 0 & 0 \end{array}\right),$$

所以，得到与原方程组同解的方程组为

$$\begin{cases} x_1 - x_2 \qquad - x_4 = \dfrac{1}{2}, \\ \qquad\qquad x_3 - 2x_4 = \dfrac{1}{2}, \end{cases}$$

即

$$\begin{cases} x_1 = x_2 + \ \ x_4 + \dfrac{1}{2}, \\ x_2 = x_2, \\ x_3 = \qquad 2x_4 + \dfrac{1}{2}, \\ x_4 = \qquad\ \ x_4, \end{cases}$$

从而

$$\begin{pmatrix} x_1 \\ x_2 \\ x_3 \\ x_4 \end{pmatrix} = x_2 \begin{pmatrix} 1 \\ 1 \\ 0 \\ 0 \end{pmatrix} + x_4 \begin{pmatrix} 1 \\ 0 \\ 2 \\ 1 \end{pmatrix} + \begin{pmatrix} \dfrac{1}{2} \\ 0 \\ \dfrac{1}{2} \\ 0 \end{pmatrix},$$

令 $x_2 = k_1$，$x_4 = k_2$，于是方程组的通解为

$$\boldsymbol{x} = k_1 \begin{pmatrix} 1 \\ 1 \\ 0 \\ 0 \end{pmatrix} + k_2 \begin{pmatrix} 1 \\ 0 \\ 2 \\ 1 \end{pmatrix} + \begin{pmatrix} \dfrac{1}{2} \\ 0 \\ \dfrac{1}{2} \\ 0 \end{pmatrix}，其中\ k_1,\ k_2\ 为任意实数.$$

综上所述，求非齐次线性方程组 $\boldsymbol{Ax} = \boldsymbol{b}$ 的解时，首先要对增广矩阵 $(\boldsymbol{A}, \boldsymbol{b})$ 施行初等行变换，将 $(\boldsymbol{A}, \boldsymbol{b})$ 化为行阶梯形矩阵，判别 $R(\boldsymbol{A})$ 是否等于 $R(\boldsymbol{A}, \boldsymbol{b})$．若 $R(\boldsymbol{A}) \neq R(\boldsymbol{A}, \boldsymbol{b})$，则方程组 $\boldsymbol{Ax} = \boldsymbol{b}$ 无解；若 $R(\boldsymbol{A}) = R(\boldsymbol{A}, \boldsymbol{b})$，则方程组 $\boldsymbol{Ax} = \boldsymbol{b}$ 有解. 此时，需要继续将 $(\boldsymbol{A}, \boldsymbol{b})$ 化为行最简形矩阵，再写出同解方程，最后写出通解及其向量形式.

在下面的例题中，方程组的系数矩阵和常数项中均含有未知参数，在这种情况下往往需要对未知参数进行讨论.

例 5.10　当 λ, μ 为何值时，线性方程组

$$\begin{cases} x_1 + \ \ x_2 + \qquad\ 2x_3 = 1, \\ \quad\ \ - x_2 + (\lambda + 1)x_3 = 1, \\ 3x_1 + \lambda x_2 + \qquad\ \ x_3 = \mu + 2. \end{cases}$$

(1) 有唯一解; (2) 无解; (3) 有无穷多解，并求其解.

解法一 对增广矩阵施行初等行变换, 得

$$(\boldsymbol{A},\boldsymbol{b})=\left(\begin{array}{ccc:c}1&1&2&1\\0&-1&\lambda+1&1\\3&\lambda&1&\mu+2\end{array}\right)\sim\left(\begin{array}{ccc:c}1&1&2&1\\0&-1&\lambda+1&1\\0&0&(\lambda+2)(\lambda-4)&\lambda+\mu-4\end{array}\right).$$

(1) 当 $\lambda\neq-2, 4$ 时, $R(\boldsymbol{A})=R(\boldsymbol{A},\boldsymbol{b})=3$, 且方程组有唯一解.

(2) 当 $\lambda=-2$ 且 $\mu\neq6$, 或 $\lambda=4$ 且 $\mu\neq0$ 时, $R(\boldsymbol{A})=2$, $R(\boldsymbol{A},\boldsymbol{b})=3$, 方程组无解.

(3) 分两种情形讨论.

第一种情形: $\lambda=-2$ 且 $\mu=6$. 此时, 用初等行变换将增广矩阵化为行最简形

$$(\boldsymbol{A},\boldsymbol{b})\sim\left(\begin{array}{ccc:c}1&0&1&2\\0&1&1&-1\\0&0&0&0\end{array}\right),$$

此时 $R(\boldsymbol{A})=R(\boldsymbol{A},\boldsymbol{b})=2$, 方程组有无穷多解.

由同解方程组

$$\begin{cases}x_1=-x_3+2,\\x_2=-x_3-1,\\x_3=\ \ x_3\end{cases}$$

得通解为

$$\begin{pmatrix}x_1\\x_2\\x_3\end{pmatrix}=k\begin{pmatrix}-1\\-1\\1\end{pmatrix}+\begin{pmatrix}2\\-1\\0\end{pmatrix},$$

其中, k 为任意实数.

第二种情形: $\lambda=4$ 且 $\mu=0$. 此时, 用初等行变换将增广矩阵化为行最简形

$$(\boldsymbol{A},\boldsymbol{b})\sim\left(\begin{array}{ccc:c}1&0&7&2\\0&1&-5&-1\\0&0&0&0\end{array}\right),$$

此时 $R(\boldsymbol{A})=R(\boldsymbol{A},\boldsymbol{b})=2$, 方程组有无穷多解.

由同解方程组

$$\begin{cases}x_1=-7x_3+2,\\x_2=\ \ 5x_3-1,\\x_3=\ \ \ \ x_3\end{cases}$$

得通解为

$$\begin{pmatrix}x_1\\x_2\\x_3\end{pmatrix}=k\begin{pmatrix}-7\\5\\1\end{pmatrix}+\begin{pmatrix}2\\-1\\0\end{pmatrix},$$

其中, k 为任意实数.

解法二　由于这个方程组的增广矩阵里面有待定的常数，作初等变换稍有困难，但是我们发现这个方程组中方程的个数和未知数的个数相等，可以用 Cramer 法则来解.

(1) 当系数行列式不等于 0 时方程组有唯一解，

$$|A|=\begin{vmatrix}1 & 1 & 2\\0 & -1 & \lambda+1\\3 & \lambda & 1\end{vmatrix}=-(\lambda^2-2\lambda-8)=-(\lambda-4)(\lambda+2),$$

所以当 $\lambda\neq-2$, 4 时方程组有唯一解.

(2) 当 $\lambda=-2$ 时，此时方程组的增广矩阵为

$$(\boldsymbol{A},\boldsymbol{b})=\left(\begin{array}{ccc:c}1 & 1 & 2 & 1\\0 & -1 & -1 & 1\\3 & -2 & 1 & \mu+2\end{array}\right)\sim\left(\begin{array}{ccc:c}1 & 1 & 2 & 1\\0 & 1 & 1 & 1\\0 & 0 & 0 & \mu-6\end{array}\right),$$

① 当 $\mu=6$ 时，$R(\boldsymbol{A})=R(\boldsymbol{A},\boldsymbol{b})=2$，方程组有无穷多解，求出其通解为

$$\begin{pmatrix}x_1\\x_2\\x_3\end{pmatrix}=k\begin{pmatrix}-1\\-1\\1\end{pmatrix}+\begin{pmatrix}2\\-1\\0\end{pmatrix},$$

其中,k 为任意实数.

② 当 $\mu\neq6$ 时，$R(\boldsymbol{A})=2,R(\boldsymbol{A},\boldsymbol{b})=3$，方程组无解.

(3) 当 $\lambda=4$ 时，此时方程组的增广矩阵为

$$(\boldsymbol{A},\boldsymbol{b})=\left(\begin{array}{ccc:c}1 & 1 & 2 & 1\\0 & -1 & 5 & 1\\3 & 4 & 1 & \mu+2\end{array}\right)\sim\left(\begin{array}{ccc:c}1 & 1 & 2 & 1\\0 & 1 & -5 & 1\\0 & 0 & 0 & \mu\end{array}\right),$$

① 当 $\mu=0$ 时，$R(\boldsymbol{A})=R(\boldsymbol{A},\boldsymbol{b})=2$，方程组有无穷多解，求出其通解为

$$\begin{pmatrix}x_1\\x_2\\x_3\end{pmatrix}=k\begin{pmatrix}-7\\5\\1\end{pmatrix}+\begin{pmatrix}2\\-1\\0\end{pmatrix},$$

其中，k 为任意实数.

② 当 $\mu\neq0$ 时，$R(\boldsymbol{A})=2,R(\boldsymbol{A},\boldsymbol{b})=3$，方程组无解.

*5.4　最小二乘法

设 $f(x)=a_0+a_1x+\cdots a_nx^n$ 为实系数多项式，如果该多项式满足

α_i	α_1	α_2	…	α_m
$\beta_i=f(\alpha_i)$	β_1	β_2	…	β_m

下面确定多项式 $f(x)$ 的系数 $a_0,a_1,\cdots,a_n$.

由已知条件可以得到含有 $n+1$ 个未知数 $a_0,a_1,\cdots,a_n$ 和 m 个方程的非齐次线性方程组

$$\begin{cases} a_0+a_1\alpha_1+a_2\alpha_1^2\cdots+a_n\alpha_1^n=\beta_1, \\ a_0+a_1\alpha_2+a_2\alpha_2^2\cdots+a_n\alpha_2^n=\beta_2, \\ \qquad\cdots\cdots \\ a_0+a_1\alpha_m+a_2\alpha_m^2\cdots+a_n\alpha_m^n=\beta_m. \end{cases} \tag{5.8}$$

这里 $n+1$ 一般不等于 m，所以在许多情况下该方程组无解，即对于任意一组实数 $a_0,a_1,\cdots,a_n$，有

$$\sum_{i=1}^{m}(a_0+a_1\alpha_i+a_2\alpha_i^2+\cdots+a_n\alpha_i^n-\beta_i)^2\neq 0,$$

但若存在一组数 $a_0,a_1,\cdots,a_n$，使上式达到最小值，则称这组数为方程组(5.8)的**最小二乘解**，这种求最小二乘解的方法称为**最小二乘法**.

下面以一次多项式为例，讨论最小二乘法问题.

设有一次多项式 $f(x)=a_0+a_1x$，假定实验数据为

α_i	α_1	α_2	α_3
$\beta_i=f(\alpha_i)$	β_1	β_2	β_3

求 a_0,a_1，使

$$S=\sum_{i=1}^{3}(a_0+a_1\alpha_i-\beta_i)^2$$

达到最小值. 根据微分学的知识可知，要使 S 达到最小，则偏导数 $\dfrac{\partial S}{\partial a_0},\dfrac{\partial S}{\partial a_1}$ 均应为零，即

$$\begin{cases} \dfrac{\partial S}{\partial a_0}=2\sum\limits_{i=1}^{3}(a_0+a_1\alpha_i-\beta_i)=0, \\ \dfrac{\partial S}{\partial a_1}=2\sum\limits_{i=1}^{3}\alpha_i(a_0+a_1\alpha_i-\beta_i)=0, \end{cases}$$

或写为

$$\begin{cases} \sum\limits_{i=1}^{3}(a_0+a_1\alpha_i-\beta_i)=0, \\ \sum\limits_{i=1}^{3}\alpha_i(a_0+a_1\alpha_i-\beta_i)=0. \end{cases}$$

展开后整理，得

$$\begin{cases} 3a_0+(\alpha_1+\alpha_2+\alpha_3)a_1=\beta_1+\beta_2+\beta_3, \\ (\alpha_1+\alpha_2+\alpha_3)a_0+(\alpha_1^2+\alpha_2^2+\alpha_3^2)a_1=\alpha_1\beta_1+\alpha_2\beta_2+\alpha_3\beta_3. \end{cases} \tag{5.9}$$

即当 a_0, a_1 满足方程组(5.9)时，S 取最小值.

另外，根据实验数据，可得方程组

$$\begin{cases} a_0 + a_1\alpha_1 = \beta_1, \\ a_0 + a_1\alpha_2 = \beta_2, \\ a_0 + a_1\alpha_3 = \beta_3. \end{cases}$$

设

$$\boldsymbol{A} = \begin{pmatrix} 1 & \alpha_1 \\ 1 & \alpha_2 \\ 1 & \alpha_3 \end{pmatrix}, \quad \boldsymbol{b} = \begin{pmatrix} \beta_1 \\ \beta_2 \\ \beta_3 \end{pmatrix}, \quad \boldsymbol{x} = \begin{pmatrix} a_0 \\ a_1 \end{pmatrix},$$

则上述方程组可以记为 $\boldsymbol{Ax} = \boldsymbol{b}$. 方程组两边同乘以 $\boldsymbol{A}^{\mathrm{T}}$，即

$$\boldsymbol{A}^{\mathrm{T}}\boldsymbol{Ax} = \boldsymbol{A}^{\mathrm{T}}\boldsymbol{b}. \tag{5.10}$$

方程组(5.10)的左边为

$$\boldsymbol{A}^{\mathrm{T}}\boldsymbol{Ax} = \begin{pmatrix} 3a_0 + (\alpha_1 + \alpha_2 + \alpha_3)a_1 \\ (\alpha_1 + \alpha_2 + \alpha_3)a_0 + (\alpha_1^2 + \alpha_2^2 + \alpha_3^2)a_1 \end{pmatrix}.$$

方程组(5.10)的右边为

$$\boldsymbol{A}^{\mathrm{T}}\boldsymbol{B} = \begin{pmatrix} \beta_1 + \beta_2 + \beta_3 \\ \alpha_1\beta_1 + \alpha_2\beta_2 + \alpha_3\beta_3 \end{pmatrix}.$$

由此可以看出方程组(5.9)与方程组(5.10)同解. 即方程组 $\boldsymbol{Ax} = \boldsymbol{b}$ 的最小二乘解，满足方程组 $\boldsymbol{A}^{\mathrm{T}}\boldsymbol{Ax} = \boldsymbol{A}^{\mathrm{T}}\boldsymbol{b}$. 这里称 $\boldsymbol{A}^{\mathrm{T}}\boldsymbol{Ax} = \boldsymbol{A}^{\mathrm{T}}\boldsymbol{b}$ 为 $\boldsymbol{Ax} = \boldsymbol{b}$ 的**正规方程**.

对于一般情况，上述结论也成立.

设有方程组 $\boldsymbol{Ax} = \boldsymbol{b}$，则该方程组的最小二乘解，满足其正规方程 $\boldsymbol{A}^{\mathrm{T}}\boldsymbol{Ax} = \boldsymbol{A}^{\mathrm{T}}\boldsymbol{b}$.

例 5.11 在平面直角坐标系中，给定 4 个点的坐标：$(-1,3)$，$(0,0)$，$(1,2)$，$(2,5)$. 根据这 4 个点，并以最小二乘法，确定一条二次曲线 $y = a_0 + a_1x + a_2x^2$.

解 根据已知条件，得

i	1	2	3	4
x_i	−1	0	1	2
y_i	3	0	2	5

对公式 $S = \sum_{i=1}^{4}(a_0 + a_1x_i + a_2x_i^2 - y_i)^2$ 两边求偏导数，得

$$\frac{\partial S}{\partial a_j} = 2\sum_{i=1}^{4} x_i^j(a_0 + a_1x_i + a_2x_i^2 - y_i) = 0 \ (j = 0,1,2),$$

或

$$\sum_{i=1}^{4} x_i^j(a_0 + a_1x_i + a_2x_i^2 - y_i) = 0 \ (j = 0,1,2).$$

整理后，得

$$\left(\sum_{i=1}^{4}x_i^j\right)a_0+\left(\sum_{i=1}^{4}x_i^{j+1}\right)a_1+\left(\sum_{i=1}^{4}x_i^{j+2}\right)a_2=\left(\sum_{i=1}^{4}x_i^j y_i\right)\ (j=0,1,2),$$

将 x_i, y_i 的实际数据代入，得

$$\begin{cases}4a_0+2a_1+6a_2=10,\\2a_0+6a_1+8a_2=9,\\6a_0+8a_1+18a_2=25,\end{cases}$$

解之，得

$$a_0=\frac{6}{10},\quad a_1=-\frac{7}{10},\quad a_2=\frac{15}{10}.$$

所以，应用最小二乘法所求的二次曲线(见图 5.1)为

$$y=\frac{1}{10}(6-7x+15x^2).$$

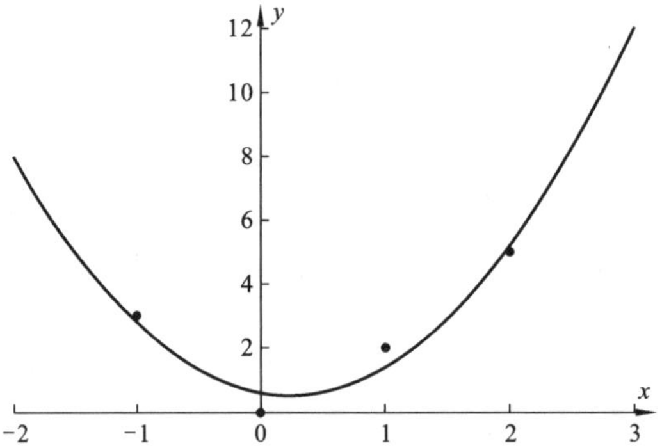

图 5.1

本题还可以用正规方程求最小二乘解. 根据已知条件，

$$y_i=a_0+a_1x_i+a_2x_i^2\ (i=1,2,3,4),$$

有

$$\boldsymbol{A}=\begin{pmatrix}1&x_1&x_1^2\\1&x_2&x_2^2\\1&x_3&x_3^2\\1&x_4&x_4^2\end{pmatrix}=\begin{pmatrix}1&-1&1\\1&0&0\\1&1&1\\1&2&4\end{pmatrix},\quad \boldsymbol{b}=\begin{pmatrix}y_1\\y_2\\y_3\\y_4\end{pmatrix}=\begin{pmatrix}3\\0\\2\\5\end{pmatrix},\quad \boldsymbol{x}=\begin{pmatrix}a_0\\a_1\\a_2\end{pmatrix},$$

于是

$$\boldsymbol{A}^{\mathrm{T}}\boldsymbol{A}=\begin{pmatrix}4&2&6\\2&6&8\\6&8&18\end{pmatrix},\quad \boldsymbol{A}^{\mathrm{T}}\boldsymbol{b}=\begin{pmatrix}10\\9\\25\end{pmatrix}.$$

由正规方程 $\boldsymbol{A}^{\mathrm{T}}\boldsymbol{A}\boldsymbol{x}=\boldsymbol{A}^{\mathrm{T}}\boldsymbol{b}$，得

$$\begin{pmatrix} 4 & 2 & 6 \\ 2 & 6 & 8 \\ 6 & 8 & 18 \end{pmatrix}\begin{pmatrix} a_0 \\ a_1 \\ a_2 \end{pmatrix}=\begin{pmatrix} 10 \\ 9 \\ 25 \end{pmatrix}.$$

解之，仍然可得 $a_0=\dfrac{6}{10}, a_1=-\dfrac{7}{10}, a_2=\dfrac{15}{10}$，即所求的二次曲线为

$$y=\frac{1}{10}(6-7x+15x^2).$$

例 5.12　求方程组 $\begin{cases} 2x_1-x_2-x_3=-11, \\ -x_1+3x_2-x_3=5, \\ -x_1-x_2+3x_3=34 \end{cases}$ 的最小二乘解.

解　设矩阵

$$\boldsymbol{A}=\begin{pmatrix} 2 & -1 & -1 \\ -1 & 3 & -1 \\ -1 & -1 & 3 \end{pmatrix}, \quad \boldsymbol{b}=\begin{pmatrix} -11 \\ 5 \\ 34 \end{pmatrix}, \quad \boldsymbol{x}=\begin{pmatrix} x_1 \\ x_2 \\ x_3 \end{pmatrix},$$

则方程组 $\boldsymbol{Ax}=\boldsymbol{b}$ 的正规方程 $\boldsymbol{A}^{\mathrm{T}}\boldsymbol{Ax}=\boldsymbol{A}^{\mathrm{T}}\boldsymbol{b}$ 为

$$\begin{pmatrix} 6 & -4 & -4 \\ -4 & 11 & -5 \\ -4 & -5 & 11 \end{pmatrix}\begin{pmatrix} x_1 \\ x_2 \\ x_3 \end{pmatrix}=\begin{pmatrix} -61 \\ -8 \\ 108 \end{pmatrix},$$

解之，得 $x_1=\dfrac{17}{2}, x_2=\dfrac{83}{8}, x_3=\dfrac{141}{8}$，即方程组 $\boldsymbol{Ax}=\boldsymbol{b}$ 的最小二乘解为

$$\boldsymbol{x}=\begin{pmatrix} \dfrac{17}{2} \\ \dfrac{83}{8} \\ \dfrac{141}{8} \end{pmatrix}.$$

习　题　五

A　　组

1. 填空题

(1) 设矩阵 $\boldsymbol{A}=\begin{pmatrix} 4 & 2 & -3 \\ a & 3 & -4 \\ b & 5 & -7 \end{pmatrix}$，若方程组 $\boldsymbol{A}^2\boldsymbol{x}=\boldsymbol{0}$ 与 $\boldsymbol{Ax}=\boldsymbol{0}$ 不同解，则 $a-b=$________.

(2) 设 $\boldsymbol{\alpha}_1,\boldsymbol{\alpha}_2,\cdots,\boldsymbol{\alpha}_m$ 是非齐次线性方程组 $\boldsymbol{Ax}=\boldsymbol{b}$ 的解，且 $k_1\boldsymbol{\alpha}_1+k_2\boldsymbol{\alpha}_2+\cdots+k_m\boldsymbol{\alpha}_m$ 也是

$\boldsymbol{Ax}=\boldsymbol{b}$ 的解，则 $k_1,k_2,\cdots,k_m$ 满足________.

(3) 线性方程组 $\begin{cases}x_1+x_2=a_1,\\x_2+x_3=a_2,\\x_3+x_4=a_3,\\x_4+x_1=a_4\end{cases}$ 有解的充分必要条件是________.

(4) 若齐次线性方程组 $\boldsymbol{A}_{4\times6}\boldsymbol{x}=\boldsymbol{0}$ 的基础解系中含有两个解向量，则 $R(\boldsymbol{A})=$________.

(5) 齐次线性方程组 $\begin{cases}ax_1+ax_2+\cdots+ax_n=0,\\bx_1+bx_2+\cdots+bx_n=0\end{cases}$ $(ab\neq0)$ 的基础解系中向量的个数为________.

(6) 若与四元齐次线性方程组 $\boldsymbol{Ax}=\boldsymbol{0}$ 同解的方程组是 $\begin{cases}x_1=-3x_3,\\x_2=0,\end{cases}$ 则有 $R(\boldsymbol{A})=$________，$\boldsymbol{Ax}=\boldsymbol{0}$ 的基础解系有________个解向量.

(7) 设齐次线性方程组 $\boldsymbol{Ax}=\boldsymbol{0}$ 中有五个未知数，且 $R(\boldsymbol{A})=3$，则 $\boldsymbol{Ax}=\boldsymbol{0}$ 的基础解系中向量的个数为________个.

(8) 齐次线性方程组 $\begin{cases}x_1+x_2+x_3+x_4+x_5=0,\\3x_1+2x_2+x_3+x_4-3x_5=0,\\x_2+2x_3+2x_4+6x_5=0,\\5x_1+4x_2+3x_3+3x_4-x_5=0\end{cases}$ 的基础解系为________.

(9) 若对齐次线性方程组 $\boldsymbol{Ax}=\boldsymbol{0}$ 的系数矩阵 $\boldsymbol{A}$ 施行初等行变换得到 $\begin{pmatrix}0&0&0&0\\0&1&0&1\\0&0&1&2\\1&0&0&3\end{pmatrix}$，则原方程组的基础解系为________.

(10) 若对齐次线性方程组 $\boldsymbol{Ax}=\boldsymbol{0}$ 的系数矩阵 $\boldsymbol{A}$ 施行初等行变换得到

$$\begin{pmatrix}0&1&2&-1\\1&0&-3&2\\0&0&0&0\\0&0&0&0\end{pmatrix},$$

则原方程组的基础解系为________.

(11) 若 $\boldsymbol{\xi}_1,\boldsymbol{\xi}_2,\cdots,\boldsymbol{\xi}_r$ 是齐次线性方程组 $\boldsymbol{Ax}=\boldsymbol{0}$ 的基础解系，则此方程组的通解为________.

(12) 设 $\boldsymbol{A}=(\boldsymbol{\alpha}_1,\boldsymbol{\alpha}_2,\boldsymbol{\alpha}_3)$ 为三阶矩阵，若 $\boldsymbol{\alpha}_1,\boldsymbol{\alpha}_2$ 线性无关，且 $\boldsymbol{\alpha}_3=-\boldsymbol{\alpha}_1+2\boldsymbol{\alpha}_2$，则方程组 $\boldsymbol{Ax}=\boldsymbol{0}$ 的通解为__________;

(13) 设 n 阶方阵 $\boldsymbol{A}$ 的各行元素之和均为零，且 $R(\boldsymbol{A})=n-1$，则线性方程组 $\boldsymbol{Ax}=\boldsymbol{0}$ 的通解为________.

(14) 设 $\boldsymbol{A}$ 为 n 阶方阵，$|\boldsymbol{A}|=0$，且 a_{kj} 的代数余子式 $A_{kj}\neq 0$ (其中 $1\leqslant k\leqslant n$；$j=1,2,\cdots,n$)，则 $\boldsymbol{Ax}=\boldsymbol{0}$ 的通解________.

(15) 已知线性方程组 $\begin{cases} ax_1+ \qquad\qquad x_3=1, \\ x_1+ax_2+x_3=0, \\ x_1+2x_2+ax_3=0, \\ ax_1+bx_2 \qquad =2 \end{cases}$ 有解，其中 a,b 为常数. 若 $\begin{vmatrix} a & 0 & 1 \\ 1 & a & 1 \\ 1 & 2 & a \end{vmatrix}=4$，则 $\begin{vmatrix} 1 & a & 1 \\ 1 & 2 & a \\ a & b & 0 \end{vmatrix}=$________.

(16) 已知矩阵 $\boldsymbol{A}=\begin{pmatrix} 1 & 0 & -1 \\ 1 & 1 & -1 \\ 0 & 1 & a^2-1 \end{pmatrix}, \boldsymbol{b}=\begin{pmatrix} 0 \\ 1 \\ a \end{pmatrix}$，若线性方程组 $\boldsymbol{Ax}=\boldsymbol{b}$ 有无穷多解，则 $a=$________.

(17) 当方程的个数等于未知数的个数时，$\boldsymbol{Ax}=\boldsymbol{b}$ 有唯一解的充分必要条件是 $R(\boldsymbol{A})=$________.

(18) 设方程 $\begin{pmatrix} a & 1 & 1 \\ 1 & a & 1 \\ 1 & 1 & a \end{pmatrix}\begin{pmatrix} x_1 \\ x_2 \\ x_3 \end{pmatrix}=\begin{pmatrix} 1 \\ 1 \\ -2 \end{pmatrix}$ 有无穷多个解，则 $a=$________.

(19) 设矩阵 $\boldsymbol{A}=(\boldsymbol{\alpha}_1,\boldsymbol{\alpha}_2,\boldsymbol{\alpha}_3,\boldsymbol{\alpha}_4)$，若 $\boldsymbol{\alpha}_1,\boldsymbol{\alpha}_2,\boldsymbol{\alpha}_3$ 线性无关，且 $\boldsymbol{\alpha}_1+\boldsymbol{\alpha}_2=\boldsymbol{\alpha}_3+\boldsymbol{\alpha}_4$，则方程组 $\boldsymbol{Ax}=\boldsymbol{\alpha}_1+4\boldsymbol{\alpha}_4$ 的通解为 $\boldsymbol{x}=$________.

(20) 设

$$\boldsymbol{A}=\begin{pmatrix} 1 & 1 & \cdots & 1 \\ a_1 & a_2 & \cdots & a_n \\ a_1^2 & a_2^2 & \cdots & a_n^2 \\ \vdots & \vdots & & \vdots \\ a_1^{n-1} & a_2^{n-1} & \cdots & a_n^{n-1} \end{pmatrix}, \quad \boldsymbol{x}=\begin{pmatrix} x_1 \\ x_2 \\ x_3 \\ \vdots \\ x_n \end{pmatrix}, \quad \boldsymbol{b}=\begin{pmatrix} 1 \\ 1 \\ 1 \\ \vdots \\ 1 \end{pmatrix},$$

其中，$a_i\neq a_j$ $(i\neq j;\ i,j=1,2,\cdots,n)$，则非齐次线性方程组 $\boldsymbol{A}^{\mathrm{T}}\boldsymbol{x}=\boldsymbol{b}$ 的解是 $\boldsymbol{x}=$________.

2. 选择题

(1) 要使 $\boldsymbol{\xi}_1=(1,0,2)^{\mathrm{T}}$，$\boldsymbol{\xi}_2=(0,1,-1)^{\mathrm{T}}$ 都是线性方程组 $\boldsymbol{Ax}=\boldsymbol{0}$ 的解，只要 $\boldsymbol{A}$ 为(　　).

A. $(-2\ \ 1\ \ 1)$　　　　B. $\begin{pmatrix}2&0&1\\0&1&1\end{pmatrix}$

C. $\begin{pmatrix}-1&0&2\\0&1&-1\end{pmatrix}$　　　　D. $\begin{pmatrix}0&1&-1\\4&-2&-2\\0&1&1\end{pmatrix}$

(2) 齐次线性方程组 $\boldsymbol{A}_{3\times5}\boldsymbol{x}_{5\times1}=\boldsymbol{0}$ 解的情况是(　　).

A. 无解　　　　B. 仅有零解

C. 必有非零解　　　　D. 可能有非零解, 也可能没有非零解

(3) 设 n 元齐次线性方程组的系数矩阵的秩 $R(\boldsymbol{A})=n-3$，且 ξ_1,ξ_2,ξ_3 为此方程组的三个线性无关的解, 则此方程组的基础解系是(　　).

A. $-\xi_1,\ 2\xi_2,\ 3\xi_3+\xi_1-2\xi_2$　　　　B. $\xi_1+\xi_2,\ \xi_2-\xi_3,\ \xi_3+\xi_1$

C. $\xi_1-2\xi_2,\ -2\xi_2+\xi_1,\ -3\xi_3+2\xi_2$　　　　D. $2\xi_1+4\xi_2,\ -2\xi_2+\xi_3,\ \xi_1+\xi_3$

(4) 设有齐次线性方程组 $\boldsymbol{Ax}=\boldsymbol{0}$ 和 $\boldsymbol{Bx}=\boldsymbol{0}$, 其中 $\boldsymbol{A}$，$\boldsymbol{B}$ 均为 $m\times n$ 矩阵, 现有 4 个命题:

① 若 $\boldsymbol{Ax}=\boldsymbol{0}$ 的解均是 $\boldsymbol{Bx}=\boldsymbol{0}$ 的解, 则 $R(\boldsymbol{A})\geqslant R(\boldsymbol{B})$

② 若 $R(\boldsymbol{A})\geqslant R(\boldsymbol{B})$, 则 $\boldsymbol{Ax}=\boldsymbol{0}$ 的解均是 $\boldsymbol{Bx}=\boldsymbol{0}$ 的解

③ 若 $\boldsymbol{Ax}=\boldsymbol{0}$ 与 $\boldsymbol{Bx}=\boldsymbol{0}$ 同解, 则 $R(\boldsymbol{A})=R(\boldsymbol{B})$

④ 若 $R(\boldsymbol{A})=R(\boldsymbol{B})$, 则 $\boldsymbol{Ax}=\boldsymbol{0}$ 与 $\boldsymbol{Bx}=\boldsymbol{0}$ 同解

以上命题正确的是(　　).

A. ①, ②　　　B. ①, ③　　　C. ②, ④　　　D. ③, ④

(5) 设三阶矩阵 $\boldsymbol{A}=(\boldsymbol{\alpha}_1,\boldsymbol{\alpha}_2,\boldsymbol{\alpha}_3),\boldsymbol{B}=(\boldsymbol{\beta}_1,\boldsymbol{\beta}_2,\boldsymbol{\beta}_3)$，若向量组 $\boldsymbol{\alpha}_1,\boldsymbol{\alpha}_2,\boldsymbol{\alpha}_3$ 可以由向量组 $\boldsymbol{\beta}_1,\boldsymbol{\beta}_2,\boldsymbol{\beta}_3$ 线性表示, 则(　　).

A. $\boldsymbol{Ax}=\boldsymbol{0}$ 的解均为 $\boldsymbol{Bx}=\boldsymbol{0}$ 的解　　　　B. $\boldsymbol{A}^{\mathrm{T}}\boldsymbol{x}=\boldsymbol{0}$ 的解均为 $\boldsymbol{B}^{\mathrm{T}}\boldsymbol{x}=\boldsymbol{0}$ 的解

C. $\boldsymbol{Bx}=\boldsymbol{0}$ 的解均为 $\boldsymbol{Ax}=\boldsymbol{0}$ 的解　　　　D. $\boldsymbol{B}^{\mathrm{T}}\boldsymbol{x}=\boldsymbol{0}$ 的解均为 $\boldsymbol{A}^{\mathrm{T}}\boldsymbol{x}=\boldsymbol{0}$ 的解

(6) 已知向量 $\boldsymbol{\alpha}_1=(1,2,3)^{\mathrm{T}},\boldsymbol{\alpha}_2=(2,1,1)^{\mathrm{T}},\boldsymbol{\beta}_1=(2,5,9)^{\mathrm{T}},\boldsymbol{\beta}_2=(1,0,1)^{\mathrm{T}}$，若 $\boldsymbol{\gamma}$ 既可由线性 $\boldsymbol{\alpha}_1,\boldsymbol{\alpha}_2$ 表示, 也可由 $\boldsymbol{\beta}_1,\boldsymbol{\beta}_2$ 线性表示, 则(　　).

A. $k\begin{pmatrix}3\\3\\4\end{pmatrix},k\in\mathbf{R}$　　B. $k\begin{pmatrix}3\\5\\10\end{pmatrix},k\in\mathbf{R}$　　C. $k\begin{pmatrix}-1\\1\\2\end{pmatrix},k\in\mathbf{R}$　　D. $k\begin{pmatrix}1\\5\\8\end{pmatrix},k\in\mathbf{R}$

(7) 设 $\boldsymbol{A}$ 是四阶矩阵, $\boldsymbol{A}^*$ 是 $\boldsymbol{A}$ 的伴随矩阵, 若线性方程组 $\boldsymbol{Ax}=\boldsymbol{0}$ 的基础解系中只有两个解向量, 则 $R(\boldsymbol{A}^*)=($　　$)$.

A. 0　　　B. 1　　　C. 2　　　D. 3

(8) 设三阶矩阵 $\boldsymbol{A},\boldsymbol{B}$ 满足 $R(\boldsymbol{AB})=R(\boldsymbol{BA})+1$, 则(　　).

A. 方程组 $(\boldsymbol{A}+\boldsymbol{B})\boldsymbol{x}=\boldsymbol{0}$ 只有零解

B. 方程组 $\boldsymbol{Ax}=\boldsymbol{0}$ 与方程组 $\boldsymbol{Bx}=\boldsymbol{0}$ 均只有零解

C. 方程组 $\boldsymbol{Ax}=\boldsymbol{0}$ 与方程组 $\boldsymbol{Bx}=\boldsymbol{0}$ 没有公共非零解

D. 方程组 $\boldsymbol{ABAx}=\boldsymbol{0}$ 与方程组 $\boldsymbol{BABx}=\boldsymbol{0}$ 有公共非零解

(9) 设 n 阶矩阵 $\boldsymbol{A}$ 的伴随矩阵 $\boldsymbol{A}^*\neq\boldsymbol{O}$，若 $\boldsymbol{\xi}_1,\boldsymbol{\xi}_2,\boldsymbol{\xi}_3,\boldsymbol{\xi}_4$ 是非齐次线性方程组 $\boldsymbol{Ax}=\boldsymbol{b}$ 的互不相等的解，则对应的齐次线性方程组 $\boldsymbol{Ax}=\boldsymbol{0}$ 的基础解系(　　).

A. 不存在　　B. 仅含一个非零解向量

C. 含有两个线性无关的解向量　　D. 含有三个线性无关的解向量

(10) 设四阶矩阵 $\boldsymbol{A}=(a_{ij})$ 不可逆，a_{12} 的代数余子式 $A_{12}\neq 0,\boldsymbol{\alpha}_1,\boldsymbol{\alpha}_2,\boldsymbol{\alpha}_3,\boldsymbol{\alpha}_4$ 为矩阵的列向量组．$\boldsymbol{A}^*$ 为 $\boldsymbol{A}$ 的伴随矩阵，则方程组 $\boldsymbol{A}^*\boldsymbol{x}=\boldsymbol{0}$ 的通解为(　　).

A. $\boldsymbol{x}=k_1\boldsymbol{\alpha}_1+k_2\boldsymbol{\alpha}_2+k_3\boldsymbol{\alpha}_3$，其中 k_1,k_2,k_3 为任意实数

B. $\boldsymbol{x}=k_1\boldsymbol{\alpha}_1+k_2\boldsymbol{\alpha}_2+k_3\boldsymbol{\alpha}_4$，其中 k_1,k_2,k_3 为任意实数

C. $\boldsymbol{x}=k_1\boldsymbol{\alpha}_1+k_2\boldsymbol{\alpha}_3+k_3\boldsymbol{\alpha}_4$，其中 k_1,k_2,k_3 为任意实数

D. $\boldsymbol{x}=k_1\boldsymbol{\alpha}_2+k_2\boldsymbol{\alpha}_3+k_3\boldsymbol{\alpha}_4$，其中 k_1,k_2,k_3 为任意实数

(11) 设 $\boldsymbol{A},\boldsymbol{B}$ 为 n 阶矩阵，$\boldsymbol{E}$ 为 n 阶单位矩阵，若方程组 $\boldsymbol{Ax}=\boldsymbol{0}$ 与 $\boldsymbol{Bx}=\boldsymbol{0}$ 同解，则(　　).

A. $\begin{pmatrix}\boldsymbol{A} & \boldsymbol{O}\\ \boldsymbol{E} & \boldsymbol{B}\end{pmatrix}\boldsymbol{y}=\boldsymbol{0}$ 只有零解

B. $\begin{pmatrix}\boldsymbol{E} & \boldsymbol{A}\\ \boldsymbol{O} & \boldsymbol{AB}\end{pmatrix}\boldsymbol{y}=\boldsymbol{0}$ 只有零解

C. $\begin{pmatrix}\boldsymbol{A} & \boldsymbol{B}\\ \boldsymbol{O} & \boldsymbol{B}\end{pmatrix}\boldsymbol{y}=\boldsymbol{0}$ 与 $\begin{pmatrix}\boldsymbol{B} & \boldsymbol{A}\\ \boldsymbol{O} & \boldsymbol{A}\end{pmatrix}\boldsymbol{y}=\boldsymbol{0}$ 同解

D. $\begin{pmatrix}\boldsymbol{AB} & \boldsymbol{B}\\ \boldsymbol{O} & \boldsymbol{A}\end{pmatrix}\boldsymbol{y}=\boldsymbol{0}$ 与 $\begin{pmatrix}\boldsymbol{BA} & \boldsymbol{A}\\ \boldsymbol{O} & \boldsymbol{B}\end{pmatrix}\boldsymbol{y}=\boldsymbol{0}$ 同解

(12) 设矩阵 $\boldsymbol{A}=\begin{pmatrix}1 & 1 & 1\\ 1 & a & a^2\\ 1 & b & b^2\end{pmatrix},\boldsymbol{b}=\begin{pmatrix}1\\ 2\\ 4\end{pmatrix}$，则线性方程组 $\boldsymbol{Ax}=\boldsymbol{b}$ 的解的情况为(　　).

A. 无解　　B. 有解

C. 有无穷多解或无解　　D. 有唯一解或无解

(13) 设矩阵 $\boldsymbol{A}=\begin{pmatrix}1 & 1 & 1\\ 1 & 2 & a\\ 1 & 4 & a^2\end{pmatrix},\boldsymbol{b}=\begin{pmatrix}1\\ d\\ d^2\end{pmatrix}$，若集合 $\Omega=\{1,2\}$，则线性方程组 $\boldsymbol{Ax}=\boldsymbol{b}$ 有无穷多解的充分必要条件为(　　).

A. $a\notin\Omega,d\notin\Omega$　　B. $a\notin\Omega,d\in\Omega$　　C. $a\in\Omega,d\notin\Omega$　　D. $a\in\Omega,d\in\Omega$

(14) 在空间直角坐标系 $O\text{-}xyz$ 中，三张平面 $\pi_i:a_ix+b_iy+c_iz=d_i(i=1,2,3)$ 相交于一

条直线且不重合，记$\boldsymbol{\alpha}_i=(a_i,b_i,c_i),\boldsymbol{\beta}_i=(a_i,b_i,c_i,d_i)$，若$R\begin{pmatrix}\boldsymbol{\alpha}_1\\\boldsymbol{\alpha}_2\\\boldsymbol{\alpha}_3\end{pmatrix}=m,R\begin{pmatrix}\boldsymbol{\beta}_1\\\boldsymbol{\beta}_2\\\boldsymbol{\beta}_3\end{pmatrix}=n$，则(　　).

A. $m=1,n=2$　　B. $m=n=2$　　C. $m=2,n=3$　　D. $m=n=3$

(15) 设 $\boldsymbol{\alpha}_1,\boldsymbol{\alpha}_2,\boldsymbol{\alpha}_3,\boldsymbol{\alpha}_4$ 是 n 维向量，$\boldsymbol{\alpha}_1,\boldsymbol{\alpha}_2$ 线性无关，$\boldsymbol{\alpha}_1,\boldsymbol{\alpha}_2,\boldsymbol{\alpha}_3$ 线性相关，且 $\boldsymbol{\alpha}_1+\boldsymbol{\alpha}_2+\boldsymbol{\alpha}_4=\mathbf{0}$，在空间直角坐标系 O-xyz 中关于 x,y,z 的方程组 $x\boldsymbol{\alpha}_1+y\boldsymbol{\alpha}_2+z\boldsymbol{\alpha}_3=\boldsymbol{\alpha}_4$ 的几何图形是(　　).

A. 过原点的一个平面　　B. 过原点的一条直线

C. 不过原点的一个平面　　D. 不过原点的一条直线

(16) 设 $\boldsymbol{A}$ 是 $m\times n$ 矩阵，$\boldsymbol{B}$ 是 $n\times m$ 矩阵，则线性方程组 $(\boldsymbol{AB})\boldsymbol{x}=\mathbf{0}$ (　　).

A. 当 $n>m$ 时仅有零解　　B. 当 $n>m$ 时必有非零解

C. 当 $m>n$ 时仅有零解　　D. 当 $m>n$ 时必有非零解

(17) 若方程组 $\boldsymbol{Ax}=\boldsymbol{b}$ 中，方程的个数少于未知量的个数，则有(　　).

A. $\boldsymbol{Ax}=\boldsymbol{b}$ 必有无穷多解　　B. $\boldsymbol{Ax}=\mathbf{0}$ 必有非零解

C. $\boldsymbol{Ax}=\mathbf{0}$ 仅有零解　　D. $\boldsymbol{Ax}=\mathbf{0}$ 一定无解

(18) 若齐次线性方程组 $\boldsymbol{Ax}=\mathbf{0}$ 只有零解，则非齐次线性方程组 $\boldsymbol{Ax}=\boldsymbol{b}$ (　　).

A. 有无穷多解　　B. 有唯一解　　C. 无解　　D. 以上答案都不对

(19) 若齐次线性方程组 $\boldsymbol{Ax}=\mathbf{0}$ 有无穷多解，则非齐次线性方程组 $\boldsymbol{Ax}=\boldsymbol{b}(\boldsymbol{b}\neq\mathbf{0})$ (　　).

A. 有无穷多解　　B. 有唯一解　　C. 无解　　D. 可能无解

(20) 已知 $\boldsymbol{\beta}_1,\boldsymbol{\beta}_2$ 是 $\boldsymbol{Ax}=\boldsymbol{b}$ 的两个不同的解，$\boldsymbol{\alpha}_1,\boldsymbol{\alpha}_2$ 是相应的齐次方程组 $\boldsymbol{Ax}=\mathbf{0}$ 的基础解系，k_1,k_2 为任意实数，则 $\boldsymbol{Ax}=\boldsymbol{b}$ 的通解是(　　).

A. $k_1\boldsymbol{\alpha}_1+k_2(\boldsymbol{\alpha}_1+\boldsymbol{\alpha}_2)+\dfrac{\boldsymbol{\beta}_1-\boldsymbol{\beta}_2}{2}$　　B. $k_1\boldsymbol{\alpha}_1+k_2(\boldsymbol{\alpha}_1-\boldsymbol{\alpha}_2)+\dfrac{\boldsymbol{\beta}_1+\boldsymbol{\beta}_2}{2}$

C. $k_1\boldsymbol{\alpha}_1+k_2(\boldsymbol{\beta}_1-\boldsymbol{\beta}_2)+\dfrac{\boldsymbol{\beta}_1-\boldsymbol{\beta}_2}{2}$　　D. $k_1\boldsymbol{\alpha}_1+k_2(\boldsymbol{\beta}_1-\boldsymbol{\beta}_2)+\dfrac{\boldsymbol{\beta}_1+\boldsymbol{\beta}_2}{2}$

(21) 设 $\boldsymbol{A}$ 是 n 阶矩阵，$\boldsymbol{\alpha}$ 是 n 维列向量. 若 $R\begin{pmatrix}\boldsymbol{A}&\boldsymbol{\alpha}\\\boldsymbol{\alpha}^{\mathrm{T}}&0\end{pmatrix}=R(\boldsymbol{A})$，则线性方程组(　　).

A. $\boldsymbol{Ax}=\boldsymbol{\alpha}$ 必有无穷多解　　B. $\boldsymbol{Ax}=\boldsymbol{\alpha}$ 必有唯一解

C. $\begin{pmatrix}\boldsymbol{A}&\boldsymbol{\alpha}\\\boldsymbol{\alpha}^{\mathrm{T}}&0\end{pmatrix}\begin{pmatrix}\boldsymbol{x}\\y\end{pmatrix}=\mathbf{0}$ 仅有零解　　D. $\begin{pmatrix}\boldsymbol{A}&\boldsymbol{\alpha}\\\boldsymbol{\alpha}^{\mathrm{T}}&0\end{pmatrix}\begin{pmatrix}\boldsymbol{x}\\y\end{pmatrix}=\mathbf{0}$ 必有非零解

(22) 设 $\boldsymbol{A},\boldsymbol{B}$ 为 n 阶矩阵，下列结论不成立的是(　　).

A. $R\begin{pmatrix}\boldsymbol{A}&\boldsymbol{O}\\\boldsymbol{O}&\boldsymbol{A}^{\mathrm{T}}\boldsymbol{A}\end{pmatrix}=2R(\boldsymbol{A})$　　B. $R\begin{pmatrix}\boldsymbol{A}&\boldsymbol{AB}\\\boldsymbol{O}&\boldsymbol{A}^{\mathrm{T}}\end{pmatrix}=2R(\boldsymbol{A})$

C. $R\begin{pmatrix}\boldsymbol{A}&\boldsymbol{BA}\\\boldsymbol{O}&\boldsymbol{AA}^{\mathrm{T}}\end{pmatrix}=2R(\boldsymbol{A})$　　D. $R\begin{pmatrix}\boldsymbol{A}&\boldsymbol{O}\\\boldsymbol{BA}&\boldsymbol{A}^{\mathrm{T}}\end{pmatrix}=2R(\boldsymbol{A})$

(23) 若 m 个方程 n 个未知数的非齐次线性方程组 $\boldsymbol{Ax}=\boldsymbol{b}$ 关于任意一个常数项矩阵 $\boldsymbol{b}$ 都有解，则(　　).

A. $R(\boldsymbol{A})=n$　　B. $R(\boldsymbol{A})=m$　　C. $R(\boldsymbol{A})<n$　　D. $R(\boldsymbol{A})<m$

(24) 当 $\lambda=$(　　) 时，方程组 $\begin{cases} x_1+2x_2-x_3=\lambda-1, \\ 3x_2-x_3=\lambda-2, \\ \lambda x_2-x_3=(\lambda-3)(\lambda+4)+(\lambda-2) \end{cases}$ 有无穷多解.

A. 1　　B. 2　　C. 3　　D. 4

(25) 求解方程组 $\boldsymbol{Ax}=\boldsymbol{b}$ 时，若对增广矩阵 $(\boldsymbol{A},\boldsymbol{b})$ 施行初等变换，则(　　).

A. 允许进行某种初等列变换

B. 只允许进行某一种初等行变换

C. 既可进行初等行变换又可进行初等列变换

D. 只能进行初等行变换

(26) 适用于任一线性方程组的解法是(　　).

A. 逆矩阵求法　　B. Cramer 法则　　C. 消元法　　D. 以上方法都行

3. 求下列齐次线性方程组的一个基础解系:

(1) $\begin{cases} x_1+x_2+2x_3-x_4=0, \\ 2x_1+x_2+x_3-x_4=0, \\ 2x_1+2x_2+x_3+2x_4=0; \end{cases}$　　(2) $\begin{cases} x_1+2x_2+x_3-x_4=0, \\ 3x_1+6x_2-x_3-3x_4=0, \\ 5x_1+10x_2+x_3-5x_4=0; \end{cases}$

(3) $\begin{cases} 2x_1+3x_2-x_3+5x_4=0, \\ 3x_1+x_2+2x_3-7x_4=0, \\ 4x_1+x_2-3x_3+6x_4=0, \\ x_1-2x_2+4x_3-7x_4=0; \end{cases}$　　(4) $\begin{cases} 3x_1+4x_2-5x_3+7x_4=0, \\ 2x_1-3x_2+3x_3-2x_4=0, \\ 4x_1+11x_2-13x_3+16x_4=0, \\ 7x_1-2x_2+x_3+3x_4=0. \end{cases}$

4. 求解下列非齐次线性方程组:

(1) $\begin{cases} 4x_1+2x_2\quad x_3=2, \\ 3x_1-x_2+2x_3=10, \\ 11x_1+3x_2=8; \end{cases}$　　(2) $\begin{cases} 2x+3y+z=4, \\ x-2y+4z=-5, \\ 3x+8y-2z=13, \\ 4x-y+9z=-6; \end{cases}$

(3) $\begin{cases} 2x+y-z+w=1, \\ 4x+2y-2z+w=2, \\ 2x+y-z-w=1; \end{cases}$　　(4) $\begin{cases} 2x+y-z+w=1, \\ 3x-2y+z-3w=4, \\ x+4y-3z+5w=-2. \end{cases}$

5. 试问 λ 取何值时，非齐次线性方程组

$$\begin{cases} \lambda x_1+x_2+x_3=1, \\ x_1+\lambda x_2+x_3=\lambda, \\ x_1+x_2+\lambda x_3=\lambda^2, \end{cases}$$

(1) 有唯一解; (2) 无解; (3) 有无穷个解?

6. 非齐次线性方程组$\begin{cases}-2x_1+x_2+x_3=-2,\\ x_1-2x_2+x_3=\lambda,\\ x_1+x_2-2x_3=\lambda^2,\end{cases}$当$\lambda$取何值时有解? 并求出它的全部解.

7. 设$\begin{cases}(2-\lambda)x_1+2x_2-2x_3=1,\\ 2x_1+(5-\lambda)x_2-4x_3=2,\\ -2x_1-4x_2+(5-\lambda)x_3=-\lambda-1,\end{cases}$试问$\lambda$为何值时, 此方程组有唯一解、无解或有无穷多解? 并在有无穷多解时求出其通解.

8. 试问a,b为何值时, 非齐次线性方程组

$$\begin{cases}x_1+x_2+x_3+x_4=0,\\ x_2+2x_3+2x_4=1,\\ -x_2+(a-3)x_3-2x_4=b,\\ 3x_1+2x_2+x_3+ax_4=-1,\end{cases}$$

(1) 有唯一解, 求出唯一解; (2) 无解; (3) 有无穷多解, 并写出通解.

9. 设$\boldsymbol{A}=\begin{pmatrix}1&-2&3&-4\\0&1&-1&1\\1&2&0&-3\end{pmatrix}$, $\boldsymbol{E}$为三阶单位矩阵. 求 (1) 方程组$\boldsymbol{Ax}=\boldsymbol{0}$的一个基础解系; (2) 满足$\boldsymbol{AB}=\boldsymbol{E}$的所有矩阵$\boldsymbol{B}$.

10. 设矩阵$\boldsymbol{A}=\begin{pmatrix}1&-1&-1\\2&a&1\\-1&1&a\end{pmatrix}$,$\boldsymbol{B}=\begin{pmatrix}2&2\\1&a\\-a-1&-2\end{pmatrix}$, 当$a$为何值时, 方程$\boldsymbol{AX}=\boldsymbol{B}$无解、有唯一解、有无穷多解? 在有解时, 求此方程的解.

11. 已知a是常数, 且矩阵$\boldsymbol{A}=\begin{pmatrix}1&2&a\\1&3&0\\2&7&-a\end{pmatrix}$可经初等列变换化为矩阵$\boldsymbol{B}=\begin{pmatrix}1&a&2\\0&1&1\\-1&1&1\end{pmatrix}$.

(1) 求a; (2) 满足$\boldsymbol{AP}=\boldsymbol{B}$的可逆矩阵$\boldsymbol{P}$.

12. 设矩阵$\boldsymbol{A}=\begin{pmatrix}1&1&1-a\\1&0&a\\a+1&1&a+1\end{pmatrix}$,$\boldsymbol{\beta}=\begin{pmatrix}0\\1\\2a-2\end{pmatrix}$, 且方程组$\boldsymbol{Ax}=\boldsymbol{\beta}$无解, (1) 求$a$的值; (2) 求方程组$\boldsymbol{A}^{\mathrm{T}}\boldsymbol{Ax}=\boldsymbol{A}^{\mathrm{T}}\boldsymbol{\beta}$的通解.

13. 设四元非齐次线性方程组的系数矩阵的秩为3, 已知$\boldsymbol{\eta}_1,\boldsymbol{\eta}_2,\boldsymbol{\eta}_3$是它的三个解向量, 且

$$\eta_1=\begin{pmatrix}2\\3\\4\\5\end{pmatrix},\quad \eta_2+\eta_3=\begin{pmatrix}1\\2\\3\\4\end{pmatrix},$$

求该方程组的通解.

14. 已知非齐次线性方程组

$$\begin{cases}x_1+x_2+x_3+x_4=-1,\\4x_1+3x_2+5x_3-x_4=-1,\\ax_1+x_2+3x_3+bx_4=1\end{cases}$$

有 3 个线性无关的解.

(1) 证明方程组的系数矩阵 $\boldsymbol{A}$ 的秩 $R(\boldsymbol{A})=2$;

(2) 求 a,b 的值及方程组的通解.

15. 已知三阶矩阵 $\boldsymbol{A}$ 的第一行是 $(a,\ b,\ c)$, a,b,c 不全为零, 矩阵 $\boldsymbol{B}=\begin{pmatrix}1&2&3\\2&4&6\\3&6&k\end{pmatrix}$ (k 为常数), 且 $\boldsymbol{AB}=\boldsymbol{O}$, 求线性方程组 $\boldsymbol{Ax}=\boldsymbol{0}$ 的通解.

16. 确定常数 a,使向量组 $\boldsymbol{\alpha}_1=(1,1,a)^{\mathrm{T}}$, $\boldsymbol{\alpha}_2=(1,a,1)^{\mathrm{T}}$, $\boldsymbol{\alpha}_3=(a,1,1)^{\mathrm{T}}$ 可由向量组 $\boldsymbol{\beta}_1=(1,1,a)^{\mathrm{T}}$, $\boldsymbol{\beta}_2=(-2,a,4)^{\mathrm{T}}$, $\boldsymbol{\beta}_3=(-2,a,a)^{\mathrm{T}}$ 线性表示, 但向量组 $\boldsymbol{\beta}_1,\boldsymbol{\beta}_2,\boldsymbol{\beta}_3$ 不能由向量组 $\boldsymbol{\alpha}_1,\boldsymbol{\alpha}_2,\boldsymbol{\alpha}_3$ 线性表示.

17. 已知齐次线性方程组

$$\text{(I)}\ \begin{cases}x_1+2x_2+3x_3=0,\\2x_1+3x_2+5x_3=0,\\x_1+x_2+ax_3=0;\end{cases}\qquad \text{(II)}\ \begin{cases}x_1+bx_2+cx_3=0,\\2x_1+b^2x_2+(c+1)x_3=0,\end{cases}$$

同解, 求 a,b,c 的值.

18. 设 $n\geqslant 2$, 有齐次线性方程组

$$\begin{cases}(1+a)x_1+x_2+\cdots+x_n=0,\\2x_1+(2+a)x_2+\cdots+2x_n=0,\\\quad\cdots\cdots\\nx_1+nx_2+\cdots+(n+a)x_n=0,\end{cases}$$

试问 a 取何值时, 该方程组有非零解, 并求出其通解.

19. 设 $\boldsymbol{\alpha}_1=(1,2,0)^{\mathrm{T}}$, $\boldsymbol{\alpha}_2=(1,a+2,-3a)^{\mathrm{T}}$, $\boldsymbol{\alpha}_3=(-1,-b-2,a+2b)^{\mathrm{T}}$, $\boldsymbol{\beta}=(1,3,-3)^{\mathrm{T}}$, 试讨论当 a,b 为何值时,

(1) $\boldsymbol{\beta}$ 不能由 $\boldsymbol{\alpha}_1,\boldsymbol{\alpha}_2,\boldsymbol{\alpha}_3$ 线性表示;

(2) $\boldsymbol{\beta}$ 可由 $\boldsymbol{\alpha}_1,\boldsymbol{\alpha}_2,\boldsymbol{\alpha}_3$ 唯一地线性表示, 并求出表示式;

(3) $\boldsymbol{\beta}$ 可由 $\boldsymbol{\alpha}_1,\boldsymbol{\alpha}_2,\boldsymbol{\alpha}_3$ 线性表示, 但表示式不唯一, 并求出表示式.

20. 设线性方程组

$$\begin{cases} x_1 + \lambda x_2 + \mu x_3 + x_4 = 0, \\ 2x_1 + x_2 + x_3 + 2x_4 = 0, \\ 3x_1 + (2+\lambda)x_2 + (4+\mu)x_3 + 4x_4 = 1, \end{cases}$$

已知 $(1,-1,1,-1)^{\mathrm{T}}$ 是该方程组的一个解, 试求:

(1) 方程组的全部解, 并用对应的齐次线性方程组的基础解系表示全部解;

(2) 该方程组满足 $x_2 = x_3$ 的全部解.

21. 已知平面上 3 条不同直线的方程分别为 $\begin{cases} l_1:\ ax+2by+3c=0, \\ l_2:\ bx+2cy+3a=0, \\ l_3:\ cx+2ay+3b=0. \end{cases}$ 试证这 3 条直线交于一点的充分必要条件为 $a+b+c=0$.

*22. 求方程组 $\begin{cases} x_1 - x_2 + x_3 = 1, \\ x_1 = 0, \\ x_1 + x_2 + x_3 = -1, \\ x_1 + 2x_2 + 4x_3 = 2 \end{cases}$ 的最小二乘解.

*23. 当外加电压 E (单位: V)分别为 5, 8, 10, 12 时, 测得电源中对应的电流 I (单位: A)分别为 4, 6, 8, 9, 试根据公式 $E = E_0 + R_0 I$ 确定电源内阻 R_0 与电源的端电势 E_0.

B 组

1. 设 $\boldsymbol{A}$ 是 n 阶方阵, $\boldsymbol{E}$ 是 n 阶单位矩阵, 证明:

(1) 若 $\boldsymbol{A}^2 = \boldsymbol{A}$, 则 $R(\boldsymbol{A}) + R(\boldsymbol{A}-\boldsymbol{E}) = n$;

(2) 若 $\boldsymbol{A}^2 = \boldsymbol{E}$, 则 $R(\boldsymbol{A}+\boldsymbol{E}) + R(\boldsymbol{A}-\boldsymbol{E}) = n$.

2. 设 $\boldsymbol{A}$ 是 n 阶方阵, $\boldsymbol{A}^*$ 是 $\boldsymbol{A}$ 的伴随矩阵, 证明: $R(\boldsymbol{A}^*) = \begin{cases} n, & R(\boldsymbol{A}) = n, \\ 1, & R(\boldsymbol{A}) = n-1, \\ 0, & R(\boldsymbol{A}) < n-1. \end{cases}$

3. 设 n 阶方阵 $\boldsymbol{A}$ 的秩 $R(\boldsymbol{A}) = n-1$, 证明: 存在常数 k, 使得 $(\boldsymbol{A}^*)^2 = k\boldsymbol{A}^*$.

4. 已知线性方程组 $\begin{cases} a_{11}x_1 + a_{12}x_2 + \cdots + a_{1(2n)}x_{2n} = 0, \\ a_{21}x_1 + a_{22}x_2 + \cdots + a_{2(2n)}x_{2n} = 0, \\ \cdots\cdots \\ a_{n1}x_1 + a_{n2}x_2 + \cdots + a_{n(2n)}x_{2n} = 0 \end{cases}$ 的一个基础解系为

$$\begin{pmatrix} b_{11} \\ b_{12} \\ \vdots \\ b_{1(2n)} \end{pmatrix}, \begin{pmatrix} b_{21} \\ b_{22} \\ \vdots \\ b_{2(2n)} \end{pmatrix}, \cdots, \begin{pmatrix} b_{n1} \\ b_{n2} \\ \vdots \\ b_{n(2n)} \end{pmatrix},$$

写出线性方程组 $\begin{cases} b_{11}x_1 + b_{12}x_2 + \cdots + b_{1(2n)}x_{2n} = 0, \\ b_{21}x_1 + b_{22}x_2 + \cdots + b_{2(2n)}x_{2n} = 0, \\ \cdots\cdots \\ b_{n1}x_1 + b_{n2}x_2 + \cdots + b_{n(2n)}x_{2n} = 0 \end{cases}$ 的通解，并说明理由.

5. 齐次线性方程组 $\begin{cases} a_{11}x_1 + a_{12}x_2 + \cdots + a_{1n}x_n = 0, \\ a_{21}x_1 + a_{22}x_2 + \cdots + a_{2n}x_n = 0, \\ \cdots\cdots \\ a_{(n-1)1}x_1 + a_{(n-1)2}x_2 + \cdots + a_{(n-1)n}x_n = 0 \end{cases}$ 的系数矩阵为

$$\boldsymbol{A} = \begin{pmatrix} a_{11} & a_{12} & \cdots & a_{1n} \\ a_{21} & a_{22} & \cdots & a_{2n} \\ \vdots & \vdots & & \vdots \\ a_{(n-1)1} & a_{(n-1)2} & \cdots & a_{(n-1)n} \end{pmatrix}$$

设 $M_i\ (i=1,2,\cdots,n)$ 是 $\boldsymbol{A}$ 中划去第 i 列所得到的 $n-1$ 阶子式. 证明:

(1) $(M_1, -M_2, \cdots, (-1)^{n+1}M_n)^{\mathrm{T}}$ 是方程组的一个解;

(2) 若 $R(\boldsymbol{A}) = n-1$，则方程组的所有解是 $(M_1, -M_2, \cdots, (-1)^{n-1}M_n)^{\mathrm{T}}$ 的倍数.

6. 设 $\boldsymbol{\eta}^*$ 是非齐次线性方程组 $\boldsymbol{Ax}=\boldsymbol{b}$ 的一个解，$\boldsymbol{\xi}_1, \boldsymbol{\xi}_2, \cdots, \boldsymbol{\xi}_{n-r}$ 是对应的齐次方程组的一个基础解系. 证明:

(1) $\boldsymbol{\eta}^*, \boldsymbol{\xi}_1, \boldsymbol{\xi}_2, \cdots, \boldsymbol{\xi}_{n-r}$ 线性无关;

(2) $\boldsymbol{\eta}^*, \boldsymbol{\eta}^*+\boldsymbol{\xi}_1, \boldsymbol{\eta}^*+\boldsymbol{\xi}_2, \cdots, \boldsymbol{\eta}^*+\boldsymbol{\xi}_{n-r}$ 线性无关.

7. 设非齐次线性方程组 $\boldsymbol{Ax}=\boldsymbol{b}$ 的系数矩阵的秩为 r，$\boldsymbol{\eta}_1, \boldsymbol{\eta}_2, \cdots, \boldsymbol{\eta}_{n-r+1}$ 是它的 $n-r+1$ 个线性无关的解，证明它的任一解可表示为 $\boldsymbol{x} = k_1\boldsymbol{\eta}_1 + k_2\boldsymbol{\eta}_2 + \cdots + k_{n-r+1}\boldsymbol{\eta}_{n-r+1}$，其中 $k_1 + k_2 + \cdots + k_{n-r+1} = 1$.

8. 已知齐次线性方程组

$$\begin{cases} (a_1+b)x_1 + a_2x_2 + a_3x_3 + \cdots + a_nx_n = 0, \\ a_1x_1 + (a_2+b)x_2 + a_3x_3 + \cdots + a_nx_n = 0, \\ a_1x_1 + a_2x_2 + (a_3+b)x_3 + \cdots + a_nx_n = 0, \\ \cdots\cdots \\ a_1x_1 + a_2x_2 + a_3x_3 + \cdots + (a_n+b)x_n = 0, \end{cases}$$

其中 $\sum_{i=1}^{n} a_i \neq 0$. 试讨论 $a_1, a_2, \cdots, a_n$ 和 b 满足何种关系时,

(1) 方程组仅有零解;

(2) 方程组有非零解. 在有非零解时, 求此方程组的一个基础解系.

9. 设有向量组

(1) $\boldsymbol{\alpha}_1 = (1,0,2)^{\mathrm{T}}$, $\boldsymbol{\alpha}_2 = (1,1,3)^{\mathrm{T}}$, $\boldsymbol{\alpha}_3 = (1,-1,a+2)^{\mathrm{T}}$;

(2) $\boldsymbol{\beta}_1 = (1,2,a+3)^{\mathrm{T}}$, $\boldsymbol{\beta}_2 = (2,1,a+6)^{\mathrm{T}}$, $\boldsymbol{\beta}_3 = (2,1,a+4)^{\mathrm{T}}$.

试问: 当 a 为何值时, 向量组(1)与(2)等价? 当 a 为何值时, 向量组(1)与(2)不等价?

10. 已知四阶方阵 $\boldsymbol{A} = (\boldsymbol{\alpha}_1, \boldsymbol{\alpha}_2, \boldsymbol{\alpha}_3, \boldsymbol{\alpha}_4)$, $\boldsymbol{\alpha}_1, \boldsymbol{\alpha}_2, \boldsymbol{\alpha}_3, \boldsymbol{\alpha}_4$ 均为四维列向量, 其中 $\boldsymbol{\alpha}_2, \boldsymbol{\alpha}_3, \boldsymbol{\alpha}_4$ 线性无关, $\boldsymbol{\alpha}_1 = 2\boldsymbol{\alpha}_2 - \boldsymbol{\alpha}_3$. 如果 $\boldsymbol{\beta} = \boldsymbol{\alpha}_1 + \boldsymbol{\alpha}_2 + \boldsymbol{\alpha}_3 + \boldsymbol{\alpha}_4$, 求线性方程组 $\boldsymbol{Ax} = \boldsymbol{\beta}$ 的通解.

11. 设齐次线性方程组

$$\begin{cases} ax_1 + bx_2 + bx_3 + \cdots + bx_n = 0, \\ bx_1 + ax_2 + bx_3 + \cdots + bx_n = 0, \\ \qquad\qquad \cdots\cdots \\ bx_1 + bx_2 + bx_3 + \cdots + ax_n = 0, \end{cases}$$

其中 $a \neq 0, b \neq 0, n \geqslant 2$. 试讨论 a, b 为何值时, 方程组仅有零解、有无穷多组解? 在有无穷多组解时, 求出全部解, 并用基础解系表示全部解.

12. 设四元齐次线性方程组(I)为

$$\begin{cases} 2x_1 + 3x_2 - x_3 \qquad = 0, \\ \ \ x_1 + 2x_2 + x_3 - x_4 = 0, \end{cases}$$

又已知另一四元齐次线性方程组(II)的一个基础解系为

$$\boldsymbol{\alpha}_1 = (2,-1,a+2,1)^{\mathrm{T}}, \quad \boldsymbol{\alpha}_2 = (-1,2,4,a+8)^{\mathrm{T}}.$$

(1) 求方程组(I)的一个基础解系;

(2) 当 a 为何值时, 方程组(I)与(II)有非零公共解? 在有非零公共解时, 求出全部非零公共解.

13. 已知 $\boldsymbol{\alpha}_1, \boldsymbol{\alpha}_2, \boldsymbol{\alpha}_3, \boldsymbol{\alpha}_4$ 为线性方程组 $\boldsymbol{Ax} = \boldsymbol{0}$ 的一个基础解系, 若

$$\boldsymbol{\beta}_1 = \boldsymbol{\alpha}_1 + t\boldsymbol{\alpha}_2, \quad \boldsymbol{\beta}_2 = \boldsymbol{\alpha}_2 + t\boldsymbol{\alpha}_3, \quad \boldsymbol{\beta}_3 = \boldsymbol{\alpha}_3 + t\boldsymbol{\alpha}_4, \quad \boldsymbol{\beta}_4 = \boldsymbol{\alpha}_4 + t\boldsymbol{\alpha}_1,$$

讨论实数 t 满足什么关系时, $\boldsymbol{\beta}_1, \boldsymbol{\beta}_2, \boldsymbol{\beta}_3, \boldsymbol{\beta}_4$ 也为 $\boldsymbol{Ax} = \boldsymbol{0}$ 的一个基础解系.

14. 设 $\boldsymbol{\alpha}_1, \boldsymbol{\alpha}_2, \cdots, \boldsymbol{\alpha}_s$ 为线性方程组 $\boldsymbol{Ax} = \boldsymbol{0}$ 的一个基础解系,

$$\boldsymbol{\beta}_1 = t_1\boldsymbol{\alpha}_1 + t_2\boldsymbol{\alpha}_2, \quad \boldsymbol{\beta}_2 = t_1\boldsymbol{\alpha}_2 + t_2\boldsymbol{\alpha}_3, \quad \cdots, \quad \boldsymbol{\beta}_s = t_1\boldsymbol{\alpha}_s + t_2\boldsymbol{\alpha}_1,$$

其中 t_1, t_2 为实常数. 试问 t_1, t_2 满足什么关系时, $\boldsymbol{\beta}_1, \boldsymbol{\beta}_2, \cdots, \boldsymbol{\beta}_s$ 也为 $\boldsymbol{Ax} = \boldsymbol{0}$ 的一个基础解系.

15. 设 $\boldsymbol{\alpha}_i = (a_{i1}, a_{i2}, \cdots, a_{in})^{\mathrm{T}}$ $(i = 1,2,\cdots,r; r < n)$ 是 n 维实向量, 且 $\boldsymbol{\alpha}_1, \boldsymbol{\alpha}_2, \cdots, \boldsymbol{\alpha}_r$ 线性无关. 已知 $\boldsymbol{\beta} = (b_1, b_2, \cdots, b_n)^{\mathrm{T}}$ 是线性方程组

$$\begin{cases} a_{11}x_1 + a_{12}x_2 + \cdots + a_{1n}x_n = 0, \\ a_{21}x_1 + a_{22}x_2 + \cdots + a_{2n}x_n = 0, \\ \quad\cdots\cdots \\ a_{r1}x_1 + a_{r2}x_2 + \cdots + a_{rn}x_n = 0 \end{cases}$$

的非零解向量. 试判断向量组 $\boldsymbol{\alpha}_1, \boldsymbol{\alpha}_2, \cdots, \boldsymbol{\alpha}_r, \boldsymbol{\beta}$ 的线性相关性.

习题五部分难题详解

第 6 章　相似矩阵与二次型

知识框架

本章介绍向量的内积的定义、矩阵特征值与特征向量的概念和性质、矩阵可对角化的条件和方法，重点讨论实对称矩阵的对角化问题，并以此为基础，介绍用正交变换把二次型化为标准形，同时还介绍配方法，最后根据惯性定理对二次型分类，介绍正定二次型的概念及其判定方法.

6.1　向量的内积

定义 6.1　设有两个 n 维向量

$$\boldsymbol{x}=\begin{pmatrix}x_1\\x_2\\\vdots\\x_n\end{pmatrix},\quad \boldsymbol{y}=\begin{pmatrix}y_1\\y_2\\\vdots\\y_n\end{pmatrix},$$

称 $x_1y_1+x_2y_2+\cdots+x_ny_n$ 为向量 $\boldsymbol{x}$ 与 $\boldsymbol{y}$ 的**内积**，记为 $[\boldsymbol{x},\boldsymbol{y}]$，即

$$[\boldsymbol{x},\boldsymbol{y}]=x_1y_1+x_2y_2+\cdots+x_ny_n.$$

内积是向量之间的一种运算，两个同维向量的内积就是它们对应坐标乘积的和，运算结果是一个数. 因为向量是特殊的矩阵，所以内积也可用矩阵来表示，即对于列向量 $\boldsymbol{x}$ 与 $\boldsymbol{y}$，有

$$[\boldsymbol{x},\boldsymbol{y}]=\boldsymbol{x}^{\mathrm{T}}\boldsymbol{y}\quad 或\quad [\boldsymbol{x},\boldsymbol{y}]=\boldsymbol{y}^{\mathrm{T}}\boldsymbol{x}.$$

向量的内积具有以下性质(其中 $\boldsymbol{x},\boldsymbol{y},\boldsymbol{z}$ 为 n 维向量，λ 为实数).

(1) 非负性　$[\boldsymbol{x},\boldsymbol{x}]\geqslant 0$，且 $[\boldsymbol{x},\boldsymbol{x}]=0$ 的充分必要条件是 $\boldsymbol{x}=\boldsymbol{0}$；

(2) 交换律　$[\boldsymbol{x},\boldsymbol{y}]=[\boldsymbol{y},\boldsymbol{x}]$；

(3) 分配律　$[\boldsymbol{x}+\boldsymbol{y},\boldsymbol{z}]=[\boldsymbol{x},\boldsymbol{z}]+[\boldsymbol{y},\boldsymbol{z}]$，$[\boldsymbol{x},\boldsymbol{y}+\boldsymbol{z}]=[\boldsymbol{x},\boldsymbol{y}]+[\boldsymbol{x},\boldsymbol{z}]$；

(4) $[\lambda\boldsymbol{x},\boldsymbol{y}]=\lambda[\boldsymbol{x},\boldsymbol{y}]$；

(5) Cauchy-Schwarz(柯西–施瓦茨)不等式：$[\boldsymbol{x},\boldsymbol{y}]^2\leqslant[\boldsymbol{x},\boldsymbol{x}][\boldsymbol{y},\boldsymbol{y}]$.

根据内积的定义和矩阵乘积的性质，性质(1)～(4)易证. 下面证明性质(5).

当 $\boldsymbol{y}=\boldsymbol{0}$ 时，$[\boldsymbol{x},\boldsymbol{y}]^2=0$，$[\boldsymbol{x},\boldsymbol{x}][\boldsymbol{y},\boldsymbol{y}]=0$，不等式成立.

当 $\boldsymbol{y}\neq\boldsymbol{0}$ 时，构造关于 t 的函数

$$f(t)=[\boldsymbol{x}+t\boldsymbol{y},\boldsymbol{x}+t\boldsymbol{y}]=[\boldsymbol{x},\boldsymbol{x}]+2[\boldsymbol{x},\boldsymbol{y}]t+[\boldsymbol{y},\boldsymbol{y}]t^2.$$

$f(t)$ 是关于 t 的一元二次函数，且 $f(t)\geqslant 0$，故判别式 $\leqslant 0$，即得

$$[\boldsymbol{x},\boldsymbol{y}]^2-[\boldsymbol{x},\boldsymbol{x}][\boldsymbol{y},\boldsymbol{y}]\leqslant 0.$$

内积概念的引入实现了向量的度量，从而可以更深入地研究向量的性质和向量的运算. 利用向量内积的概念，可以定义向量的长度.

定义 6.2　设 $\boldsymbol{x}=(x_1,x_2,\cdots,x_n)^{\mathrm{T}}$ 是一个 n 维实向量，称 $\sqrt{x_1^2+x_2^2+\cdots+x_n^2}$ 为向量 $\boldsymbol{x}$ 的**长度(或模、范数)**，记为 $\|\boldsymbol{x}\|$，即

$$\|\boldsymbol{x}\|=\sqrt{[\boldsymbol{x},\boldsymbol{x}]}=\sqrt{x_1^2+x_2^2+\cdots+x_n^2}.$$

显然，零向量的长度为 0.

长度是 1 的向量称为**单位向量**. 如果一个非零向量 $\boldsymbol{x}$ 的长度不等于 1，则可取 $\boldsymbol{x}^0=\dfrac{\boldsymbol{x}}{\|\boldsymbol{x}\|}$，因

$$\|\boldsymbol{x}^0\|^2=\left\|\frac{\boldsymbol{x}}{\|\boldsymbol{x}\|}\right\|^2=\left[\frac{\boldsymbol{x}}{\|\boldsymbol{x}\|},\frac{\boldsymbol{x}}{\|\boldsymbol{x}\|}\right]=\frac{1}{\|\boldsymbol{x}\|^2}[\boldsymbol{x},\boldsymbol{x}]=1,$$

故称 $\boldsymbol{x}^0$ 为 $\boldsymbol{x}$ 的**单位向量**，由 $\boldsymbol{x}$ 得到 $\boldsymbol{x}^0$ 的过程称为将向量 $\boldsymbol{x}$ **单位化**或**规范化**.

向量的长度具有以下性质:

(1) 非负性　$\|\boldsymbol{x}\|\geqslant 0$，当且仅当 $\boldsymbol{x}=\boldsymbol{0}$ 时，$\|\boldsymbol{x}\|=0$；

(2) 齐次性　$\|\lambda\boldsymbol{x}\|=|\lambda|\,\|\boldsymbol{x}\|$；

(3) 三角不等式　$\|\boldsymbol{x}+\boldsymbol{y}\|\leqslant\|\boldsymbol{x}\|+\|\boldsymbol{y}\|$.

性质(1)与(2)由长度的定义易证，下面证明性质(3).

由 Cauchy-Schwarz 不等式，可知

$$[\boldsymbol{x},\boldsymbol{y}]\leqslant\sqrt{[\boldsymbol{x},\boldsymbol{x}][\boldsymbol{y},\boldsymbol{y}]}=\|\boldsymbol{x}\|\|\boldsymbol{y}\|,$$

从而有

$$\begin{aligned}\|\boldsymbol{x}+\boldsymbol{y}\|^2&=[\boldsymbol{x}+\boldsymbol{y},\boldsymbol{x}+\boldsymbol{y}]=[\boldsymbol{x},\boldsymbol{x}]+2[\boldsymbol{x},\boldsymbol{y}]+[\boldsymbol{y},\boldsymbol{y}]\\&\leqslant\|\boldsymbol{x}\|^2+2\|\boldsymbol{x}\|\|\boldsymbol{y}\|+\|\boldsymbol{y}\|^2=(\|\boldsymbol{x}\|+\|\boldsymbol{y}\|)^2,\end{aligned}$$

即

$$\|\boldsymbol{x}+\boldsymbol{y}\|\leqslant\|\boldsymbol{x}\|+\|\boldsymbol{y}\|.$$

当 $\boldsymbol{x},\boldsymbol{y}$ 均为非零向量时，由 Cauchy-Schwarz 不等式，可知

$$\left|\frac{[\boldsymbol{x},\boldsymbol{y}]}{\|\boldsymbol{x}\|\,\|\boldsymbol{y}\|}\right|\leqslant 1.$$

据此可以定义向量的夹角.

定义 6.3　当 $\boldsymbol{x}\neq\boldsymbol{0}$，$\boldsymbol{y}\neq\boldsymbol{0}$ 时，称 $\theta=\arccos\dfrac{[\boldsymbol{x},\boldsymbol{y}]}{\|\boldsymbol{x}\|\,\|\boldsymbol{y}\|}$ 为 n 维向量 $\boldsymbol{x}$ 与 $\boldsymbol{y}$ 的**夹角**.

当$[\boldsymbol{x},\boldsymbol{y}]=0$时，称向量$\boldsymbol{x}$与$\boldsymbol{y}$**正交**. 两个向量正交意味着它们的夹角为$\dfrac{\pi}{2}$，其几何意义是两个向量相互垂直.

显然，零向量与任何向量都正交.

例 6.1 设$\boldsymbol{x}=(1,2,1)^{\mathrm{T}}$，$\boldsymbol{y}=(2,1,2)^{\mathrm{T}}$，求：(1) $[\boldsymbol{x}+\boldsymbol{y},\boldsymbol{x}-\boldsymbol{y}]$；(2) $\|2\boldsymbol{x}+3\boldsymbol{y}\|$；(3) $2\boldsymbol{x}$与$3\boldsymbol{y}$的夹角θ.

解 (1) $[\boldsymbol{x}+\boldsymbol{y},\boldsymbol{x}-\boldsymbol{y}]=[\boldsymbol{x},\boldsymbol{x}]-[\boldsymbol{x},\boldsymbol{y}]+[\boldsymbol{y},\boldsymbol{x}]-[\boldsymbol{y},\boldsymbol{y}]=[\boldsymbol{x},\boldsymbol{x}]-[\boldsymbol{y},\boldsymbol{y}]=6-9=-3$.

(2) 因为$2\boldsymbol{x}+3\boldsymbol{y}=(8,7,8)^{\mathrm{T}}$，所以

$$\|2\boldsymbol{x}+3\boldsymbol{y}\|=\sqrt{8^2+7^2+8^2}=\sqrt{177}.$$

(3) 根据定义 6.3，有

$$\theta=\arccos\frac{[2\boldsymbol{x},3\boldsymbol{y}]}{\|2\boldsymbol{x}\|\,\|3\boldsymbol{y}\|}=\arccos\frac{[\boldsymbol{x},\boldsymbol{y}]}{\|\boldsymbol{x}\|\,\|\boldsymbol{y}\|}=\arccos\frac{6}{\sqrt{6}\sqrt{9}}=\arccos\sqrt{\frac{2}{3}}.$$

定义 6.4 若一个不含零向量的向量组中的任意两个向量都正交(即两两正交)，则称这个向量组为**正交向量组**.

正交向量组具有以下重要性质.

定理 6.1 正交向量组是线性无关的.

证 对于正交向量组$\boldsymbol{x}_1,\boldsymbol{x}_2,\cdots,\boldsymbol{x}_r$，设存在实数$\lambda_1,\lambda_2,\cdots,\lambda_r$使

$$\lambda_1\boldsymbol{x}_1+\lambda_2\boldsymbol{x}_2+\cdots+\lambda_r\boldsymbol{x}_r=\boldsymbol{0},$$

以$\boldsymbol{x}_i^{\mathrm{T}}\ (i=1,2,\cdots,r)$左乘上式两端，得

$$\lambda_i\boldsymbol{x}_i^{\mathrm{T}}\boldsymbol{x}_i=0.$$

而$\boldsymbol{x}_i\neq\boldsymbol{0}$，所以$\boldsymbol{x}_i^{\mathrm{T}}\boldsymbol{x}_i=\|\boldsymbol{x}_i\|^2\neq0$，从而$\lambda_i=0\ (i=1,2,\cdots,r)$. 于是$\boldsymbol{x}_1,\boldsymbol{x}_2,\cdots,\boldsymbol{x}_r$线性无关.

例 6.2 已知三维向量空间$\mathbf{R}^3$中的两个向量$\boldsymbol{a}_1=\begin{pmatrix}1\\1\\1\end{pmatrix}$，$\boldsymbol{a}_2=\begin{pmatrix}1\\-1\\0\end{pmatrix}$正交，求一个非零的三维向量$\boldsymbol{a}_3$，使之与$\boldsymbol{a}_1$，$\boldsymbol{a}_2$都正交.

解 设$\boldsymbol{a}_3=\begin{pmatrix}x_1\\x_2\\x_3\end{pmatrix}$，由题意知，$\boldsymbol{a}_3$应满足

$$[\boldsymbol{a}_1,\boldsymbol{a}_3]=0,\quad[\boldsymbol{a}_2,\boldsymbol{a}_3]=0,$$

即$\boldsymbol{a}_3$应满足齐次线性方程组

$$\begin{pmatrix}1&1&1\\1&-1&0\end{pmatrix}\begin{pmatrix}x_1\\x_2\\x_3\end{pmatrix}=\begin{pmatrix}0\\0\end{pmatrix}.$$

解此方程组得基础解系$\begin{pmatrix} -\frac{1}{2} \\ -\frac{1}{2} \\ 1 \end{pmatrix}$，可取$\boldsymbol{a}_3 = \begin{pmatrix} -\frac{1}{2} \\ -\frac{1}{2} \\ 1 \end{pmatrix}$.

我们常选择正交向量组作为向量空间的基，称为向量空间的**正交基**. 显然，任意n个两两正交的n维非零向量都构成向量空间$\mathbf{R}^n$的一个正交基.

定义 6.5　设n维向量$\xi_1, \xi_2, \cdots, \xi_r$是向量空间$V(V \subset \mathbf{R}^n)$的一个基，若

(1) $\xi_1, \xi_2, \cdots, \xi_r$两两正交;

(2) $\xi_1, \xi_2, \cdots, \xi_r$都是单位向量，

则称$\xi_1, \xi_2, \cdots, \xi_r$是$V$的一个**规范正交基**(或**标准正交基**).

例如，$\xi_1 = \begin{pmatrix} \frac{1}{\sqrt{2}} \\ -\frac{1}{\sqrt{2}} \\ 0 \end{pmatrix}$，$\xi_2 = \begin{pmatrix} \frac{1}{\sqrt{3}} \\ \frac{1}{\sqrt{3}} \\ \frac{1}{\sqrt{3}} \end{pmatrix}$，$\xi_3 = \begin{pmatrix} \frac{1}{\sqrt{6}} \\ \frac{1}{\sqrt{6}} \\ -\frac{2}{\sqrt{6}} \end{pmatrix}$是$\mathbf{R}^3$的一个规范正交基.

一个向量在规范正交基下的坐标易求.

如果$\xi_1, \xi_2, \cdots, \xi_r$是$V$的一个规范正交基，那么$V$中任一向量$\boldsymbol{a}$可由$\xi_1, \xi_2, \cdots, \xi_r$线性表示，设表示式为

$$\boldsymbol{a} = \lambda_1 \xi_1 + \lambda_2 \xi_2 + \cdots + \lambda_r \xi_r.$$

用$\boldsymbol{\xi}_i^{\mathrm{T}}$左乘此式，有$\boldsymbol{\xi}_i^{\mathrm{T}} \boldsymbol{a} = \lambda_i \xi_i^{\mathrm{T}} \xi_i = \lambda_i$，即

$$\lambda_i = \boldsymbol{\xi}_i^{\mathrm{T}} \boldsymbol{a} = [\boldsymbol{a}, \xi_i].$$

下面说明可由向量空间的任一基导出一个规范正交基.

设$\boldsymbol{a}_1, \boldsymbol{a}_2, \cdots, \boldsymbol{a}_r$是向量空间$V$的一个基，要求$V$的一个规范正交基，也就是要找一组两两正交的单位向量$\xi_1, \xi_2, \cdots, \xi_r$，使$\xi_1, \xi_2, \cdots, \xi_r$与$\boldsymbol{a}_1, \boldsymbol{a}_2, \cdots, \boldsymbol{a}_r$等价. 这个过程称为将$\boldsymbol{a}_1, \boldsymbol{a}_2, \cdots, \boldsymbol{a}_r$**规范正交化**，它可以通过以下两步来实现.

第一步，正交化，取

$$\boldsymbol{b}_1 = \boldsymbol{a}_1;$$

$$\boldsymbol{b}_2 = \boldsymbol{a}_2 - \frac{[\boldsymbol{b}_1, \boldsymbol{a}_2]}{[\boldsymbol{b}_1, \boldsymbol{b}_1]} \boldsymbol{b}_1;$$

$$\boldsymbol{b}_3 = \boldsymbol{a}_3 - \frac{[\boldsymbol{b}_1, \boldsymbol{a}_3]}{[\boldsymbol{b}_1, \boldsymbol{b}_1]} \boldsymbol{b}_1 - \frac{[\boldsymbol{b}_2, \boldsymbol{a}_3]}{[\boldsymbol{b}_2, \boldsymbol{b}_2]} \boldsymbol{b}_2;$$

……

$$\boldsymbol{b}_r=\boldsymbol{a}_r-\frac{[\boldsymbol{b}_1,\boldsymbol{a}_r]}{[\boldsymbol{b}_1,\boldsymbol{b}_1]}\boldsymbol{b}_1-\frac{[\boldsymbol{b}_2,\boldsymbol{a}_r]}{[\boldsymbol{b}_2,\boldsymbol{b}_2]}\boldsymbol{b}_2-\cdots-\frac{[\boldsymbol{b}_{r-1},\boldsymbol{a}_r]}{[\boldsymbol{b}_{r-1},\boldsymbol{b}_{r-1}]}\boldsymbol{b}_{r-1}.$$

容易验证 $\boldsymbol{b}_1,\boldsymbol{b}_2,\cdots,\boldsymbol{b}_r$ 两两正交，且与 $\boldsymbol{a}_1,\ \boldsymbol{a}_2,\ \cdots,\ \boldsymbol{a}_r$ 等价.

第二步，单位化，取

$$\xi_1=\frac{\boldsymbol{b}_1}{\|\boldsymbol{b}_1\|},\ \xi_2=\frac{\boldsymbol{b}_2}{\|\boldsymbol{b}_2\|},\ \cdots,\ \xi_r=\frac{\boldsymbol{b}_r}{\|\boldsymbol{b}_r\|}.$$

则 $\xi_1,\xi_2,\cdots,\xi_r$ 是与 $\boldsymbol{a}_1,\ \boldsymbol{a}_2,\ \cdots,\ \boldsymbol{a}_r$ 等价的正交单位向量组.

一个线性无关的向量组不一定正交，但可以通过上述第一步导出一个与之等价的正交向量组，该过程称为 Schimidt(施密特)**正交化过程**，它不仅使得 $\boldsymbol{b}_1,\boldsymbol{b}_2,\cdots,\boldsymbol{b}_r$ 与 $\boldsymbol{a}_1,\ \boldsymbol{a}_2,\ \cdots,\ \boldsymbol{a}_r$ 等价，还保证对任何 $k(1\leqslant k\leqslant r)$，向量组 $\boldsymbol{b}_1,\boldsymbol{b}_2,\cdots,\boldsymbol{b}_k$ 与 $\boldsymbol{a}_1,\ \boldsymbol{a}_2,\ \cdots,\ \boldsymbol{a}_k$ 等价.

Schimidt 正交化方法的几何意义如图 6.1 和 6.2 所示，核心是投影的思想.

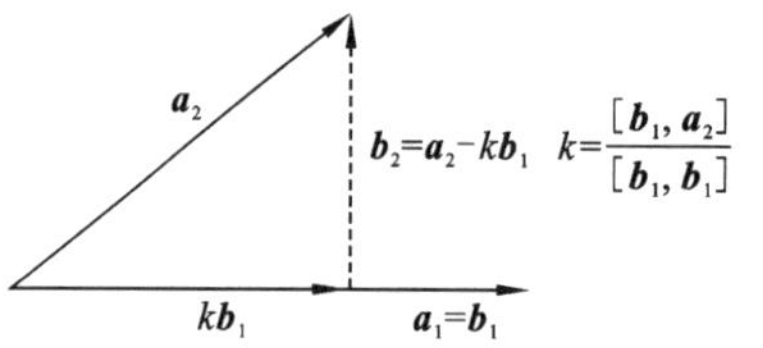

图 6.1

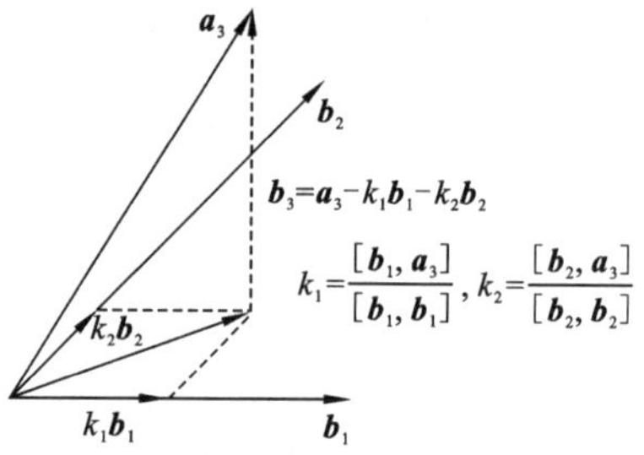

图 6.2

例 6.3 已知 $\mathbf{R}^3$ 的一个基

$$\boldsymbol{a}_1=\begin{pmatrix}1\\1\\1\end{pmatrix},\quad \boldsymbol{a}_2=\begin{pmatrix}0\\1\\1\end{pmatrix},\quad \boldsymbol{a}_3=\begin{pmatrix}0\\0\\1\end{pmatrix},$$

试由此构造 $\mathbf{R}^3$ 的一个规范正交基.

解 先正交化，取 $\boldsymbol{b}_1=\boldsymbol{a}_1=\begin{pmatrix}1\\1\\1\end{pmatrix}$,

$$\boldsymbol{b}_2=\boldsymbol{a}_2-\frac{[\boldsymbol{b}_1,\boldsymbol{a}_2]}{[\boldsymbol{b}_1,\boldsymbol{b}_1]}\boldsymbol{b}_1=\begin{pmatrix}0\\1\\1\end{pmatrix}-\frac{2}{3}\begin{pmatrix}1\\1\\1\end{pmatrix}=\frac{1}{3}\begin{pmatrix}-2\\1\\1\end{pmatrix},$$

$$\boldsymbol{b}_3=\boldsymbol{a}_3-\frac{[\boldsymbol{b}_1,\boldsymbol{a}_3]}{[\boldsymbol{b}_1,\boldsymbol{b}_1]}\boldsymbol{b}_1-\frac{[\boldsymbol{b}_2,\boldsymbol{a}_3]}{[\boldsymbol{b}_2,\boldsymbol{b}_2]}\boldsymbol{b}_2=\begin{pmatrix}0\\0\\1\end{pmatrix}-\frac{1}{3}\begin{pmatrix}1\\1\\1\end{pmatrix}-\frac{1}{6}\begin{pmatrix}-2\\1\\1\end{pmatrix}=\frac{1}{2}\begin{pmatrix}0\\-1\\1\end{pmatrix}.$$

再单位化

$$\xi_1=\frac{b_1}{\|b_1\|}=\frac{1}{\sqrt{3}}\begin{pmatrix}1\\1\\1\end{pmatrix},\quad \xi_2=\frac{b_2}{\|b_2\|}=\frac{1}{\sqrt{6}}\begin{pmatrix}-2\\1\\1\end{pmatrix},\quad \xi_3=\frac{b_3}{\|b_3\|}=\frac{1}{\sqrt{2}}\begin{pmatrix}0\\-1\\1\end{pmatrix}.$$

于是，ξ_1,ξ_2,ξ_3 是 $\mathbf{R}^3$ 的一个规范正交基.

值得注意的是，由给定的一个基求规范正交基，一定要先正交化，再单位化. 若先单位化，后正交化，则不能保证最后得到的向量是单位向量.

例 6.4　已知 $a_1=\begin{pmatrix}1\\1\\-1\end{pmatrix}$，求一组非零向量 a_2,a_3，使 a_1,a_2,a_3 两两正交.

解　由题意知 a_2,a_3 应满足方程 $a_1^{\mathrm{T}}x=0$，即

$$x_1+x_2-x_3=0.$$

解此方程组得基础解系

$$b_1=\begin{pmatrix}-1\\1\\0\end{pmatrix},\quad b_2=\begin{pmatrix}1\\0\\1\end{pmatrix}.$$

再将 b_1,b_2 正交化

$$a_2=b_1=\begin{pmatrix}-1\\1\\0\end{pmatrix},\quad a_3=b_2-\frac{[b_1,b_2]}{[b_1,b_1]}b_1=\frac{1}{2}\begin{pmatrix}1\\1\\2\end{pmatrix}.$$

规范正交基是一组特殊的线性无关向量组，其按列(行)排成的矩阵有什么性质呢？

定义 6.6　若 n 阶矩阵 A 满足

$$AA^{\mathrm{T}}=A^{\mathrm{T}}A=E\quad(\text{即 } A^{-1}=A^{\mathrm{T}}),$$

则称 A 为**正交矩阵**.

以下关于正交矩阵的性质揭示出正交矩阵的结构特征和定义内涵.

性质 6.1　A 为正交矩阵的充分必要条件是 A 的列(行)向量都是单位向量，且两两正交.

证　将 A 按列分块，$A=(a_1,a_2,\cdots,a_n)$，由 $A^{\mathrm{T}}A=E$，得

$$\begin{pmatrix}a_1^{\mathrm{T}}\\a_2^{\mathrm{T}}\\\vdots\\a_n^{\mathrm{T}}\end{pmatrix}(a_1,a_2,\cdots,a_n)=E,$$

即

$$a_i^{\mathrm{T}}a_j=\delta_{ij}=\begin{cases}1, & i=j,\\0, & i\neq j\end{cases}\quad(i,j=1,2,\cdots,n).$$

因此，A 的列向量是两两正交的单位向量. 行向量亦然.

性质 6.1 说明，一个 n 阶正交矩阵 $\boldsymbol{A}$ 的 n 个列向量可以构成向量空间 $\mathbf{R}^n$ 的一个规范正交基，类似地，$\boldsymbol{A}$ 的 n 个行向量亦构成向量空间 $\mathbf{R}^n$ 的一个规范正交基.

性质 6.2 若 $\boldsymbol{A}$ 为正交矩阵，则 $\boldsymbol{A}^{\mathrm{T}}$，$\boldsymbol{A}^{-1}$ 均为正交矩阵.

证 因为 $\boldsymbol{A}^{-1}=\boldsymbol{A}^{\mathrm{T}}$，所以 $(\boldsymbol{A}^{\mathrm{T}})^{-1}=(\boldsymbol{A}^{-1})^{-1}=\boldsymbol{A}=(\boldsymbol{A}^{\mathrm{T}})^{\mathrm{T}}$，即 $\boldsymbol{A}^{\mathrm{T}}$ 为正交矩阵.

由 $(\boldsymbol{A}^{-1})^{-1}=(\boldsymbol{A}^{\mathrm{T}})^{-1}=(\boldsymbol{A}^{-1})^{\mathrm{T}}$ 知，$\boldsymbol{A}^{-1}$ 为正交矩阵.

性质 6.3 若 $\boldsymbol{A}$ 为正交矩阵，则 $|\boldsymbol{A}|=\pm 1$.

证 由 $\boldsymbol{A}^{\mathrm{T}}\boldsymbol{A}=\boldsymbol{E}$ 两边取行列式，得

$$|\boldsymbol{A}||\boldsymbol{A}^{\mathrm{T}}|=|\boldsymbol{E}|=1,$$

即 $|\boldsymbol{A}|^2=1$. 于是，得 $|\boldsymbol{A}|=\pm 1$.

性质 6.4 若 $\boldsymbol{A},\boldsymbol{B}$ 均为 n 阶正交矩阵，则 $\boldsymbol{AB}$ 也是正交矩阵.

证 由于 $(\boldsymbol{AB})^{-1}=\boldsymbol{B}^{-1}\boldsymbol{A}^{-1}=\boldsymbol{B}^{\mathrm{T}}\boldsymbol{A}^{\mathrm{T}}=(\boldsymbol{AB})^{\mathrm{T}}$，所以 $\boldsymbol{AB}$ 也是正交矩阵.

性质 6.5 若 $\boldsymbol{A}$ 是正交矩阵，则 $[\boldsymbol{Aa},\boldsymbol{Ab}]=[\boldsymbol{a},\boldsymbol{b}]$; $\|\boldsymbol{Aa}\|=\|\boldsymbol{a}\|$.

证

$$[\boldsymbol{Aa},\boldsymbol{Ab}]=(\boldsymbol{Aa})^{\mathrm{T}}(\boldsymbol{Ab})=\boldsymbol{a}^{\mathrm{T}}\boldsymbol{A}^{\mathrm{T}}\boldsymbol{Ab}=\boldsymbol{a}^{\mathrm{T}}(\boldsymbol{A}^{\mathrm{T}}\boldsymbol{A})\boldsymbol{b}=\boldsymbol{a}^{\mathrm{T}}\boldsymbol{Eb}=\boldsymbol{a}^{\mathrm{T}}\boldsymbol{b}=[\boldsymbol{a},\boldsymbol{b}],$$

$$\|\boldsymbol{Aa}\|=\sqrt{(\boldsymbol{Aa})^{\mathrm{T}}\boldsymbol{Aa}}=\sqrt{\boldsymbol{a}^{\mathrm{T}}\boldsymbol{A}^{\mathrm{T}}\boldsymbol{Aa}}=\sqrt{\boldsymbol{a}^{\mathrm{T}}\boldsymbol{a}}=\|\boldsymbol{a}\|.$$

定义 6.7 若 $\boldsymbol{A}$ 是正交矩阵，则线性变换 $\boldsymbol{y}=\boldsymbol{Ax}$ 称为**正交变换**.

由性质 6.5 知，$\|\boldsymbol{y}\|=\|\boldsymbol{x}\|$，即正交变换保持向量的长度不变.

例 6.5 已知正交单位向量 $\boldsymbol{a}_1=\left(\frac{1}{2},\frac{1}{2},\frac{1}{\sqrt{2}},0\right)^{\mathrm{T}}$，$\boldsymbol{a}_2=\left(-\frac{1}{2},-\frac{1}{2},\frac{1}{\sqrt{2}},0\right)^{\mathrm{T}}$，求:

(1) $\boldsymbol{a}_3,\boldsymbol{a}_4$ 使 $\boldsymbol{a}_1,\boldsymbol{a}_2,\boldsymbol{a}_3,\boldsymbol{a}_4$ 是正交单位向量组;

(2) 一个以 $\boldsymbol{a}_1,\boldsymbol{a}_2$ 为第 1, 2 列的正交矩阵.

解 (1) $\boldsymbol{a}_3,\boldsymbol{a}_4$ 应满足方程组 $\boldsymbol{x}^{\mathrm{T}}\boldsymbol{a}_1=0$，$\boldsymbol{x}^{\mathrm{T}}\boldsymbol{a}_2=0$，即

$$\begin{cases}\frac{1}{2}x_1+\frac{1}{2}x_2+\frac{1}{\sqrt{2}}x_3=0,\\ -\frac{1}{2}x_1-\frac{1}{2}x_2+\frac{1}{\sqrt{2}}x_3=0.\end{cases}$$

它的基础解系为 $\boldsymbol{b}_1=(0,0,0,1)^{\mathrm{T}}$，$\boldsymbol{b}_2=(-1,1,0,0)^{\mathrm{T}}$.

显然 $\boldsymbol{b}_1,\boldsymbol{b}_2$ 正交，从而 $\boldsymbol{a}_1,\boldsymbol{a}_2,\boldsymbol{b}_1,\boldsymbol{b}_2$ 两两正交，$\boldsymbol{a}_1,\boldsymbol{a}_2,\boldsymbol{a}_3=\boldsymbol{b}_1$ 已是单位向量，再把 $\boldsymbol{b}_2$ 单位化即可

$$\boldsymbol{a}_4=\frac{\boldsymbol{b}_2}{\|\boldsymbol{b}_2\|}=\left(-\frac{1}{\sqrt{2}},\frac{1}{\sqrt{2}},0,0\right)^{\mathrm{T}}.$$

则 $\boldsymbol{a}_1,\boldsymbol{a}_2,\boldsymbol{a}_3,\boldsymbol{a}_4$ 是正交单位向量组.

(2) 以 $\boldsymbol{a}_1,\boldsymbol{a}_2$ 为第 1、2 列的正交矩阵即为

$$(\boldsymbol{a}_1, \boldsymbol{a}_2, \boldsymbol{a}_3, \boldsymbol{a}_4) = \begin{pmatrix} \frac{1}{2} & -\frac{1}{2} & 0 & -\frac{1}{\sqrt{2}} \\ \frac{1}{2} & -\frac{1}{2} & 0 & \frac{1}{\sqrt{2}} \\ \frac{1}{\sqrt{2}} & \frac{1}{\sqrt{2}} & 0 & 0 \\ 0 & 0 & 1 & 0 \end{pmatrix}.$$

6.2 方阵的特征值与特征向量

定义 6.8 设 $\boldsymbol{A}$ 是 n 阶矩阵，如果存在数 λ 和 n 维非零列向量 $\boldsymbol{x}$ 使关系式

$$\boldsymbol{A}\boldsymbol{x} = \lambda \boldsymbol{x} \tag{6.1}$$

成立，则称数 λ 是方阵 $\boldsymbol{A}$ 的**特征值**，非零向量 $\boldsymbol{x}$ 称为 $\boldsymbol{A}$ 的对应于特征值 λ 的**特征向量**.

特征值与特征向量的意义解释如下：矩阵 $\boldsymbol{A}$ 乘以列向量 $\boldsymbol{x}$，相当于对 $\boldsymbol{x}$ 作线性变换，所得仍是一列向量. 如果 $\boldsymbol{x}$ 是 $\boldsymbol{A}$ 的特征向量，则向量 $\boldsymbol{A}\boldsymbol{x}$ 与 $\boldsymbol{x}$ 成比例. 从几何上看，就是 $\boldsymbol{A}\boldsymbol{x}$ 与 $\boldsymbol{x}$ 平行，这意味着 $\boldsymbol{A}\boldsymbol{x}$ 是对 $\boldsymbol{x}$ 作了一次伸缩变换，而特征值 λ 是伸缩倍数.

如果 $\boldsymbol{x}$ 是 $\boldsymbol{A}$ 的对应于特征值 λ 的特征向量，那么 $\boldsymbol{x}$ 的任何一个非零倍数 $k\boldsymbol{x}$ 也是 $\boldsymbol{A}$ 的对应于特征值 λ 的特征向量，这是因为

$$\boldsymbol{A}(k\boldsymbol{x}) = k\boldsymbol{A}\boldsymbol{x} = k(\lambda\boldsymbol{x}) = \lambda(k\boldsymbol{x}).$$

下面分析如何求方阵的特征值和特征向量.

将式(6.1)写成

$$(\boldsymbol{A} - \lambda\boldsymbol{E})\boldsymbol{x} = \boldsymbol{0}. \tag{6.2}$$

这是 n 个未知数 n 个方程的齐次线性方程组，它有非零解的充分必要条件是

$$|\boldsymbol{A} - \lambda\boldsymbol{E}| = 0, \tag{6.3}$$

或

$$\begin{vmatrix} a_{11}-\lambda & a_{12} & \cdots & a_{1n} \\ a_{21} & a_{22}-\lambda & \cdots & a_{2n} \\ \vdots & \vdots & & \vdots \\ a_{n1} & a_{n2} & \cdots & a_{nn}-\lambda \end{vmatrix} = 0.$$

这是以 λ 为未知数的一元 n 次方程，称为方阵 $\boldsymbol{A}$ 的**特征方程**. 上式左端 $|\boldsymbol{A} - \lambda\boldsymbol{E}|$ 是 λ 的 n 次多项式，记为

$$f(\lambda) = |\boldsymbol{A} - \lambda\boldsymbol{E}|,$$

称为方阵 $\boldsymbol{A}$ 的**特征多项式**.

$\boldsymbol{A}$ 的特征值就是其特征方程的解. 由代数基本定理知，特征方程在复数范围内恒有解，而且解的个数恰好是方程的次数(重根按重数计算)，因此，n 阶矩阵 $\boldsymbol{A}$ 有 n 个特征值.

设 n 阶矩阵 $\boldsymbol{A}=(a_{ij})$ 的 n 个特征值为 $\lambda_1,\lambda_2,\cdots,\lambda_n$，则有

(1) $\lambda_1+\lambda_2+\cdots+\lambda_n=a_{11}+a_{22}+\cdots+a_{nn}$;

(2) $\lambda_1\lambda_2\cdots\lambda_n=|\boldsymbol{A}|$.

事实上，因为 $\lambda_1,\lambda_2,\cdots,\lambda_n$ 是方程 $|\boldsymbol{A}-\lambda\boldsymbol{E}|=0$ 的 n 个根，所以有

$$|\boldsymbol{A}-\lambda\boldsymbol{E}|=(\lambda_1-\lambda)(\lambda_2-\lambda)\cdots(\lambda_n-\lambda),$$

比较等式两边 λ^{n-1} 的系数即得到(1)，在等式中令 $\lambda=0$ 即得到(2).

特征值是矩阵的重要数字特征，可以反映矩阵的相关性质. 如矩阵的可逆性，由 $|\boldsymbol{A}|=\lambda_1\lambda_2\cdots\lambda_n$ 可得，矩阵 $\boldsymbol{A}$ 可逆的充分必要条件是 $\boldsymbol{A}$ 的特征值全不为 0.

一个 n 阶矩阵 $\boldsymbol{A}$ 的主对角线上的元素之和称为矩阵 $\boldsymbol{A}$ 的**迹**，记为 $\operatorname{tr}(\boldsymbol{A})$，即

$$\operatorname{tr}(\boldsymbol{A})=a_{11}+a_{22}+\cdots+a_{nn},$$

方阵 $\boldsymbol{A}$ 的全体特征值之和等于 $\boldsymbol{A}$ 的迹.

设 $\lambda=\lambda_i$ 是方阵 $\boldsymbol{A}$ 的一个特征值，由齐次线性方程组

$$(\boldsymbol{A}-\lambda_i\boldsymbol{E})\boldsymbol{x}=\boldsymbol{0}\ (i=1,2,\cdots,n)$$

可求得非零解 $\boldsymbol{x}=\boldsymbol{p}_i$，$\boldsymbol{p}_i$ 就是 $\boldsymbol{A}$ 的对应于特征值 λ_i 的一个特征向量(若 λ_i 为实数，则 $\boldsymbol{p}_i$ 取实向量；若 λ_i 为复数，则 $\boldsymbol{p}_i$ 取复向量).

上述讨论已然给出了求矩阵 $\boldsymbol{A}$ 的特征值和特征向量的步骤:

(1) 计算 $\boldsymbol{A}$ 的特征多项式 $|\boldsymbol{A}-\lambda\boldsymbol{E}|$;

(2) 求出特征方程 $|\boldsymbol{A}-\lambda\boldsymbol{E}|=0$ 的全部根 $\lambda_1,\lambda_2,\cdots,\lambda_n$，即是 $\boldsymbol{A}$ 的全部特征值;

(3) 对于特征值 λ_i，求齐次线性方程组 $(\boldsymbol{A}-\lambda_i\boldsymbol{E})\boldsymbol{x}=\boldsymbol{0}$ 的非零解，得到对应于特征值 λ_i 的特征向量.

下面举例示之，特别要注意特征值有重根的情形下特征向量的表示方法.

例 6.6 求矩阵 $\boldsymbol{A}=\begin{pmatrix}-3 & 4\\ 2 & -1\end{pmatrix}$ 的特征值和特征向量.

解 由 $\boldsymbol{A}$ 的特征多项式

$$|\boldsymbol{A}-\lambda\boldsymbol{E}|=\begin{vmatrix}-3-\lambda & 4\\ 2 & -1-\lambda\end{vmatrix}=(\lambda-1)(\lambda+5)$$

得 $\boldsymbol{A}$ 的特征值 $\lambda_1=1,\ \lambda_2=-5$.

当 $\lambda_1=1$ 时，解齐次线性方程组

$$\begin{pmatrix}-3-1 & 4\\ 2 & -1-1\end{pmatrix}\begin{pmatrix}x_1\\ x_2\end{pmatrix}=\begin{pmatrix}0\\ 0\end{pmatrix},$$

得基础解系为 $\boldsymbol{p}_1=\begin{pmatrix}1\\ 1\end{pmatrix}$. 对应 $\lambda_1=1$ 的特征向量为 $k_1\boldsymbol{p}_1\ (k_1\neq 0)$.

当 $\lambda_2=-5$ 时，解齐次线性方程组

$$\begin{pmatrix} -3+5 & 4 \\ 2 & -1+5 \end{pmatrix}\begin{pmatrix} x_1 \\ x_2 \end{pmatrix}=\begin{pmatrix} 0 \\ 0 \end{pmatrix},$$

得基础解系为 $\boldsymbol{p}_2=\begin{pmatrix} -2 \\ 1 \end{pmatrix}$. 对应于 $\lambda_2=-5$ 的特征向量为 $k_2\boldsymbol{p}_2\ (k_2\neq 0)$.

例 6.7　求矩阵 $\boldsymbol{A}=\begin{pmatrix} -1 & 1 & 0 \\ -4 & 3 & 0 \\ 1 & 0 & 2 \end{pmatrix}$ 的特征值和特征向量.

解　因为 $\boldsymbol{A}$ 的特征多项式为

$$|\boldsymbol{A}-\lambda\boldsymbol{E}|=\begin{vmatrix} -1-\lambda & 1 & 0 \\ -4 & 3-\lambda & 0 \\ 1 & 0 & 2-\lambda \end{vmatrix}=(2-\lambda)(\lambda-1)^2,$$

所以 $\boldsymbol{A}$ 的特征值为 $\lambda_1=2,\ \lambda_2=\lambda_3=1$.

当 $\lambda_1=2$ 时, 解齐次线性方程组

$$(\boldsymbol{A}-2\boldsymbol{E})\boldsymbol{x}=\begin{pmatrix} -3 & 1 & 0 \\ -4 & 1 & 0 \\ 1 & 0 & 0 \end{pmatrix}\begin{pmatrix} x_1 \\ x_2 \\ x_3 \end{pmatrix}=\begin{pmatrix} 0 \\ 0 \\ 0 \end{pmatrix},$$

得基础解系 $\boldsymbol{p}_1=\begin{pmatrix} 0 \\ 0 \\ 1 \end{pmatrix}$. 对应于 $\lambda_1=2$ 的特征向量为 $k_1\boldsymbol{p}_1\ (k_1\neq 0)$.

当 $\lambda_2=\lambda_3=1$ 时, 解齐次线性方程组

$$(\boldsymbol{A}-\boldsymbol{E})\boldsymbol{x}=\begin{pmatrix} -2 & 1 & 0 \\ -4 & 2 & 0 \\ 1 & 0 & 1 \end{pmatrix}\begin{pmatrix} x_1 \\ x_2 \\ x_3 \end{pmatrix}=\begin{pmatrix} 0 \\ 0 \\ 0 \end{pmatrix},$$

得基础解系 $\boldsymbol{p}_2=\begin{pmatrix} 1 \\ 2 \\ -1 \end{pmatrix}$. 对应于 $\lambda_2=\lambda_3=1$ 的全部特征向量为 $k_2\boldsymbol{p}_2\ (k_2\neq 0)$.

例 6.8　求矩阵 $\boldsymbol{A}=\begin{pmatrix} 3 & -1 & -2 \\ 2 & 0 & -2 \\ 2 & -1 & -1 \end{pmatrix}$ 的特征值和特征向量.

解　因为 $\boldsymbol{A}$ 的特征多项式为

$$|\boldsymbol{A}-\lambda\boldsymbol{E}|=\begin{vmatrix} 3-\lambda & -1 & -2 \\ 2 & -\lambda & -2 \\ 2 & -1 & -1-\lambda \end{vmatrix}=-\lambda(\lambda-1)^2,$$

所以 $\boldsymbol{A}$ 的特征值为 $\lambda_1=0,\ \lambda_2=\lambda_3=1$.

当 $\lambda_1=0$ 时，解齐次线性方程组

$$(\boldsymbol{A}-0\boldsymbol{E})\boldsymbol{x}=\begin{pmatrix}3&-1&-2\\2&0&-2\\2&-1&-1\end{pmatrix}\begin{pmatrix}x_1\\x_2\\x_3\end{pmatrix}=\begin{pmatrix}0\\0\\0\end{pmatrix},$$

得基础解系 $\boldsymbol{p}_1=\begin{pmatrix}1\\1\\1\end{pmatrix}$. 对应于 $\lambda_1=0$ 的全部特征向量为 $k_1\boldsymbol{p}_1\ (k_1\neq 0)$.

当 $\lambda_2=\lambda_3=1$ 时，解齐次线性方程组

$$(\boldsymbol{A}-\boldsymbol{E})\boldsymbol{x}=\begin{pmatrix}2&-1&-2\\2&-1&-2\\2&-1&-2\end{pmatrix}\begin{pmatrix}x_1\\x_2\\x_3\end{pmatrix}=\begin{pmatrix}0\\0\\0\end{pmatrix},$$

得基础解系 $\boldsymbol{p}_2=\begin{pmatrix}1\\2\\0\end{pmatrix}, \boldsymbol{p}_3=\begin{pmatrix}1\\0\\1\end{pmatrix}$，对应于 $\lambda_2=\lambda_3=1$ 的全部特征向量为 $k_2\boldsymbol{p}_2+k_3\boldsymbol{p}_3\,(k_2,k_3$ 不同时为 0).

例 6.9 求矩阵 $\boldsymbol{A}=\begin{pmatrix}0&1\\-1&0\end{pmatrix}$ 的特征值和特征向量.

解 $\boldsymbol{A}$ 的特征多项式为

$$|\boldsymbol{A}-\lambda\boldsymbol{E}|=\begin{vmatrix}-\lambda&1\\-1&-\lambda\end{vmatrix}=\lambda^2+1,$$

得 $\boldsymbol{A}$ 的特征值为 $\lambda_1=-\mathrm{i},\ \lambda_2=\mathrm{i}$.

当 $\lambda_1=-\mathrm{i}$ 时，解齐次线性方程组

$$(\boldsymbol{A}+\mathrm{i}\boldsymbol{E})\boldsymbol{x}=\begin{pmatrix}\mathrm{i}&1\\-1&\mathrm{i}\end{pmatrix}\begin{pmatrix}x_1\\x_2\end{pmatrix}=\begin{pmatrix}0\\0\end{pmatrix},$$

得基础解系 $\boldsymbol{p}_1=\begin{pmatrix}\mathrm{i}\\1\end{pmatrix}$. 对应于 $\lambda_1=0$ 的全部特征向量为 $k_1\boldsymbol{p}_1\ (k_1\neq 0)$.

当 $\lambda_2=\mathrm{i}$ 时，解齐次线性方程组

$$(\boldsymbol{A}-\mathrm{i}\boldsymbol{E})\boldsymbol{x}=\begin{pmatrix}-\mathrm{i}&1\\-1&-\mathrm{i}\end{pmatrix}\begin{pmatrix}x_1\\x_2\end{pmatrix}=\begin{pmatrix}0\\0\end{pmatrix},$$

得基础解系 $\boldsymbol{p}_2=\begin{pmatrix}-\mathrm{i}\\1\end{pmatrix}$. 对应于 $\lambda_2=-\mathrm{i}$ 的全部特征向量为 $k_2\boldsymbol{p}_2\ (k_2\neq 0)$.

该例题说明实矩阵的特征值不一定是实数，特征向量不一定是实向量.

例 6.10 设 λ 是方阵 $\boldsymbol{A}$ 的特征值，证明：λ^2 是 $\boldsymbol{A}^2$ 的特征值；$\boldsymbol{A}$ 可逆时，$\dfrac{1}{\lambda}$ 是方阵 $\boldsymbol{A}^{-1}$ 的特征值.

证　由题意知，存在 $\boldsymbol{p}\neq\boldsymbol{0}$ 使 $\boldsymbol{A}\boldsymbol{p}=\lambda\boldsymbol{p}$，于是

$$\boldsymbol{A}^2\boldsymbol{p}=\boldsymbol{A}(\boldsymbol{A}\boldsymbol{p})=\boldsymbol{A}(\lambda\boldsymbol{p})=\lambda(\boldsymbol{A}\boldsymbol{p})=\lambda(\lambda\boldsymbol{p})=\lambda^2\boldsymbol{p},$$

故 λ^2 是方阵 $\boldsymbol{A}^2$ 的特征值.

$\boldsymbol{A}$ 可逆时，$\lambda\neq 0$．$\boldsymbol{A}\boldsymbol{p}=\lambda\boldsymbol{p}$ 的两边左乘 $\boldsymbol{A}^{-1}$ 得，$\boldsymbol{p}=\lambda\boldsymbol{A}^{-1}\boldsymbol{p}$，故 $\boldsymbol{A}^{-1}\boldsymbol{p}=\dfrac{1}{\lambda}\boldsymbol{p}$，所以 $\dfrac{1}{\lambda}$ 是方阵 $\boldsymbol{A}^{-1}$ 的特征值.

仿此可知，若 λ 是方阵 $\boldsymbol{A}$ 的特征值，则 λ^k 是 $\boldsymbol{A}^k$ 的特征值；$\varphi(\lambda)$ 是方阵 $\varphi(\boldsymbol{A})$ 的特征值(其中 $\varphi(\lambda)=a_0+a_1\lambda+\cdots+a_m\lambda^m$，$\varphi(\boldsymbol{A})=a_0\boldsymbol{E}+a_1\boldsymbol{A}+\cdots+a_m\boldsymbol{A}^m$)．若 $\boldsymbol{A}$ 可逆，则该结论对负次幂多项式亦成立.

关于矩阵多项式的特征值，有下面定理.

定理 6.2　设 n 阶方阵 $\boldsymbol{A}$ 的全体特征值为 $\lambda_1,\lambda_2,\cdots,\lambda_n$，$\varphi(x)$ 是一个多项式，则 $\varphi(\boldsymbol{A})$ 的全体特征值为 $\varphi(\lambda_1),\varphi(\lambda_2),\cdots,\varphi(\lambda_n)$.

证　不妨设 $\varphi(x)$ 是一个首项系数为 1 的 m 次多项式，下面通过求解特征多项式的方法得到 $\varphi(\boldsymbol{A})$ 的特征值.

由于 $\boldsymbol{A}$ 的特征值为 $\lambda_1,\lambda_2,\cdots,\lambda_n$，从而 $\boldsymbol{A}$ 的特征多项式为

$$f(\lambda)=|\boldsymbol{A}-\lambda\boldsymbol{E}|=(\lambda_1-\lambda)(\lambda_2-\lambda)\cdots(\lambda_n-\lambda).$$

设

$$\varphi(x)-\mu=[x-g_1(\mu)][x-g_2(\mu)]\cdots[x-g_m(\mu)],$$

则

$$\begin{aligned}|\varphi(\boldsymbol{A})-\mu\boldsymbol{E}|&=|[\boldsymbol{A}-g_1(\mu)\boldsymbol{E}][\boldsymbol{A}-g_2(\mu)\boldsymbol{E}]\cdots[\boldsymbol{A}-g_m(\mu)\boldsymbol{E}]|\\&=|\boldsymbol{A}-g_1(\mu)\boldsymbol{E}||\boldsymbol{A}-g_2(\mu)\boldsymbol{E}|\cdots|\boldsymbol{A}-g_m(\mu)\boldsymbol{E}|\\&=[\lambda_1-g_1(\mu)][\lambda_2-g_1(\mu)]\cdots[\lambda_n-g_1(\mu)]\\&\quad\cdot[\lambda_1-g_2(\mu)][\lambda_2-g_2(\mu)]\cdots[\lambda_n-g_2(\mu)]\\&\quad\cdots\\&\quad\cdot[\lambda_1-g_m(\mu)][\lambda_2-g_m(\mu)]\cdots[\lambda_n-g_m(\mu)]\\&=[\lambda_1-g_1(\mu)][\lambda_1-g_2(\mu)]\cdots[\lambda_1-g_m(\mu)]\\&\quad\cdot[\lambda_2-g_1(\mu)][\lambda_2-g_2(\mu)]\cdots[\lambda_2-g_m(\mu)]\\&\quad\cdots\\&\quad\cdot[\lambda_m-g_1(\mu)][\lambda_m-g_2(\mu)]\cdots[\lambda_m-g_m(\mu)]\\&=[\varphi(\lambda_1)-\mu][\varphi(\lambda_2)-\mu]\cdots[\varphi(\lambda_n)-\mu].\end{aligned}$$

故 $\varphi(\boldsymbol{A})$ 的特征值为 $\varphi(\lambda_1),\varphi(\lambda_2),\cdots,\varphi(\lambda_n)$.

例 6.11　三阶矩阵 $\boldsymbol{A}$ 的特征值为 1, 2, 2，求 $|4\boldsymbol{A}^{-1}-\boldsymbol{E}|$ 的值.

解　因为 $\boldsymbol{A}$ 的特征值全不为 0，所以 $\boldsymbol{A}$ 可逆．设 $\boldsymbol{A}$ 的特征值为 λ，则 $4\boldsymbol{A}^{-1}-\boldsymbol{E}$ 的特征值为 $\dfrac{4}{\lambda}-1$，代入 1, 2, 2 分别得 3, 1, 1，从而 $|4\boldsymbol{A}^{-1}-\boldsymbol{E}|$ 的值为 3.

一个方阵的不同特征值对应不同的特征向量，这些特征向量构成一个向量组，这类向量组的线性相关性如何呢？

定理 6.3 设 $\lambda_1,\lambda_2,\cdots,\lambda_m$ 是方阵 $\boldsymbol{A}$ 的 m 个特征值，与之对应的特征向量分别是 $\boldsymbol{p}_1,\boldsymbol{p}_2,\cdots,\boldsymbol{p}_m$. 若 $\lambda_1,\lambda_2,\cdots,\lambda_m$ 互不相等，则 $\boldsymbol{p}_1,\boldsymbol{p}_2,\cdots,\boldsymbol{p}_m$ 线性无关.

证 设有一组数 $x_1,x_2,\cdots,x_m$，使

$$x_1\boldsymbol{p}_1+x_2\boldsymbol{p}_2+\cdots+x_m\boldsymbol{p}_m=\boldsymbol{0},$$

则 $\boldsymbol{A}(x_1\boldsymbol{p}_1+x_2\boldsymbol{p}_2+\cdots+x_m\boldsymbol{p}_m)=\boldsymbol{0}$，即

$$\lambda_1x_1\boldsymbol{p}_1+\lambda_2x_2\boldsymbol{p}_2+\cdots+\lambda_mx_m\boldsymbol{p}_m=\boldsymbol{0}.$$

又 $\boldsymbol{A}^2(x_1\boldsymbol{p}_1+x_2\boldsymbol{p}_2+\cdots+x_m\boldsymbol{p}_m)=\boldsymbol{0}$，得

$$\lambda_1^2x_1\boldsymbol{p}_1+\lambda_2^2x_2\boldsymbol{p}_2+\cdots+\lambda_m^2x_m\boldsymbol{p}_m=\boldsymbol{0}.$$

依此类推，有

$$\lambda_1^kx_1\boldsymbol{p}_1+\lambda_2^kx_2\boldsymbol{p}_2+\cdots+\lambda_m^kx_m\boldsymbol{p}_m=\boldsymbol{0}\quad(k=1,2,\cdots,m-1).$$

将上述各式合写成矩阵形式，有

$$(x_1\boldsymbol{p}_1,\ x_2\boldsymbol{p}_2,\ \cdots,\ x_m\boldsymbol{p}_m)\begin{pmatrix}1&\lambda_1&\cdots&\lambda_1^{m-1}\\1&\lambda_2&\cdots&\lambda_2^{m-1}\\\vdots&\vdots&&\vdots\\1&\lambda_m&\cdots&\lambda_m^{m-1}\end{pmatrix}=(\boldsymbol{0},\boldsymbol{0},\cdots,\boldsymbol{0}).$$

上式等号左端第二个矩阵的行列式为 Vandermonde 行列式，当 λ_i 各不相同时，该行列式不等于零，因此该矩阵可逆，从而有

$$(x_1\boldsymbol{p}_1,\ x_2\boldsymbol{p}_2,\ \cdots,\ x_m\boldsymbol{p}_m)=(\boldsymbol{0},\ \boldsymbol{0},\ \cdots,\ \boldsymbol{0}),$$

即 $x_1\boldsymbol{p}_1=x_2\boldsymbol{p}_2=\cdots=x_m\boldsymbol{p}_m=\boldsymbol{0}$. 但 $\boldsymbol{p}_1,\boldsymbol{p}_2,\cdots,\boldsymbol{p}_m$ 都是非零向量，于是有 $x_1=x_2=\cdots=x_m=0$，故 $\boldsymbol{p}_1,\boldsymbol{p}_2,\cdots,\boldsymbol{p}_m$ 线性无关.

该定理可推广至下面情形.

推论 6.1 设 $\lambda_1,\lambda_2,\cdots,\lambda_m$ 是方阵 $\boldsymbol{A}$ 的不同特征值，$\boldsymbol{p}_{i1},\boldsymbol{p}_{i2},\cdots,\boldsymbol{p}_{ir_i}$ $(i=1,2,\cdots,m)$是对应于特征值 λ_i 的线性无关的特征向量，则 $\boldsymbol{p}_{11},\boldsymbol{p}_{12},\cdots,\boldsymbol{p}_{1r_1},\boldsymbol{p}_{21},\boldsymbol{p}_{22},\cdots,\boldsymbol{p}_{2r_2},\cdots,\boldsymbol{p}_{m1},\ \boldsymbol{p}_{m2},\cdots,\boldsymbol{p}_{mr_m}$ 线性无关.

例 6.12 证明：实正交矩阵的特征值的模为1.

证 设复数 λ 是实正交矩阵 $\boldsymbol{A}$ 的特征值，复向量 $\boldsymbol{x}\neq\boldsymbol{0}$ 是对应的特征向量，则 $\boldsymbol{Ax}=\lambda\boldsymbol{x}$. 用 $\bar{\lambda}$ 表示 λ 的共轭复数，$\bar{\boldsymbol{x}}$ 表示 $\boldsymbol{x}$ 的共轭复向量.

$\boldsymbol{Ax}=\lambda\boldsymbol{x}$ 两边取共轭，得

$$\overline{\boldsymbol{Ax}}=\overline{\lambda\boldsymbol{x}},$$

而 $\overline{\boldsymbol{Ax}}=\bar{\boldsymbol{A}}\bar{\boldsymbol{x}}=\boldsymbol{A}\bar{\boldsymbol{x}}$，$\overline{\lambda\boldsymbol{x}}=\bar{\lambda}\bar{\boldsymbol{x}}$，得

$$\boldsymbol{A}\bar{\boldsymbol{x}}=\bar{\lambda}\bar{\boldsymbol{x}}.$$

$\boldsymbol{Ax}=\lambda\boldsymbol{x}$ 两边取转置，得

$$\boldsymbol{x}^{\mathrm{T}}\boldsymbol{A}^{\mathrm{T}}=\lambda\boldsymbol{x}^{\mathrm{T}}.$$

两式相乘，得

$$\boldsymbol{x}^{\mathrm{T}}\boldsymbol{A}^{\mathrm{T}}\boldsymbol{A}\overline{\boldsymbol{x}}=\lambda\boldsymbol{x}^{\mathrm{T}}\overline{\lambda}\,\overline{\boldsymbol{x}}.$$

由 $\boldsymbol{A}^{\mathrm{T}}\boldsymbol{A}=\boldsymbol{E}$，得

$$\boldsymbol{x}^{\mathrm{T}}\overline{\boldsymbol{x}}=\lambda\overline{\lambda}\boldsymbol{x}^{\mathrm{T}}\overline{\boldsymbol{x}},$$

即

$$(1-|\lambda|^2)\boldsymbol{x}^{\mathrm{T}}\overline{\boldsymbol{x}}=0.$$

因为 $\boldsymbol{x}\neq\boldsymbol{0}$，所以

$$\overline{\boldsymbol{x}}^{\mathrm{T}}\boldsymbol{x}=\sum_{i=1}^{n}\overline{x}_i x_i=\sum_{i=1}^{n}|x_i|^2\neq 0,$$

故

$$1-|\lambda|^2=0,\quad |\lambda|=1.$$

推论 6.2　实正交矩阵的实特征值为 1 或 −1.

实正交矩阵的特征值不一定是实数，如 $\begin{pmatrix}0 & -1\\ 1 & 0\end{pmatrix}$ 是正交矩阵，其特征值是 $\pm\mathrm{i}$.

6.3　相 似 矩 阵

因为矩阵的乘法不满足交换律，所以 $\boldsymbol{A}$ 与 $\boldsymbol{P}^{-1}\boldsymbol{AP}$ 一般不相等. 但它们之间存在密切的联系和诸多的共性，其相关理论在矩阵的研究中有广泛的应用.

定义 6.9　设 $\boldsymbol{A},\boldsymbol{B}$ 都是 n 阶矩阵，若有可逆矩阵 $\boldsymbol{P}$，使

$$\boldsymbol{P}^{-1}\boldsymbol{AP}=\boldsymbol{B},$$

则称 $\boldsymbol{B}$ 是 $\boldsymbol{A}$ 的**相似矩阵**，或者说矩阵 $\boldsymbol{A}$ 与 $\boldsymbol{B}$ **相似**. 对 $\boldsymbol{A}$ 进行运算 $\boldsymbol{P}^{-1}\boldsymbol{AP}$ 称为对 $\boldsymbol{A}$ 进行**相似变换**，可逆矩阵 $\boldsymbol{P}$ 称为把 $\boldsymbol{A}$ 变成 $\boldsymbol{B}$ 的**相似变换矩阵**.

矩阵的相似关系是一种等价关系，具有如下性质(其中 $\boldsymbol{A}, \boldsymbol{B}, \boldsymbol{C}$ 均为 n 阶矩阵):

(1) 反身性　$\boldsymbol{A}$ 与 $\boldsymbol{A}$ 相似;

(2) 对称性　若 $\boldsymbol{A}$ 与 $\boldsymbol{B}$ 相似，则 $\boldsymbol{B}$ 与 $\boldsymbol{A}$ 相似;

(3) 传递性　若 $\boldsymbol{A}$ 与 $\boldsymbol{B}$ 相似，$\boldsymbol{B}$ 与 $\boldsymbol{C}$ 相似，则 $\boldsymbol{A}$ 与 $\boldsymbol{C}$ 相似.

证　(1) 取 $\boldsymbol{P}=\boldsymbol{E}$，则 $\boldsymbol{P}^{-1}\boldsymbol{AP}=\boldsymbol{E}^{-1}\boldsymbol{AE}=\boldsymbol{A}$，所以 $\boldsymbol{A}$ 与 $\boldsymbol{A}$ 相似;

(2) 由 $\boldsymbol{P}^{-1}\boldsymbol{AP}=\boldsymbol{B}$，得 $\boldsymbol{PBP}^{-1}=\boldsymbol{A}$，令 $\boldsymbol{P}^{-1}=\boldsymbol{Q}$，则 $\boldsymbol{Q}^{-1}\boldsymbol{BQ}=\boldsymbol{A}$，故 $\boldsymbol{B}$ 与 $\boldsymbol{A}$ 相似;

(3) 由 $\boldsymbol{P}^{-1}\boldsymbol{AP}=\boldsymbol{B}$ 和 $\boldsymbol{Q}^{-1}\boldsymbol{BQ}=\boldsymbol{C}$，得 $\boldsymbol{Q}^{-1}\boldsymbol{P}^{-1}\boldsymbol{APQ}=\boldsymbol{C}$，即 $(\boldsymbol{PQ})^{-1}\boldsymbol{APQ}=\boldsymbol{C}$. 令 $\boldsymbol{M}=\boldsymbol{PQ}$，则 $\boldsymbol{M}^{-1}\boldsymbol{AM}=\boldsymbol{C}$，故 $\boldsymbol{A}$ 与 $\boldsymbol{C}$ 相似.

因为相似关系具有对称性，所以当矩阵 $\boldsymbol{A}$ 与 $\boldsymbol{B}$ 相似时，也可以说矩阵 $\boldsymbol{B}$ 与 $\boldsymbol{A}$ 相似.

相似是刻画事物间共性的一个概念，下面的几条性质反映了相似矩阵的一些共同点.

(1) 相似矩阵有相同的行列式.

证 设 $\boldsymbol{A}$ 与 $\boldsymbol{B}$ 相似, 则有可逆矩阵 $\boldsymbol{P}$, 使 $\boldsymbol{P}^{-1}\boldsymbol{A}\boldsymbol{P}=\boldsymbol{B}$, 于是

$$|\boldsymbol{B}|=|\boldsymbol{P}^{-1}\boldsymbol{A}\boldsymbol{P}|=|\boldsymbol{P}^{-1}||\boldsymbol{A}||\boldsymbol{P}|=|\boldsymbol{A}||\boldsymbol{P}|^{-1}|\boldsymbol{P}|=|\boldsymbol{A}|.$$

该性质说明, 相似矩阵或者同时可逆, 或者同时不可逆.

(2) 相似矩阵的逆矩阵相似.

证 设 $\boldsymbol{A}$, $\boldsymbol{B}$ 可逆, 且 $\boldsymbol{A}$ 与 $\boldsymbol{B}$ 相似, 即 $\boldsymbol{P}^{-1}\boldsymbol{A}\boldsymbol{P}=\boldsymbol{B}$, 两边取逆, 得 $\boldsymbol{P}^{-1}\boldsymbol{A}^{-1}\boldsymbol{P}=\boldsymbol{B}^{-1}$, 可知 $\boldsymbol{A}^{-1}$ 与 $\boldsymbol{B}^{-1}$ 相似.

(3) 相似矩阵有相同的秩.

这是因为一个矩阵乘以可逆矩阵后, 其秩不变.

(4) 相似矩阵的特征多项式相同, 从而特征值也相同, 进而迹相等.

证 设 $\boldsymbol{A}$ 与 $\boldsymbol{B}$ 相似, 则有可逆矩阵 $\boldsymbol{P}$, 使 $\boldsymbol{P}^{-1}\boldsymbol{A}\boldsymbol{P}=\boldsymbol{B}$, 于是

$$|\boldsymbol{B}-\lambda\boldsymbol{E}|=|\boldsymbol{P}^{-1}\boldsymbol{A}\boldsymbol{P}-\boldsymbol{P}^{-1}(\lambda\boldsymbol{E})\boldsymbol{P}|=|\boldsymbol{P}^{-1}(\boldsymbol{A}-\lambda\boldsymbol{E})\boldsymbol{P}|=|\boldsymbol{P}^{-1}||\boldsymbol{A}-\lambda\boldsymbol{E}||\boldsymbol{P}|=|\boldsymbol{A}-\lambda\boldsymbol{E}|.$$

对于一个对角矩阵 $\boldsymbol{\Lambda}=\mathrm{diag}(\lambda_1,\lambda_2,\cdots,\lambda_n)$, $\lambda_1,\lambda_2,\cdots,\lambda_n$ 就是它的特征值. 因此, 若 n 阶矩阵 $\boldsymbol{A}$ 与 $\boldsymbol{\Lambda}=\mathrm{diag}(\lambda_1,\lambda_2,\cdots,\lambda_n)$ 相似, 由性质(4)知 $\boldsymbol{A}$ 的特征值是 $\lambda_1,\lambda_2,\cdots,\lambda_n$.

(5) 若 $\boldsymbol{B}=\boldsymbol{P}^{-1}\boldsymbol{A}\boldsymbol{P}$, $\varphi(x)$ 是一个多项式, 则

$$\boldsymbol{B}^k=\boldsymbol{P}^{-1}\boldsymbol{A}^k\boldsymbol{P},\quad \varphi(\boldsymbol{B})=\boldsymbol{P}^{-1}\varphi(\boldsymbol{A})\boldsymbol{P}.$$

特别地, 若 $\boldsymbol{P}^{-1}\boldsymbol{A}\boldsymbol{P}=\boldsymbol{\Lambda}=\mathrm{diag}(\lambda_1,\lambda_2,\cdots,\lambda_n)$, 则

$$\boldsymbol{A}^k=\boldsymbol{P}\boldsymbol{\Lambda}^k\boldsymbol{P}^{-1},\quad \varphi(\boldsymbol{A})=\boldsymbol{P}\varphi(\boldsymbol{\Lambda})\boldsymbol{P}^{-1},$$

其中,

$$\boldsymbol{\Lambda}^k=\begin{pmatrix}\lambda_1^k & & & \\ & \lambda_2^k & & \\ & & \ddots & \\ & & & \lambda_n^k\end{pmatrix},\quad \varphi(\boldsymbol{\Lambda})=\begin{pmatrix}\varphi(\lambda_1) & & & \\ & \varphi(\lambda_2) & & \\ & & \ddots & \\ & & & \varphi(\lambda_n)\end{pmatrix}.$$

如果按照矩阵的乘法定义进行矩阵的幂运算, 那么计算量大, 过程复杂. 若矩阵 $\boldsymbol{A}$ 与一个对角矩阵 $\boldsymbol{\Lambda}$ 相似(称 $\boldsymbol{A}$ **可对角化**), 则矩阵 $\boldsymbol{A}$ 的幂运算可转化为对角矩阵 $\boldsymbol{\Lambda}$ 的幂运算, 而对角矩阵的幂运算只需主对角线上元素作幂运算. 从而矩阵的对角化问题在矩阵运算中具有重要意义.

利用性质(5)可以使一类矩阵的计算简化, 其前提是利用相似变换把矩阵 $\boldsymbol{A}$ 化为对角矩阵, 关键是要找出相似变换矩阵.

什么样的矩阵可以对角化? 可以对角化的矩阵如何对角化? 下面进行分析.

设已找到可逆矩阵 $\boldsymbol{P}$ 满足 $\boldsymbol{P}^{-1}\boldsymbol{A}\boldsymbol{P}=\boldsymbol{\Lambda}=\mathrm{diag}(\lambda_1,\lambda_2,\cdots,\lambda_n)$, 对 $\boldsymbol{P}$ 按列分块为

$$\boldsymbol{P}=(\boldsymbol{p}_1,\boldsymbol{p}_2,\cdots,\boldsymbol{p}_n),$$

则由 $\boldsymbol{P}^{-1}\boldsymbol{A}\boldsymbol{P}=\boldsymbol{\Lambda}$ 得

$$\boldsymbol{A}\boldsymbol{P}=\boldsymbol{P}\boldsymbol{\Lambda},$$

即

$$A(p_1,p_2,\cdots,p_n)=(p_1,p_2,\cdots,p_n)\begin{pmatrix}\lambda_1&&&\\&\lambda_2&&\\&&\ddots&\\&&&\lambda_n\end{pmatrix}=(\lambda_1p_1,\lambda_2p_2,\cdots,\lambda_np_n),$$

即

$$Ap_i=\lambda_ip_i\quad(i=1,2,\cdots,n).$$

上式说明 λ_i 是 A 的特征值，P 的列向量 p_i 是 A 的对应于 λ_i 的特征向量.

反之，若 A 有 n 个特征值，可求得对应的 n 个特征向量，这 n 个特征向量构成的矩阵 P 满足 $AP=P\Lambda$. 如果 P 可逆，那么有 $P^{-1}AP=\Lambda$，即 A 与对角矩阵相似. 而 P 可逆的充分必要条件是它的列向量组线性无关，也即 A 的 n 个特征向量线性无关.

定理 6.4　n 阶矩阵 A 与对角矩阵相似的充分必要条件是 A 有 n 个线性无关的特征向量.

由定理 6.3 和定理 6.4 可得如下推论.

推论 6.3　如果 n 阶矩阵 A 有 n 个互不相等的特征值，则 A 与对角矩阵相似.

值得注意的是，“n 个特征值互不相等”是“矩阵可以对角化”的充分非必要条件. 当 A 的特征方程有重根时，它不一定有 n 个线性无关的特征向量，也就不一定能对角化. A 能否对角化，取决于 A 是否有 n 个线性无关的特征向量.

例 6.13　证明 $A=\begin{pmatrix}4&6&0\\-3&-5&0\\-3&-6&1\end{pmatrix}$ 与对角矩阵相似，并求 A^{100}.

证　由 A 的特征多项式

$$|A-\lambda E|=\begin{vmatrix}4-\lambda&6&0\\-3&-5-\lambda&0\\-3&-6&1-\lambda\end{vmatrix}=-(\lambda-1)^2(\lambda+2),$$

得到 A 的特征值为 $\lambda_1=-2,\ \lambda_2=\lambda_3=1$.

当 $\lambda_1=-2$ 时，解齐次线性方程组

$$(A+2E)x=\begin{pmatrix}6&6&0\\-3&-3&0\\-3&-6&3\end{pmatrix}\begin{pmatrix}x_1\\x_2\\x_3\end{pmatrix}=\begin{pmatrix}0\\0\\0\end{pmatrix},$$

得基础解系 $p_1=\begin{pmatrix}-1\\1\\1\end{pmatrix}$，取特征向量 $p_1=\begin{pmatrix}-1\\1\\1\end{pmatrix}$.

当 $\lambda_2=\lambda_3=1$ 时，解齐次线性方程组

$$(A-E)x=\begin{pmatrix}3&6&0\\-3&-6&0\\-3&-6&0\end{pmatrix}\begin{pmatrix}x_1\\x_2\\x_3\end{pmatrix}=\begin{pmatrix}0\\0\\0\end{pmatrix},$$

得基础解系 $p_2=\begin{pmatrix}-2\\1\\0\end{pmatrix}$, $p_3=\begin{pmatrix}0\\0\\1\end{pmatrix}$, 取线性无关的特征向量 $p_2=\begin{pmatrix}-2\\1\\0\end{pmatrix}$, $p_3=\begin{pmatrix}0\\0\\1\end{pmatrix}$.

由推论 6.1 可知, $\boldsymbol{p}_1,\boldsymbol{p}_2,\boldsymbol{p}_3$ 线性无关, 从而 $\boldsymbol{A}$ 与对角矩阵相似.

令

$$\boldsymbol{P}=(\boldsymbol{p}_1,\boldsymbol{p}_2,\boldsymbol{p}_3)=\begin{pmatrix}-1&-2&0\\1&1&0\\1&0&1\end{pmatrix},$$

则

$$\boldsymbol{P}^{-1}\boldsymbol{A}\boldsymbol{P}=\boldsymbol{\Lambda}=\begin{pmatrix}-2&&\\&1&\\&&1\end{pmatrix}.$$

下面求 $\boldsymbol{A}^{100}$. 因为

$$\boldsymbol{A}=\boldsymbol{P}\begin{pmatrix}-2&&\\&1&\\&&1\end{pmatrix}\boldsymbol{P}^{-1},$$

所以

$$\boldsymbol{A}^{100}=\boldsymbol{P}\begin{pmatrix}-2&&\\&1&\\&&1\end{pmatrix}^{100}\boldsymbol{P}^{-1}=\boldsymbol{P}\begin{pmatrix}2^{100}&&\\&1&\\&&1\end{pmatrix}\boldsymbol{P}^{-1}$$

$$=\begin{pmatrix}-1&-2&0\\1&1&0\\1&0&1\end{pmatrix}\begin{pmatrix}2^{100}&&\\&1&\\&&1\end{pmatrix}\begin{pmatrix}1&2&0\\-1&-1&0\\-1&-2&1\end{pmatrix}=\begin{pmatrix}-2^{100}+2&-2^{101}+2&0\\2^{100}-1&2^{101}-1&0\\2^{100}-1&2^{101}-2&1\end{pmatrix}.$$

例 6.14 讨论矩阵 $\boldsymbol{A}=\begin{pmatrix}2&-1&2\\5&-3&3\\-1&0&-2\end{pmatrix}$ 能否对角化.

解 由 $\boldsymbol{A}$ 的特征多项式

$$|\boldsymbol{A}-\lambda\boldsymbol{E}|=\begin{vmatrix}2-\lambda&-1&2\\5&-3-\lambda&3\\-1&0&-2-\lambda\end{vmatrix}=-(\lambda+1)^3$$

得 $\boldsymbol{A}$ 的特征值 $\lambda_1=\lambda_2=\lambda_3=-1$.

对于 $\lambda_1=\lambda_2=\lambda_3=-1$, 解齐次线性方程组

$$(\boldsymbol{A}+\boldsymbol{E})\boldsymbol{x}=\begin{pmatrix}3&-1&2\\5&-2&3\\-1&0&-1\end{pmatrix}\begin{pmatrix}x_1\\x_2\\x_3\end{pmatrix}=\begin{pmatrix}0\\0\\0\end{pmatrix},$$

得基础解系 $\boldsymbol{p}_1=\begin{pmatrix}1\\1\\-1\end{pmatrix}$. 对应于特征值 $\lambda_1=\lambda_2=\lambda_3=-1$ 的全部特征向量为 $k\boldsymbol{p}_1\ (k\neq 0)$，找不到 3 个线性无关的特征向量，因此 $\boldsymbol{A}$ 不能对角化.

例 6.15　讨论矩阵 $\boldsymbol{A}=\begin{pmatrix}1&1&1\\0&2&t\\0&0&2\end{pmatrix}$ 能否对角化.

解　由 $\boldsymbol{A}$ 的特征多项式

$$|\boldsymbol{A}-\lambda\boldsymbol{E}|=\begin{vmatrix}1-\lambda&1&1\\0&2-\lambda&t\\0&0&2-\lambda\end{vmatrix}=(1-\lambda)(2-\lambda)^2$$

得 $\boldsymbol{A}$ 的特征值 $\lambda_1=1$，$\lambda_2=\lambda_3=2$.

对于 $\lambda_1=1$，$\boldsymbol{A}-\boldsymbol{E}=\begin{pmatrix}0&1&1\\0&1&t\\0&0&1\end{pmatrix}$，$R(\boldsymbol{A}-\boldsymbol{E})=2$，齐次线性方程组 $(\boldsymbol{A}-\boldsymbol{E})\boldsymbol{x}=\boldsymbol{0}$ 的解空间的维数为 1，对应 $\lambda_1=1$ 有 1 个线性无关的特征向量.

对于 $\lambda_2=\lambda_3=2$，$\boldsymbol{A}-2\boldsymbol{E}=\begin{pmatrix}-1&1&1\\0&0&t\\0&0&0\end{pmatrix}$.

当 $t=0$ 时，$R(\boldsymbol{A}-2\boldsymbol{E})=1$，齐次线性方程组 $(\boldsymbol{A}-2\boldsymbol{E})\boldsymbol{x}=\boldsymbol{0}$ 的解空间的维数为 2，对应 $\lambda_2=\lambda_3=2$ 有 2 个线性无关的特征向量，这样 $\boldsymbol{A}$ 共有 3 个线性无关的特征向量，能对角化.

当 $t\neq 0$ 时，$R(\boldsymbol{A}-2\boldsymbol{E})=2$，齐次线性方程组 $(\boldsymbol{A}-2\boldsymbol{E})\boldsymbol{x}=\boldsymbol{0}$ 的解空间的维数为 1，对应 $\lambda_2=\lambda_3=2$ 有 1 个线性无关的特征向量，这样 $\boldsymbol{A}$ 共有 2 个线性无关的特征向量，不能对角化.

该题说明两个矩阵的特征值相同不能推出它们相似，即特征值相同是相似的必要非充分条件.

6.4　实对称矩阵的对角化

一般矩阵的对角化是个比较复杂的问题，本节主要讨论实对称矩阵这一特殊情形，相关方法和所得结论是后面研究实二次型的基础.

矩阵对角化所用到的相似变换矩阵与该矩阵的特征值和特征向量有密切联系. 因此我们先讨论实对称矩阵的特征值和特征向量的性质.

定理 6.5　实对称矩阵的特征值为实数.

证 设复数 λ 是实对称矩阵 $\boldsymbol{A}$ 的特征值，复向量 $\boldsymbol{x}\neq\boldsymbol{0}$ 是对应的特征向量，则 $\boldsymbol{A}\boldsymbol{x}=\lambda\boldsymbol{x}$. 用 $\bar{\lambda}$ 表示 λ 的共轭复数，$\bar{\boldsymbol{x}}$ 表示 $\boldsymbol{x}$ 的共轭复向量.

对 $\boldsymbol{A}\boldsymbol{x}=\lambda\boldsymbol{x}$ 两边取共轭，得

$$\overline{\boldsymbol{A}\boldsymbol{x}}=\overline{\lambda\boldsymbol{x}},$$

而 $\overline{\boldsymbol{A}\boldsymbol{x}}=\bar{\boldsymbol{A}}\bar{\boldsymbol{x}}=\boldsymbol{A}\bar{\boldsymbol{x}}$，$\overline{\lambda\boldsymbol{x}}=\bar{\lambda}\bar{\boldsymbol{x}}$，得

$$\boldsymbol{A}\bar{\boldsymbol{x}}=\bar{\lambda}\bar{\boldsymbol{x}}.$$

对 $\boldsymbol{A}\boldsymbol{x}=\lambda\boldsymbol{x}$ 两边取转置，得

$$\boldsymbol{x}^{\mathrm{T}}\boldsymbol{A}^{\mathrm{T}}=\lambda\boldsymbol{x}^{\mathrm{T}},$$

由 $\boldsymbol{A}^{\mathrm{T}}=\boldsymbol{A}$，得

$$\boldsymbol{x}^{\mathrm{T}}\boldsymbol{A}=\lambda\boldsymbol{x}^{\mathrm{T}}.$$

两边右乘 $\bar{\boldsymbol{x}}$，得

$$\boldsymbol{x}^{\mathrm{T}}\boldsymbol{A}\bar{\boldsymbol{x}}=\lambda\boldsymbol{x}^{\mathrm{T}}\bar{\boldsymbol{x}},$$

而 $\boldsymbol{A}\bar{\boldsymbol{x}}=\bar{\lambda}\bar{\boldsymbol{x}}$，得

$$\boldsymbol{x}^{\mathrm{T}}\bar{\lambda}\bar{\boldsymbol{x}}=\lambda\boldsymbol{x}^{\mathrm{T}}\bar{\boldsymbol{x}},$$
$$(\lambda-\bar{\lambda})\bar{\boldsymbol{x}}^{\mathrm{T}}\boldsymbol{x}=0.$$

因为 $\boldsymbol{x}\neq\boldsymbol{0}$，所以

$$\bar{\boldsymbol{x}}^{\mathrm{T}}\boldsymbol{x}=\sum_{i=1}^{n}\bar{x}_i x_i=\sum_{i=1}^{n}|x_i|^2\neq 0,$$

故 $\lambda-\bar{\lambda}=0$，$\lambda=\bar{\lambda}$，λ 是实数.

当特征值 λ_i 为实数时，齐次线性方程组 $(\boldsymbol{A}-\lambda_i\boldsymbol{E})\boldsymbol{x}=\boldsymbol{0}$ 是实系数方程组，它必有实的基础解系，对应的特征向量可取实向量.

一般来说实矩阵的特征值不一定是实数，但如果是实对称矩阵，那么其特征值一定是实数.

进一步，实对称矩阵的特征向量还有如下重要性质.

定理 6.6 若实对称矩阵 $\boldsymbol{A}$ 的两个特征值 λ_1 和 λ_2 不相等，则它们对应的特征向量 $\boldsymbol{p}_1$ 与 $\boldsymbol{p}_2$ 正交.

证 设 $\boldsymbol{A}\boldsymbol{p}_1=\lambda_1\boldsymbol{p}_1$，$\boldsymbol{A}\boldsymbol{p}_2=\lambda_2\boldsymbol{p}_2$，$\lambda_1\neq\lambda_2$. 由于 $\boldsymbol{A}$ 对称，所以

$$\lambda_1\boldsymbol{p}_1^{\mathrm{T}}=(\lambda_1\boldsymbol{p}_1)^{\mathrm{T}}=(\boldsymbol{A}\boldsymbol{p}_1)^{\mathrm{T}}=\boldsymbol{p}_1^{\mathrm{T}}\boldsymbol{A}^{\mathrm{T}}=\boldsymbol{p}_1^{\mathrm{T}}\boldsymbol{A},$$

于是

$$\lambda_1\boldsymbol{p}_1^{\mathrm{T}}\boldsymbol{p}_2=\boldsymbol{p}_1^{\mathrm{T}}\boldsymbol{A}\boldsymbol{p}_2=\boldsymbol{p}_1^{\mathrm{T}}(\lambda_2\boldsymbol{p}_2)=\lambda_2\boldsymbol{p}_1^{\mathrm{T}}\boldsymbol{p}_2,$$

即 $(\lambda_1-\lambda_2)\boldsymbol{p}_1^{\mathrm{T}}\boldsymbol{p}_2=0$. 因 $\lambda_1\neq\lambda_2$，故 $\boldsymbol{p}_1^{\mathrm{T}}\boldsymbol{p}_2=0$，即 $\boldsymbol{p}_1$ 与 $\boldsymbol{p}_2$ 正交.

定理 6.7 设 λ 是 n 阶实对称矩阵 $\boldsymbol{A}$ 的特征方程的 r 重根，则矩阵 $\boldsymbol{A}-\lambda\boldsymbol{E}$ 的秩 $R(\boldsymbol{A}-\lambda\boldsymbol{E})=n-r$，从而对应特征值 λ 恰有 r 个线性无关的特征向量.

证明略.

由上面的讨论可得下面的定理，它解决了实对称矩阵的对角化问题.

定理 6.8　若 $\boldsymbol{A}$ 是 n 阶实对称矩阵，则必有正交矩阵 $\boldsymbol{P}$，使 $\boldsymbol{P}^{-1}\boldsymbol{AP}=\boldsymbol{\Lambda}$，其中 $\boldsymbol{\Lambda}$ 是以 $\boldsymbol{A}$ 的特征值为对角元素的对角矩阵.

证　设 $\boldsymbol{A}$ 的互不相等的特征值为 $\lambda_1,\lambda_2,\cdots,\lambda_s$，它们的重数分别对应为 $r_1,r_2,\cdots,r_s$ $(r_1+r_2+\cdots+r_s=n)$.

对应特征值 $\lambda_i(i=1,2,\cdots,s)$，恰有 r_i 个线性无关的实特征向量，把它们正交化并单位化，得到 r_i 个单位正交的特征向量. 由 $r_1+r_2+\cdots+r_s=n$ 知，这样的特征向量共有 n 个.

由定理 6.6 知，这 n 个单位特征向量两两正交，以它们为列向量构成正交矩阵 $\boldsymbol{P}$，有 $\boldsymbol{P}^{-1}\boldsymbol{AP}=\boldsymbol{P}^{-1}\boldsymbol{P\Lambda}=\boldsymbol{\Lambda}$，其中，对角矩阵 $\boldsymbol{\Lambda}$ 的对角元素含 r_1 个 λ_1，…，r_s 个 λ_s，正好是 $\boldsymbol{A}$ 的 n 个特征值.

定理 6.8 的证明同时给出了实对称矩阵 $\boldsymbol{A}$ 对角化的方法，我们通过下面的例题来熟悉这一方法的具体过程.

例 6.16　设实对称矩阵 $\boldsymbol{A}=\begin{pmatrix}4&0&0\\0&3&1\\0&1&3\end{pmatrix}$，求一个正交矩阵 $\boldsymbol{P}$，使 $\boldsymbol{P}^{-1}\boldsymbol{AP}=\boldsymbol{\Lambda}$ 为对角矩阵.

解　由 $\boldsymbol{A}$ 的特征多项式

$$|\boldsymbol{A}-\lambda\boldsymbol{E}|=\begin{vmatrix}4-\lambda&0&0\\0&3-\lambda&1\\0&1&3-\lambda\end{vmatrix}=(4-\lambda)(\lambda^2-6\lambda+8)=(2-\lambda)(4-\lambda)^2,$$

得 $\boldsymbol{A}$ 的特征值 $\lambda_1=2,\lambda_2=\lambda_3=4$.

当 $\lambda_1=2$ 时，解齐次线性方程组

$$(\boldsymbol{A}-2\boldsymbol{E})\boldsymbol{x}=\begin{pmatrix}2&0&0\\0&1&1\\0&1&1\end{pmatrix}\begin{pmatrix}x_1\\x_2\\x_3\end{pmatrix}=\begin{pmatrix}0\\0\\0\end{pmatrix},$$

得基础解系 $\begin{pmatrix}0\\1\\-1\end{pmatrix}$，此时取单位特征向量 $\boldsymbol{p}_1=\begin{pmatrix}0\\\dfrac{1}{\sqrt{2}}\\-\dfrac{1}{\sqrt{2}}\end{pmatrix}$.

当 $\lambda_2=\lambda_3=4$ 时，解齐次线性方程组

$$(\boldsymbol{A}-4\boldsymbol{E})\boldsymbol{x}=\begin{pmatrix}0&0&0\\0&-1&1\\0&1&-1\end{pmatrix}\begin{pmatrix}x_1\\x_2\\x_3\end{pmatrix}=\begin{pmatrix}0\\0\\0\end{pmatrix},$$

得基础解系 $\begin{pmatrix}1\\0\\0\end{pmatrix},\begin{pmatrix}0\\1\\1\end{pmatrix}$. 基础解系中两个解向量已是正交的(若它们不正交，需用 Schimidt

方法将其正交化), 单位化后得两个单位正交的特征向量

$$\boldsymbol{p}_2=\begin{pmatrix}1\\0\\0\end{pmatrix},\quad \boldsymbol{p}_3=\begin{pmatrix}0\\ \dfrac{1}{\sqrt{2}}\\ \dfrac{1}{\sqrt{2}}\end{pmatrix}.$$

于是得正交矩阵

$$\boldsymbol{P}=(\boldsymbol{p}_1,\boldsymbol{p}_2,\boldsymbol{p}_3)=\begin{pmatrix}0&1&0\\ \dfrac{1}{\sqrt{2}}&0&\dfrac{1}{\sqrt{2}}\\ -\dfrac{1}{\sqrt{2}}&0&\dfrac{1}{\sqrt{2}}\end{pmatrix}.$$

则

$$\boldsymbol{P}^{-1}\boldsymbol{AP}=\boldsymbol{P}^{\mathrm{T}}\boldsymbol{AP}=\begin{pmatrix}2&&\\&4&\\&&4\end{pmatrix}.$$

通过上例, 可以将n阶实对称矩阵$\boldsymbol{A}$对角化的步骤总结如下:

(1) 由特征方程$|\boldsymbol{A}-\lambda\boldsymbol{E}|=0$求出$\boldsymbol{A}$的$n$个特征值, 设互不相同的特征值为$\lambda_1,\lambda_2,\cdots,\lambda_s$, 它们的重数分别为$r_1,r_2,\cdots,r_s$ $(r_1+r_2+\cdots+r_s=n)$;

(2) 对每个特征值λ_i求齐次线性方程组$(\boldsymbol{A}-\lambda_i\boldsymbol{E})\boldsymbol{x}=\boldsymbol{0}$的基础解系, 并将其正交化、单位化, 得到$\boldsymbol{p}_{i1}$, $\boldsymbol{p}_{i2}$, $\cdots$, $\boldsymbol{p}_{ir_i}$, 它们即是对应于λ_i的r_i个单位正交的特征向量;

(3) 令$\boldsymbol{P}=(\boldsymbol{p}_{11},\cdots,\boldsymbol{p}_{1r_1},\cdots,\boldsymbol{p}_{s1},\cdots,\boldsymbol{p}_{sr_s})$, 则$\boldsymbol{P}$即是正交矩阵, 满足$\boldsymbol{P}^{-1}\boldsymbol{AP}=\boldsymbol{\Lambda}$, 其中$\boldsymbol{\Lambda}$的对角线元素恰是$\boldsymbol{A}$的$n$个特征值, 且与$\boldsymbol{P}$的列向量的顺序相对应.

例 6.17 设$\boldsymbol{A}=\begin{pmatrix}2&-1&-1&1\\-1&2&1&-1\\-1&1&2&-1\\1&-1&-1&2\end{pmatrix}$, 求正交矩阵$\boldsymbol{P}$, 使$\boldsymbol{P}^{-1}\boldsymbol{AP}=\boldsymbol{\Lambda}$为对角矩阵.

解 由$\boldsymbol{A}$的特征多项式

$$|\boldsymbol{A}-\lambda\boldsymbol{E}|=\begin{vmatrix}2-\lambda&-1&-1&1\\-1&2-\lambda&1&-1\\-1&1&2-\lambda&-1\\1&-1&-1&2-\lambda\end{vmatrix}=(\lambda-1)^3(\lambda-5)$$

得$\boldsymbol{A}$的特征值为$\lambda_1=\lambda_2=\lambda_3=1,\lambda_4=5$.

对于$\lambda_1=\lambda_2=\lambda_3=1$, 解齐次线性方程组

$$(\boldsymbol{A}-\boldsymbol{E})\boldsymbol{x}=\begin{pmatrix}1&-1&-1&1\\-1&1&1&-1\\-1&1&1&-1\\1&-1&-1&1\end{pmatrix}\begin{pmatrix}x_1\\x_2\\x_3\\x_4\end{pmatrix}=\begin{pmatrix}0\\0\\0\\0\end{pmatrix},$$

得基础解系 $\boldsymbol{\xi}_1=\begin{pmatrix}1\\1\\0\\0\end{pmatrix}$，$\boldsymbol{\xi}_2=\begin{pmatrix}1\\0\\1\\0\end{pmatrix}$，$\boldsymbol{\xi}_3=\begin{pmatrix}1\\0\\0\\-1\end{pmatrix}$. 将其正交化，得

$$\boldsymbol{b}_1=\boldsymbol{\xi}_1;$$

$$\boldsymbol{b}_2=\boldsymbol{\xi}_2-\frac{[\boldsymbol{b}_1,\boldsymbol{\xi}_2]}{[\boldsymbol{b}_1,\boldsymbol{b}_1]}\boldsymbol{b}_1=\frac{1}{2}\begin{pmatrix}1\\-1\\2\\0\end{pmatrix};$$

$$\boldsymbol{b}_3=\boldsymbol{\xi}_3-\frac{[\boldsymbol{b}_1,\boldsymbol{\xi}_3]}{[\boldsymbol{b}_1,\boldsymbol{b}_1]}\boldsymbol{b}_1-\frac{[\boldsymbol{b}_2,\boldsymbol{\xi}_3]}{[\boldsymbol{b}_2,\boldsymbol{b}_2]}\boldsymbol{b}_2=\frac{1}{3}\begin{pmatrix}1\\-1\\-1\\-3\end{pmatrix}.$$

再单位化，得

$$\boldsymbol{p}_1=\begin{pmatrix}\frac{\sqrt{2}}{2}\\\frac{\sqrt{2}}{2}\\0\\0\end{pmatrix},\quad \boldsymbol{p}_2=\begin{pmatrix}\frac{\sqrt{6}}{6}\\-\frac{\sqrt{6}}{6}\\\frac{\sqrt{6}}{3}\\0\end{pmatrix},\quad \boldsymbol{p}_3=\begin{pmatrix}\frac{\sqrt{3}}{6}\\-\frac{\sqrt{3}}{6}\\-\frac{\sqrt{3}}{6}\\-\frac{\sqrt{3}}{2}\end{pmatrix}.$$

对于 $\lambda_4=5$，解齐次线性方程组

$$(\boldsymbol{A}-5\boldsymbol{E})\boldsymbol{x}=\begin{pmatrix}-3&-1&-1&1\\-1&-3&1&-1\\-1&1&-3&-1\\1&-1&-1&-3\end{pmatrix}\begin{pmatrix}x_1\\x_2\\x_3\\x_4\end{pmatrix}=\begin{pmatrix}0\\0\\0\\0\end{pmatrix},$$

得基础解系 $\boldsymbol{\xi}_4=\begin{pmatrix}1\\-1\\-1\\1\end{pmatrix}$. 将其单位化得 $\boldsymbol{p}_4=\frac{1}{2}\begin{pmatrix}1\\-1\\-1\\1\end{pmatrix}$.

$\boldsymbol{p}_1$，$\boldsymbol{p}_2$，$\boldsymbol{p}_3$，$\boldsymbol{p}_4$ 是 $\boldsymbol{A}$ 的一组正交单位特征向量，以它们为列作矩阵

$$P=(p_1,p_2,p_3,p_4)=\begin{pmatrix} \frac{\sqrt{2}}{2} & \frac{\sqrt{6}}{6} & \frac{\sqrt{3}}{6} & \frac{1}{2} \\ \frac{\sqrt{2}}{2} & -\frac{\sqrt{6}}{6} & -\frac{\sqrt{3}}{6} & -\frac{1}{2} \\ 0 & \frac{\sqrt{6}}{3} & -\frac{\sqrt{3}}{6} & -\frac{1}{2} \\ 0 & 0 & -\frac{\sqrt{3}}{2} & \frac{1}{2} \end{pmatrix}.$$

则 P 是一个正交矩阵，且

$$P^{-1}AP=\begin{pmatrix} 1 & & & \\ & 1 & & \\ & & 1 & \\ & & & 5 \end{pmatrix}.$$

6.5 二次型及其标准形

二次型的问题源于化二次曲线和二次曲面为标准形，它不仅在几何中经常遇到，而且在物理学和力学中也是常见的.

定义 6.10 含有 n 个变量 $x_1,x_2,\cdots,x_n$ 的二次齐次函数

$$f(x_1,x_2,\cdots,x_n)=a_{11}x_1^2+a_{22}x_2^2+\cdots+a_{nn}x_n^2+2a_{12}x_1x_2+2a_{13}x_1x_3+\cdots+2a_{(n-1)n}x_{n-1}x_n \tag{6.4}$$

称为**二次型**.

为简便起见，二次型 $f(x_1,x_2,\cdots,x_n)$ 常简记为 f. 若系数 a_{ij} 均为实数，则称 f 为**实二次型**；若有系数 a_{ij} 为复数，则称 f 为**复二次型**. 本章只讨论实二次型.

令 $a_{ji}=a_{ij}$，则 $2a_{ij}x_ix_j=a_{ij}x_ix_j+a_{ji}x_jx_i$，式(6.4)可写成

$$\begin{aligned} f(x_1,x_2,\cdots,x_n)=&a_{11}x_1^2+a_{12}x_1x_2+\cdots+a_{1n}x_1x_n \\ &+a_{21}x_2x_1+a_{22}x_2^2+\cdots+a_{2n}x_2x_n \\ &\cdots\cdots \\ &+a_{n1}x_nx_1+a_{n2}x_nx_2+\cdots+a_{nn}x_n^2 \\ =&\sum_{i,j=1}^{n}a_{ij}x_ix_j . \end{aligned} \tag{6.5}$$

二次型若用矩阵来表示，讨论起来将比较方便. 式(6.5)的二次型可写成

$$\begin{aligned} f=&x_1(a_{11}x_1+a_{12}x_2+\cdots+a_{1n}x_n)+x_2(a_{21}x_1+a_{22}x_2+\cdots+a_{2n}x_n) \\ &+\cdots+x_n(a_{n1}x_1+a_{n2}x_2+\cdots+a_{nn}x_n) \end{aligned}$$

$$=(x_1,x_2,\cdots,x_n)\begin{pmatrix} a_{11}x_1+a_{12}x_2+\cdots+a_{1n}x_n \\ a_{21}x_1+a_{22}x_2+\cdots+a_{2n}x_n \\ \vdots \\ a_{n1}x_1+a_{n2}x_2+\cdots+a_{nn}x_n \end{pmatrix}$$

$$=(x_1,x_2,\cdots,x_n)\begin{pmatrix} a_{11} & a_{12} & \cdots & a_{1n} \\ a_{21} & a_{22} & \cdots & a_{2n} \\ \vdots & \vdots & & \vdots \\ a_{n1} & a_{n2} & \cdots & a_{nn} \end{pmatrix}\begin{pmatrix} x_1 \\ x_2 \\ \vdots \\ x_n \end{pmatrix}.$$

记

$$\boldsymbol{A}=\begin{pmatrix} a_{11} & a_{12} & \cdots & a_{1n} \\ a_{21} & a_{22} & \cdots & a_{2n} \\ \vdots & \vdots & & \vdots \\ a_{n1} & a_{n2} & \cdots & a_{nn} \end{pmatrix},\quad \boldsymbol{x}=\begin{pmatrix} x_1 \\ x_2 \\ \vdots \\ x_n \end{pmatrix},$$

则二次型可记作

$$f=\boldsymbol{x}^{\mathrm{T}}\boldsymbol{A}\boldsymbol{x}, \tag{6.6}$$

其中，$\boldsymbol{A}$ 为对称矩阵. $\boldsymbol{A}$ 的主对角线上元素 $a_{11},a_{22},\cdots,a_{nn}$ 正好是二次型 f 中 $x_1^2,x_2^2,\cdots,x_n^2$ 的系数，而 $a_{ij}=a_{ji}\ (i\neq j)$ 正好是 f 中 x_ix_j 系数的一半.

由上面的讨论可知，若已知二次型 f，可以容易地写出对称矩阵 $\boldsymbol{A}$，反之，若已知对称矩阵 $\boldsymbol{A}$，也可以容易地写出二次型 f.

例如，二次型 $f=x^2-2y^2+3z^2-4xy+5xz-6yz$ 可用矩阵表示为

$$f=(x,y,z)\begin{pmatrix} 1 & -2 & \frac{5}{2} \\ -2 & -2 & -3 \\ \frac{5}{2} & -3 & 3 \end{pmatrix}\begin{pmatrix} x \\ y \\ z \end{pmatrix}.$$

任给一个二次型，就唯一地确定了一个对称矩阵. 任给一个对称矩阵，也唯一地确定了一个二次型. 二次型和对称矩阵之间存在一一对应关系，因此，我们把对称矩阵 $\boldsymbol{A}$ 称为**二次型 f 的矩阵**，也把 f 称为**对称矩阵 $\boldsymbol{A}$ 的二次型**. 对称矩阵 $\boldsymbol{A}$ 的秩就称为**二次型 f 的秩**.

一般的二次型既有平方项，又有混合项(即交叉乘积项)，为了使之简化，我们希望通过可逆的线性变换

$$\begin{cases} x_1=c_{11}y_1+c_{12}y_2+\cdots+c_{1n}y_n, \\ x_2=c_{21}y_1+c_{22}y_2+\cdots+c_{2n}y_n, \\ \qquad\cdots\cdots \\ x_n=c_{n1}y_1+c_{n2}y_2+\cdots+c_{nn}y_n \end{cases} \tag{6.7}$$

使二次型化为只含平方项，即把式(6.7)代入式(6.4)或式(6.6)后，有

$$f=k_1y_1^2+k_2y_2^2+\cdots+k_ny_n^2.$$

形如上式的只含平方项的二次型称为二次型的**标准形**.

进一步，若标准形的系数 $k_1,k_2,\cdots,k_n$ 只在 $0,-1,1$ 三个数中取值，即利用可逆的线性变换将二次型化为

$$f=y_1^2+y_2^2+\cdots+y_p^2-y_{p+1}^2-\cdots-y_r^2,$$

则称这种形式为二次型的**规范形**.

记 $\boldsymbol{C}=(c_{ij})$，可逆线性变换(6.7)可记为

$$\boldsymbol{x}=\boldsymbol{C}\boldsymbol{y},$$

代入式(6.6)有，$f=\boldsymbol{x}^{\mathrm{T}}\boldsymbol{A}\boldsymbol{x}=(\boldsymbol{C}\boldsymbol{y})^{\mathrm{T}}\boldsymbol{A}\boldsymbol{C}\boldsymbol{y}=\boldsymbol{y}^{\mathrm{T}}(\boldsymbol{C}^{\mathrm{T}}\boldsymbol{A}\boldsymbol{C})\boldsymbol{y}$.

变换之后出现了新的矩阵 $\boldsymbol{C}^{\mathrm{T}}\boldsymbol{A}\boldsymbol{C}$，其性质如何呢？

定理 6.9 任给可逆矩阵 $\boldsymbol{C}$，令 $\boldsymbol{B}=\boldsymbol{C}^{\mathrm{T}}\boldsymbol{A}\boldsymbol{C}$，若 $\boldsymbol{A}$ 为对称矩阵，则 $\boldsymbol{B}$ 亦为对称矩阵，且 $R(\boldsymbol{B})=R(\boldsymbol{A})$.

证 $\boldsymbol{B}^{\mathrm{T}}=(\boldsymbol{C}^{\mathrm{T}}\boldsymbol{A}\boldsymbol{C})^{\mathrm{T}}=\boldsymbol{C}^{\mathrm{T}}\boldsymbol{A}^{\mathrm{T}}(\boldsymbol{C}^{\mathrm{T}})^{\mathrm{T}}=\boldsymbol{C}^{\mathrm{T}}\boldsymbol{A}\boldsymbol{C}=\boldsymbol{B}$，可见 $\boldsymbol{B}$ 是对称矩阵. 而一个矩阵乘以可逆矩阵，其秩不变，得 $R(\boldsymbol{B})=R(\boldsymbol{A})$.

定理 6.9 说明，经可逆线性变换 $\boldsymbol{x}=\boldsymbol{C}\boldsymbol{y}$，二次型 f 的矩阵由 $\boldsymbol{A}$ 变为 $\boldsymbol{C}^{\mathrm{T}}\boldsymbol{A}\boldsymbol{C}$，且二次型的秩不变.

若两个同阶矩阵 $\boldsymbol{A},\boldsymbol{B}$ 满足 $\boldsymbol{B}=\boldsymbol{C}^{\mathrm{T}}\boldsymbol{A}\boldsymbol{C}$，其中 $\boldsymbol{C}$ 是可逆矩阵，则称 $\boldsymbol{A}$ 与 $\boldsymbol{B}$ **合同**.

矩阵合同是一种等价关系，具有反身性、对称性和传递性.

要使二次型 f 经可逆线性变换 $\boldsymbol{x}=\boldsymbol{C}\boldsymbol{y}$ 变成标准形，就是要求

$$\boldsymbol{y}^{\mathrm{T}}\boldsymbol{C}^{\mathrm{T}}\boldsymbol{A}\boldsymbol{C}\boldsymbol{y}=k_1y_1^2+k_2y_2^2+\cdots+k_ny_n^2=(y_1,y_2,\cdots,y_n)\begin{pmatrix}k_1&&&\\&k_2&&\\&&\ddots&\\&&&k_n\end{pmatrix}\begin{pmatrix}y_1\\y_2\\\vdots\\y_n\end{pmatrix},$$

即要求 $\boldsymbol{C}^{\mathrm{T}}\boldsymbol{A}\boldsymbol{C}$ 是对角矩阵. 或者说，对于对称矩阵 $\boldsymbol{A}$，要寻求可逆矩阵 $\boldsymbol{C}$，使 $\boldsymbol{C}^{\mathrm{T}}\boldsymbol{A}\boldsymbol{C}$ 成为对角矩阵.

根据 6.4 节内容，任给实对称矩阵 $\boldsymbol{A}$，总有正交矩阵 $\boldsymbol{P}$，使 $\boldsymbol{P}^{-1}\boldsymbol{A}\boldsymbol{P}=\boldsymbol{\Lambda}$，或 $\boldsymbol{P}^{\mathrm{T}}\boldsymbol{A}\boldsymbol{P}=\boldsymbol{\Lambda}$. 将此结论应用于二次型得到以下定理.

定理 6.10 对于实二次型 $f=\sum\limits_{i,j=1}^{n}a_{ij}x_ix_j\,(a_{ij}=a_{ji})$，总有正交变换 $\boldsymbol{x}=\boldsymbol{P}\boldsymbol{y}$，使 f 化为标准形

$$f=\lambda_1y_1^2+\lambda_2y_2^2+\cdots+\lambda_ny_n^2,$$

其中，$\lambda_1,\lambda_2,\cdots,\lambda_n$ 是 f 的矩阵 $\boldsymbol{A}=(a_{ij})$ 的特征值.

应用实对称矩阵对角化方法，可得到化二次型为标准形的方法，称为**正交变换法**.

6.6 节将通过例题来讨论这一方法的具体实现.

一个二次型化为标准形时，若所用的可逆线性变换不同，则得到的标准形也可能不同. 例如，二次型

$$f(x_1,x_2,x_3)=x_1x_2+x_2x_3+x_1x_3$$

经可逆线性变换

$$\begin{cases}x_1=y_1-y_2-y_3,\\ x_2=y_1+y_2-y_3,\\ x_3=\qquad\quad\ \, y_3\end{cases}$$

化为

$$f=y_1^2-y_2^2-y_3^2,$$

也可经可逆线性变换

$$\begin{cases}x_1=\qquad\ \ z_2,\\ x_2=3z_1-z_2-2z_3,\\ x_3=3z_1-z_2+2z_3\end{cases}$$

化为

$$f=9z_1^2-z_2^2-4z_3^2.$$

这说明二次型的标准形并不唯一. 但一个二次型的标准形所含项数是确定的(项数就是二次型的秩). 若限定所用的线性变换为实变换，则标准形中正、负系数的个数也是不变的.

定理 6.11 (惯性定理) 设有二次型 $f=\boldsymbol{x}^{\mathrm{T}}\boldsymbol{A}\boldsymbol{x}$，它的秩为 r，有两个可逆变换 $\boldsymbol{x}=\boldsymbol{C}\boldsymbol{y}$ 和 $\boldsymbol{x}=\boldsymbol{P}\boldsymbol{z}$ 分别使得

$$f=k_1y_1^2+k_2y_2^2+\cdots+k_ry_r^2\quad(k_i\neq0,i=1,2,\cdots,r),$$

$$f=\lambda_1z_1^2+\lambda_2z_2^2+\cdots+\lambda_rz_r^2\quad(\lambda_i\neq0,i=1,2,\cdots,r),$$

则 $k_1,k_2,\cdots,k_r$ 中正数的个数与 $\lambda_1,\lambda_2,\cdots,\lambda_r$ 中正数的个数相等.

证明略.

我们把二次型的标准形中正项系数的个数称为**正惯性指数**，负项系数的个数称为**负惯性指数**，惯性定理即是说一个二次型的标准形的正惯性指数和负惯性指数是确定的.

6.6 化二次型为标准形

化二次型为标准形的方法主要有正交变换法和配方法.

1. 正交变换法

根据 6.5 节的分析可知，正交变换法的本质是把二次型的矩阵(实对称矩阵)对角化. 具体步骤是:

(1) 写出二次型 f 的矩阵 $\boldsymbol{A}$；

(2) 求对称矩阵 $\boldsymbol{A}$ 的特征值和特征向量，将特征向量正交化、单位化得正交矩阵 $\boldsymbol{P}$，有 $\boldsymbol{P}^{-1}\boldsymbol{AP}=\boldsymbol{\Lambda}=\begin{pmatrix}\lambda_1 & & & \\ & \lambda_2 & & \\ & & \ddots & \\ & & & \lambda_n\end{pmatrix}$，$\lambda_1,\lambda_2,\cdots,\lambda_n$ 是 $\boldsymbol{A}$ 的特征值.

(3) 正交变换 $\boldsymbol{x}=\boldsymbol{Py}$ 化二次型 f 为标准形

$$f=\lambda_1 y_1^2+\lambda_2 y_2^2+\cdots+\lambda_n y_n^2.$$

用正交变换将二次型化为标准形，标准形中 y_i^2 的系数恰是 $\boldsymbol{A}$ 的特征值.

例 6.18 求一个正交变换，把二次型

$$f(x_1,x_2,x_3)=x_1^2+4x_2^2+x_3^2-4x_1x_2-8x_1x_3-4x_2x_3$$

化为标准形.

解 二次型的矩阵为

$$\boldsymbol{A}=\begin{pmatrix}1 & -2 & -4\\ -2 & 4 & -2\\ -4 & -2 & 1\end{pmatrix}.$$

由它的特征多项式

$$|\boldsymbol{A}-\lambda\boldsymbol{E}|=\begin{vmatrix}1-\lambda & -2 & -4\\ -2 & 4-\lambda & -2\\ -4 & -2 & 1-\lambda\end{vmatrix}=-(\lambda-5)^2(\lambda+4)$$

得 $\boldsymbol{A}$ 的特征值 $\lambda_1=\lambda_2=5,\ \lambda_3=-4$.

当 $\lambda_1=\lambda_2=5$ 时，解齐次线性方程组

$$(\boldsymbol{A}-5\boldsymbol{E})\boldsymbol{x}=\begin{pmatrix}-4 & -2 & -4\\ -2 & -1 & -2\\ -4 & -2 & -4\end{pmatrix}\begin{pmatrix}x_1\\ x_2\\ x_3\end{pmatrix}=\begin{pmatrix}0\\ 0\\ 0\end{pmatrix},$$

得基础解系 $\boldsymbol{\xi}_1=\begin{pmatrix}1\\ 0\\ -1\end{pmatrix}$，$\boldsymbol{\xi}_2=\begin{pmatrix}1\\ -2\\ 0\end{pmatrix}$，正交化，得

$$\boldsymbol{b}_1=\begin{pmatrix}1\\ 0\\ -1\end{pmatrix},\qquad \boldsymbol{b}_2=\frac{1}{2}\begin{pmatrix}1\\ -4\\ 1\end{pmatrix}.$$

当 $\lambda_3=-4$ 时，解齐次线性方程组

$$(A+4E)x=\begin{pmatrix}5&-2&-4\\-2&8&-2\\-4&-2&5\end{pmatrix}\begin{pmatrix}x_1\\x_2\\x_3\end{pmatrix}=\begin{pmatrix}0\\0\\0\end{pmatrix},$$

得基础解系 $\boldsymbol{\xi}_3=\begin{pmatrix}2\\1\\2\end{pmatrix}$，取 $\boldsymbol{b}_3=\begin{pmatrix}2\\1\\2\end{pmatrix}$.

单位化 $\boldsymbol{b}_1,\boldsymbol{b}_2,\boldsymbol{b}_3$，得

$$\boldsymbol{p}_1=\begin{pmatrix}\frac{\sqrt{2}}{2}\\0\\-\frac{\sqrt{2}}{2}\end{pmatrix},\quad \boldsymbol{p}_2=\begin{pmatrix}\frac{\sqrt{2}}{6}\\-\frac{2\sqrt{2}}{3}\\\frac{\sqrt{2}}{6}\end{pmatrix},\quad \boldsymbol{p}_3=\begin{pmatrix}\frac{2}{3}\\\frac{1}{3}\\\frac{2}{3}\end{pmatrix}.$$

以 $\boldsymbol{p}_1$，$\boldsymbol{p}_2$，$\boldsymbol{p}_3$ 为列向量组成矩阵

$$\boldsymbol{P}=\begin{pmatrix}\frac{\sqrt{2}}{2}&\frac{\sqrt{2}}{6}&\frac{2}{3}\\0&-\frac{2\sqrt{2}}{3}&\frac{1}{3}\\-\frac{\sqrt{2}}{2}&\frac{\sqrt{2}}{6}&\frac{2}{3}\end{pmatrix},$$

则原二次型经正交变换 $\boldsymbol{x}=\boldsymbol{P}\boldsymbol{y}$ 或

$$\begin{cases}x_1=\frac{\sqrt{2}}{2}y_1+\frac{\sqrt{2}}{6}y_2+\frac{2}{3}y_3,\\x_2=-\frac{2\sqrt{2}}{3}y_2+\frac{1}{3}y_3,\\x_3=-\frac{\sqrt{2}}{2}y_1+\frac{\sqrt{2}}{6}y_2+\frac{2}{3}y_3,\end{cases}$$

化为标准形

$$f=5y_1^2+5y_2^2-4y_3^2.$$

进一步，可以把二次型 f 化成规范形，只要令

$$\begin{cases}y_1=\frac{1}{\sqrt{5}}z_1,\\y_2=\frac{1}{\sqrt{5}}z_2,\\y_3=\frac{1}{2}z_3,\end{cases}$$

即得 f 的规范形

$$f = z_1^2 + z_2^2 - z_3^2 .$$

2. 配方法

化二次型为标准形的第二种方法是配方法，其基本思想是产生平方项、消除混合项.

配方法不需要求特征值和特征向量，但所用的变换 $\boldsymbol{x} = \boldsymbol{P}\boldsymbol{y}$ 一般不是正交变换，也就不具有 $\|\boldsymbol{y}\| = \|\boldsymbol{x}\|$ 这一正交变换保持长度不变的性质.

例 6.19 用配方法把二次型 $f(x_1, x_2) = 2x_1^2 + 6x_1x_2 + x_2^2$ 化为标准形.

解 因 f 中含 x_1^2 项，故将含 x_1 的项归并，配方，得

$$f(x_1, x_2) = 2(x_1^2 + 3x_1x_2) + x_2^2 = 2\left(x_1 + \frac{3}{2}x_2\right)^2 - \frac{7}{2}x_2^2.$$

令

$$\begin{cases} y_1 = x_1 + \dfrac{3}{2}x_2, \\ y_2 = \qquad\; x_2 \end{cases} \quad 或 \quad \begin{cases} x_1 = y_1 - \dfrac{3}{2}y_2, \\ x_2 = \qquad\; y_2, \end{cases}$$

则有

$$f = 2y_1^2 - \frac{7}{2}y_2^2 .$$

此时，所用变换矩阵为 $\boldsymbol{P} = \begin{pmatrix} 1 & -\dfrac{3}{2} \\ 0 & 1 \end{pmatrix}$.

一般而言，配方法的步骤如下:

(1) 若 $a_{11} \neq 0$，将含有 x_1 的所有项集中，提取公因子 a_{11} 后有 $(x_1^2 + kx_1)$，其中 k 是仅与 $x_2, \cdots, x_n$ 有关的一次齐次式;

(2) 对含有 x_1 的项配方，得到 $a_{11}\left[\left(x_1 + \dfrac{k}{2}\right)^2 - \dfrac{1}{4}k^2\right]$，并令 $y_1 = x_1 + \dfrac{1}{2}k$；

(3) 整理后，如果 x_2 的平方项系数不为零，就对含有 x_2 的项重复上述步骤.

如此继续，直到最后令 $y_n = x_n$，就将原二次型化成了标准形，最后求出变换矩阵 $\boldsymbol{P}$.

例 6.20 用配方法将二次型

$$f(x_1, x_2, x_3) = 2x_1^2 + 4x_1x_2 + 7x_2^2 + 5x_1x_3 + 6x_2x_3 - x_3^2$$

化为标准形.

解

$$\begin{aligned}f(x_1,x_2,x_3)&=2\left[x_1^2+2x_1\left(x_2+\frac{5}{4}x_3\right)\right]+7x_2^2+6x_2x_3-x_3^2\\&=2\left[\left(x_1+x_2+\frac{5}{4}x_3\right)^2-\left(x_2+\frac{5}{4}x_3\right)^2\right]+7x_2^2+6x_2x_3-x_3^2\\&=2y_1^2-2\left(x_2+\frac{5}{4}x_3\right)^2+7x_2^2+6x_2x_3-x_3^2\\&=2y_1^2+5x_2^2+x_2x_3-\frac{33}{8}x_3^2\\&=2y_1^2+5\left[\left(x_2+\frac{1}{10}x_3\right)^2-\left(\frac{1}{10}x_3\right)^2\right]-\frac{33}{8}x_3^2\\&=2y_1^2+5y_2^2-\frac{167}{40}x_3^2\\&=2y_1^2+5y_2^2-\frac{167}{40}y_3^2,\end{aligned}$$

其中,

$$\begin{cases}y_1=x_1+x_2+\dfrac{5}{4}x_3,\\ y_2=\qquad x_2+\dfrac{1}{10}x_3,\\ y_3=\qquad\qquad x_3\end{cases}\quad 或 \quad \begin{cases}x_1=y_1-y_2-\dfrac{23}{20}x_3,\\ x_2=\qquad y_2-\dfrac{1}{10}y_3,\\ x_3=\qquad\qquad y_3,\end{cases}$$

即所用的变换矩阵是

$$\boldsymbol{P}=\begin{pmatrix}1&-1&-\dfrac{23}{20}\\0&1&-\dfrac{1}{10}\\0&0&1\end{pmatrix}.$$

下面的例题是配方法的另外一种情形.

例 6.21　用配方法把二次型 $f(x_1,x_2,x_3)=x_1x_2+x_1x_3-3x_2x_3$ 化为标准形.

解　该二次型中不含平方项, 只有混合项, 需要先作一可逆线性变换使之出现平方项, 然后再进行配方.

作可逆线性变换

$$\begin{cases}x_1=y_1-y_2,\\x_2=y_1+y_2,\\x_3=y_3,\end{cases}$$

则有

$$\begin{aligned} f(x_1,x_2,x_3) &= x_1x_2 + x_1x_3 - 3x_2x_3 \\ &= (y_1-y_2)(y_1+y_2)+(y_1-y_2)y_3-3(y_1+y_2)y_3 \\ &= y_1^2 - y_2^2 - 2y_1y_3 - 4y_2y_3. \end{aligned}$$

再按通常的做法处理, 得

$$\begin{aligned} f(x_1,x_2,x_3) &= (y_1-y_3)^2-(y_2+2y_3)^2+3y_3^2 \\ &= z_1^2 - z_2^2 + 3z_2^2, \end{aligned}$$

其中,

$$\begin{cases} z_1 = y_1 \qquad - y_3, \\ z_2 = \qquad y_2 + 2y_3, \\ z_3 = \qquad\qquad y_3, \end{cases} \quad \text{或} \quad \begin{cases} y_1 = z_1 \qquad + z_3, \\ y_2 = \qquad z_2 - 2z_3, \\ y_3 = \qquad\qquad z_3. \end{cases}$$

所用的可逆线性变换为

$$\begin{pmatrix} x_1 \\ x_2 \\ x_3 \end{pmatrix} = \begin{pmatrix} 1 & -1 & 0 \\ 1 & 1 & 0 \\ 0 & 0 & 1 \end{pmatrix}\begin{pmatrix} y_1 \\ y_2 \\ y_3 \end{pmatrix} = \begin{pmatrix} 1 & -1 & 0 \\ 1 & 1 & 0 \\ 0 & 0 & 1 \end{pmatrix}\begin{pmatrix} 1 & 0 & 1 \\ 0 & 1 & -2 \\ 0 & 0 & 1 \end{pmatrix}\begin{pmatrix} z_1 \\ z_2 \\ z_3 \end{pmatrix} = \begin{pmatrix} 1 & -1 & 3 \\ 1 & 1 & -1 \\ 0 & 0 & 1 \end{pmatrix}\begin{pmatrix} z_1 \\ z_2 \\ z_3 \end{pmatrix}.$$

因为实对称矩阵总可以对角化, 所以任何实二次型都可找到可逆线性变换化为标准形, 标准形中含有的项数即是二次型的秩.

6.7 正定二次型

前述惯性定理告诉我们, 二次型的标准形中正、负系数的个数是确定的, 我们据此对二次型予以分类.

定义 6.11 设有二次型 $f(x_1,x_2,\cdots,x_n)=\boldsymbol{x}^{\mathrm{T}}\boldsymbol{A}\boldsymbol{x}$, 若对任意 $\boldsymbol{x}\neq\boldsymbol{0}$, 都有 $f(x_1,x_2,\cdots,x_n)>0$, 则称 $f(x_1,x_2,\cdots,x_n)$ 为**正定二次型**, 并称二次型的矩阵 $\boldsymbol{A}$ 是**正定的**; 如果对任意 $\boldsymbol{x}\neq\boldsymbol{0}$, 都有 $f(x_1,x_2,\cdots,x_n)<0$, 则称 $f(x_1,x_2,\cdots,x_n)$ 为**负定二次型**, 并称二次型的矩阵 $\boldsymbol{A}$ 是**负定的**.

以下定理常用来判定二次型的正定性.

定理 6.12 实二次型 $f(x_1,x_2,\cdots,x_n)=\boldsymbol{x}^{\mathrm{T}}\boldsymbol{A}\boldsymbol{x}$ 正定的充分必要条件是其标准形的 n 个系数全为正, 即正惯性指数为 n, 负惯性指数为 0.

证 设有可逆线性变换 $\boldsymbol{x}=\boldsymbol{C}\boldsymbol{y}$, 使

$$f(x_1,x_2,\cdots,x_n)=f(\boldsymbol{C}\boldsymbol{y})=\sum_{i=1}^{n}k_iy_i^2.$$

充分性. 设每个 $k_i>0$, 对任意 $\boldsymbol{x}\neq\boldsymbol{0}$, 有 $\boldsymbol{y}=\boldsymbol{C}^{-1}\boldsymbol{x}\neq\boldsymbol{0}$, 故

$$f(\boldsymbol{x})=\sum_{i=1}^{n}k_iy_i^2>0.$$

必要性. 用反证法, 设有某个 $k_s\leqslant 0$, 则当 $\boldsymbol{y}=\boldsymbol{e}_s$ (单位坐标向量)时,

$$f(\boldsymbol{C}\boldsymbol{e}_s)=k_s\leqslant 0.$$

而 $\boldsymbol{C}\boldsymbol{e}_s\neq\boldsymbol{0}$ 与 $f(x_1,x_2,\cdots,x_n)$ 正定矛盾.

类似地, 实二次型 $f=\boldsymbol{x}^{\mathrm{T}}\boldsymbol{A}\boldsymbol{x}$ 为负定的充分必要条件是其标准形的 n 个系数全为负, 即负惯性指数为 n, 正惯性指数为 0.

我们知道, 任何二次型总可通过正交变换化为以其矩阵(对称矩阵)的特征值为系数的标准形, 所以有以下推论.

推论 6.4　对称矩阵 $\boldsymbol{A}$ 为正(负)定的充分必要条件是 $\boldsymbol{A}$ 的 n 个特征值全为正(负).

定理 6.13 [Hurwitz(赫尔维茨)定理]　对称矩阵 $\boldsymbol{A}$ 为正定的充分必要条件是 $\boldsymbol{A}$ 的各阶主子式都为正, 即

$$a_{11}>0,\quad \begin{vmatrix} a_{11} & a_{12} \\ a_{21} & a_{22} \end{vmatrix}>0,\quad \cdots,\quad \begin{vmatrix} a_{11} & \cdots & a_{1n} \\ \vdots & & \vdots \\ a_{n1} & \cdots & a_{nn} \end{vmatrix}>0;$$

对称矩阵 $\boldsymbol{A}$ 为负定的充分必要条件是 $\boldsymbol{A}$ 的奇数阶主子式都为负, 偶数阶主子式都为正, 即

$$(-1)^r\begin{vmatrix} a_{11} & \cdots & a_{1r} \\ \vdots & & \vdots \\ a_{r1} & \cdots & a_{rr} \end{vmatrix}>0\ (r=1,2,\cdots,n).$$

证明略.

例 6.22　判定二次型 $f(x_1,x_2,x_3)=5x_1^2+x_2^2+5x_3^2+4x_1x_2-8x_1x_3-4x_2x_3$ 的正定性.

解　二次型的矩阵为

$$\boldsymbol{A}=\begin{pmatrix} 5 & 2 & -4 \\ 2 & 1 & -2 \\ -4 & -2 & 5 \end{pmatrix}.$$

因为

$$a_{11}=5>0,\quad \begin{vmatrix} 5 & 2 \\ 2 & 1 \end{vmatrix}-1>0,\quad \begin{vmatrix} 5 & 2 & -4 \\ 2 & 1 & -2 \\ -4 & -2 & 5 \end{vmatrix}-1>0,$$

所以二次型是正定的.

例 6.23　试确定实数 t 的取值范围, 使得二次型

$$f(x_1,x_2,x_3)=x_1^2+x_2^2+5x_3^2+2tx_1x_2-2x_1x_3+4x_2x_3$$

正定.

解　二次型的矩阵为

$$\boldsymbol{A}=\begin{pmatrix} 1 & t & -1 \\ t & 1 & 2 \\ -1 & 2 & 5 \end{pmatrix}.$$

要求

$$a_{11}=1>0,\quad \begin{vmatrix}1&t\\t&1\end{vmatrix}=1-t^2>0,\quad \begin{vmatrix}1&t&-1\\t&1&2\\-1&2&5\end{vmatrix}=-t(5t+4)>0,$$

联立解得 $-\dfrac{4}{5}<t<0$.

根据这几个定理及相关推论可以总结出判定一个二次型是正定或负定的方法主要有: 化为标准形确定正负惯性指数、求特征值、求各阶主子式等. 如果是一个具体给出的二次型, 那么利用 Hurwitz 定理讨论起来较为简单.

习 题 六

A 组

1. 填空题

(1) 已知向量 $\boldsymbol{a}=(1,-2,3)^{\mathrm{T}}$, $\boldsymbol{b}=(-4,t,6)^{\mathrm{T}}$, $[\boldsymbol{a},\boldsymbol{b}]=7$, 则 $t=$________.

(2) 设 $\|\boldsymbol{x}_0\|=4$, $\boldsymbol{A}$ 为正交矩阵, 则 $\|\boldsymbol{A}\boldsymbol{x}_0\|=$________.

(3) 设 $\boldsymbol{A}=(a_{ij})_{3\times3}$ 是实正交矩阵, 且 $a_{11}=1$, $\boldsymbol{b}=(1,0,0)^{\mathrm{T}}$, 则线性方程组 $\boldsymbol{A}\boldsymbol{x}=\boldsymbol{b}$ 的解是________.

(4) 如果 n 阶矩阵 $\boldsymbol{A}$ 的元素全为1, 那么 $\boldsymbol{A}$ 的 n 个特征值是________.

(5) 若三阶矩阵 $\boldsymbol{A}$ 的特征值为 $1,-1,2$, 则齐次线性方程组 $(\boldsymbol{A}+2\boldsymbol{E})\boldsymbol{x}=\boldsymbol{0}$ 的解是________.

(6) 设三阶矩阵 $\boldsymbol{A}$ 的特征值为 $2,3,\lambda$, 若行列式 $|2\boldsymbol{A}|=-48$, 则 $\lambda=$________.

(7) 设矩阵 $\boldsymbol{A}=\begin{pmatrix}4&1&-2\\1&2&a\\3&1&-1\end{pmatrix}$ 的一个特征向量为 $\begin{pmatrix}1\\1\\2\end{pmatrix}$, 则 $a=$________.

(8) 已知三阶方阵 $\boldsymbol{A}$ 的特征值分别为 $1,-1,2$, 则矩阵 $\boldsymbol{B}=\boldsymbol{A}^3-2\boldsymbol{A}^2$ 的特征值是________, $|\boldsymbol{B}|=$________.

(9) 设 $\boldsymbol{P}$ 为 n 阶可逆矩阵, $\boldsymbol{A}=\begin{pmatrix}a_1&0&\cdots&0\\0&a_2&\cdots&0\\\vdots&\vdots&&\vdots\\0&0&\cdots&a_n\end{pmatrix}$, $\boldsymbol{B}=\boldsymbol{P}^{-1}\boldsymbol{A}^3\boldsymbol{P}$, 则 $\boldsymbol{B}$ 的特征值为________.

(10) 二阶矩阵 $\boldsymbol{A}$ 有两个不同特征值, $\boldsymbol{\alpha}_1,\boldsymbol{\alpha}_2$ 是 $\boldsymbol{A}$ 的线性无关的特征向量, 且 $\boldsymbol{A}^2(\boldsymbol{\alpha}_1+\boldsymbol{\alpha}_2)=\boldsymbol{\alpha}_1+\boldsymbol{\alpha}_2$, 则 $|\boldsymbol{A}|=$________.

(11) 设 $\boldsymbol{A}$ 为三阶矩阵，$\boldsymbol{\alpha}_1$，$\boldsymbol{\alpha}_2$，$\boldsymbol{\alpha}_3$ 为线性无关的向量组．若 $\boldsymbol{A\alpha}_1=2\boldsymbol{\alpha}_1+\boldsymbol{\alpha}_2+\boldsymbol{\alpha}_3$，$\boldsymbol{A\alpha}_2=\boldsymbol{\alpha}_2+2\boldsymbol{\alpha}_3$，$\boldsymbol{A\alpha}_3=-\boldsymbol{\alpha}_2+\boldsymbol{\alpha}_3$，则 $\boldsymbol{A}$ 的实特征值为________.

(12) 二次型 $f(x_1,x_2)=x_1^2+2x_2^2-4x_1x_2$ 的矩阵是________.

(13) 二次型 $f(x_1,x_2,x_3)=x_1^2-2x_1x_2+2x_2^2-2x_1x_3+2x_2x_3+x_3^2$ 的秩是________.

(14) 二次型 $f(x_1,x_2,x_3)=(x_1+x_2)^2+(x_2-x_3)^2+(x_3+x_1)^2$ 的秩为________.

(15) 若二次曲面的方程为 $x^2+3y^2+z^2+2axy+2xz+2yz=4$，经正交变换化为 $y_1^2+4z_1^2=4$，则 $a=$________.

(16) 设二次型 $f(x_1,x_2,x_3)=\boldsymbol{x}^{\mathrm{T}}\boldsymbol{Ax}$ 的秩为 1，$\boldsymbol{A}$ 中各行元素之和为 3，则 f 在正交变换 $\boldsymbol{x}=\boldsymbol{Qy}$ 下的标准形为________.

(17) 二次型 $f(x_1,x_2,x_3)=x_1^2+3x_2^2+x_3^2+2x_1x_2+2x_1x_3+2x_2x_3$，则 f 的正惯性指数为________.

(18) 设二次型 $f(x_1,x_2,x_3)=x_1^2-x_2^2+2ax_1x_3+4x_2x_3$ 的负惯性指数是 1，则 a 的取值范围是________.

(19) 二次型 $f=\boldsymbol{x}^{\mathrm{T}}\boldsymbol{Ax}$ 是正定的充分必要条件是实对称矩阵 $\boldsymbol{A}$ 的特征值________.

2. 选择题

(1) 已知 $\|\boldsymbol{a}\|=1$, $\|\boldsymbol{b}\|=2$, $[\boldsymbol{a},\boldsymbol{b}]=1$，则向量 $\boldsymbol{a}$ 与 $\boldsymbol{b}$ 的夹角为(　　).

A. 0　　B. $\dfrac{\pi}{4}$　　C. $\dfrac{\pi}{3}$　　D. $\dfrac{\pi}{2}$

(2) 设 $\boldsymbol{P}$ 为可逆矩阵，$\boldsymbol{Ax}=\lambda\boldsymbol{x}\neq\boldsymbol{0}$，$\boldsymbol{B}=\boldsymbol{P}^{-1}\boldsymbol{A}^{-1}\boldsymbol{P}$，则矩阵 $\boldsymbol{B}$ 的特征值和特征向量分别是(　　).

A. λ 和 $\boldsymbol{x}$　　B. λ^{-1} 和 $\boldsymbol{x}$　　C. λ^{-1} 和 $\boldsymbol{P}^{-1}\boldsymbol{x}$　　D. λ 和 $\boldsymbol{Px}$

(3) 设 $\boldsymbol{A}$ 是 n 阶实对称矩阵，$\boldsymbol{P}$ 是 n 阶可逆矩阵．已知 n 维列向量 $\boldsymbol{\alpha}$ 是 $\boldsymbol{A}$ 的属于特征值 λ 的特征向量，则矩阵 $(\boldsymbol{P}^{-1}\boldsymbol{AP})^{\mathrm{T}}$ 属于特征值 λ 的特征向量是(　　).

A. $\boldsymbol{P}^{-1}\boldsymbol{\alpha}$　　B. $\boldsymbol{P}^{\mathrm{T}}\boldsymbol{\alpha}$　　C. $\boldsymbol{P\alpha}$　　D. $(\boldsymbol{P}^{-1})^{\mathrm{T}}\boldsymbol{\alpha}$

(4) 若二阶矩阵 $\boldsymbol{A}$ 满足 $|\boldsymbol{A}+\boldsymbol{E}|=0$，$|\boldsymbol{A}-2\boldsymbol{E}|=0$，则 $|\boldsymbol{A}|=$(　　).

A. -2　　B. 2　　C. 0　　D. 无法确定

(5) n 阶方阵 $\boldsymbol{A}$ 的两个不同的特征值所对应的特征向量(　　).

A. 线性相关　　B. 线性无关　　C. 正交　　D. 内积为 1

(6) 设 λ_1,λ_2 是矩阵 $\boldsymbol{A}$ 的两个不同的特征值，对应的特征向量分别为 $\boldsymbol{\alpha}_1,\boldsymbol{\alpha}_2$，则 $\boldsymbol{\alpha}_1$，$\boldsymbol{A}(\boldsymbol{\alpha}_1+\boldsymbol{\alpha}_2)$ 线性无关的充分必要条件是(　　).

A. $\lambda_1\neq0$　　B. $\lambda_2\neq0$　　C. $\lambda_1=0$　　D. $\lambda_2=0$

(7) 设 $\boldsymbol{P}$ 为三阶可逆矩阵，$\boldsymbol{A}=\begin{pmatrix}1&2&3\\8&9&4\\7&6&5\end{pmatrix}$，$\lambda_1,\lambda_2,\lambda_3$ 是 $\boldsymbol{B}=\boldsymbol{P}^{-1}\boldsymbol{AP}$ 的三个特征值，则

$\lambda_1+\lambda_2+\lambda_3$的值为(　　).

A. 1　　B. 10　　C. 15　　D. 19

(8) 设$\boldsymbol{A}$，$\boldsymbol{B}$为n阶矩阵，且$\boldsymbol{A}$与$\boldsymbol{B}$相似，$\boldsymbol{E}$为n阶单位矩阵，则下列命题正确的是(　　).

A. $\boldsymbol{A}-\lambda\boldsymbol{E}=\boldsymbol{B}-\lambda\boldsymbol{E}$

B. $\boldsymbol{A}$与$\boldsymbol{B}$有相同的特征值与特征向量

C. $\boldsymbol{A}$与$\boldsymbol{B}$都相似于一个对角矩阵

D. 对任意常数t，$\boldsymbol{A}-t\boldsymbol{E}$与$\boldsymbol{B}-t\boldsymbol{E}$相似

(9) 设矩阵$\boldsymbol{B}=\begin{pmatrix}0&0&1\\0&1&0\\1&0&0\end{pmatrix}$，已知矩阵$\boldsymbol{A}$相似于$\boldsymbol{B}$，则$R(\boldsymbol{A}-2\boldsymbol{E})$与$R(\boldsymbol{A}-\boldsymbol{E})$之和等于(　　).

A. 2　　B. 3　　C. 4　　D. 5

(10) n阶方阵$\boldsymbol{A}$具有n个不同的特征值是$\boldsymbol{A}$与对角矩阵相似的(　　).

A. 充分必要条件　　B. 充分非必要条件

C. 必要非充分条件　　D. 既非充分也非必要条件

(11) 设$\boldsymbol{A}$为四阶实对称矩阵，且$\boldsymbol{A}^2+\boldsymbol{A}=\boldsymbol{O}$，若$\boldsymbol{A}$的秩为3，则$\boldsymbol{A}$相似于(　　).

A. $\begin{pmatrix}1&&&\\&1&&\\&&1&\\&&&0\end{pmatrix}$　　B. $\begin{pmatrix}1&&&\\&1&&\\&&-1&\\&&&0\end{pmatrix}$

C. $\begin{pmatrix}1&&&\\&-1&&\\&&-1&\\&&&0\end{pmatrix}$　　D. $\begin{pmatrix}-1&&&\\&-1&&\\&&-1&\\&&&0\end{pmatrix}$

(12) 下述四个条件中，三阶矩阵$\boldsymbol{A}$可以相似对角化的一个充分但不必要条件是(　　).

A. $\boldsymbol{A}$有三个互不相等的特征值

B. $\boldsymbol{A}$有三个线性无关的特征向量

C. $\boldsymbol{A}$有三个两两线性无关的特征向量

D. $\boldsymbol{A}$属于不同特征值的特征向量正交

(13) 下列矩阵中不能相似于对角矩阵的是(　　).

A. $\begin{pmatrix}1&1&a\\0&2&2\\0&0&3\end{pmatrix}$　　B. $\begin{pmatrix}1&1&a\\1&2&0\\a&0&3\end{pmatrix}$

C. $\begin{pmatrix} 1 & 1 & a \\ 0 & 2 & 0 \\ 0 & 0 & 2 \end{pmatrix}$　　D. $\begin{pmatrix} 1 & 1 & a \\ 0 & 2 & 2 \\ 0 & 0 & 2 \end{pmatrix}$

(14) 下列矩阵中，与矩阵$\begin{pmatrix} 1 & 1 & 0 \\ 0 & 1 & 1 \\ 0 & 0 & 1 \end{pmatrix}$相似的是(　　).

A. $\begin{pmatrix} 1 & 1 & -1 \\ 0 & 1 & 1 \\ 0 & 0 & 1 \end{pmatrix}$　　B. $\begin{pmatrix} 1 & 0 & -1 \\ 0 & 1 & 1 \\ 0 & 0 & 1 \end{pmatrix}$

C. $\begin{pmatrix} 1 & 1 & -1 \\ 0 & 1 & 0 \\ 0 & 0 & 1 \end{pmatrix}$　　D. $\begin{pmatrix} 1 & 0 & -1 \\ 0 & 1 & 0 \\ 0 & 0 & 1 \end{pmatrix}$

(15) 已知矩阵 $\boldsymbol{A}=\begin{pmatrix} 2 & 0 & 0 \\ 0 & 2 & 1 \\ 0 & 0 & 1 \end{pmatrix}$，$\boldsymbol{B}=\begin{pmatrix} 2 & 1 & 0 \\ 0 & 2 & 0 \\ 0 & 0 & 1 \end{pmatrix}$，$\boldsymbol{C}=\begin{pmatrix} 1 & 0 & 0 \\ 0 & 2 & 0 \\ 0 & 0 & 2 \end{pmatrix}$，则(　　).

A. $\boldsymbol{A}$ 与 $\boldsymbol{C}$ 相似，$\boldsymbol{B}$ 与 $\boldsymbol{C}$ 相似　　B. $\boldsymbol{A}$ 与 $\boldsymbol{C}$ 相似，$\boldsymbol{B}$ 与 $\boldsymbol{C}$ 不相似

C. $\boldsymbol{A}$ 与 $\boldsymbol{C}$ 不相似，$\boldsymbol{B}$ 与 $\boldsymbol{C}$ 相似　　D. $\boldsymbol{A}$ 与 $\boldsymbol{C}$ 不相似，$\boldsymbol{B}$ 与 $\boldsymbol{C}$ 不相似

(16) 设 $\boldsymbol{A}$，$\boldsymbol{B}$ 是可逆矩阵，且 $\boldsymbol{A}$ 与 $\boldsymbol{B}$ 相似，则下列结论错误的是(　　).

A. $\boldsymbol{A}^{\mathrm{T}}$ 与 $\boldsymbol{B}^{\mathrm{T}}$ 相似　　B. $\boldsymbol{A}^{-1}$ 与 $\boldsymbol{B}^{-1}$ 相似

C. $\boldsymbol{A}+\boldsymbol{A}^{\mathrm{T}}$ 与 $\boldsymbol{B}+\boldsymbol{B}^{\mathrm{T}}$ 相似　　D. $\boldsymbol{A}+\boldsymbol{A}^{-1}$ 与 $\boldsymbol{B}+\boldsymbol{B}^{-1}$ 相似

(17) 设 $\boldsymbol{A}=\begin{pmatrix} 1 & 2 \\ 2 & 1 \end{pmatrix}$，则在实数域上与 $\boldsymbol{A}$ 合同的矩阵为(　　).

A. $\begin{pmatrix} -2 & 1 \\ 1 & -2 \end{pmatrix}$　　B. $\begin{pmatrix} 2 & -1 \\ -1 & 2 \end{pmatrix}$　　C. $\begin{pmatrix} 2 & 1 \\ 1 & 2 \end{pmatrix}$　　D. $\begin{pmatrix} 1 & -2 \\ -2 & 1 \end{pmatrix}$

(18) 设 $\boldsymbol{A}=\begin{pmatrix} 1 & 1 & 1 & 1 \\ 1 & 1 & 1 & 1 \\ 1 & 1 & 1 & 1 \\ 1 & 1 & 1 & 1 \end{pmatrix}$，$\boldsymbol{B}=\begin{pmatrix} 4 & 0 & 0 & 0 \\ 0 & 0 & 0 & 0 \\ 0 & 0 & 0 & 0 \\ 0 & 0 & 0 & 0 \end{pmatrix}$，则 $\boldsymbol{A}$ 与 $\boldsymbol{B}$ (　　).

A. 合同且相似　　B. 合同但不相似

C. 不合同但相似　　D. 不合同且不相似

(19) 二次型 $f(x_1,x_2,x_3)=(x_1+x_2)^2+(x_2+x_3)^2-(x_3-x_1)^2$ 的正惯性指数与负惯性指数依次为(　　).

A. 2, 0　　B. 1, 1　　C. 2, 1　　D. 1, 2

(20) 设 $\boldsymbol{A}$ 为三阶实对称矩阵，$\boldsymbol{E}$ 是三阶单位矩阵，若 $\boldsymbol{A}^2+\boldsymbol{A}=2\boldsymbol{E}$，且 $|\boldsymbol{A}|=4$，则二次型 $\boldsymbol{x}^{\mathrm{T}}\boldsymbol{A}\boldsymbol{x}$ 的规范形为(　　).

A. $y_1^2+y_2^2+y_3^2$　　B. $y_1^2+y_2^2-y_3^2$

C. $y_1^2-y_2^2-y_3^2$　　D. $-y_1^2-y_2^2-y_3^2$

(21) 二次型 $f(x_1,x_2,x_3)=a(x_1^2+x_2^2+x_3^2)+4x_1x_2+4x_1x_3+4x_2x_3$ 经正交变换 $\boldsymbol{x}=\boldsymbol{P}\boldsymbol{y}$ 可以化成标准形 $f=6y_1^2$，则 a 的值是(　　).

A. 1　　B. 2　　C. 3　　D. 无法确定

(22) 若二次型 f 的矩阵为 $\boldsymbol{A}$，则 f 为负定的充分必要条件为(　　).

A. $|\boldsymbol{A}|<0$　　B. 对任何 $\boldsymbol{x}=\begin{pmatrix}x_1\\x_2\\\vdots\\x_n\end{pmatrix}$，有 $\boldsymbol{x}^{\mathrm{T}}\boldsymbol{A}\boldsymbol{x}\leqslant 0$

C. $\boldsymbol{A}$ 的特征值有正有负　　D. f 的标准形中 n 个系数全为负

3. 利用 Schimidt 正交化方法将下列向量组规范正交化.

(1) $\boldsymbol{a}_1=(1,2,-1)^{\mathrm{T}}$，$\boldsymbol{a}_2=(-1,3,1)^{\mathrm{T}}$，$\boldsymbol{a}_3=(4,-1,0)^{\mathrm{T}}$；

(2) 矩阵 $\begin{pmatrix}1&1&-1\\0&-1&1\\-1&0&1\\1&1&0\end{pmatrix}$ 的列向量组.

4. 设向量 $\boldsymbol{a}_1=(1,1,1)^{\mathrm{T}}$，求非零向量 $\boldsymbol{a}_2$，$\boldsymbol{a}_3$，使得 $\boldsymbol{a}_1$，$\boldsymbol{a}_2$，$\boldsymbol{a}_3$ 是正交向量组.

5. 求下列矩阵的特征值和特征向量.

(1) $\begin{pmatrix}1&-1\\2&4\end{pmatrix}$；　(2) $\begin{pmatrix}-1&1&0\\-4&3&0\\1&0&2\end{pmatrix}$；　(3) $\begin{pmatrix}1&2&3\\2&1&3\\3&3&6\end{pmatrix}$.

6. 设 $\boldsymbol{A}=\begin{pmatrix}3&-1\\1&1\end{pmatrix}$，$\varphi(\boldsymbol{A})=16\boldsymbol{E}+8\boldsymbol{A}+4\boldsymbol{A}^2+2\boldsymbol{A}^3+\boldsymbol{A}^4$，求 $\varphi(\boldsymbol{A})$ 的特征值和特征向量.

7. 设矩阵 $\boldsymbol{A}=\begin{pmatrix}0&-1&2\\-1&0&2\\-1&-1&a\end{pmatrix}$，已知 1 是 $\boldsymbol{A}$ 的特征多项式的重根，求 a 的值.

8. 证明：(1) 若 n 阶方阵 $\boldsymbol{A}$ 满足 $\boldsymbol{A}=\boldsymbol{A}^2$，则 $\boldsymbol{A}$ 的特征值为 0 或 1；(2) 若 n 阶方阵 $\boldsymbol{A}$ 满足 $\boldsymbol{A}^k=\boldsymbol{E}$，则 $\boldsymbol{A}$ 的特征值 λ 满足 $\lambda^k=1$.

9. 设 $\boldsymbol{A}=\begin{pmatrix}1&a&1\\a&1&b\\1&b&1\end{pmatrix}$ 与 $\boldsymbol{\Lambda}=\begin{pmatrix}0&0&0\\0&1&0\\0&0&2\end{pmatrix}$ 相似，求 a，b.

10. 设方阵 $\boldsymbol{A}=\begin{pmatrix}1&-2&-4\\-2&x&-2\\-4&-2&1\end{pmatrix}$ 与 $\boldsymbol{\Lambda}=\begin{pmatrix}5&&\\&y&\\&&-4\end{pmatrix}$ 相似，求 x,y.

11. 设 $\boldsymbol{A}$ 与 $\boldsymbol{B}$ 均为 n 阶方阵，$|\boldsymbol{A}|\neq 0$，证明：$\boldsymbol{AB}$ 与 $\boldsymbol{BA}$ 相似.

12. 若 $\boldsymbol{A}$ 与 $\boldsymbol{B}$ 相似，$\boldsymbol{C}$ 与 $\boldsymbol{D}$ 相似，则分块矩阵 $\begin{pmatrix} \boldsymbol{A} & \boldsymbol{O} \\ \boldsymbol{O} & \boldsymbol{C} \end{pmatrix}$ 与 $\begin{pmatrix} \boldsymbol{B} & \boldsymbol{O} \\ \boldsymbol{O} & \boldsymbol{D} \end{pmatrix}$ 相似.

13. 已知三阶矩阵 $\boldsymbol{A}$ 与三维向量 $\boldsymbol{x}$，使得向量组 $\boldsymbol{x}$，$\boldsymbol{Ax}$，$\boldsymbol{A}^2\boldsymbol{x}$ 线性无关，且满足

$$\boldsymbol{A}^3\boldsymbol{x}=3\boldsymbol{Ax}-2\boldsymbol{A}^2\boldsymbol{x}.$$

(1) 记 $\boldsymbol{P}=(\boldsymbol{x},\boldsymbol{Ax},\boldsymbol{A}^2\boldsymbol{x})$，求三阶矩阵 $\boldsymbol{B}$，使 $\boldsymbol{A}=\boldsymbol{PBP}^{-1}$；

(2) 计算行列式 $|\boldsymbol{A}+\boldsymbol{E}|$.

14. 求下列矩阵多项式.

(1) 设 $\boldsymbol{A}=\begin{pmatrix} 3 & -2 \\ -2 & 3 \end{pmatrix}$，求 $\varphi(\boldsymbol{A})=\boldsymbol{A}^{10}-5\boldsymbol{A}^9$；

(2) $\boldsymbol{A}=\begin{pmatrix} 2 & 1 & 2 \\ 1 & 2 & 2 \\ 2 & 2 & 1 \end{pmatrix}$，求 $\varphi(\boldsymbol{A})=\boldsymbol{A}^{10}-6\boldsymbol{A}^9+5\boldsymbol{A}^8$.

15. 求一个正交相似变换矩阵，把下列对称矩阵化为对角矩阵.

(1) $\boldsymbol{A}=\begin{pmatrix} 2 & -2 & 0 \\ -2 & 1 & -2 \\ 0 & -2 & 0 \end{pmatrix}$；　　(2) $\boldsymbol{A}=\begin{pmatrix} 2 & 2 & -2 \\ 2 & 5 & -4 \\ -2 & -4 & 5 \end{pmatrix}$.

16. 设三阶实对称矩阵 $\boldsymbol{A}$ 的特征值为 $6,3,3$，与特征值 6 对应的特征向量为 $\boldsymbol{p}_1=(1,1,1)^{\mathrm{T}}$，求矩阵 $\boldsymbol{A}$.

17. 设 $\boldsymbol{A}$，$\boldsymbol{B}$ 为同阶方阵，

(1) 如果 $\boldsymbol{A}$，$\boldsymbol{B}$ 相似，试证 $\boldsymbol{A}$，$\boldsymbol{B}$ 的特征多项式相等；

(2) 举一个二阶方阵的例子说明(1)的逆命题不成立；

(3) 当 $\boldsymbol{A}$，$\boldsymbol{B}$ 均为实对称矩阵时，试证(1)的逆命题成立.

18. 设三阶实对称矩阵 $\boldsymbol{A}$ 的秩为 2，$\lambda_1=\lambda_2=6$ 是 $\boldsymbol{A}$ 的二重特征值. 若 $\boldsymbol{\alpha}_1=(1,1,0)^{\mathrm{T}}$，$\boldsymbol{\alpha}_2=(2,1,1)^{\mathrm{T}}$，$\boldsymbol{\alpha}_3=(-1,2,-3)^{\mathrm{T}}$ 都是 $\boldsymbol{A}$ 的属于特征值 6 的特征向量. 求：

(1) $\boldsymbol{A}$ 的另一特征值和对应的特征向量；

(2) 矩阵 $\boldsymbol{A}$.

19. 用矩阵表示下列二次型.

(1) $f(x,y,z)=x^2+2y^2-8z^2-4xy+6yz$；

(2) $f(x_1,x_2,x_3,x_4)=5x_1^2+3x_2^2-x_3^2+x_4^2+2x_1x_2-4x_1x_3+6x_1x_4+8x_2x_4$.

20. 用正交变换法将下列二次型化为标准形.

(1) $f(x_1,x_2,x_3)=2x_1^2+6x_2^2+2x_3^2+8x_1x_3$；

(2) $f(x_1,x_2,x_3)=2x_1^2+3x_2^2+3x_3^2+4x_2x_3$；

(3) $f(x_1,x_2,x_3,x_4)=x_1^2+x_2^2+x_3^2+x_4^2+2x_1x_2-2x_1x_4-2x_2x_3+2x_3x_4$.

21. 用配方法将二次型 $f(x_1,x_2,x_3)=x_1^2+2x_2^2+x_3^2+2x_1x_2+2x_1x_3+4x_2x_3$ 化为标准形，并写出变换矩阵.

22. 判定下列二次型的正定性.

(1) $f(x_1,x_2,x_3)=5x_1^2+6x_2^2+4x_3^2-4x_1x_2-4x_2x_3$;

(2) $f(x_1,x_2,x_3)=10x_1^2+2x_2^2+x_3^2+8x_1x_2+24x_1x_3-28x_2x_3$.

23. 已知二次型 $f(x_1,x_2,x_3)=\sum_{i=1}^{3}\sum_{j=1}^{3}ijx_ix_j$.

(1) 写出 $f(x_1,x_2,x_3)$ 对应的矩阵;

(2) 求正交矩阵 $\boldsymbol{Q}$，使得二次型 $f(x_1,x_2,x_3)$ 经正交变换 $\boldsymbol{x}=\boldsymbol{Q}\boldsymbol{y}$ 化为标准形;

(3) 求 $f(x_1,x_2,x_3)=0$ 的解.

24. 确定 t 的取值范围，使得下列的二次型为正定.

(1) $f(x_1,x_2,x_3)=5x_1^2+x_2^2+tx_3^2+4x_1x_2-2x_1x_3-2x_2x_3$;

(2) $f(x_1,x_2,x_3)=tx_1^2+x_2^2+5x_3^2-2tx_1x_2-2x_1x_3+4x_2x_3$.

25. 设 $\boldsymbol{A}$ 是可逆实矩阵，证明: $\boldsymbol{A}^{\mathrm{T}}\boldsymbol{A}$ 是正定矩阵.

26. 设 $\boldsymbol{A}$ 是三阶实对称矩阵，已知 $R(\boldsymbol{A})=2$，且满足条件 $\boldsymbol{A}^2+2\boldsymbol{A}=\boldsymbol{O}$,

(1) 求 $\boldsymbol{A}$ 的全部特征值;

(2) 当 k 为何值时，矩阵 $\boldsymbol{A}+k\boldsymbol{E}$ 为正定矩阵，其中 $\boldsymbol{E}$ 为三阶单位矩阵.

B　组

1. 已知向量 $\boldsymbol{a}=(1,k,1)^{\mathrm{T}}$ 是矩阵 $\boldsymbol{A}=\begin{pmatrix}2&1&1\\1&2&1\\1&1&2\end{pmatrix}$ 的逆矩阵 $\boldsymbol{A}^{-1}$ 的特征向量，求常数 k 的值.

2. 若矩阵 $\boldsymbol{A}=\begin{pmatrix}2&2&0\\8&2&a\\0&0&6\end{pmatrix}$ 相似于对角阵 $\boldsymbol{\Lambda}$，试确定常数 a 的值；并求可逆矩阵 $\boldsymbol{P}$ 使 $\boldsymbol{P}^{-1}\boldsymbol{A}\boldsymbol{P}=\boldsymbol{\Lambda}$.

3. 设矩阵 $\boldsymbol{A}=\begin{pmatrix}3&2&2\\2&3&2\\2&2&3\end{pmatrix}$, $\boldsymbol{P}=\begin{pmatrix}0&1&0\\1&0&1\\0&0&1\end{pmatrix}$, $\boldsymbol{B}=\boldsymbol{P}^{-1}\boldsymbol{A}^*\boldsymbol{P}$，求 $\boldsymbol{B}+2\boldsymbol{E}$ 的特征值和特征向量.

4. 设 $\boldsymbol{A},\boldsymbol{B}$ 相似，且 $\boldsymbol{A}=\begin{pmatrix}1&-1&1\\2&4&-2\\-3&-3&a\end{pmatrix}$, $\boldsymbol{B}=\begin{pmatrix}2&0&0\\0&2&0\\0&0&b\end{pmatrix}$，求: (1) a,b 的值; (2) 可逆矩阵 $\boldsymbol{P}$，使 $\boldsymbol{P}^{-1}\boldsymbol{A}\boldsymbol{P}=\boldsymbol{B}$.

5. 已知 $\boldsymbol{p}=\begin{pmatrix}1\\1\\-1\end{pmatrix}$ 是矩阵 $\boldsymbol{A}=\begin{pmatrix}2&-1&2\\5&a&3\\-1&b&-2\end{pmatrix}$ 的一个特征向量，(1) 求 a,b 的值和特征向量 $\boldsymbol{p}$ 对应的特征值; (2) 问 $\boldsymbol{A}$ 是否可对角化？说明理由.

6. 设矩阵 $\boldsymbol{A}=\begin{pmatrix}2&1&1\\1&2&1\\1&1&a\end{pmatrix}$ 可逆，向量 $\boldsymbol{\alpha}=\begin{pmatrix}1\\b\\1\end{pmatrix}$ 是 $\boldsymbol{A}$ 的伴随矩阵 $\boldsymbol{A}^*$ 的一个特征向量，λ 是 $\boldsymbol{\alpha}$ 对应的特征值，试求 a,b 和 λ 的值.

7. 设矩阵 $\boldsymbol{A}=\begin{pmatrix}1&2&-3\\-1&4&-3\\1&a&5\end{pmatrix}$ 的特征方程有一个二重根，求 a 的值，并讨论 $\boldsymbol{A}$ 是否可相似对角化.

8. 设 n 阶矩阵 $\boldsymbol{A}=\begin{pmatrix}1&b&\cdots&b\\b&1&\cdots&b\\\vdots&\vdots&&\vdots\\b&b&\cdots&1\end{pmatrix}$，求: (1) $\boldsymbol{A}$ 的特征值和特征向量; (2) 可逆矩阵 $\boldsymbol{P}$，使得 $\boldsymbol{P}^{-1}\boldsymbol{AP}$ 为对角矩阵.

9. 已知矩阵 $\boldsymbol{A}=\begin{pmatrix}-2&-2&1\\2&x&-2\\0&0&-2\end{pmatrix}$ 与 $\boldsymbol{B}=\begin{pmatrix}2&1&0\\0&-1&0\\0&0&y\end{pmatrix}$ 相似. 求: (1) x,y; (2) 可逆矩阵 $\boldsymbol{P}$，使得 $\boldsymbol{P}^{-1}\boldsymbol{AP}=\boldsymbol{B}$.

10. 设 $\boldsymbol{A}$ 为三阶矩阵，$\boldsymbol{\alpha}_1,\boldsymbol{\alpha}_2,\boldsymbol{\alpha}_3$ 是线性无关的三维列向量，且满足 $\boldsymbol{A\alpha}_1=\boldsymbol{\alpha}_1+\boldsymbol{\alpha}_2+\boldsymbol{\alpha}_3$，$\boldsymbol{A\alpha}_2=2\boldsymbol{\alpha}_2+\boldsymbol{\alpha}_3$，$\boldsymbol{A\alpha}_3=2\boldsymbol{\alpha}_2+3\boldsymbol{\alpha}_3$. 求:

(1) 矩阵 $\boldsymbol{B}$，使得 $\boldsymbol{A}(\boldsymbol{\alpha}_1,\boldsymbol{\alpha}_2,\boldsymbol{\alpha}_3)-(\boldsymbol{\alpha}_1,\boldsymbol{\alpha}_2,\boldsymbol{\alpha}_3)\boldsymbol{B}$;

(2) 矩阵 $\boldsymbol{A}$ 的特征值;

(3) 可逆矩阵 $\boldsymbol{P}$，使得 $\boldsymbol{P}^{-1}\boldsymbol{AP}$ 为对角矩阵.

11. 设 $\boldsymbol{A}$ 为三阶实对称矩阵，$\boldsymbol{A}$ 的秩为 2，且 $\boldsymbol{A}\begin{pmatrix}1&1\\0&0\\-1&1\end{pmatrix}=\begin{pmatrix}-1&1\\0&0\\1&1\end{pmatrix}$，求:

(1) $\boldsymbol{A}$ 的特征值与特征向量;

(2) 矩阵 $\boldsymbol{A}$.

12. 设 $\boldsymbol{A}$ 为二阶矩阵，$\boldsymbol{P}=(\boldsymbol{\alpha},\boldsymbol{A\alpha})$，其中 $\boldsymbol{\alpha}$ 是非零向量且不是 $\boldsymbol{A}$ 的特征向量.

(1) 证明: $\boldsymbol{P}$ 为可逆矩阵;

(2) 若 $\boldsymbol{A}^2\boldsymbol{\alpha}+\boldsymbol{A\alpha}-6\boldsymbol{\alpha}=\boldsymbol{0}$，求 $\boldsymbol{P}^{-1}\boldsymbol{AP}$，并判断 $\boldsymbol{A}$ 是否相似于对角矩阵.

13. 设实对称矩阵 $\boldsymbol{A}=\begin{pmatrix} a & 1 & 1 \\ 1 & a & -1 \\ 1 & -1 & a \end{pmatrix}$，求可逆矩阵 $\boldsymbol{P}$，使 $\boldsymbol{P}^{-1}\boldsymbol{A}\boldsymbol{P}$ 为对角矩阵，并计算 $|\boldsymbol{A}-\boldsymbol{E}|$.

14. 设矩阵 $\boldsymbol{A}=\begin{pmatrix} a & 1 & -1 \\ 1 & a & -1 \\ -1 & -1 & a \end{pmatrix}$. 求: (1)正交矩阵 $\boldsymbol{P}$，使 $\boldsymbol{P}^{\mathrm{T}}\boldsymbol{A}\boldsymbol{P}$ 为对角矩阵; (2) 正定矩阵 $\boldsymbol{C}$，使 $\boldsymbol{C}^2=(a+3)\boldsymbol{E}-\boldsymbol{A}$，其中 $\boldsymbol{E}$ 为三阶单位矩阵.

15. 设 $\boldsymbol{A}=\begin{pmatrix} 1 & 1 & a \\ 1 & a & 1 \\ a & 1 & 1 \end{pmatrix}$，$\boldsymbol{\beta}=\begin{pmatrix} 1 \\ 1 \\ -2 \end{pmatrix}$，线性方程组 $\boldsymbol{A}\boldsymbol{x}=\boldsymbol{\beta}$ 有解但不唯一，求: (1) a 的值; (2) 正交矩阵 $\boldsymbol{Q}$，使得 $\boldsymbol{Q}^{\mathrm{T}}\boldsymbol{A}\boldsymbol{Q}$ 是对角矩阵.

16. 已知二次型 $f=2x_1^2+3x_2^2+3x_3^2+2ax_2x_3$ $(a>0)$ 可以通过正交变换化成标准形 $f=y_1^2+2y_2^2+5y_3^2$，求参数 a 及所用的正交变换.

17. 设二次型 $f=ax_1^2+2x_2^2-2x_3^2+2bx_1x_3$ $(b>0)$，其中二次型的矩阵 $\boldsymbol{A}$ 的特征值之和为1，特征值之积为 -12.

(1) 求 a,b 的值;

(2) 利用正交变换把二次型 f 化为标准形，并写出所用的正交变换和对应的正交矩阵.

18. 设二次型 $f(x_1,x_2,x_3)=2x_1^2-x_2^2+ax_3^2+2x_1x_2-8x_1x_3+2x_2x_3$ 在正交变换 $\boldsymbol{x}=\boldsymbol{Q}\boldsymbol{y}$ 下的标准形为 $\lambda_1y_1^2+\lambda_2y_2^2$，求 a 的值及一个正交矩阵 $\boldsymbol{Q}$.

19. 已知二次型

$$f(x_1,x_2,x_3)=x_1^2+2x_2^2+2x_3^2+2x_1x_2-2x_1x_3,\quad g(y_1,y_2,y_3)=y_1^2+y_2^2+y_3^2+2y_2y_3.$$

(1) 求可逆变换 $\boldsymbol{x}=\boldsymbol{P}\boldsymbol{y}$，将 $f(x_1,x_2,x_3)$ 化为 $g(y_1,y_2,y_3)$；

(2) 是否存在正交变换 $\boldsymbol{x}=\boldsymbol{Q}\boldsymbol{y}$，将 $f(x_1,x_2,x_3)$ 化为 $g(y_1,y_2,y_3)$？

20. 证明: 二次型 $f=\boldsymbol{x}^{\mathrm{T}}\boldsymbol{A}\boldsymbol{x}$ 在 $\|\boldsymbol{x}\|=1$ 时的最大(小)值为矩阵 $\boldsymbol{A}$ 的最大(小)特征值.

21. 判断二次型 $f=\sum\limits_{i=1}^{n}x_i^2+\sum\limits_{i=1}^{n-1}x_ix_{i+1}$ 是否正定.

22. 已知二次型 $f(x_1,x_2,x_3)=\boldsymbol{x}^{\mathrm{T}}\boldsymbol{A}\boldsymbol{x}$ 在正交变换 $\boldsymbol{x}=\boldsymbol{Q}\boldsymbol{y}$ 下的标准形为 $y_1^2+y_2^2$，且 $\boldsymbol{Q}$ 的第 3 列为 $\left(\frac{\sqrt{2}}{2},\ 0,\ \frac{\sqrt{2}}{2}\right)^{\mathrm{T}}$.

(1) 求矩阵 $\boldsymbol{A}$；

(2) 证明: $\boldsymbol{A}+\boldsymbol{E}$ 为正定矩阵.

23. 设二次型 $f(x_1,x_2)=x_1^2-4x_1x_2+4x_2^2$ 经正交变换 $\begin{pmatrix} x_1 \\ x_2 \end{pmatrix}=\boldsymbol{Q}\begin{pmatrix} y_1 \\ y_2 \end{pmatrix}$ 化为二次型

$$g(y_1,y_2)=ay_1^2+4y_1y_2+by_2^2 \quad (a \geqslant b).$$

求: (1) a,b 的值; (2) 正交矩阵 $\boldsymbol{Q}$.

24. 设对称矩阵 $\boldsymbol{A}$ 为正定矩阵, 证明: 存在可逆矩阵 $\boldsymbol{U}$, 使得 $\boldsymbol{A}=\boldsymbol{U}^{\mathrm{T}}\boldsymbol{U}$.

25. 设 $\boldsymbol{A},\boldsymbol{B}$ 都是 n 阶正定矩阵, 证明: $\boldsymbol{A}+\boldsymbol{B}$ 也是 n 阶正定矩阵.

26. 设 $\boldsymbol{p}_1,\boldsymbol{p}_2$ 分别是矩阵 $\boldsymbol{A}$ 的属于特征值 λ_1,λ_2 的特征向量, 且 $\lambda_1 \neq \lambda_2$, 试证 $\boldsymbol{p}_1+\boldsymbol{p}_2$ 不可能是 $\boldsymbol{A}$ 的特征向量.

27. 已知二次型 $f(x_1,x_2,x_3)=(1-a)x_1^2+(1-a)x_2^2+2x_3^2+2(1+a)x_1x_2$ 的秩为 2. 求: (1) a 的值; (2) 正交变换 $\boldsymbol{x}=\boldsymbol{Q}\boldsymbol{y}$, 把 $f(x_1,x_2,x_3)$ 化成标准形; (3) 方程 $f(x_1,x_2,x_3)=0$ 的解.

28. 设 $\boldsymbol{A}$ 是 n 阶实对称矩阵, 且 $\boldsymbol{A}^2=\boldsymbol{A}$, 证明: 存在正交矩阵 $\boldsymbol{P}$ 使得

$$\boldsymbol{P}^{-1}\boldsymbol{A}\boldsymbol{P}=\begin{pmatrix} \boldsymbol{E}_r & \boldsymbol{O} \\ \boldsymbol{O} & \boldsymbol{O} \end{pmatrix}.$$

29. 设 $\boldsymbol{A}$ 是 n 阶实对称矩阵, 且 $\boldsymbol{A}^2=\boldsymbol{E}$, 证明: 存在正交矩阵 $\boldsymbol{P}$ 使得

$$\boldsymbol{P}^{-1}\boldsymbol{A}\boldsymbol{P}=\begin{pmatrix} \boldsymbol{E}_r & \\ & -\boldsymbol{E}_{n-r} \end{pmatrix}.$$

30. 设 $\boldsymbol{A}$ 是一个 n 阶实对称矩阵, 若对于任一 n 维列向量都有 $\boldsymbol{x}^{\mathrm{T}}\boldsymbol{A}\boldsymbol{x}=0$, 则 $\boldsymbol{A}=\boldsymbol{O}$.

31. 设 $\boldsymbol{D}=\begin{pmatrix} \boldsymbol{A} & \boldsymbol{C} \\ \boldsymbol{C}^{\mathrm{T}} & \boldsymbol{B} \end{pmatrix}$ 为正定矩阵, 其中 $\boldsymbol{A},\boldsymbol{B}$ 分别为 m 阶, n 阶对称矩阵, $\boldsymbol{C}$ 为 $m \times n$ 矩阵.

(1) 计算 $\boldsymbol{P}^{\mathrm{T}}\boldsymbol{D}\boldsymbol{P}$, 其中 $\boldsymbol{P}=\begin{pmatrix} \boldsymbol{E}_m & -\boldsymbol{A}^{-1}\boldsymbol{C} \\ \boldsymbol{O} & \boldsymbol{E}_n \end{pmatrix}$;

(2) 利用(1)的结果判断矩阵 $\boldsymbol{B}-\boldsymbol{C}^{\mathrm{T}}\boldsymbol{A}^{-1}\boldsymbol{C}$ 是否为正定矩阵, 并证明其结论.

习题六部分难题详解

第 7 章　线性空间与线性变换

知识框架

线性空间是 n 维向量空间的推广，线性变换是最基本的一种变换，它反映了线性空间中元素之间的线性联系. 本章介绍线性空间的概念和基本性质、基与维数、基变换与坐标变换，并讨论线性变换的矩阵表示，对线性空间的同构和 Euclid 空间作初步介绍.

7.1　线性空间的定义与性质

线性空间是某一类事物从量的方面的一个抽象，我们先看几个熟知的例题，会发现它们有着内在的共性.

例 7.1　三维向量的全体构成向量空间 $\mathbf{R}^3$. 任意两个三维向量的和还是一个三维向量；任何实数与三维向量的数乘仍然是一个三维向量；这些向量的运算有加法、减法，而且加法满足交换律、结合律；实数与向量的数乘满足分配律、结合律.

一般地，所有 n 维向量构成 n 维向量空间 $\mathbf{R}^n$，其中任意向量之间、数和向量的数乘同样满足上述提到的运算规律.

例 7.2　一个齐次线性方程组的所有解向量构成解空间. 任意两个解向量的和还是解向量，一个数与任意解向量的数乘仍是解向量，且加法与数乘都满足例 7.1 中提到的运算规律.

例 7.3　所有 n 阶矩阵组成一个集合. 任意两个 n 阶矩阵的和仍是 n 阶矩阵，属于这个集合；一个数与一个 n 阶矩阵的数乘仍是一个 n 阶矩阵，仍然属于这个集合；矩阵间的加减运算、数与矩阵间的数乘运算同样满足例 7.1 中提到的运算规律.

数学中有大量诸如此类的集合具备上述性质. 通过现象认识本质，对这些具体的例子进行抽象、概括，得到线性空间的定义.

定义 7.1　设 V 是一个非空集合，$\mathbf{R}$ 为实数域. 若对于任意两个元素 $\boldsymbol{\alpha},\boldsymbol{\beta}\in V$，总有唯一的一个元素 $\boldsymbol{\gamma}\in V$ 与之对应，则称 $\boldsymbol{\gamma}$ 为 $\boldsymbol{\alpha}$ 与 $\boldsymbol{\beta}$ 的和，记为 $\boldsymbol{\gamma}=\boldsymbol{\alpha}+\boldsymbol{\beta}$；又对于任一数 $\lambda\in\mathbf{R}$ 与任一元素 $\boldsymbol{\alpha}\in V$，总有唯一的一个元素 $\boldsymbol{\delta}\in V$ 与之对应，称 $\boldsymbol{\delta}$ 为 λ 与 $\boldsymbol{\alpha}$ 的积，记为 $\boldsymbol{\delta}=\lambda\boldsymbol{\alpha}$，并且，这两种运算满足以下 8 条运算规律(设 $\boldsymbol{\alpha},\boldsymbol{\beta},\boldsymbol{\gamma}\in V,\ \lambda,\mu\in\mathbf{R}$):

(1) 加法交换律　$\boldsymbol{\alpha}+\boldsymbol{\beta}=\boldsymbol{\beta}+\boldsymbol{\alpha}$；

(2) 加法结合律　$(\boldsymbol{\alpha}+\boldsymbol{\beta})+\boldsymbol{\gamma}=\boldsymbol{\alpha}+(\boldsymbol{\beta}+\boldsymbol{\gamma})$；

(3) 零元素：在 V 中存在零元素 $\mathbf{0}$；对任何 $\boldsymbol{\alpha}\in V$，都有 $\boldsymbol{\alpha}+\mathbf{0}=\boldsymbol{\alpha}$；

(4) 负元素：对任何 $\boldsymbol{\alpha}\in V$，都有 $\boldsymbol{\beta}\in V$，使 $\boldsymbol{\alpha}+\boldsymbol{\beta}=\mathbf{0}$，$\boldsymbol{\beta}$ 称为 $\boldsymbol{\alpha}$ 的**负元素**，记为 $\boldsymbol{\beta}=-\boldsymbol{\alpha}$；

(5) 单位数：$1\boldsymbol{\alpha}=\boldsymbol{\alpha}$；

(6) 数乘结合律：$\lambda(\mu\boldsymbol{\alpha})=(\lambda\mu)\boldsymbol{\alpha}$；

(7) 分配律：$(\lambda+\mu)\boldsymbol{\alpha}=\lambda\boldsymbol{\alpha}+\mu\boldsymbol{\alpha}$；

(8) 分配律：$\lambda(\boldsymbol{\alpha}+\boldsymbol{\beta})=\lambda\boldsymbol{\alpha}+\lambda\boldsymbol{\beta}$，

那么，V 就称为(实数域 $\boldsymbol{R}$ 上的)一个**线性空间**(或**向量空间**)，V 中的元素不论其本来的性质如何，统称为(实)**向量**.

满足上述 8 条运算规律的加法及乘数运算，称为**线性运算**. 简言之，线性空间就是定义了线性运算的集合.

结合定义，我们再看下面的例题.

例 7.4　全体 $m\times n$ 实矩阵 $\mathbf{R}^{m\times n}=\{\boldsymbol{A}=(a_{ij})_{m\times n}\,|\,a_{ij}\in\mathbf{R}\}$ 对矩阵的加法和数乘运算构成线性空间，称为**实矩阵空间**.

例 7.5　次数不超过 n 的多项式的全体，记为 $P[x]_n$，即

$$P[x]_n=\left\{\boldsymbol{p}=\sum_{i=0}^{n}a_ix^i\,\middle|\,a_n,\cdots,a_1,a_0\in\mathbf{R}\right\},$$

对于通常的多项式加法、数乘多项式的乘法构成向量空间，称为**多项式空间**.

例 7.6　闭区间上连续函数的全体

$$V=C[a,b]=\{\boldsymbol{p}=f(x)\,|\,f(x)\text{是}[a,b]\text{上的连续函数}\},$$

对于函数的加法和数乘函数的运算构成线性空间.

不是任意集合都能构成线性空间. 例如，一个非齐次线性方程组所有解向量的集合就不是一个线性空间. 因为任意两个解向量的和不再是解向量，不等于1的数与解向量的乘积也不再是解向量. 下面也是一个非线性空间的例子.

例 7.7　n 次多项式的全体

$$Q[x]_n=\left\{\boldsymbol{p}=\sum_{i=0}^{n}a_ix^i\,\middle|\,a_n,\cdots,a_1,a_0\in\mathbf{R},a_n\neq 0\right\},$$

对于通常的多项式加法和数乘运算不构成向量空间. 因为 $0\boldsymbol{p}=\mathbf{0}\notin Q[x]_n$，即 $Q[x]_n$ 对数乘运算不封闭.

下面讨论线性空间的性质.

(1) 零元素唯一.

证　若存在两个零元素 $\mathbf{0}_1,\mathbf{0}_2$，则

$$\mathbf{0}_1=\mathbf{0}_1+\mathbf{0}_2=\mathbf{0}_2.$$

(2) 任意元素的负元素唯一.

证　若 $\boldsymbol{\beta}$ 和 $\boldsymbol{\gamma}$ 都是 $\boldsymbol{\alpha}$ 的负元素，则

$$\boldsymbol{\beta}=\boldsymbol{\beta}+\mathbf{0}=\boldsymbol{\beta}+(\boldsymbol{\alpha}+\boldsymbol{\gamma})=(\boldsymbol{\beta}+\boldsymbol{\alpha})+\boldsymbol{\gamma}=\mathbf{0}+\boldsymbol{\gamma}=\boldsymbol{\gamma}.$$

(3) $0\boldsymbol{\alpha}=\mathbf{0}$；$(-1)\boldsymbol{\alpha}=-\boldsymbol{\alpha}$；$\lambda\mathbf{0}=\mathbf{0}$.

证 因为

$$\boldsymbol{\alpha}+0\boldsymbol{\alpha}=1\boldsymbol{\alpha}+0\boldsymbol{\alpha}=(1+0)\boldsymbol{\alpha}=1\boldsymbol{\alpha}=\boldsymbol{\alpha},$$

所以$0\boldsymbol{\alpha}=\mathbf{0}$. 又

$$\boldsymbol{\alpha}+(-1)\boldsymbol{\alpha}=1\boldsymbol{\alpha}+(-1)\boldsymbol{\alpha}=(1-1)\boldsymbol{\alpha}=0\boldsymbol{\alpha}=\mathbf{0},$$

所以$(-1)\boldsymbol{\alpha}=-\boldsymbol{\alpha}$. 而

$$\lambda\mathbf{0}=\lambda[\boldsymbol{\alpha}+(-1)\boldsymbol{\alpha}]=\lambda\boldsymbol{\alpha}+(-\lambda)\boldsymbol{\alpha}=[\lambda+(-\lambda)]\boldsymbol{\alpha}=0\boldsymbol{\alpha}=\mathbf{0}.$$

(4) 若$\lambda\boldsymbol{\alpha}=\mathbf{0}$，则$\lambda=0$或$\boldsymbol{\alpha}=\mathbf{0}$.

证 若$\lambda\neq0$，则

$$\boldsymbol{\alpha}=1\boldsymbol{\alpha}=\left(\frac{1}{\lambda}\lambda\right)\boldsymbol{\alpha}=\frac{1}{\lambda}(\lambda\boldsymbol{\alpha})=\frac{1}{\lambda}\mathbf{0}=\mathbf{0}.$$

下面定义线性空间的子空间.

定义 7.2 设V是一个线性空间，W是V的一个非空子集，若W对于V中所定义的加法和数乘两种运算也构成一个线性空间，则称W是V的**子空间**.

任何线性空间V都有两个子空间. 一是它本身$V\subseteq V$，另外是单独一个零元素构成的空间——**零空间**$W=\{\mathbf{0}\}$. 这两个子空间称作V的**平凡子空间**.

根据定义，子空间也应该满足线性空间的 8 条运算规律. 下面的定理可以使这一问题简化.

定理 7.1 线性空间V的非空子集W构成子空间的充分必要条件是W对于V中的线性运算封闭. 即满足:

(1) 若$\boldsymbol{\alpha},\boldsymbol{\beta}\in W$，则$\boldsymbol{\alpha}+\boldsymbol{\beta}\in W$；

(2) 若$\boldsymbol{\alpha}\in W$，$\lambda\in\mathbf{R}$，则$\lambda\boldsymbol{\alpha}\in W$.

证 必要性显然，只证充分性.

设W满足(1)和(2). 因为$W\subseteq V$，所以W中元素的加法和数乘运算就是V中元素的加法和数乘运算，从而满足定义 7.1 的(1)(2)(5)(6)(7)(8)，故只需验证定义 7.1 的(3)和(4).

因为$\lambda\boldsymbol{\alpha}\in W$，取$\lambda=0$，有

$$0\boldsymbol{\alpha}=\mathbf{0}\in W,$$

即W中存在零元素. 又取$\lambda=-1$，则$-\boldsymbol{\alpha}=(-1)\boldsymbol{\alpha}\in W$，即$W$中的元素存在负元素.

例 7.8 线性空间$\mathbf{R}^{3\times3}$中的集合

(1) $W_1=\left\{\boldsymbol{A}=\begin{pmatrix}a_{11}&a_{12}&a_{13}\\a_{21}&a_{22}&a_{23}\\0&0&0\end{pmatrix}\middle|\boldsymbol{A}\in\mathbf{R}^{3\times3}\right\}$；

(2) $W_2=\left\{\boldsymbol{A}=\begin{pmatrix}a_{11}&a_{12}&a_{13}\\a_{21}&a_{22}&a_{23}\\0&0&1\end{pmatrix}\middle|\boldsymbol{A}\in\mathbf{R}^{3\times3}\right\}$

是否为 $\mathbf{R}^{3\times3}$ 的子空间？

解　(1) 任取 $\lambda\in\mathbf{R}$，

$$\boldsymbol{A}=\begin{pmatrix} a_{11} & a_{12} & a_{13} \\ a_{21} & a_{22} & a_{23} \\ 0 & 0 & 0 \end{pmatrix}\in W_1,\quad \boldsymbol{B}=\begin{pmatrix} b_{11} & b_{12} & b_{13} \\ b_{21} & b_{22} & b_{23} \\ 0 & 0 & 0 \end{pmatrix}\in W_1,$$

则有

$$\lambda\boldsymbol{A}=\begin{pmatrix} \lambda a_{11} & \lambda a_{12} & \lambda a_{13} \\ \lambda a_{21} & \lambda a_{22} & \lambda a_{23} \\ 0 & 0 & 0 \end{pmatrix}\in W_1,$$

$$\boldsymbol{A}+\boldsymbol{B}=\begin{pmatrix} a_{11}+b_{11} & a_{12}+b_{12} & a_{13}+b_{13} \\ a_{21}+b_{21} & a_{22}+b_{22} & a_{23}+b_{23} \\ 0 & 0 & 0 \end{pmatrix}\in W_1.$$

因此，W_1 是 $\mathbf{R}^{3\times3}$ 的子空间.

(2) 任取 $\boldsymbol{A}\in W_2$，则

$$0\boldsymbol{A}=\begin{pmatrix} 0 & 0 & 0 \\ 0 & 0 & 0 \\ 0 & 0 & 0 \end{pmatrix}\notin W_2.$$

因此，W_2 不是 $\mathbf{R}^{3\times3}$ 的子空间.

定理 7.2　设 V 是线性空间，$\boldsymbol{\alpha}_1,\boldsymbol{\alpha}_2,\cdots,\boldsymbol{\alpha}_m$ 是 V 中的一组向量，则由它们的一切线性组合构成的集合

$$\mathrm{span}\{\boldsymbol{\alpha}_1,\boldsymbol{\alpha}_2,\cdots,\boldsymbol{\alpha}_m\}=\left\{\boldsymbol{\alpha}\,\middle|\,\boldsymbol{\alpha}=\sum_{i=1}^{m}k_i\boldsymbol{\alpha}_i,\ k_i\in\mathbf{R}\right\}$$

是 V 的一个子空间，称为由 $\boldsymbol{\alpha}_1,\boldsymbol{\alpha}_2,\cdots,\boldsymbol{\alpha}_m$ **生成的子空间**.

定义 7.3　设 W_1,W_2 是线性空间 V 的子空间，

(1) 称 $W_1\cap W_2-\{\boldsymbol{\alpha}\,|\,\boldsymbol{\alpha}\in W_1 且 \boldsymbol{\alpha}\in W_2\}$ 为 W_1 与 W_2 的**交**；

(2) 称 $W_1+W_2=\{\boldsymbol{\alpha}\,|\,\boldsymbol{\alpha}=\boldsymbol{\alpha}_1+\boldsymbol{\alpha}_2,\boldsymbol{\alpha}_1\in W_1,\boldsymbol{\alpha}_2\in W_2\}$ 为 W_1 与 W_2 的**和**.

定理 7.3　设 W_1,W_2 是线性空间 V 的子空间，则它们的交与和都是 V 的子空间.

证　(1) 因为 $\mathbf{0}\in W_1\cap W_2$，所以 $W_1\cap W_2$ 不是空集. 对于任给的 $\boldsymbol{\alpha},\boldsymbol{\beta}\in W_1\cap W_2$，有 $\boldsymbol{\alpha},\boldsymbol{\beta}\in W_1$，$\boldsymbol{\alpha},\boldsymbol{\beta}\in W_2$，从而满足 $\boldsymbol{\alpha}+\boldsymbol{\beta}\in W_1$，$\boldsymbol{\alpha}+\boldsymbol{\beta}\in W_2$，因此 $\boldsymbol{\alpha}+\boldsymbol{\beta}\in W_1\cap W_2$，这说明对加法封闭. 再者，对任意的数 λ，$\boldsymbol{\alpha}\in W_1\cap W_2$，有 $\lambda\boldsymbol{\alpha}\in W_1$，$\lambda\boldsymbol{\alpha}\in W_2$，所以 $\lambda\boldsymbol{\alpha}\in W_1\cap W_2$，这说明对数乘封闭. 又 $(W_1\cap W_2)\subset V$，故 $W_1\cap W_2$ 是 V 的子空间.

(2) 因为 $\mathbf{0}\in W_1$，$\mathbf{0}\in W_2$，所以 $\mathbf{0}=\mathbf{0}+\mathbf{0}\in W_1+W_2$，$W_1+W_2$ 不是空集. 对于任给的 $\boldsymbol{\alpha},\boldsymbol{\beta}\in W_1+W_2$，有 $\boldsymbol{\alpha}=\boldsymbol{\alpha}_1+\boldsymbol{\alpha}_2$，$\boldsymbol{\beta}=\boldsymbol{\beta}_1+\boldsymbol{\beta}_2$，其中 $\boldsymbol{\alpha}_1,\boldsymbol{\beta}_1\in W_1,\boldsymbol{\alpha}_2,\boldsymbol{\beta}_2\in W_2$，而 $\boldsymbol{\alpha}_1+\boldsymbol{\beta}_1\in W_1$，$\boldsymbol{\alpha}_2+\boldsymbol{\beta}_2\in W_2$，因此 $\boldsymbol{\alpha}+\boldsymbol{\beta}=(\boldsymbol{\alpha}_1+\boldsymbol{\beta}_1)+(\boldsymbol{\alpha}_2+\boldsymbol{\beta}_2)\in W_1+W_2$，这说明对加法封闭. 再者，对任

意的数λ，$\boldsymbol{\alpha}\in W_1+W_2$，有$\boldsymbol{\alpha}=\boldsymbol{\alpha}_1+\boldsymbol{\alpha}_2$，其中$\boldsymbol{\alpha}_1\in W_1,\boldsymbol{\alpha}_2\in W_2$，而$\lambda\boldsymbol{\alpha}_1\in W_1$，$\lambda\boldsymbol{\alpha}_2\in W_2$，所以$\lambda\boldsymbol{\alpha}=\lambda\boldsymbol{\alpha}_1+\lambda\boldsymbol{\alpha}_2\in W_1+W_2$，这说明对数乘封闭. 又$W_1+W_2\subset V$，故$W_1+W_2$是$V$的子空间.

7.2 基、维数与坐标

在$\mathbf{R}^3$中，$\boldsymbol{i}=(1,0,0)^{\mathrm{T}},\boldsymbol{j}=(0,1,0)^{\mathrm{T}},\boldsymbol{k}=(0,0,1)^{\mathrm{T}}$表示单位向量，$\mathbf{R}^3$中任意一个向量$\boldsymbol{\alpha}=(x,y,z)^{\mathrm{T}}$都可由$\boldsymbol{i}$, $\boldsymbol{j}$, $\boldsymbol{k}$线性表示，即$\boldsymbol{\alpha}=x\boldsymbol{i}+y\boldsymbol{j}+z\boldsymbol{k}$，且表示式唯一. 反之，任何一个三元有序数组都对应$\mathbf{R}^3$中唯一一个向量，从而把$(x,y,z)^{\mathrm{T}}$称为向量$\boldsymbol{\alpha}$的**坐标**.

把这种数与向量对应的思想从$\mathbf{R}^3$这一特殊的线性空间推广到一般的线性空间，是本节讨论的内容，也是线性空间和线性变换理论的基础和出发点.

线性空间是向量空间$\mathbf{R}^n$的推广，第4章中定义的向量组的线性相关、线性无关、最大线性无关组、等价等概念以及相关性质和结论在线性空间中都适用，这里不再重复叙述，后续讨论中将直接引用这些概念和性质.

定义 7.4 在线性空间V中，若存在n个元素$\boldsymbol{\alpha}_1,\boldsymbol{\alpha}_2,\cdots,\boldsymbol{\alpha}_n$，满足:

(1) $\boldsymbol{\alpha}_1,\boldsymbol{\alpha}_2,\cdots,\boldsymbol{\alpha}_n$线性无关;

(2) V中任一元素$\boldsymbol{\alpha}$都能由$\boldsymbol{\alpha}_1,\boldsymbol{\alpha}_2,\cdots,\boldsymbol{\alpha}_n$线性表示，

则称$\boldsymbol{\alpha}_1,\boldsymbol{\alpha}_2,\cdots,\boldsymbol{\alpha}_n$是线性空间$V$的一个**基**，组成基的元素的个数$n$称为线性空间$V$的**维数**，记为$\dim V=n$.

通常把维数为n的线性空间称为$\boldsymbol{n}$**维线性空间**，记为V_n.

如此看来，$\mathbf{R}^3$是三维线性空间，$\boldsymbol{i}$, $\boldsymbol{j}$, $\boldsymbol{k}$是它的一个基.

对于线性空间V_n，若$\boldsymbol{\alpha}_1,\boldsymbol{\alpha}_2,\cdots,\boldsymbol{\alpha}_n$是$V_n$的一个基，则$V_n$可表示为

$$V_n=\{\boldsymbol{\alpha}\mid\boldsymbol{\alpha}=x_1\boldsymbol{\alpha}_1+x_2\boldsymbol{\alpha}_2+\cdots+x_n\boldsymbol{\alpha}_n,x_1,x_2,\cdots,x_n\in\mathbf{R}\}.$$

可记为

$$V_n=\operatorname{span}\{\boldsymbol{\alpha}_1,\boldsymbol{\alpha}_2,\cdots,\boldsymbol{\alpha}_n\}.$$

这样通过基可以显示出线性空间V_n的构造.

一个线性空间的维数是唯一确定的，但它的基并不唯一，例如$-\boldsymbol{i},-\boldsymbol{j},-\boldsymbol{k}$也是$\mathbf{R}^3$的基. 那么哪些向量可以作为线性空间的基呢?

定理 7.4 n维线性空间V_n的任意n个线性无关的向量都是V_n的基.

证 设$\boldsymbol{\beta}_1,\boldsymbol{\beta}_2,\cdots,\boldsymbol{\beta}_n$是$n$维线性空间$V_n$的任意$n$个线性无关的向量，任取$\boldsymbol{\beta}\in V_n$，则$n+1$个向量$\boldsymbol{\beta},\boldsymbol{\beta}_1,\boldsymbol{\beta}_2,\cdots,\boldsymbol{\beta}_n$必线性相关，因此存在不全为零的数$k_0,k_1,\cdots,k_n$，使得

$$k_0\boldsymbol{\beta}+k_1\boldsymbol{\beta}_1+\cdots+k_n\boldsymbol{\beta}_n=\mathbf{0},$$

上式中，$k_0\neq0$，否则，$\boldsymbol{\beta}_1,\boldsymbol{\beta}_2,\cdots,\boldsymbol{\beta}_n$线性相关，故

$$\beta=-\frac{k_1}{k_0}\beta_1-\frac{k_2}{k_0}\beta_2-\cdots-\frac{k_n}{k_0}\beta_n,$$

即 β 可由 $\beta_1,\beta_2,\cdots,\beta_n$ 线性表示. 由基的定义可知, $\beta_1,\beta_2,\cdots,\beta_n$ 是 V_n 的基.

例 7.9　求矩阵空间

$$\mathbf{R}^{2\times2}=\{A=(a_{ij})_{2\times2}\mid a_{ij}\in\mathbf{R},i,j=1,2\}$$

的维数和一个基.

解　任取 $A=\begin{pmatrix}a_{11}&a_{12}\\a_{21}&a_{22}\end{pmatrix}\in\mathbf{R}^{2\times2}$, 则

$$A=a_{11}\begin{pmatrix}1&0\\0&0\end{pmatrix}+a_{12}\begin{pmatrix}0&1\\0&0\end{pmatrix}+a_{21}\begin{pmatrix}0&0\\1&0\end{pmatrix}+a_{22}\begin{pmatrix}0&0\\0&1\end{pmatrix}.$$

另外, $\begin{pmatrix}1&0\\0&0\end{pmatrix},\begin{pmatrix}0&1\\0&0\end{pmatrix},\begin{pmatrix}0&0\\1&0\end{pmatrix},\begin{pmatrix}0&0\\0&1\end{pmatrix}$ 线性无关, 因此, 它是 $\mathbf{R}^{2\times2}$ 的一个基, 且 $\dim\mathbf{R}^{2\times2}=4$.

类似地, 对于矩阵空间 $\mathbf{R}^{m\times n}$, $\dim\mathbf{R}^{m\times n}=mn$, 且 $E_{ij}(i=1,2,\cdots,m;\ j=1,2,\cdots,n)$ 是 $\mathbf{R}^{m\times n}$ 的一个基, 其中 E_{ij} 表示第 i 行第 j 列的元素为1, 其余元素为零的 $m\times n$ 矩阵.

有了基的概念, 就可以建立线性空间中元素与数的联系, 解析几何里数形结合的思想即是如此.

仿照空间中向量与坐标(有序数组)对应关系的建立, 我们来探讨线性空间中元素与有序数组的一一对应关系.

若 $\alpha_1,\alpha_2,\cdots,\alpha_n$ 是线性空间 V_n 的一个基, 则对任意 $\alpha\in V_n$, 都存在一组有序数 $x_1,x_2,\cdots,x_n$, 使得

$$\alpha=x_1\alpha_1+x_2\alpha_2+\cdots+x_n\alpha_n.$$

这种表示是唯一的(请读者证明).

反之, 任给一组有序数 $x_1,x_2,\cdots,x_n$, 都有唯一的元素

$$\alpha=x_1\alpha_1+x_2\alpha_2+\cdots+x_n\alpha_n\in V_n.$$

从而 V_n 中的元素 α 与有序数组 $x_1,x_2,\cdots,x_n$ 之间存在一一对应关系, 因此可以用这组有序数来表示元素 α.

定义 7.5　设 $\alpha_1,\alpha_2,\cdots,\alpha_n$ 是线性空间 V_n 的一个基, 对于任意 $\alpha\in V_n$, 有且仅有一组有序数 $x_1,x_2,\cdots,x_n$ 使得

$$\alpha=x_1\alpha_1+x_2\alpha_2+\cdots+x_n\alpha_n=(\alpha_1,\alpha_2,\cdots,\alpha_n)\begin{pmatrix}x_1\\x_2\\\vdots\\x_n\end{pmatrix}.\tag{7.1}$$

有序数组 $x_1,x_2,\cdots,x_n$ 称为元素 α 在 $\alpha_1,\alpha_2,\cdots,\alpha_n$ 这个基下的**坐标**, 记为

$$\alpha=(x_1,x_2,\cdots,x_n)^{\mathrm{T}}.$$

引进坐标概念以后，可以使抽象的向量问题转化为具体的数组向量来处理，从而使运算变得具体简单.

例 7.10 对于多项式空间

$$P[x]_n=\left\{\boldsymbol{p}=\sum_{i=0}^{n}a_ix^i \,\middle|\, a_0,a_1,\cdots,a_n\in\mathbf{R}\right\},$$

$\boldsymbol{p}_1=1,\boldsymbol{p}_2=x,\boldsymbol{p}_3=x^2,\cdots,\boldsymbol{p}_{n+1}=x^n$ 就是它的一个基. 任一元素

$$\boldsymbol{p}=a_nx^n+a_{n-1}x^{n-1}+\cdots+a_1x+a_0$$

在这一基下的坐标为 $(a_0,a_1,a_2,\cdots,a_n)^{\mathrm{T}}$.

求一个向量关于某个基的坐标，只需把它写成该基的线性组合，其系数就是所求的坐标.

例 7.11 求 $\mathbf{R}^3$ 中向量 $\boldsymbol{\alpha}=(1,2,1)^{\mathrm{T}}$ 在基 $\boldsymbol{\alpha}_1=(1,1,1)^{\mathrm{T}}$，$\boldsymbol{\alpha}_2=(1,1,-1)^{\mathrm{T}}$，$\boldsymbol{\alpha}_3=(1,-1,-1)^{\mathrm{T}}$ 下的坐标.

解 设 $\boldsymbol{\alpha}=x_1\boldsymbol{\alpha}_1+x_2\boldsymbol{\alpha}_2+x_3\boldsymbol{\alpha}_3$，得

$$\begin{cases}x_1+x_2+x_3=1,\\x_1+x_2-x_3=2,\\x_1-x_2-x_3=1,\end{cases}$$

解得 $x_1=1$，$x_2=\dfrac{1}{2}$，$x_3=-\dfrac{1}{2}$，故所求坐标为 $\left(1,\ \dfrac{1}{2},\ -\dfrac{1}{2}\right)^{\mathrm{T}}$.

注意，向量 $\boldsymbol{\alpha}=(1,2,1)^{\mathrm{T}}$ 在基 $\boldsymbol{e}_1=(1,0,0)^{\mathrm{T}}$，$\boldsymbol{e}_2=(0,1,0)^{\mathrm{T}}$，$\boldsymbol{e}_3=(0,0,1)^{\mathrm{T}}$ 下的坐标是 $(1,2,1)^{\mathrm{T}}$. 这说明，同一个向量在不同基下的坐标一般是不同的，详细内容在 7.3 节中介绍.

线性空间的基与其子空间的基之间具有一定的关系.

定理 7.5 (基的扩充定理) n 维线性空间 V 的 m 维子空间 W 的任何一个基都可以扩充成 V 的一个基.

证 设 $\boldsymbol{\alpha}_1,\boldsymbol{\alpha}_2,\cdots,\boldsymbol{\alpha}_m$ 是 W 的一个基. 对维数 $n-m$ 采用归纳法.

当 $n-m=0$ 时，$m=n$，所以 $\boldsymbol{\alpha}_1,\boldsymbol{\alpha}_2,\cdots,\boldsymbol{\alpha}_m$ 就是 V 的基.

现在假设 $n-m=k$ 时定理成立，进而我们考虑 $n-m=k+1$ 的情形. 因为 $m<n$，所以 $\boldsymbol{\alpha}_1,\boldsymbol{\alpha}_2,\cdots,\boldsymbol{\alpha}_m$ 不是 V 的一个基. 从而在 V 中必定存在向量 $\boldsymbol{\alpha}_{m+1}$ 不能由 $\boldsymbol{\alpha}_1,\boldsymbol{\alpha}_2,\cdots,\boldsymbol{\alpha}_m$ 线性表示，于是 $\boldsymbol{\alpha}_1,\boldsymbol{\alpha}_2,\cdots,\boldsymbol{\alpha}_m,\boldsymbol{\alpha}_{m+1}$ 线性无关，因此 $\mathrm{span}(\boldsymbol{\alpha}_1,\boldsymbol{\alpha}_2,\cdots,\boldsymbol{\alpha}_m,\boldsymbol{\alpha}_{m+1})$ 是 $m+1$ 维的. 从而

$$n-(m+1)=(n-m)-1=k,$$

由假设，$\mathrm{span}(\boldsymbol{\alpha}_1,\boldsymbol{\alpha}_2,\cdots,\boldsymbol{\alpha}_m,\boldsymbol{\alpha}_{m+1})$ 的基可以扩充为线性空间 V 的基.

关于线性空间的子空间的维数，有如下的基本关系式.

定理 7.6 设 W_1,W_2 是线性空间 V 的子空间，则有

$$\dim W_1+\dim W_2=\dim(W_1+W_2)+\dim(W_1\cap W_2).$$

证明略.

7.3　基变换与坐标变换

线性空间中同一元素在不同基下有不同的坐标，不同的基之间、同一元素在不同基下的坐标可以相互转换. 本节讨论基变换与坐标变换的表示式.

设 $\boldsymbol{\alpha}_1,\boldsymbol{\alpha}_2,\cdots,\boldsymbol{\alpha}_n$ 与 $\boldsymbol{\beta}_1,\boldsymbol{\beta}_2,\cdots,\boldsymbol{\beta}_n$ 是线性空间 V_n 的两个基，则它们之间可以相互表示

$$\begin{cases}\boldsymbol{\beta}_1=c_{11}\boldsymbol{\alpha}_1+c_{21}\boldsymbol{\alpha}_2+\cdots+c_{n1}\boldsymbol{\alpha}_n,\\ \boldsymbol{\beta}_2=c_{12}\boldsymbol{\alpha}_1+c_{22}\boldsymbol{\alpha}_2+\cdots+c_{n2}\boldsymbol{\alpha}_n,\\ \qquad\cdots\cdots\\ \boldsymbol{\beta}_n=c_{1n}\boldsymbol{\alpha}_1+c_{2n}\boldsymbol{\alpha}_2+\cdots+c_{nn}\boldsymbol{\alpha}_n.\end{cases}\tag{7.2}$$

令 $\boldsymbol{C}=\begin{pmatrix}c_{11}&c_{12}&\cdots&c_{1n}\\c_{21}&c_{22}&\cdots&c_{2n}\\\vdots&\vdots&&\vdots\\c_{n1}&c_{n2}&\cdots&c_{nn}\end{pmatrix}$，基 $\boldsymbol{\alpha}_1,\boldsymbol{\alpha}_2,\cdots,\boldsymbol{\alpha}_n$ 与 $\boldsymbol{\beta}_1,\boldsymbol{\beta}_2,\cdots,\boldsymbol{\beta}_n$ 之间的关系式可用矩阵表示为

$$(\boldsymbol{\beta}_1,\boldsymbol{\beta}_2,\cdots,\boldsymbol{\beta}_n)=(\boldsymbol{\alpha}_1,\boldsymbol{\alpha}_2,\cdots,\boldsymbol{\alpha}_n)\boldsymbol{C}$$

或

$$\begin{pmatrix}\boldsymbol{\beta}_1\\\boldsymbol{\beta}_2\\\vdots\\\boldsymbol{\beta}_n\end{pmatrix}=\begin{pmatrix}c_{11}&c_{21}&\cdots&c_{n1}\\c_{12}&c_{22}&\cdots&c_{n2}\\\vdots&\vdots&&\vdots\\c_{1n}&c_{2n}&\cdots&c_{nn}\end{pmatrix}\begin{pmatrix}\boldsymbol{\alpha}_1\\\boldsymbol{\alpha}_2\\\vdots\\\boldsymbol{\alpha}_n\end{pmatrix}=\boldsymbol{C}^{\mathrm{T}}\begin{pmatrix}\boldsymbol{\alpha}_1\\\boldsymbol{\alpha}_2\\\vdots\\\boldsymbol{\alpha}_n\end{pmatrix}.$$

定义 7.6　设 $\boldsymbol{\alpha}_1,\boldsymbol{\alpha}_2,\cdots,\boldsymbol{\alpha}_n$ 和 $\boldsymbol{\beta}_1,\boldsymbol{\beta}_2,\cdots,\boldsymbol{\beta}_n$ 是 n 维线性空间 V_n 的两个基，若有矩阵 $\boldsymbol{C}_{n\times n}$，使得

$$(\boldsymbol{\beta}_1,\boldsymbol{\beta}_2,\cdots,\boldsymbol{\beta}_n)=(\boldsymbol{\alpha}_1,\boldsymbol{\alpha}_2,\cdots,\boldsymbol{\alpha}_n)\boldsymbol{C},\tag{7.3}$$

则称矩阵 $\boldsymbol{C}$ 为从基 $\boldsymbol{\alpha}_1,\boldsymbol{\alpha}_2,\cdots,\boldsymbol{\alpha}_n$ 到基 $\boldsymbol{\beta}_1,\boldsymbol{\beta}_2,\cdots,\boldsymbol{\beta}_n$ 的**过渡矩阵**，式(7.3)称为**基变换公式**.

V_n 的两个基通过过渡矩阵联系，过渡矩阵 $\boldsymbol{C}$ 具有以下性质：

(1) 满足式(7.3)的矩阵 $\boldsymbol{C}$ 的第 i 列是 $\boldsymbol{\beta}_i$ 在基 $\boldsymbol{\alpha}_1,\boldsymbol{\alpha}_2,\cdots,\boldsymbol{\alpha}_n$ 下的坐标；

(2) $\boldsymbol{C}$ 是可逆矩阵，且 $\boldsymbol{C}^{-1}$ 是从基 $\boldsymbol{\beta}_1,\boldsymbol{\beta}_2,\cdots,\boldsymbol{\beta}_n$ 到基 $\boldsymbol{\alpha}_1,\boldsymbol{\alpha}_2,\cdots,\boldsymbol{\alpha}_n$ 的过渡矩阵.

与基之间的转换关系相仿，同一元素在不同基下的坐标也可以由过渡矩阵建立联系.

定理 7.7　设线性空间 V_n 的元素 $\boldsymbol{\alpha}$ 在基 $\boldsymbol{\alpha}_1,\boldsymbol{\alpha}_2,\cdots,\boldsymbol{\alpha}_n$ 和基 $\boldsymbol{\beta}_1,\boldsymbol{\beta}_2,\cdots,\boldsymbol{\beta}_n$ 下坐标分别为

$$(x_1,x_2,\cdots,x_n)^{\mathrm{T}}\quad 和\quad (y_1,y_2,\cdots,y_n)^{\mathrm{T}},$$

基 $\boldsymbol{\alpha}_1,\boldsymbol{\alpha}_2,\cdots,\boldsymbol{\alpha}_n$ 到基 $\boldsymbol{\beta}_1,\boldsymbol{\beta}_2,\cdots,\boldsymbol{\beta}_n$ 的过渡矩阵为 $\boldsymbol{C}$，则有**坐标变换公式**

$$\begin{pmatrix}x_1\\x_2\\\vdots\\x_n\end{pmatrix}=\boldsymbol{C}\begin{pmatrix}y_1\\y_2\\\vdots\\y_n\end{pmatrix}\quad 或\quad \begin{pmatrix}y_1\\y_2\\\vdots\\y_n\end{pmatrix}=\boldsymbol{C}^{-1}\begin{pmatrix}x_1\\x_2\\\vdots\\x_n\end{pmatrix}.\tag{7.4}$$

证　因为

$$\boldsymbol{\alpha}=(\boldsymbol{\alpha}_1,\boldsymbol{\alpha}_2,\cdots,\boldsymbol{\alpha}_n)\begin{pmatrix}x_1\\x_2\\\vdots\\x_n\end{pmatrix},\qquad \boldsymbol{\alpha}=(\boldsymbol{\beta}_1,\boldsymbol{\beta}_2,\cdots,\boldsymbol{\beta}_n)\begin{pmatrix}y_1\\y_2\\\vdots\\y_n\end{pmatrix},$$

所以

$$\boldsymbol{\alpha}=(\boldsymbol{\beta}_1,\boldsymbol{\beta}_2,\cdots,\boldsymbol{\beta}_n)\begin{pmatrix}y_1\\y_2\\\vdots\\y_n\end{pmatrix}=(\boldsymbol{\alpha}_1,\boldsymbol{\alpha}_2,\cdots,\boldsymbol{\alpha}_n)\boldsymbol{C}\begin{pmatrix}y_1\\y_2\\\vdots\\y_n\end{pmatrix}.$$

因 $\boldsymbol{\alpha}$ 在基 $\boldsymbol{\alpha}_1,\boldsymbol{\alpha}_2,\cdots,\boldsymbol{\alpha}_n$ 下的坐标是唯一的，故式(7.4)成立.

这个定理的逆命题也成立，即若任一元素在两个基下的坐标满足坐标变换公式(7.4)，则两个基满足基变换公式(7.3).

例 7.12 已知 $\mathbf{R}^3$ 中两个向量组

$$\boldsymbol{\alpha}_1=\begin{pmatrix}1\\1\\1\end{pmatrix},\quad \boldsymbol{\alpha}_2=\begin{pmatrix}1\\0\\-1\end{pmatrix},\quad \boldsymbol{\alpha}_3=\begin{pmatrix}1\\0\\1\end{pmatrix};\quad \boldsymbol{\beta}_1=\begin{pmatrix}1\\2\\1\end{pmatrix},\quad \boldsymbol{\beta}_2=\begin{pmatrix}2\\3\\4\end{pmatrix},\quad \boldsymbol{\beta}_3=\begin{pmatrix}3\\4\\3\end{pmatrix}.$$

(1) 证明 $\boldsymbol{\alpha}_1,\boldsymbol{\alpha}_2,\boldsymbol{\alpha}_3$ 与 $\boldsymbol{\beta}_1,\boldsymbol{\beta}_2,\boldsymbol{\beta}_3$ 都是 $\mathbf{R}^3$ 的基;

(2) 求由基 $\boldsymbol{\alpha}_1,\boldsymbol{\alpha}_2,\boldsymbol{\alpha}_3$ 到基 $\boldsymbol{\beta}_1,\boldsymbol{\beta}_2,\boldsymbol{\beta}_3$ 的过渡矩阵;

(3) 求向量 $\boldsymbol{\alpha}$ 在两组基下的坐标的关系.

解 (1) 以 $\boldsymbol{\alpha}_1,\boldsymbol{\alpha}_2,\boldsymbol{\alpha}_3$ 和 $\boldsymbol{\beta}_1,\boldsymbol{\beta}_2,\boldsymbol{\beta}_3$ 为列构成的行列式分别为

$$\begin{vmatrix}1&1&1\\1&0&0\\1&-1&1\end{vmatrix}=-2\neq0,\qquad \begin{vmatrix}1&2&3\\2&3&4\\1&4&3\end{vmatrix}=4\neq0.$$

因此，$\boldsymbol{\alpha}_1,\boldsymbol{\alpha}_2,\boldsymbol{\alpha}_3$ 与 $\boldsymbol{\beta}_1,\boldsymbol{\beta}_2,\boldsymbol{\beta}_3$ 这两个向量组都是线性无关的，而 $\mathbf{R}^3$ 的维数是 3，故 $\boldsymbol{\alpha}_1,\boldsymbol{\alpha}_2,\boldsymbol{\alpha}_3$ 与 $\boldsymbol{\beta}_1,\boldsymbol{\beta}_2,\boldsymbol{\beta}_3$ 都是 $\mathbf{R}^3$ 的基.

(2) 由 $(\boldsymbol{\beta}_1,\boldsymbol{\beta}_2,\boldsymbol{\beta}_3)=(\boldsymbol{\alpha}_1,\boldsymbol{\alpha}_2,\boldsymbol{\alpha}_3)\boldsymbol{C}$，得到过渡矩阵

$$\boldsymbol{C}=(\boldsymbol{\alpha}_1,\boldsymbol{\alpha}_2,\boldsymbol{\alpha}_3)^{-1}(\boldsymbol{\beta}_1,\boldsymbol{\beta}_2,\boldsymbol{\beta}_3)=\begin{pmatrix}1&1&1\\1&0&0\\1&-1&1\end{pmatrix}^{-1}\begin{pmatrix}1&2&3\\2&3&4\\1&4&3\end{pmatrix}$$

$$=\begin{pmatrix}0&1&0\\\frac{1}{2}&0&-\frac{1}{2}\\\frac{1}{2}&-1&\frac{1}{2}\end{pmatrix}\begin{pmatrix}1&2&3\\2&3&4\\1&4&3\end{pmatrix}=\begin{pmatrix}2&3&4\\0&-1&0\\-1&0&-1\end{pmatrix}.$$

(3) 设 $\boldsymbol{\alpha}$ 在基 $\boldsymbol{\alpha}_1, \boldsymbol{\alpha}_2, \boldsymbol{\alpha}_3$ 下的坐标为 $(x_1, x_2, x_3)^{\mathrm{T}}$，在基 $\boldsymbol{\beta}_1, \boldsymbol{\beta}_2, \boldsymbol{\beta}_3$ 下的坐标为 $(y_1, y_2, y_3)^{\mathrm{T}}$，则有

$$\begin{pmatrix} x_1 \\ x_2 \\ x_3 \end{pmatrix} = \boldsymbol{C}\begin{pmatrix} y_1 \\ y_2 \\ y_3 \end{pmatrix} = \begin{pmatrix} 2 & 3 & 4 \\ 0 & -1 & 0 \\ -1 & 0 & -1 \end{pmatrix}\begin{pmatrix} y_1 \\ y_2 \\ y_3 \end{pmatrix}.$$

上式即是向量 $\boldsymbol{\alpha}$ 在两组基下的坐标之间的关系.

7.4　线性变换的定义与性质

线性变换是线性空间之间的一种最基本的变换.

定义 7.7　设 V 和 U 是实数域上的线性空间，T 是从 V 到 U 的变换(或映射)，即对 V 中任一元素 $\boldsymbol{\alpha}$，按照一定的对应规则，U 中总有唯一确定的元素 $\boldsymbol{\beta}$ 与之对应. 如果变换 T 满足:

(1) 可加性　对任意的 $\boldsymbol{\alpha}_1$，$\boldsymbol{\alpha}_2 \in V$，有 $T(\boldsymbol{\alpha}_1 + \boldsymbol{\alpha}_2) = T(\boldsymbol{\alpha}_1) + T(\boldsymbol{\alpha}_2)$；

(2) 齐次性　对任意的 $\boldsymbol{\alpha} \in V$，$k \in \mathbf{R}$，有 $T(k\boldsymbol{\alpha}) = kT(\boldsymbol{\alpha})$，

则称 T 是从 V 到 U 的**线性变换**.

如果 $V = U$，那么 T 是从线性空间 V 到自身的线性变换，这一线性变换是在 V 中进行的，称为**线性空间 V 中的线性变换**.

线性变换实际上是线性空间 V 到 U 的保持线性组合对应的变换.

线性变换 T 把 V 中的元素 $\boldsymbol{\alpha}$ 变为 U 中的元素 $\boldsymbol{\beta}$，如同生活中照镜子的情形. 我们把 $\boldsymbol{\alpha}$ 称为 $\boldsymbol{\beta}$ 在变换 T 下的**源**，$\boldsymbol{\beta}$ 称为 $\boldsymbol{\alpha}$ 在变换 T 下的**像**. 自然地，V 称为变换 T 的**源集**，像的全体构成的集合称为**像集**，像集是 U 的子集.

根据线性变换的定义，可以验证如下的平凡情形：把线性空间 V 中任意元素都变为零元的变换是一个线性变换，称为**零变换**，即对于任意的 $\boldsymbol{\alpha} \in V$，都有 $T(\boldsymbol{\alpha}) = \mathbf{0}$；把线性空间 V 中任意元素都变为自身，即任意元素都不动的变换是一个线性变换，称为**恒等变换**或**单位变换**，也即对于任意的 $\boldsymbol{\alpha} \in V$，都有 $T(\boldsymbol{\alpha}) = \boldsymbol{\alpha}$.

下面只讨论线性空间 V 中的线性变换.

例 7.13　在线性空间 $P[x]_n$ (多项式空间)中，考虑微分运算 D. 任取 $k \in \mathbf{R}$,

$$\boldsymbol{p} = a_n x^n + a_{n-1}x^{n-1} + \cdots + a_1 x + a_0 \in P[x]_n,$$

$$\boldsymbol{q} = b_n x^n + b_{n-1}x^{n-1} + \cdots + b_1 x + b_0 \in P[x]_n,$$

容易验证微分运算 D 满足

$$D(\boldsymbol{p} + \boldsymbol{q}) = D(\boldsymbol{p}) + D(\boldsymbol{q}),$$

$$D(k\boldsymbol{p}) = kD(\boldsymbol{p}).$$

因此，微分运算 D 是一个线性变换.

线性变换具有以下基本性质:

(1) $T(\mathbf{0})=\mathbf{0}$，$T(-\boldsymbol{\alpha})=-T(\boldsymbol{\alpha})$;

证 对定义中 $T(k\boldsymbol{\alpha})=kT(\boldsymbol{\alpha})$ 的 k 分别取 0 和 -1 即得.

(2) 若 $\boldsymbol{\beta}=k_1\boldsymbol{\alpha}_1+k_2\boldsymbol{\alpha}_2+\cdots+k_m\boldsymbol{\alpha}_m$，则 $T(\boldsymbol{\beta})=k_1T(\boldsymbol{\alpha}_1)+k_2T(\boldsymbol{\alpha}_2)+\cdots+k_mT(\boldsymbol{\alpha}_m)$;

证 利用定义中的线性运算性质即得.

(3) 若 $\boldsymbol{\alpha}_1,\boldsymbol{\alpha}_2,\cdots,\boldsymbol{\alpha}_m$ 线性相关，则 $T(\boldsymbol{\alpha}_1),T(\boldsymbol{\alpha}_2),\cdots,T(\boldsymbol{\alpha}_m)$ 也线性相关.

证 由 $k_1\boldsymbol{\alpha}_1+k_2\boldsymbol{\alpha}_2+\cdots+k_m\boldsymbol{\alpha}_m=\mathbf{0}$，得

$$T(k_1\boldsymbol{\alpha}_1+k_2\boldsymbol{\alpha}_2+\cdots+k_m\boldsymbol{\alpha}_m)=T(\mathbf{0})=\mathbf{0},$$

即

$$k_1T(\boldsymbol{\alpha}_1)+k_2T(\boldsymbol{\alpha}_2)+\cdots+k_mT(\boldsymbol{\alpha}_m)=\mathbf{0}.$$

特别注意，若 $\boldsymbol{\alpha}_1,\boldsymbol{\alpha}_2,\cdots,\boldsymbol{\alpha}_m$ 线性无关，则

$$T(\boldsymbol{\alpha}_1),T(\boldsymbol{\alpha}_2),\cdots,T(\boldsymbol{\alpha}_m)$$

不一定线性无关，如零变换.

(4) 线性变换 T 的像集 $T(V)$ 是一个线性空间(即是 V 的子空间)，称为线性变换 T 的**像空间**.

证 任给 $\boldsymbol{\beta}_1,\boldsymbol{\beta}_2\in T(V)$，存在 $\boldsymbol{\alpha}_1,\boldsymbol{\alpha}_2\in V$，使 $T(\boldsymbol{\alpha}_1)=\boldsymbol{\beta}_1$，$T(\boldsymbol{\alpha}_2)=\boldsymbol{\beta}_2$，且 $\boldsymbol{\alpha}_1+\boldsymbol{\alpha}_2\in V$，$k\boldsymbol{\alpha}_1\in V$，从而

$$\boldsymbol{\beta}_1+\boldsymbol{\beta}_2=T(\boldsymbol{\alpha}_1)+T(\boldsymbol{\alpha}_2)=T(\boldsymbol{\alpha}_1+\boldsymbol{\alpha}_2)\in T(V),$$
$$k\boldsymbol{\beta}_1=kT(\boldsymbol{\alpha}_1)=T(k\boldsymbol{\alpha}_1)\in T(V).$$

可见 $T(V)$ 对 V 中的线性运算封闭，又 $T(V)\subseteq V$，因此 $T(V)$ 是 V 的子空间.

(5) 使 $T(\boldsymbol{\alpha})=\mathbf{0}$ 的 $\boldsymbol{\alpha}$ 的全体 $S_T=\{\boldsymbol{\alpha}\mid\boldsymbol{\alpha}\in V,T(\boldsymbol{\alpha})=\mathbf{0}\}$ 是 V 的子空间，S_T 称为线性变换 T 的**核**.

证 若 $\boldsymbol{\alpha}_1,\boldsymbol{\alpha}_2\in S_T$，则 $T(\boldsymbol{\alpha}_1)=T(\boldsymbol{\alpha}_2)=\mathbf{0}$. 于是

$$T(\boldsymbol{\alpha}_1+\boldsymbol{\alpha}_2)=T(\boldsymbol{\alpha}_1)+T(\boldsymbol{\alpha}_2)=\mathbf{0},$$

即 $\boldsymbol{\alpha}_1+\boldsymbol{\alpha}_2\in S_T$.

若 $\boldsymbol{\alpha}_1\in S_T,k\in\mathbf{R}$，则 $T(k\boldsymbol{\alpha}_1)=kT(\boldsymbol{\alpha}_1)=k\mathbf{0}=\mathbf{0}$，因此 $k\boldsymbol{\alpha}_1\in S_T$.

因此，S_T 作为 V 的子集对线性运算封闭，故 S_T 是 V 的子空间.

例 7.14 设有 n 阶矩阵

$$\boldsymbol{A}=\begin{pmatrix} a_{11} & a_{12} & \cdots & a_{1n} \\ a_{21} & a_{22} & \cdots & a_{2n} \\ \vdots & \vdots & & \vdots \\ a_{n1} & a_{n2} & \cdots & a_{nn} \end{pmatrix},$$

定义 $\mathbf{R}^n$ 中的变换 $\boldsymbol{y}=T(\boldsymbol{x})$ 为 $T(\boldsymbol{x})=\boldsymbol{A}\boldsymbol{x}\ (\boldsymbol{x}\in\mathbf{R}^n)$，则 T 是线性变换.

证 因为任给 $\boldsymbol{a},\boldsymbol{b}\in\mathbf{R}^n$，有

$$T(\boldsymbol{a}+\boldsymbol{b})=\boldsymbol{A}(\boldsymbol{a}+\boldsymbol{b})=\boldsymbol{A}\boldsymbol{a}+\boldsymbol{A}\boldsymbol{b}=T(\boldsymbol{a})+T(\boldsymbol{b}),$$
$$T(k\boldsymbol{a})=\boldsymbol{A}(k\boldsymbol{a})=k\boldsymbol{A}\boldsymbol{a}=kT(\boldsymbol{a}),$$

所以 T 是线性变换.

进一步，变换 T 的像空间即是由 $\boldsymbol{A}$ 的 n 个列向量 $\boldsymbol{\alpha}_1,\boldsymbol{\alpha}_2,\cdots,\boldsymbol{\alpha}_n$ 生成的向量空间

$$T(\mathbf{R}^n)=\{\boldsymbol{y}=x_1\boldsymbol{\alpha}_1+x_2\boldsymbol{\alpha}_2+\cdots+x_n\boldsymbol{\alpha}_n \mid x_1,x_2,\cdots,x_n\in\mathbf{R}\},$$

T 的核 S_T 即是齐次线性方程组 $\boldsymbol{A}\boldsymbol{x}=\boldsymbol{0}$ 的解空间.

7.5　线性变换的矩阵表示式

前面通过基和坐标把线性空间中的元素和有序数组建立起对应关系，本节将把线性变换与矩阵建立起一一对应关系，从而把抽象的线性变换用具体的矩阵来表示.

设 T 是线性空间 V_n 中的线性变换，在 V_n 中取定一个基 $\boldsymbol{\alpha}_1,\boldsymbol{\alpha}_2,\cdots,\boldsymbol{\alpha}_n$，这个基在变换 T 下的像可以用这个基线性表示为

$$\begin{cases}T(\boldsymbol{\alpha}_1)=a_{11}\boldsymbol{\alpha}_1+a_{21}\boldsymbol{\alpha}_2+\cdots+a_{n1}\boldsymbol{\alpha}_n,\\ T(\boldsymbol{\alpha}_2)=a_{12}\boldsymbol{\alpha}_1+a_{22}\boldsymbol{\alpha}_2+\cdots+a_{n2}\boldsymbol{\alpha}_n,\\ \qquad\cdots\cdots\\ T(\boldsymbol{\alpha}_n)=a_{1n}\boldsymbol{\alpha}_1+a_{2n}\boldsymbol{\alpha}_2+\cdots+a_{nn}\boldsymbol{\alpha}_n.\end{cases}$$

若记

$$T(\boldsymbol{\alpha}_1,\boldsymbol{\alpha}_2,\cdots,\boldsymbol{\alpha}_n)=\big(T(\boldsymbol{\alpha}_1),T(\boldsymbol{\alpha}_2),\cdots,T(\boldsymbol{\alpha}_n)\big),$$

$$\boldsymbol{A}=\begin{pmatrix}a_{11}&a_{12}&\cdots&a_{1n}\\a_{21}&a_{22}&\cdots&a_{2n}\\\vdots&\vdots&&\vdots\\a_{n1}&a_{n2}&\cdots&a_{nn}\end{pmatrix},$$

则有

$$T(\boldsymbol{\alpha}_1,\boldsymbol{\alpha}_2,\cdots,\boldsymbol{\alpha}_n)=(\boldsymbol{\alpha}_1,\boldsymbol{\alpha}_2,\cdots,\boldsymbol{\alpha}_n)\boldsymbol{A}.$$

定义 7.8　设 T 是线性空间 V_n 中的线性变换，$\boldsymbol{\alpha}_1,\boldsymbol{\alpha}_2,\cdots,\boldsymbol{\alpha}_n$ 是 V_n 的一个基，若有矩阵 $\boldsymbol{A}_{n\times n}$，使得

$$T(\boldsymbol{\alpha}_1,\boldsymbol{\alpha}_2,\cdots,\boldsymbol{\alpha}_n)=(\boldsymbol{\alpha}_1,\boldsymbol{\alpha}_2,\cdots,\boldsymbol{\alpha}_n)\boldsymbol{A},\tag{7.5}$$

则称 $\boldsymbol{A}$ 为**线性变换 T 在基 $\boldsymbol{\alpha}_1,\boldsymbol{\alpha}_2,\cdots,\boldsymbol{\alpha}_n$ 下的矩阵**.

从上述过程可以看出，矩阵 $\boldsymbol{A}$ 由基的像 $T(\boldsymbol{\alpha}_1)$，$T(\boldsymbol{\alpha}_2)$，$\cdots$，$T(\boldsymbol{\alpha}_n)$ 唯一确定. 反之，如果给出一个矩阵 $\boldsymbol{A}$ 作为线性变换 T 在基 $\boldsymbol{\alpha}_1,\boldsymbol{\alpha}_2,\cdots,\boldsymbol{\alpha}_n$ 下的矩阵，也即给出了这个基在变换 T 下的像. 下面推导变换 T 应满足的关系式.

设 $\boldsymbol{\alpha}=\sum\limits_{i=1}^{n}x_i\boldsymbol{\alpha}_i$ 是 V_n 中的任意一个元素，则

$$T(\boldsymbol{\alpha})=T\left(\sum_{i=1}^{n}x_i\boldsymbol{\alpha}_i\right)$$

$$=\sum_{i=1}^{n}x_iT(\boldsymbol{\alpha}_i)=\big(T(\boldsymbol{\alpha}_1),T(\boldsymbol{\alpha}_2),\cdots,T(\boldsymbol{\alpha}_n)\big)\begin{pmatrix}x_1\\x_2\\\vdots\\x_n\end{pmatrix}=(\boldsymbol{\alpha}_1,\boldsymbol{\alpha}_2,\cdots,\boldsymbol{\alpha}_n)\boldsymbol{A}\begin{pmatrix}x_1\\x_2\\\vdots\\x_n\end{pmatrix}.$$

又$\sum_{i=1}^{n}x_i\boldsymbol{\alpha}_i=(\boldsymbol{\alpha}_1,\boldsymbol{\alpha}_2,\cdots,\boldsymbol{\alpha}_n)\begin{pmatrix}x_1\\x_2\\\vdots\\x_n\end{pmatrix}$，因此

$$T\left((\boldsymbol{\alpha}_1,\boldsymbol{\alpha}_2,\cdots,\boldsymbol{\alpha}_n)\begin{pmatrix}x_1\\x_2\\\vdots\\x_n\end{pmatrix}\right)=(\boldsymbol{\alpha}_1,\boldsymbol{\alpha}_2,\cdots,\boldsymbol{\alpha}_n)\boldsymbol{A}\begin{pmatrix}x_1\\x_2\\\vdots\\x_n\end{pmatrix}. \tag{7.6}$$

由矩阵$\boldsymbol{A}$得到的这个关系式唯一确定一个变换T，且变换T是以$\boldsymbol{A}$为矩阵的线性变换.

可见，在V_n中取定一个基之后，由线性变换T可唯一确定一个方阵$\boldsymbol{A}$. 反之，由一个方阵$\boldsymbol{A}$亦唯一确定一个线性变换T. 从而，线性变换和方阵是一一对应的.

零变换的矩阵是零矩阵，恒等变换的矩阵是单位矩阵.

从式(7.6)可知，$\boldsymbol{\alpha}$与$T(\boldsymbol{\alpha})$在基$\boldsymbol{\alpha}_1,\boldsymbol{\alpha}_2,\cdots,\boldsymbol{\alpha}_n$下的坐标分别为

$$\boldsymbol{\alpha}=\begin{pmatrix}x_1\\x_2\\\vdots\\x_n\end{pmatrix},\qquad T(\boldsymbol{\alpha})=\boldsymbol{A}\begin{pmatrix}x_1\\x_2\\\vdots\\x_n\end{pmatrix},$$

进而有$T(\boldsymbol{\alpha})=\boldsymbol{A}\boldsymbol{\alpha}$.

例 7.15 在$P[x]_3$中，取基$\boldsymbol{p}_1=x^3,\boldsymbol{p}_2=x^2,\boldsymbol{p}_3=x,\boldsymbol{p}_4=1$，求微分运算$D$的矩阵.

解 因为

$$\begin{cases}D\boldsymbol{p}_1=3x^2=0\boldsymbol{p}_1+3\boldsymbol{p}_2+0\boldsymbol{p}_3+0\boldsymbol{p}_4,\\D\boldsymbol{p}_2=2x\ \ =0\boldsymbol{p}_1+0\boldsymbol{p}_2+2\boldsymbol{p}_3+0\boldsymbol{p}_4,\\D\boldsymbol{p}_3=\ 1\ \ =0\boldsymbol{p}_1+0\boldsymbol{p}_2+0\boldsymbol{p}_3+1\boldsymbol{p}_4,\\D\boldsymbol{p}_4=\ 0\ \ =0\boldsymbol{p}_1+0\boldsymbol{p}_2+0\boldsymbol{p}_3+0\boldsymbol{p}_4,\end{cases}$$

所以，微分运算D在这组基下的矩阵为

$$\boldsymbol{A}=\begin{pmatrix}0&0&0&0\\3&0&0&0\\0&2&0&0\\0&0&1&0\end{pmatrix}.$$

例 7.16　在 $\mathbf{R}^3$ 中定义线性变换如下，对任意 $\boldsymbol{\alpha}=\begin{pmatrix}x_1\\x_2\\x_3\end{pmatrix}$，$T(\boldsymbol{\alpha})=\begin{pmatrix}2x_2+x_3\\x_1-4x_2\\3x_1\end{pmatrix}$. 求:

(1) T 在基 $\boldsymbol{e}_1=\begin{pmatrix}1\\0\\0\end{pmatrix},\boldsymbol{e}_2=\begin{pmatrix}0\\1\\0\end{pmatrix},\boldsymbol{e}_3=\begin{pmatrix}0\\0\\1\end{pmatrix}$ 下的矩阵;

(2) T 在基 $\boldsymbol{\alpha}_1=\begin{pmatrix}1\\1\\1\end{pmatrix},\boldsymbol{\alpha}_2=\begin{pmatrix}1\\1\\0\end{pmatrix},\boldsymbol{\alpha}_3=\begin{pmatrix}1\\0\\0\end{pmatrix}$ 下的矩阵.

解　(1) 因为

$$T(\boldsymbol{e}_1)=\begin{pmatrix}0\\1\\3\end{pmatrix}=0\boldsymbol{e}_1+1\boldsymbol{e}_2+3\boldsymbol{e}_3,$$

$$T(\boldsymbol{e}_2)=\begin{pmatrix}2\\-4\\0\end{pmatrix}=2\boldsymbol{e}_1-4\boldsymbol{e}_2+0\boldsymbol{e}_3,$$

$$T(\boldsymbol{e}_3)=\begin{pmatrix}1\\0\\0\end{pmatrix}=1\boldsymbol{e}_1+0\boldsymbol{e}_2+0\boldsymbol{e}_3,$$

所以，T 在基 $\boldsymbol{e}_1,\boldsymbol{e}_2,\boldsymbol{e}_3$ 下的矩阵为

$$\boldsymbol{A}=\begin{pmatrix}0&2&1\\1&-4&0\\3&0&0\end{pmatrix}.$$

(2) 因为

$$T(\boldsymbol{\alpha}_1)=\begin{pmatrix}3\\-3\\3\end{pmatrix}=3\boldsymbol{\alpha}_1-6\boldsymbol{\alpha}_2+6\boldsymbol{\alpha}_3,$$

$$T(\boldsymbol{\alpha}_2)=\begin{pmatrix}2\\-3\\3\end{pmatrix}=3\boldsymbol{\alpha}_1-6\boldsymbol{\alpha}_2+5\boldsymbol{\alpha}_3,$$

$$T(\boldsymbol{\alpha}_3)=\begin{pmatrix}0\\1\\3\end{pmatrix}=3\boldsymbol{\alpha}_1-2\boldsymbol{\alpha}_2-1\boldsymbol{\alpha}_3,$$

所以 T 在基 $\boldsymbol{\alpha}_1,\boldsymbol{\alpha}_2,\boldsymbol{\alpha}_3$ 下的矩阵为

$$B=\begin{pmatrix}3&3&3\\-6&-6&-2\\6&5&-1\end{pmatrix}.$$

综上可知, 若已知线性空间的基和线性变换, 求线性变换的矩阵的步骤为

(1) 求基元素的像;

(2) 把基元素的像用基线性表示;

(3) 表示式的系数矩阵的转置即为线性变换的矩阵.

同一个线性变换在不同的基下有不同的矩阵, 它们之间具有一定的关系, 过渡矩阵是联系的桥梁.

定理 7.8 若线性空间 V_n 的基 $\boldsymbol{\alpha}_1,\boldsymbol{\alpha}_2,\cdots,\boldsymbol{\alpha}_n$ 到基 $\boldsymbol{\beta}_1,\boldsymbol{\beta}_2,\cdots,\boldsymbol{\beta}_n$ 的过渡矩阵为 $\boldsymbol{C}$, V_n 中的线性变换 T 在这两个基下的矩阵分别为 $\boldsymbol{A}$ 和 $\boldsymbol{B}$, 则有 $\boldsymbol{B}=\boldsymbol{C}^{-1}\boldsymbol{AC}$.

证 因为

$$(\boldsymbol{\beta}_1,\boldsymbol{\beta}_2,\cdots,\boldsymbol{\beta}_n)=(\boldsymbol{\alpha}_1,\boldsymbol{\alpha}_2,\cdots,\boldsymbol{\alpha}_n)\boldsymbol{C},$$
$$T(\boldsymbol{\alpha}_1,\boldsymbol{\alpha}_2,\cdots,\boldsymbol{\alpha}_n)=(\boldsymbol{\alpha}_1,\boldsymbol{\alpha}_2,\cdots,\boldsymbol{\alpha}_n)\boldsymbol{A},$$
$$T(\boldsymbol{\beta}_1,\boldsymbol{\beta}_2,\cdots,\boldsymbol{\beta}_n)=(\boldsymbol{\beta}_1,\boldsymbol{\beta}_2,\cdots,\boldsymbol{\beta}_n)\boldsymbol{B},$$

所以

$$\begin{aligned}(\boldsymbol{\beta}_1,\boldsymbol{\beta}_2,\cdots,\boldsymbol{\beta}_n)\boldsymbol{B}&=T(\boldsymbol{\beta}_1,\boldsymbol{\beta}_2,\cdots,\boldsymbol{\beta}_n)=T[(\boldsymbol{\alpha}_1,\boldsymbol{\alpha}_2,\cdots,\boldsymbol{\alpha}_n)\boldsymbol{C}]=[T(\boldsymbol{\alpha}_1,\boldsymbol{\alpha}_2,\cdots,\boldsymbol{\alpha}_n)]\boldsymbol{C}\\&=(\boldsymbol{\alpha}_1,\boldsymbol{\alpha}_2,\cdots,\boldsymbol{\alpha}_n)\boldsymbol{AC}=(\boldsymbol{\beta}_1,\boldsymbol{\beta}_2,\cdots,\boldsymbol{\beta}_n)\boldsymbol{C}^{-1}\boldsymbol{AC}.\end{aligned}$$

由 $\boldsymbol{\beta}_1,\boldsymbol{\beta}_2,\cdots,\boldsymbol{\beta}_n$ 线性无关性, 得 $\boldsymbol{B}=\boldsymbol{C}^{-1}\boldsymbol{AC}$.

这说明了 $\boldsymbol{B}$ 与 $\boldsymbol{A}$ 相似, 相似变换矩阵就是两个基之间的过渡矩阵.

用这个定理重新讨论例 7.16. 基 $\boldsymbol{e}_1,\boldsymbol{e}_2,\boldsymbol{e}_3$ 到基 $\boldsymbol{\alpha}_1,\boldsymbol{\alpha}_2,\boldsymbol{\alpha}_3$ 的过渡矩阵为

$$\boldsymbol{P}=\begin{pmatrix}1&1&1\\1&1&0\\1&0&0\end{pmatrix}.$$

已求得 T 在基 $\boldsymbol{e}_1,\boldsymbol{e}_2,\boldsymbol{e}_3$ 下的矩阵 $\boldsymbol{A}=\begin{pmatrix}0&2&1\\1&-4&0\\3&0&0\end{pmatrix}$, 于是, T 在基 $\boldsymbol{\alpha}_1,\boldsymbol{\alpha}_2,\boldsymbol{\alpha}_3$ 下的矩阵为

$$\begin{aligned}\boldsymbol{B}=\boldsymbol{P}^{-1}\boldsymbol{AP}&=\begin{pmatrix}0&0&1\\0&1&-1\\1&-1&0\end{pmatrix}\begin{pmatrix}0&2&1\\1&-4&0\\3&0&0\end{pmatrix}\begin{pmatrix}1&1&1\\1&1&0\\1&0&0\end{pmatrix}=\begin{pmatrix}3&0&0\\-2&-4&0\\-1&6&1\end{pmatrix}\begin{pmatrix}1&1&1\\1&1&0\\1&0&0\end{pmatrix}\\&=\begin{pmatrix}3&3&3\\-6&-6&-2\\6&5&-1\end{pmatrix}.\end{aligned}$$

定义 7.9 线性变换 T 的像空间 $T(V)$ 的维数, 称为**线性变换 T 的秩**.

若 $\boldsymbol{A}$ 是 T 的矩阵, 则 T 的秩是矩阵 $\boldsymbol{A}$ 的秩. 若 T 的秩是 r, 则 T 的核 S_T 的维数为 $n-r$.

7.6　线性空间的同构

线性空间有很多，那么，其中哪些在本质上是相同的呢？所谓本质上一样，是指尽管这些线性空间的元素不同，加法和数乘的定义方法也不同，但是它们的元素之间存在一一对应关系，使得对应的元素关于加法和数乘运算的性质完全一样．从代数运算的观点来看，它们的结构完全相同，称为**同构**，这样可以在彼此同构的线性空间中，取一个最熟悉的具体的线性空间来研究．

定义 7.10　设 V 和 V' 是数域 $\mathbf{R}$ 上的两个线性空间，若 V 与 V' 的元素之间可以建立一一对应的关系：

$$\boldsymbol{\alpha} \leftrightarrow \boldsymbol{\alpha}' \quad (\boldsymbol{\alpha} \in V,\ \boldsymbol{\alpha}' \in V'),$$

而且满足($\boldsymbol{\alpha}, \boldsymbol{\beta} \in V$, $\boldsymbol{\alpha}', \boldsymbol{\beta}' \in V'$, $k \in \mathbf{R}$)：

(1) 当 $\boldsymbol{\alpha} \leftrightarrow \boldsymbol{\alpha}'$, $\boldsymbol{\beta} \leftrightarrow \boldsymbol{\beta}'$ 时，有 $\boldsymbol{\alpha}+\boldsymbol{\beta} \leftrightarrow \boldsymbol{\alpha}'+\boldsymbol{\beta}'$；

(2) 当 $\boldsymbol{\alpha} \leftrightarrow \boldsymbol{\alpha}'$ 时，有 $k\boldsymbol{\alpha} \leftrightarrow k\boldsymbol{\alpha}'$，

则称线性空间 V 与 V' **同构**，满足上述条件的一一对应称为 V 与 V' 的一个**同构对应**．

例 7.17　设次数不超过 n 的多项式的全体构成的线性空间为 V，任一元素为

$$\boldsymbol{p} = a_n x^n + a_{n-1} x^{n-1} + \cdots + a_1 x + a_0 \quad (a_n, \cdots, a_1, a_0 \in \mathbf{R}).$$

所有 $n+1$ 元序列 $(a_n, \cdots, a_1, a_0)$ 也构成一个线性空间，记为 V'，则

$$\boldsymbol{p} = a_n x^n + a_{n-1} x^{n-1} + \cdots + a_1 x + a_0 \leftrightarrow (a_n, \cdots, a_1, a_0)$$

是 V 与 V' 的一个同构对应．这是因为，若

$$\boldsymbol{p}_1 = a_n x^n + a_{n-1} x^{n-1} + \cdots + a_1 x + a_0 \leftrightarrow (a_n, \cdots, a_1, a_0),$$
$$\boldsymbol{p}_2 = b_n x^n + b_{n-1} x^{n-1} + \cdots + b_1 x + b_0 \leftrightarrow (b_n, \cdots, b_1, b_0),$$

则

$$\boldsymbol{p}_1 + \boldsymbol{p}_2 \leftrightarrow (a_n + b_n, \cdots, a_1 + b_1, a_0 + b_0),$$
$$k\boldsymbol{p}_1 \leftrightarrow (ka_n, \cdots, ka_1, ka_0).$$

因此，V 与 V' 同构．

利用定义可以证明同构具有如下性质：

(1) 保持零向量和负向量，$\mathbf{0} \leftrightarrow \mathbf{0}'$，$-\boldsymbol{\alpha} \leftrightarrow -\boldsymbol{\alpha}'$；

(2) 保持线性组合，$k_1\boldsymbol{\alpha}_1 + k_2\boldsymbol{\alpha}_2 + \cdots + k_n\boldsymbol{\alpha}_n \leftrightarrow k_1\boldsymbol{\alpha}_1' + k_2\boldsymbol{\alpha}_2' + \cdots + k_n\boldsymbol{\alpha}_n'$；

(3) 保持线性相关性，“$\boldsymbol{\alpha}_1, \boldsymbol{\alpha}_2, \cdots, \boldsymbol{\alpha}_n$ 线性相关”等价于“$\boldsymbol{\alpha}_1', \boldsymbol{\alpha}_2', \cdots, \boldsymbol{\alpha}_n'$ 线性相关”；

(4) 保持基，若 $\boldsymbol{\alpha}_1, \boldsymbol{\alpha}_2, \cdots, \boldsymbol{\alpha}_n$ 是 V 的一个基，则 $\boldsymbol{\alpha}_1', \boldsymbol{\alpha}_2', \cdots, \boldsymbol{\alpha}_n'$ 是 V' 的一个基，反之亦然；

(5) 保持子空间，若 L 是 V 的子空间，则 L' 是 V' 的子空间，且 L 与 L' 的维数相等．

定理 7.9　两个线性空间同构的充分必要条件是它们的维数相等．

证明略．

这些性质和定理说明，若两个线性空间同构，则它们在很多方面都是等同的．

所有n维线性空间都与n维向量空间$\mathbf{R}^n$同构，线性空间的结构完全取决于它的维数. n维线性空间的线性运算可以转化为$\mathbf{R}^n$中的线性运算，而$\mathbf{R}^n$中的线性运算是我们比较熟悉的.

线性空间之间的同构关系也是一种等价关系，具有反身性、对称性和传递性.

7.7 Euclid 空 间

在第 6 章中，我们对n维向量定义了内积，并引入了长度、角度等度量概念. $\mathbf{R}^n$是线性空间的特例. 如果在实数域上的任何线性空间中都可以通过定义内积来引进度量概念，将使我们更深刻地认识线性空间的性质和结构. Euclid 空间正是研究这一问题的产物.

定义 7.11 设V是实数域$\mathbf{R}$上的任一线性空间. 若对于V中任意的两个元素$\boldsymbol{\alpha},\boldsymbol{\beta}$，总有一个实值函数(记为$[\boldsymbol{\alpha},\boldsymbol{\beta}]$)与之对应，且$[\boldsymbol{\alpha},\boldsymbol{\beta}]$满足以下 4 条性质($\boldsymbol{\alpha},\boldsymbol{\beta},\boldsymbol{\gamma}\in V, k\in\mathbf{R}$):

(1) 非负性，$[\boldsymbol{\alpha},\boldsymbol{\alpha}]\geqslant 0$，当且仅当$\boldsymbol{\alpha}=\mathbf{0}$时$[\boldsymbol{\alpha},\boldsymbol{\alpha}]=0$;

(2) 对称性，$[\boldsymbol{\alpha},\boldsymbol{\beta}]=[\boldsymbol{\beta},\boldsymbol{\alpha}]$;

(3) 线性加性，$[\boldsymbol{\alpha}+\boldsymbol{\beta},\boldsymbol{\gamma}]=[\boldsymbol{\alpha},\boldsymbol{\gamma}]+[\boldsymbol{\beta},\boldsymbol{\gamma}]$;

(4) 线性齐性，$[k\boldsymbol{\alpha},\boldsymbol{\beta}]=k[\boldsymbol{\alpha},\boldsymbol{\beta}]$,

则称$[\boldsymbol{\alpha},\boldsymbol{\beta}]$是$\boldsymbol{\alpha}$与$\boldsymbol{\beta}$的**内积**，称定义了内积的实线性空间$V$为**实内积空间**或 **Euclid 空间**(简称**欧氏空间**).

n维向量空间按照其内积构成一个 Euclid 空间.

例 7.18 在$\mathbf{R}^3$中，设$\boldsymbol{\alpha}=(x_1,x_2,x_3)^{\mathrm{T}}$, $\boldsymbol{\beta}=(y_1,y_2,y_3)^{\mathrm{T}}$，定义

$$[\boldsymbol{\alpha},\boldsymbol{\beta}]=x_1y_1+2x_2y_2+3x_3y_3.$$

可以验证，$[\boldsymbol{\alpha},\boldsymbol{\beta}]$满足定义中的 4 条要求，$[\boldsymbol{\alpha},\boldsymbol{\beta}]$是$\mathbf{R}^3$上的一个内积，但不同于第 6 章定义的向量内积. 按照这个内积，$\mathbf{R}^3$也构成一个 Euclid 空间.

在同一线性空间中，可以定义不同的内积，从而构成不同的Euclid空间，因此，提到某个 Euclid 空间时一定是指实线性空间V连同定义在V上的某个内积而言的.

例 7.19 设$f(x), g(x)$是$[a,b]$上的任意两个连续函数，定义

$$[f,g]=\int_a^b f(x)g(x)\mathrm{d}x.$$

可以验证，$[f,g]$是一个内积. 所以$[a,b]$上的连续函数空间按照这个内积构成一个 Euclid 空间.

例 7.20 对于实矩阵空间$\mathbf{R}^{m\times n}$中的矩阵$\boldsymbol{A}=(a_{ij})_{m\times n}, \boldsymbol{B}=(b_{ij})_{m\times n}$，定义

$$[\boldsymbol{A},\boldsymbol{B}]=\sum_{i=1}^{m}\sum_{j=1}^{n}a_{ij}b_{ij}=\mathrm{tr}(\boldsymbol{A}\boldsymbol{B}^{\mathrm{T}}),$$

可以验证，$[\boldsymbol{A},\boldsymbol{B}]$是一个内积，$\mathbf{R}^{m\times n}$按此内积构成一个 Euclid 空间.

在 Euclid 空间中, 有了内积的概念, 就可以定义长度、角度、正交、距离等度量概念.

定义 7.12　非负实数 $\sqrt{[\boldsymbol{\alpha},\boldsymbol{\alpha}]}$ 称为向量 $\boldsymbol{\alpha}$ 的**长度(或范数)**, 记为 $\|\boldsymbol{\alpha}\|$.

长度具有以下性质:

(1) 非负性, $\|\boldsymbol{\alpha}\|\geqslant 0$, 当且仅当 $\boldsymbol{\alpha}=\mathbf{0}$ 时, 等号成立;

(2) 齐次性, $\|\lambda\boldsymbol{\alpha}\|=|\lambda|\,\|\boldsymbol{\alpha}\|$;

(3) 三角不等式, $\|\boldsymbol{\alpha}+\boldsymbol{\beta}\|\leqslant\|\boldsymbol{\alpha}\|+\|\boldsymbol{\beta}\|$;

(4) Cauchy-Schwarz 不等式, $|[\boldsymbol{\alpha},\boldsymbol{\beta}]|\leqslant\|\boldsymbol{\alpha}\|\|\boldsymbol{\beta}\|$.

长度为 1 的向量称为**单位向量**. 如果 $\boldsymbol{\alpha}\neq\mathbf{0}$, 则 $\dfrac{\boldsymbol{\alpha}}{\|\boldsymbol{\alpha}\|}$ 是一个单位向量. 即任何一个非零向量都可以通过单位化得到一个单位向量.

定义 7.13　Euclid 空间中, 两个非零向量 $\boldsymbol{\alpha},\boldsymbol{\beta}$ 的夹角 θ 规定为

$$\theta=\arccos\frac{[\boldsymbol{\alpha},\boldsymbol{\beta}]}{\|\boldsymbol{\alpha}\|\|\boldsymbol{\beta}\|}\ (0\leqslant\theta\leqslant\pi).$$

当 $[\boldsymbol{\alpha},\boldsymbol{\beta}]=0$ 时, 称 $\boldsymbol{\alpha}$ 与 $\boldsymbol{\beta}$ **正交**.

定理 7.10 (勾股定理)　在 Euclid 空间中, 若 $\boldsymbol{\alpha}$ 与 $\boldsymbol{\beta}$ 正交, 则 $\|\boldsymbol{\alpha}+\boldsymbol{\beta}\|^2=\|\boldsymbol{\alpha}\|^2+\|\boldsymbol{\beta}\|^2$.

证　$\|\boldsymbol{\alpha}+\boldsymbol{\beta}\|^2=[\boldsymbol{\alpha}+\boldsymbol{\beta},\boldsymbol{\alpha}+\boldsymbol{\beta}]=\|\boldsymbol{\alpha}\|^2+2[\boldsymbol{\alpha},\ \boldsymbol{\beta}]+\|\boldsymbol{\beta}\|^2=\|\boldsymbol{\alpha}\|^2+\|\boldsymbol{\beta}\|^2$.

定义 7.14　Euclid 空间中, 对于任意的向量 $\boldsymbol{\alpha},\boldsymbol{\beta}$, 称 $\|\boldsymbol{\alpha}-\boldsymbol{\beta}\|$ 是 $\boldsymbol{\alpha}$ 与 $\boldsymbol{\beta}$ 的**距离**, 记为

$$d(\boldsymbol{\alpha},\boldsymbol{\beta})=\|\boldsymbol{\alpha}-\boldsymbol{\beta}\|.$$

可以证明距离具有以下性质:

(1) 非负性, $d(\boldsymbol{\alpha},\boldsymbol{\beta})\geqslant 0$, 当且仅当 $\boldsymbol{\alpha}=\boldsymbol{\beta}$ 时, $d(\boldsymbol{\alpha},\boldsymbol{\beta})=0$;

(2) 对称性, $d(\boldsymbol{\alpha},\boldsymbol{\beta})=d(\boldsymbol{\beta},\boldsymbol{\alpha})$;

(3) 三角不等式, $d(\boldsymbol{\alpha},\boldsymbol{\beta})\leqslant d(\boldsymbol{\alpha},\boldsymbol{\gamma})+d(\boldsymbol{\gamma},\boldsymbol{\beta})$.

第6章介绍的 n 维向量空间 $\mathbf{R}^n$ 有标准正交基, Euclid空间同样具有标准正交基. 研究 $\mathbf{R}^n$ 的过程中用到的正交化、正交矩阵、正交变换等相关理论和方法在 Euclid 空间中都有相应的推广.

习　题　七

A　　组

1. 填空题

(1) 若 $\begin{pmatrix}1\\3\\4\end{pmatrix},\begin{pmatrix}0\\-1\\2\end{pmatrix},\begin{pmatrix}0\\0\\k\end{pmatrix}$ 是线性空间 $\mathbf{R}^3$ 的基, 则 k 的取值范围是________.

(2) 设全体三阶上三角形矩阵构成的线性空间为 V, 则它的维数是________.

(3) 向量组 $(1,1,0,-1),(1,2,3,0),(2,3,3,-1)$ 生成的向量空间的维数是________.

(4) 设 $\boldsymbol{\alpha}_1=(1,2,-1,0)^{\mathrm{T}},\boldsymbol{\alpha}_2=(1,1,0,2)^{\mathrm{T}},\boldsymbol{\alpha}_3=(2,1,1,a)^{\mathrm{T}}$，若由 $\boldsymbol{\alpha}_1,\boldsymbol{\alpha}_2,\boldsymbol{\alpha}_3$ 生成的向量空间的维数为 2，则 $a=$________.

(5) 设 $\boldsymbol{\alpha}_1=\begin{pmatrix}1\\0\\1\end{pmatrix},\boldsymbol{\alpha}_2=\begin{pmatrix}0\\1\\1\end{pmatrix},\boldsymbol{\alpha}_3=\begin{pmatrix}1\\1\\0\end{pmatrix}$ 是向量空间 V_3 的一个基，则向量 $\boldsymbol{\alpha}=\begin{pmatrix}1\\1\\1\end{pmatrix}$ 在该基下的坐标是________.

(6) 在线性空间 $P[x]_2$ 中，向量 $4-5x+6x^2$ 在基 $1,2x,3x^2$ 下的坐标为________.

(7) 线性空间 $P[x]_2$ 中的元素 $f(x)=x^2+x+1$ 在基 $1,x-1,(x-1)(x-2)$ 下的坐标是________.

(8) 全体二阶方阵构成的线性空间中，$\boldsymbol{A}=\begin{pmatrix}4&3\\2&1\end{pmatrix}$ 在基

$$\boldsymbol{A}_1=\begin{pmatrix}1&0\\0&0\end{pmatrix},\quad \boldsymbol{A}_2=\begin{pmatrix}1&1\\0&0\end{pmatrix},\quad \boldsymbol{A}_3=\begin{pmatrix}1&1\\1&0\end{pmatrix},\quad \boldsymbol{A}_4=\begin{pmatrix}1&1\\1&1\end{pmatrix}$$

下的坐标是________.

(9) 若向量 $\boldsymbol{a}_1=\begin{pmatrix}1\\1\\1\end{pmatrix},\boldsymbol{a}_2=\begin{pmatrix}0\\1\\1\end{pmatrix},\boldsymbol{a}_3=\begin{pmatrix}0\\0\\1\end{pmatrix}$ 是向量空间 V_3 的一个基，$\boldsymbol{a}$ 在该基下的坐标是 $\begin{pmatrix}1\\2\\3\end{pmatrix}$，则 $\boldsymbol{a}=$________.

(10) 若线性空间 $P[x]_3$ 中 $f(x)$ 在基 $1,-x+2,x^2-3,x^3+4$ 下的坐标为 $\begin{pmatrix}1\\-1\\2\\-2\end{pmatrix}$，则 $f(x)=$________.

(11) $\mathbf{R}^2$ 中从基 $\boldsymbol{\alpha}_1=\begin{pmatrix}1\\0\end{pmatrix}$，$\boldsymbol{\alpha}_2=\begin{pmatrix}1\\-1\end{pmatrix}$ 到基 $\boldsymbol{\beta}_1=\begin{pmatrix}1\\1\end{pmatrix},\boldsymbol{\beta}_2=\begin{pmatrix}1\\2\end{pmatrix}$ 的过渡矩阵是________.

(12) 在线性空间 $P[x]_2$ 中，由基 $1,x,x^2$ 到基 $1,1-x,(1-x)^2$ 的过渡矩阵为________.

(13) 若 $\mathbf{R}^3$ 中从基 $\boldsymbol{\alpha}_1=\begin{pmatrix}1\\0\\0\end{pmatrix}$，$\boldsymbol{\alpha}_2=\begin{pmatrix}2\\2\\0\end{pmatrix},\boldsymbol{\alpha}_3=\begin{pmatrix}3\\3\\3\end{pmatrix}$ 到基 $\boldsymbol{\beta}_1$，$\boldsymbol{\beta}_2,\boldsymbol{\beta}_3$ 的过渡矩阵是 $\begin{pmatrix}0&0&1\\0&1&0\\1&0&0\end{pmatrix}$，则 $(\boldsymbol{\beta}_1,\boldsymbol{\beta}_2,\boldsymbol{\beta}_3)=$________.

(14) 若对于线性变换 T，有 $T(\boldsymbol{\alpha}_1)=(0,1,-1),T(\boldsymbol{\alpha}_2)=(1,2,-3)$，则 $T(\boldsymbol{\alpha}_1+\boldsymbol{\alpha}_2)=$________.

(15) 对于线性变换 T，若 $T(\boldsymbol{\alpha}_1),T(\boldsymbol{\alpha}_2),T(\boldsymbol{\alpha}_3),T(\boldsymbol{\alpha}_4)$ 线性无关，则 $\boldsymbol{\alpha}_1,\boldsymbol{\alpha}_2,\boldsymbol{\alpha}_3,\boldsymbol{\alpha}_4$ 的秩是________.

2. 选择题

(1) 下列向量集合对向量的加法和数乘运算构成线性空间的是(　　).

A. $V=\{\boldsymbol{x}=(x_1,x_2,\cdots,x_n)\,|\,x_1+2x_2+\cdots+nx_n=0,x_i\in\mathbf{R}\}$

B. $V=\{\boldsymbol{x}=(x_1,x_2,\cdots,x_n)\,|\,x_1+2x_2+\cdots+nx_n=1,x_i\in\mathbf{R}\}$

C. $V=\{\boldsymbol{x}=(x_1,x_2,\cdots,x_n)\,|\,x_1\cdot x_2\cdot\cdots\cdot x_n=0,x_i\in\mathbf{R}\}$

D. $V=\{\boldsymbol{x}=(x_1,x_2,\cdots,x_n)\,|\,x_1^2+x_2^2+\cdots+x_n^2=1,x_i\in\mathbf{R}\}$

(2) 下列三维向量的集合中，(　　)是 $\mathbf{R}^3$ 的子空间.

A. $\{(x_1,x_2,x_3)\,|\,x_1\cdot x_2\cdot x_3\leqslant 0;x_1,x_2,x_3\in\mathbf{R}\}$

B. $\{(x_1,x_2,x_3)\,|\,x_1^2+x_2^2+x_3^2=1;x_1,x_2,x_3\in\mathbf{R}\}$

C. $\{(x_1,x_2,x_3)\,|\,x_1=x_2=x_3;x_1,x_2,x_3\in\mathbf{R}\}$

D. $\{(x_1,x_2,x_3)\,|\,x_1\geqslant x_2\geqslant x_3;x_1,x_2,x_3\in\mathbf{R}\}$

(3) 在 $V_2=\{(a,b)\,|\,a,b\in\mathbf{R}\}$ 中，下列向量集合构成子空间的是(　　).

A. (0,0), (0,1), (1,0) 组成的集合　　B. (0,0) 组成的集合

C. 所有形如 $(x,1)$ 的向量组成的集合　　D. 满足 $x+y=1$ 的所有 (x,y) 组成的集合

(4) 下列说法中正确的是(　　).

A. 任何线性空间中一定含有零向量

B. 由 r 个向量生成的子空间一定是 r 维的

C. 次数为 n 的全体多项式对于多项式的加法和数乘构成线性空间

D. 在 n 维向量空间 V 中，所有分量等于1的全体向量的集合构成 V 的子空间

(5) 下列说法中错误的是(　　).

A. 若向量空间 V 中任何向量都可以由向量组 $\boldsymbol{\alpha}_1,\boldsymbol{\alpha}_2,\cdots,\boldsymbol{\alpha}_n$ 线性表示，则 $\boldsymbol{\alpha}_1,\boldsymbol{\alpha}_2,\cdots,\boldsymbol{\alpha}_n$ 是 V 的一个基

B. 若 n 维向量空间 V 中任何向量都可以由向量组 $\boldsymbol{\alpha}_1,\boldsymbol{\alpha}_2,\cdots,\boldsymbol{\alpha}_n$ 线性表示，则 $\boldsymbol{\alpha}_1,\boldsymbol{\alpha}_2,\cdots,\boldsymbol{\alpha}_n$ 是 V 的一个基

C. 若 $n-1$ 维向量空间 V 中任何向量都可以由向量组 $\boldsymbol{\alpha}_1,\boldsymbol{\alpha}_2,\cdots,\boldsymbol{\alpha}_n$ 线性表示，则 $\boldsymbol{\alpha}_1,\boldsymbol{\alpha}_2,\cdots,\boldsymbol{\alpha}_n$ 不是 V 的一个基

D. n 维向量空间 V 的任一个基必定含有 n 个向量

(6) 设 $\boldsymbol{\alpha}_1,\boldsymbol{\alpha}_2,\boldsymbol{\alpha}_3$ 是三维向量空间的基，则下列各向量组中仍为基的是(　　).

A. $\boldsymbol{\alpha}_2,\boldsymbol{\alpha}_1+\boldsymbol{\alpha}_3,\boldsymbol{\alpha}_1+\boldsymbol{\alpha}_2+\boldsymbol{\alpha}_3$

B. $\boldsymbol{\alpha}_1+\boldsymbol{\alpha}_3,\boldsymbol{\alpha}_1+2\boldsymbol{\alpha}_3,\boldsymbol{\alpha}_3$

C. $k\boldsymbol{\alpha}_1+\boldsymbol{\alpha}_2-\boldsymbol{\alpha}_3$，$-\boldsymbol{\alpha}_2+\boldsymbol{\alpha}_3,\boldsymbol{\alpha}_1$，其中 k 是任意常数

D. $\boldsymbol{\alpha}_1+k\boldsymbol{\alpha}_3$，$\boldsymbol{\alpha}_2+l\boldsymbol{\alpha}_3,\boldsymbol{\alpha}_3$，其中 k,l 是任意常数

(7) 若向量 $\boldsymbol{a}_1=\begin{pmatrix}1\\1\\1\end{pmatrix},\boldsymbol{a}_2=\begin{pmatrix}1\\1\\2\end{pmatrix},\boldsymbol{a}_3=\begin{pmatrix}1\\2\\3\end{pmatrix}$ 是向量空间 V_3 的一个基，则 $\boldsymbol{a}=\begin{pmatrix}6\\9\\14\end{pmatrix}$ 在该基下的坐标是(　　).

A. $\begin{pmatrix}3\\1\\2\end{pmatrix}$　　B. $\begin{pmatrix}1\\2\\3\end{pmatrix}$　　C. $\begin{pmatrix}1\\2\\1\end{pmatrix}$　　D. $\begin{pmatrix}3\\2\\1\end{pmatrix}$

(8) 全体二阶方阵构成的线性空间中，$\boldsymbol{A}=\begin{pmatrix}a_{11}&a_{12}\\a_{21}&a_{22}\end{pmatrix}$ 在基 $\boldsymbol{A}_1=\begin{pmatrix}1&0\\0&0\end{pmatrix}$，$\boldsymbol{A}_2=\begin{pmatrix}0&0\\0&1\end{pmatrix}$，$\boldsymbol{A}_3=\begin{pmatrix}0&1\\1&0\end{pmatrix}$，$\boldsymbol{A}_4=\begin{pmatrix}0&1\\-1&0\end{pmatrix}$ 下的坐标是(　　).

A. $\begin{pmatrix}a_{11}\\a_{22}\\\dfrac{a_{12}+a_{21}}{2}\\\dfrac{a_{12}-a_{21}}{2}\end{pmatrix}$　　B. $\begin{pmatrix}a_{11}\\a_{22}\\\dfrac{a_{12}-a_{21}}{2}\\\dfrac{a_{12}+a_{21}}{2}\end{pmatrix}$　　C. $\begin{pmatrix}a_{11}\\-a_{22}\\\dfrac{a_{12}-a_{21}}{2}\\\dfrac{a_{12}-a_{21}}{2}\end{pmatrix}$　　D. $\begin{pmatrix}-a_{11}\\a_{22}\\\dfrac{a_{12}+a_{21}}{2}\\\dfrac{a_{12}+a_{21}}{2}\end{pmatrix}$

(9) 在线性空间 $P[x]_2$ 中，向量 $3+7x+2x^2$ 在基 $x+1,x^2-x,x^2+x$ 下的坐标为(　　).

A. $\begin{pmatrix}3\\-2\\1\end{pmatrix}$　　B. $\begin{pmatrix}-1\\2\\3\end{pmatrix}$　　C. $\begin{pmatrix}3\\-1\\3\end{pmatrix}$　　D. $\begin{pmatrix}2\\-1\\3\end{pmatrix}$

(10) 设 $\boldsymbol{\alpha}_1,\boldsymbol{\alpha}_2,\boldsymbol{\alpha}_3$ 是三维向量空间 $\mathbf{R}^3$ 的一组基，则由基 $\boldsymbol{\alpha}_1,\dfrac{1}{2}\boldsymbol{\alpha}_2,\dfrac{1}{3}\boldsymbol{\alpha}_3$ 到基 $\boldsymbol{\alpha}_1+\boldsymbol{\alpha}_2,\boldsymbol{\alpha}_2+\boldsymbol{\alpha}_3,\boldsymbol{\alpha}_3+\boldsymbol{\alpha}_1$ 的过渡矩阵为(　　).

A. $\begin{pmatrix}1&0&1\\2&2&0\\0&3&3\end{pmatrix}$　　B. $\begin{pmatrix}1&2&0\\0&2&3\\1&0&3\end{pmatrix}$

C. $\begin{pmatrix}\frac{1}{2}&\frac{1}{4}&-\frac{1}{6}\\-\frac{1}{2}&\frac{1}{4}&\frac{1}{6}\\\frac{1}{2}&-\frac{1}{4}&\frac{1}{6}\end{pmatrix}$　　D. $\begin{pmatrix}\frac{1}{2}&-\frac{1}{2}&\frac{1}{2}\\\frac{1}{4}&\frac{1}{4}&-\frac{1}{4}\\-\frac{1}{6}&\frac{1}{6}&\frac{1}{6}\end{pmatrix}$

(11) 三维向量空间 $\mathbf{R}^3$ 中从基 $\boldsymbol{\alpha}_1=\begin{pmatrix}1\\0\\1\end{pmatrix}$，$\boldsymbol{\alpha}_2=\begin{pmatrix}0\\1\\0\end{pmatrix},\boldsymbol{\alpha}_3=\begin{pmatrix}1\\2\\2\end{pmatrix}$ 到基 $\boldsymbol{\beta}_1=\begin{pmatrix}1\\0\\0\end{pmatrix}$，$\boldsymbol{\beta}_2=\begin{pmatrix}1\\1\\0\end{pmatrix}$，

$\boldsymbol{\beta}_3=\begin{pmatrix}1\\1\\1\end{pmatrix}$ 的过渡矩阵是( ).

A. $\begin{pmatrix}2&-2&1\\-2&3&1\\1&1&0\end{pmatrix}$ B. $\begin{pmatrix}2&2&1\\2&3&1\\-1&-1&0\end{pmatrix}$

C. $\begin{pmatrix}2&-2&1\\2&3&-1\\-1&-1&0\end{pmatrix}$ D. $\begin{pmatrix}2&2&-1\\2&-3&1\\1&1&0\end{pmatrix}$

(12) 设 $\boldsymbol{\alpha}_1,\boldsymbol{\alpha}_2,\boldsymbol{\alpha}_3,\boldsymbol{\alpha}_4$ 是 V_4 的一个基，则从基 $\boldsymbol{\alpha}_1,\boldsymbol{\alpha}_2,\boldsymbol{\alpha}_3,\boldsymbol{\alpha}_4$ 到基 $\boldsymbol{\alpha}_1+\boldsymbol{\alpha}_2,\boldsymbol{\alpha}_2+\boldsymbol{\alpha}_3$，$\boldsymbol{\alpha}_3+\boldsymbol{\alpha}_4$，$\boldsymbol{\alpha}_4-\boldsymbol{\alpha}_1$ 的过渡矩阵是( ).

A. $\begin{pmatrix}1&0&0&-1\\1&1&0&0\\0&1&1&0\\0&0&1&1\end{pmatrix}$ B. $\begin{pmatrix}1&0&0&1\\1&1&0&0\\0&1&1&0\\0&0&1&-1\end{pmatrix}$

C. $\begin{pmatrix}1&0&0&-1\\0&1&0&0\\0&1&1&0\\1&0&1&1\end{pmatrix}$ D. $\begin{pmatrix}1&0&0&1\\1&1&0&0\\0&0&1&0\\0&1&1&1\end{pmatrix}$

(13) 若 $\boldsymbol{\alpha}_1,\boldsymbol{\alpha}_2,\boldsymbol{\alpha}_3$ 与 $\boldsymbol{\beta}_1,\boldsymbol{\beta}_2,\boldsymbol{\beta}_3$ 是三维向量空间 $\mathbf{R}^3$ 的基，从基 $\boldsymbol{\alpha}_1,\boldsymbol{\alpha}_2,\boldsymbol{\alpha}_3$ 到基 $\boldsymbol{\beta}_1,\boldsymbol{\beta}_2,\boldsymbol{\beta}_3$ 的过渡矩阵是 $\begin{pmatrix}2&2&3\\1&-1&0\\-1&2&1\end{pmatrix}$，则 $\boldsymbol{\alpha}_1-2\boldsymbol{\alpha}_2+4\boldsymbol{\alpha}_3$ 在基 $\boldsymbol{\beta}_1,\boldsymbol{\beta}_2,\boldsymbol{\beta}_3$ 下的坐标是( ).

A. $\begin{pmatrix}-3\\-1\\3\end{pmatrix}$ B. $\begin{pmatrix}3\\-1\\-3\end{pmatrix}$ C. $\begin{pmatrix}3\\-1\\3\end{pmatrix}$ D. $\begin{pmatrix}3\\1\\-3\end{pmatrix}$

(14) V_2 的下列变换( )不是线性变换.

A. $T(x,y)=(0,0)$

B. $T(x,y)=(ax+by,cx+dy)$，a,b,c,d 是实数

C. $T(x,y)=(x+y,1)$

D. $T(x,y)=(0,x-y)$

(15) 下列说法正确的是( ).

A. 在线性变换下，零元素的像一定是零元素

B. 在线性变换下，零元素的像可能是非零元素

C. 在线性变换下, 非零元素的像一定是非零元素

D. 在线性变换下, 非零元素的像一定是零元素

3. 验证以下集合对于矩阵的加法和乘数运算构成线性空间, 并写出每个空间的一个基:

(1) 主对角线上元素之和等于 0 的二阶矩阵的全体 S_1;

(2) 二阶对称矩阵的全体 S_2.

4. 验证: 与向量 $(0,1,0)^{\mathrm{T}}$ 不平行的全体三维数组向量, 对于数组向量的加法和数乘运算不构成线性空间.

5. 设 U 是线性空间 V 的一个子空间, 证明: 若 U 与 V 的维数相等, 则 $U=V$.

6. 判断 $\mathbf{R}^{2\times3}$ 的下列子集是否构成子空间, 说明理由.

(1) $W_1=\left\{\begin{pmatrix}1 & a & 0\\ 0 & b & c\end{pmatrix}\middle| a,b,c\in\mathbf{R}\right\}$;

(2) $W_2=\left\{\begin{pmatrix}a & b & 0\\ 0 & c & 0\end{pmatrix}\middle| a+b+c=0, a,b,c\in\mathbf{R}\right\}$.

7. 判断 $\mathbf{R}^{2\times2}$ 的下列子集是否构成子空间, 说明理由.

(1) 由所有行列式为零的矩阵所组成的集合 W_1;

(2) 由所有满足 $\boldsymbol{A}^2=\boldsymbol{A}$ 的矩阵组成的集合 W_2.

8. 在 $\mathbf{R}^3$ 中求向量 $\boldsymbol{\alpha}=(-2,7,6)^{\mathrm{T}}$ 在基 $\boldsymbol{\alpha}_1=(2,0,-1)^{\mathrm{T}},\boldsymbol{\alpha}_2=(1,3,2)^{\mathrm{T}},\boldsymbol{\alpha}_3=(-2,1,1)^{\mathrm{T}}$ 下的坐标.

9. $\mathbf{R}^3$ 中两个基为

$$\boldsymbol{\alpha}_1=(1,1,1)^{\mathrm{T}},\quad \boldsymbol{\alpha}_2=(1,0,-1)^{\mathrm{T}},\quad \boldsymbol{\alpha}_3=(1,0,1)^{\mathrm{T}};$$

$$\boldsymbol{\beta}_1=(1,2,1)^{\mathrm{T}},\quad \boldsymbol{\beta}_2=(2,3,4)^{\mathrm{T}},\quad \boldsymbol{\beta}_3=(3,4,5)^{\mathrm{T}}.$$

求由基 $\boldsymbol{\alpha}_1,\boldsymbol{\alpha}_2,\boldsymbol{\alpha}_3$ 到基 $\boldsymbol{\beta}_1,\boldsymbol{\beta}_2,\boldsymbol{\beta}_3$ 的过渡矩阵.

10. 在 $\mathbf{R}^3$ 中, 取两个基

$$\boldsymbol{e}_1=(1,0,0)^{\mathrm{T}},\quad \boldsymbol{e}_2=(0,1,0)^{\mathrm{T}},\quad \boldsymbol{e}_3=(0,0,1)^{\mathrm{T}};$$

$$\boldsymbol{\alpha}_1=(1,0,0)^{\mathrm{T}},\quad \boldsymbol{\alpha}_2=(1,1,0)^{\mathrm{T}},\quad \boldsymbol{\alpha}_3=(1,1,1)^{\mathrm{T}}.$$

(1) 求由基 $\boldsymbol{e}_1,\boldsymbol{e}_2,\boldsymbol{e}_3$ 到基 $\boldsymbol{\alpha}_1,\boldsymbol{\alpha}_2,\boldsymbol{\alpha}_3$ 的过渡矩阵;

(2) 已知由基 $\boldsymbol{\alpha}_1,\boldsymbol{\alpha}_2,\boldsymbol{\alpha}_3$ 到基 $\boldsymbol{\beta}_1,\boldsymbol{\beta}_2,\boldsymbol{\beta}_3$ 的过渡矩阵为 $\boldsymbol{A}=\begin{pmatrix}1 & -1 & 0\\ 0 & 1 & -1\\ 0 & 0 & 1\end{pmatrix}$, 求 $\boldsymbol{\beta}_1,\boldsymbol{\beta}_2,\boldsymbol{\beta}_3$;

(3) 已知 $\boldsymbol{\alpha}$ 在基 $\boldsymbol{\beta}_1,\boldsymbol{\beta}_2,\boldsymbol{\beta}_3$ 下的坐标为 $(1,2,3)^{\mathrm{T}}$, 求 $\boldsymbol{\alpha}$ 在基 $\boldsymbol{\alpha}_1,\boldsymbol{\alpha}_2,\boldsymbol{\alpha}_3$ 下的坐标.

11. 在 $\mathbf{R}^4$ 中取两个基 $\begin{cases} \boldsymbol{e}_1=(1,0,0,0)^{\mathrm{T}}, \\ \boldsymbol{e}_2=(0,1,0,0)^{\mathrm{T}}, \\ \boldsymbol{e}_3=(0,0,1,0)^{\mathrm{T}}, \\ \boldsymbol{e}_4=(0,0,0,1)^{\mathrm{T}}, \end{cases}$ $\begin{cases} \boldsymbol{\alpha}_1=(2,1,-1,1)^{\mathrm{T}}, \\ \boldsymbol{\alpha}_2=(0,3,1,0)^{\mathrm{T}}, \\ \boldsymbol{\alpha}_3=(5,3,2,1)^{\mathrm{T}}, \\ \boldsymbol{\alpha}_4=(6,6,1,3)^{\mathrm{T}}. \end{cases}$ 求:

(1) 前一个基到后一个基的过渡矩阵;

(2) 向量 $(x_1,x_2,x_3,x_4)^{\mathrm{T}}$ 在后一个基下的坐标;

(3) 在两个基下有相同坐标的向量.

12. 说明 xOy 平面上变换 $T\begin{pmatrix} x \\ y \end{pmatrix}=\boldsymbol{A}\begin{pmatrix} x \\ y \end{pmatrix}$ 的几何意义, 其中

(1) $\boldsymbol{A}=\begin{pmatrix} -1 & 0 \\ 0 & 1 \end{pmatrix}$;　(2) $\boldsymbol{A}=\begin{pmatrix} 0 & 0 \\ 0 & 1 \end{pmatrix}$;　(3) $\boldsymbol{A}=\begin{pmatrix} 0 & 1 \\ 1 & 0 \end{pmatrix}$;　(4) $\boldsymbol{A}=\begin{pmatrix} 0 & 1 \\ -1 & 0 \end{pmatrix}$.

13. n 阶对称矩阵的全体 V 对于矩阵的线性运算构成一个 $\dfrac{n(n+1)}{2}$ 维线性空间. 给定 n 阶矩阵 $\boldsymbol{P}$, 以 $\boldsymbol{A}$ 表示 V 中的任一元素, 变换

$$T(\boldsymbol{A})=\boldsymbol{P}^{\mathrm{T}}\boldsymbol{A}\boldsymbol{P}$$

称为合同变换. 证明合同变换 T 是 V 中的线性变换.

14. 设 $\mathbf{R}^3$ 中 $\boldsymbol{\alpha}_1,\boldsymbol{\alpha}_2,\boldsymbol{\alpha}_3$ 是一个基, 且线性变换 T 在此基下的矩阵为 $\boldsymbol{A}=\begin{pmatrix} 4 & 6 & 0 \\ -3 & -5 & 0 \\ -3 & -6 & 1 \end{pmatrix}$,

(1) 证明: $-\boldsymbol{\alpha}_1+\boldsymbol{\alpha}_2+\boldsymbol{\alpha}_3,\boldsymbol{\alpha}_3,-2\boldsymbol{\alpha}_1+\boldsymbol{\alpha}_2$ 也是 $\mathbf{R}^3$ 的一个基;

(2) 求线性变换 T 在此基下的矩阵.

15. 函数集合 $V_3=\{\boldsymbol{\alpha}=(a_2x^2+a_1x+a_0)\mathrm{e}^x \mid a_2,a_1,a_0\in\mathbf{R}\}$ 对于函数的线性运算构成三维线性空间. 在 V_3 中取一个基 $\boldsymbol{\alpha}_1=x^2\mathrm{e}^x,\boldsymbol{\alpha}_2=x\mathrm{e}^x,\boldsymbol{\alpha}_3=\mathrm{e}^x$, 求微分运算 D 在这个基下的矩阵.

16. 二阶对称矩阵的全体 $V_3=\left\{\boldsymbol{A}=\begin{pmatrix} x_1 & x_2 \\ x_2 & x_3 \end{pmatrix} \middle| x_1,x_2,x_3\in\mathbf{R}\right\}$ 对于矩阵的线性运算构成三维线性空间. 在 V_3 中取一个基 $\boldsymbol{A}_1=\begin{pmatrix} 1 & 0 \\ 0 & 0 \end{pmatrix},\boldsymbol{A}_2=\begin{pmatrix} 0 & 1 \\ 1 & 0 \end{pmatrix},\boldsymbol{A}_3=\begin{pmatrix} 0 & 0 \\ 0 & 1 \end{pmatrix}$, 在 V_3 中定义合同变换 $T(\boldsymbol{A})=\begin{pmatrix} 1 & 0 \\ 1 & 1 \end{pmatrix}\boldsymbol{A}\begin{pmatrix} 1 & 1 \\ 0 & 1 \end{pmatrix}$, 求 T 在基 $\boldsymbol{A}_1,\boldsymbol{A}_2,\boldsymbol{A}_3$ 下的矩阵.

17. 设 $\boldsymbol{A}$ 是一个正定矩阵, 向量 $\boldsymbol{\alpha}=(x_1,x_2,\cdots,x_n)$, $\boldsymbol{\beta}=(y_1,y_2,\cdots,y_n)$. 在 $\mathbf{R}^n$ 中定义内积 $[\boldsymbol{\alpha},\boldsymbol{\beta}]$ 为 $[\boldsymbol{\alpha},\boldsymbol{\beta}]=\boldsymbol{\alpha}\boldsymbol{A}\boldsymbol{\beta}^{\mathrm{T}}$. 证明在这个定义之下, $\mathbf{R}^n$ 是一个 Euclid 空间.

18. 设 V 是一个 n 维 Euclid 空间, $\boldsymbol{\alpha}\neq\mathbf{0}$ 是 V 中一固定向量, 证明:

$$V_1=\{\boldsymbol{x} \mid [\boldsymbol{x},\boldsymbol{\alpha}]=0,\boldsymbol{x}\in V\}$$

是 V 的一个子空间.

B 组

1. 求二阶矩阵构成的线性空间 $\mathbf{R}^{2\times 2}$ 中元素 $\boldsymbol{A}=\begin{pmatrix}0 & 1\\ 2 & -3\end{pmatrix}$ 在基

$$\boldsymbol{G}_1=\begin{pmatrix}0 & 1\\ 1 & 1\end{pmatrix},\quad \boldsymbol{G}_2=\begin{pmatrix}1 & 0\\ 1 & 1\end{pmatrix},\quad \boldsymbol{G}_3=\begin{pmatrix}1 & 1\\ 0 & 1\end{pmatrix},\quad \boldsymbol{G}_4=\begin{pmatrix}1 & 1\\ 1 & 0\end{pmatrix}$$

下的坐标.

2. 在二阶矩阵构成的线性空间 $\mathbf{R}^{2\times 2}$ 中,

(1) 求基

$$\boldsymbol{E}_1=\begin{pmatrix}1 & 0\\ 0 & 0\end{pmatrix},\quad \boldsymbol{E}_2=\begin{pmatrix}0 & 1\\ 0 & 0\end{pmatrix},\quad \boldsymbol{E}_3=\begin{pmatrix}0 & 0\\ 1 & 0\end{pmatrix},\quad \boldsymbol{E}_4=\begin{pmatrix}0 & 0\\ 0 & 1\end{pmatrix}$$

到基

$$\boldsymbol{F}_1=\begin{pmatrix}2 & 1\\ -1 & 1\end{pmatrix},\quad \boldsymbol{F}_2=\begin{pmatrix}0 & 3\\ 1 & 0\end{pmatrix},\quad \boldsymbol{F}_3=\begin{pmatrix}5 & 3\\ 2 & 1\end{pmatrix},\quad \boldsymbol{F}_4=\begin{pmatrix}6 & 6\\ 1 & 3\end{pmatrix}$$

的过渡矩阵;

(2) 分别求向量 $\boldsymbol{M}=\begin{pmatrix}a_{11} & a_{12}\\ a_{21} & a_{22}\end{pmatrix}$ 在基 $\boldsymbol{E}_1$, $\boldsymbol{E}_2$, $\boldsymbol{E}_3$, $\boldsymbol{E}_4$ 和基 $\boldsymbol{F}_1,\boldsymbol{F}_2,\boldsymbol{F}_3,\boldsymbol{F}_4$ 下的坐标;

(3) 求一个非零向量 $\boldsymbol{A}$, 使得 $\boldsymbol{A}$ 在这两个基下的坐标相等.

3. 设 T 是四维线性空间 V 的线性变换, T 在 V 的基 $\boldsymbol{\alpha}_1,\boldsymbol{\alpha}_2,\boldsymbol{\alpha}_3,\boldsymbol{\alpha}_4$ 下的矩阵为

$$\boldsymbol{A}=\begin{pmatrix}-1 & -2 & -2 & -2\\ 2 & 6 & 5 & 2\\ 0 & 0 & -1 & -2\\ 0 & 0 & 2 & 6\end{pmatrix}$$

求 T 在 V 的基 $\boldsymbol{\beta}_1=\boldsymbol{\alpha}_1$, $\boldsymbol{\beta}_2=-\boldsymbol{\alpha}_1+\boldsymbol{\alpha}_2$, $\boldsymbol{\beta}_3=-\boldsymbol{\alpha}_2+\boldsymbol{\alpha}_3$, $\boldsymbol{\beta}_4=-\boldsymbol{\alpha}_3+\boldsymbol{\alpha}_4$ 下的矩阵.

4. 设 $\boldsymbol{\alpha}_1,\boldsymbol{\alpha}_2,\cdots,\boldsymbol{\alpha}_n$ 是 $\mathbf{R}^n$ 的一个基.

(1) 证明 $\boldsymbol{\alpha}_1$, $\boldsymbol{\alpha}_1+\boldsymbol{\alpha}_2$, $\boldsymbol{\alpha}_1+\boldsymbol{\alpha}_2+\boldsymbol{\alpha}_3$, $\cdots$, $\boldsymbol{\alpha}_1+\boldsymbol{\alpha}_2+\cdots+\boldsymbol{\alpha}_n$ 也是 $\mathbf{R}^n$ 的一个基;

(2) 求由基 $\boldsymbol{\alpha}_1,\boldsymbol{\alpha}_2,\cdots,\boldsymbol{\alpha}_n$ 到基 $\boldsymbol{\alpha}_1,\boldsymbol{\alpha}_1+\boldsymbol{\alpha}_2,\boldsymbol{\alpha}_1+\boldsymbol{\alpha}_2+\boldsymbol{\alpha}_3,\cdots,\boldsymbol{\alpha}_1+\boldsymbol{\alpha}_2+\cdots+\boldsymbol{\alpha}_n$ 的过渡矩阵;

(3) 求向量 $\boldsymbol{\alpha}$ 在基 $\boldsymbol{\alpha}_1,\boldsymbol{\alpha}_2,\cdots,\boldsymbol{\alpha}_n$ 下的坐标 $(x_1,x_2,\cdots,x_n)^{\mathrm{T}}$ 和在基 $\boldsymbol{\alpha}_1,\boldsymbol{\alpha}_1+\boldsymbol{\alpha}_2,\boldsymbol{\alpha}_1+\boldsymbol{\alpha}_2+\boldsymbol{\alpha}_3,\cdots,\boldsymbol{\alpha}_1+\boldsymbol{\alpha}_2+\cdots+\boldsymbol{\alpha}_n$ 下的坐标 $(y_1,y_2,\cdots,y_n)^{\mathrm{T}}$ 间的变换公式.

5. 设 $\boldsymbol{\alpha}_1,\boldsymbol{\alpha}_2,\cdots,\boldsymbol{\alpha}_n$ 是 V 的一个基, 且 $(\boldsymbol{\beta}_1,\boldsymbol{\beta}_2,\cdots,\boldsymbol{\beta}_n)=(\boldsymbol{\alpha}_1,\boldsymbol{\alpha}_2,\cdots,\boldsymbol{\alpha}_n)\boldsymbol{A}$, 证明: $\boldsymbol{\beta}_1,\boldsymbol{\beta}_2,\cdots,\boldsymbol{\beta}_n$ 是 V 的一个基的充分必要条件是矩阵 $\boldsymbol{A}$ 为可逆矩阵.

6. 设 V_1, V_2 是线性空间 V 的两个不同的子空间, 且 $V_1\neq V$, $V_2\neq V$, 证明: 在 V 中存在向量 $\boldsymbol{\xi}$, 使得 $\boldsymbol{\xi}\notin V_1,\boldsymbol{\xi}\notin V_2$ 同时成立.

7. 设 $\boldsymbol{\alpha}_1,\boldsymbol{\alpha}_2,\cdots,\boldsymbol{\alpha}_n$ 与 $\boldsymbol{\beta}_1,\boldsymbol{\beta}_2,\cdots,\boldsymbol{\beta}_n$ 是 n 维线性空间 V 的两个基，证明:

(1) 在两组基下坐标完全相同的全体向量的集合 V_1 是 V 的子空间;

(2) 设基 $\boldsymbol{\alpha}_1,\boldsymbol{\alpha}_2,\cdots,\boldsymbol{\alpha}_n$ 到基 $\boldsymbol{\beta}_1,\boldsymbol{\beta}_2,\cdots,\boldsymbol{\beta}_n$ 的过渡矩阵是 $\boldsymbol{P}$，若 $R(\boldsymbol{E}-\boldsymbol{P})=r$，则 $\dim V_1=n-r$;

(3) 若 V 中的每个向量在这两个基下的坐标完全相同，则 $\boldsymbol{\alpha}_1=\boldsymbol{\beta}_1,\boldsymbol{\alpha}_2=\boldsymbol{\beta}_2,\cdots,\boldsymbol{\alpha}_n=\boldsymbol{\beta}_n$.

习题七部分难题详解

习题参考答案与提示

习　题　一

A　组

1. (1) x^3+2x^2+4x+3, x^3-2x-1, $x^5+4x^4+6x^3+6x^2+5x+2$; (2) $\frac{1}{4},1,-\frac{1}{4}$; (3) -1;

(4) $-4+3(x-1)-2(x-1)^3+(x-1)^4$; (5) $m+n$; (6) 1; (7) $f(b/a)$; (8) $x^3-6x^2+12x-6$;

(9) $a=b$; (10) 1或3; (11) $\frac{-1\pm\sqrt{3}\mathrm{i}}{2}$; (12) $\neq 0$; (13) $b\,|\,a_0$; (14) 8;

(15) $1+\mathrm{i}$, $1-\mathrm{i}$, $1+\sqrt{2}$, $1-\sqrt{2}$.

2. (1) C; (2) D; (3) D; (4) B; (5) C; (6) B; (7) A; (8) B; (9) D; (10) D; (11) D; (12) D; (13) B; (14) B; (15) D.

3. 是.

4. (1) $q(x)=\frac{1}{3}x-\frac{7}{9}$, $r(x)=-\frac{26}{9}x-\frac{2}{9}$; (2) $q(x)=x^2+x-1$, $r(x)=-5x+7$.

5. 设 $f(x)=(x-a)(x-b)q(x)+cx+d$.

6. (1) $p=-1-m^2$, $q=m$; (2) $m=0, p=q+1$ 或者 $p=2-m^2$, $q=1$.

7. (1) $x+1$; (2) 1; (3) $x^2-2\sqrt{2}x-1$.

8. (1) $u(x)=-x-1$, $v(x)=x+2$; (2) $u(x)=-\frac{1}{3}x+\frac{1}{3}$, $v(x)=\frac{2}{3}x^2-\frac{2}{3}x-1$;

(3) $u(x)=-x-1$, $v(x)=x^3+x^2-3x-2$.

9. $t=-4, u=0$.

10. $A=1, B=-2$.

11. 由 $u_1(x)f(x)+v_1(x)g(x)=1$ 和 $u_2(x)f(x)+v_2(x)h(x)=1$ 导出

$$[u_2(x)+u_1(x)v_2(x)h(x)]f(x)+[v_1(x)v_2(x)]g(x)h(x)=1.$$

12. 由 $u(x)f(x)+v(x)g(x)=(f(x),g(x))$ 导出 $u(x)\frac{f(x)}{(f(x),g(x))}+v(x)\frac{g(x)}{(f(x),g(x))}=1$.

13. 考虑 $d(x)=u(x)f(x)+v(x)g(x)$.

14. 利用 $u(x)f(x)h(x)+v(x)g(x)h(x)=(f(x),g(x))h(x)$.

15. 导出 $u(x)\frac{f(x)}{(f(x),g(x))}+v(x)\frac{g(x)}{(f(x),g(x))}=1$.

16. 在实数域上 $x^4+1=(x^2+\sqrt{2}x+1)(x^2-\sqrt{2}x+1)$；复数域上

$$x^4+1=\left(x+\frac{\sqrt{2}}{2}-\frac{\sqrt{2}}{2}i\right)\left(x+\frac{\sqrt{2}}{2}+\frac{\sqrt{2}}{2}i\right)\left(x-\frac{\sqrt{2}}{2}-\frac{\sqrt{2}}{2}i\right)\left(x-\frac{\sqrt{2}}{2}+\frac{\sqrt{2}}{2}i\right);$$

有理数域上 x^4+1 是不可约多项式.

17. (1) $x=2$，单根；(2) $x=-\frac{1}{2}$，二重根；(3) $x=-1$，四重根，$x=3$，单根.

18. 由根与系数的关系得到 $\alpha_3=-2a$，再导出 $(2a)^3+p(2a)-q=0$.

19. 由 $f(1^n)=f(1)=0$ 得到 $f(x^n)=(x^n-1)g(x^n)$.

20. (1) 不可约；(2) 不可约；(3) 不可约；(4) 不可约；(5) 不可约.

B 组

1. (1) 利用等式两边多项式次数的关系；

(2) 复数域上命题不成立，可取 $f(x)=0$，$g(x)=x^n$，$h(x)=\mathrm{i}x^n$ 讨论.

2. 两个条件等式相加和相减得.

3. (1) 由 $f_1(x)f_2(x)=f_1(x)h_1(x)g_2(x)h(x)$ 导出 $f_2(x)=h_1(x)g_2(x)h(x)$；

(2) 否. 可取 $g_1(x)=x-2$，$g_2(x)=x^2-1$，$f_1(x)=(x-1)(x-2)$，$f_2(x)=(x+1)(x+2)$ 讨论.

4. $k=3$，$(f(x),g(x))=x+1$.

5. 由 $\left(\frac{f(x)}{d(x)},\frac{g(x)}{d(x)}\right)=1$ 得到 $\left(\left(\frac{f(x)}{d(x)}\right)^n,\left(\frac{g(x)}{d(x)}\right)^n\right)=1$，再导出 $u(x)f^n(x)+v(x)g^n(x)=d^n(x)$.

6. 导出 $f(x)=\frac{d}{ad-bc}f_1(x)-\frac{b}{ad-bc}g_1(x)$，$g(x)=\frac{-c}{ad-bc}f_1(x)+\frac{a}{ad-bc}g_1(x)$.

7. 注意 $u(x)f(x)+v(x)g(x)=d(x)$ 与 $u(x)f_1(x)+v(x)g_1(x)=1$ 的关系.

8. 必要性用反证法，充分性利用条件导出 $f(x)u(x)+g(x)(u(x)+f(x)v(x))=1$.

9. 利用条件导出 $f_1(1)=f_2(1)=0$.

10. 若 a 为 $f(x)$ 的一根，则 $a,a^n,a^{n^2},\cdots$ 也是 $f(x)$ 的根，再利用根的个数有限这一性质.

11. 用反证法，设 $f(x)=(x-\alpha)q(x)$，再由 $f(0)=-\alpha q(0)$，$f(1)=(1-\alpha)q(1)$ 得到 α 及 $\alpha-1$ 都是奇数，矛盾.

12. 设 α 是 x^2+x+1 的任一根，导出 α 也是 $x^{n+2}+(x+1)^{2n+1}$ 的根.

13. 用反证法. 设 $f(x)f(x)=g_1(x)g_2(x)$，再利用条件导出 $f(x)=-g_1^2(x)$，矛盾.

习 题 二

A 组

1. (1) $\sin 2\theta$；(2) $a=0$，$b=0$；(3) $i=8, k=3$；(4) $n(n-1)$，$\frac{n(n-1)}{2}$；(5) $\frac{n(n-1)}{2}-k$；

(6) 负号，负号；(7) $-(a_{11}+a_{22}+a_{33}+a_{44})$；(8) 1；(9) 2；(10) -5；(11) $-4!$；

(12) $\lambda^4+\lambda^3+2\lambda^2+3\lambda+4$；(13) a^4-4a^2；(14) $\begin{vmatrix}1&2&a\\4&5&b\\7&8&c\end{vmatrix}$；(15) -28；(16) $x=1,2,3$；

(17) $\lambda\neq 1$；(18) $\lambda=1$，$\mu=0$.

2. (1) A; (2) D; (3) C; (4) D; (5) D; (6) B; (7) B; (8) B; (9) B; (10) C; (11) D; (12) B; (13) A; (14) B; (15) C; (16) D.

3. (1) 19； (2) -64； (3) $3abc-a^3-b^3-c^3$； (4) 原式 $-2(x^3+y^3)$.

4. 考虑每一个乘积项的因子来自于行列式的不同行不同列.

5. x^3 的系数为 -2，x^4 的系数为 1 .

6. 将第 1 列的 1 000 倍、第 2 列的 100 倍、第 3 列的 10 倍都加到第 4 列上，并提出公因子.

7. (1) $2\,000$； (2) 0； (3) $4abcdef$ ； (4) $abcd+ab+cd+ad+1$.

8. $-\dfrac{1}{2}$.

9. (1) 将第 3 行化出两个零，再利用展开法则； (2) 首先将左边行列式按第 1 列拆分成两个行列式之和，然后多次利用行列式的性质； (3) 将 D 按最后一列拆分成两个行列式，再利用行列式性质.

10. (1) $D_1=a_1-b_1$，$D_2=(a_2-a_1)(b_2-b_1)$，$D_n=0(n\geqslant 3)$； (2) $x^n+(-1)^{n+1}y^n$； (3) $(-2)(n-2)!$；

(4) $-\sum\limits_{i=1}^{n}x_iy_i$； (5) $(-1)^{n-1}\dfrac{1}{2}(n+1)!$； (6) $\prod\limits_{1\leqslant j<i\leqslant n}(x_i-x_j)$； (7) $(x+(n-1)a)(x-a)^{n-1}$；

(8) $\left(\prod\limits_{i=1}^{n}a_i\right)\left(1+\sum\limits_{i=1}^{n}\dfrac{1}{a_i}\right)$； (9) $(-1)^n\left(m-\sum\limits_{i=1}^{n}x_i\right)m^{n-1}$； (10) $(-1)^{n-1}(n+1)2^{n-2}$； (11) $2^{n+1}-2$.

11. (1) 按第 1 列展开求得 $D_n=2D_{n-1}-D_{n-2}$，再递推;

(2) 按 D_n 的最后一行展开得到 $D_n=2\cos\alpha D_{n-1}-D_{n-2}$，再用数学归纳法.

12. (1) $x_1=1$，$x_2=0$，$x_3=-1$，$x_4=2$；

(2) $x_1=\dfrac{1\,507}{665}$，$x_2=\dfrac{-1\,145}{665}$，$x_3=\dfrac{703}{665}$，$x_4=\dfrac{-395}{665}$，$x_5=\dfrac{212}{665}$.

13. $\mu=0$，$\lambda=1$.

B 组

1. (1) $\prod\limits_{i=1}^{n}\lambda_i\left(1+\sum\limits_{i=1}^{n}\dfrac{a_i}{\lambda_i}\right)$； (2) $\dfrac{y(x-z)^n-z(x-y)^n}{y-z}$； (3) $\left(\sum\limits_{i=1}^{n}x_i\right)\prod\limits_{1\leqslant i<j\leqslant n}(x_j-x_i)$；

(4) $(\alpha-\beta)^{n-2}[\lambda\alpha+(n-2)\lambda\beta-(n-1)ab]$； (5) $(-1)^{\frac{n(n-1)}{2}}\dfrac{n+1}{2}n^{n-1}$，

(6) $x=0$ 时，$D_n=a_1a_2\cdots a_n$； $x=a_i\neq 0\ (i=1,2,\cdots,n)$ 时，$D_n=a_i(-1)^{i+i}\prod\limits_{j\neq i}(a_j-a_i)=a_i\prod\limits_{j\neq i}(a_j-a_i)$；

$x\neq 0,a_i(i=1,2,\cdots,n)$ 时，$x\prod\limits_{i=1}^{n}(a_i-x)\left(\dfrac{1}{x}+\sum\limits_{i=1}^{n}\dfrac{1}{a_i-x}\right)$.

2. (1) 按第一行展开得到 $D_n-aD_{n-1}=b^n$，$D_n-bD_{n-1}=a^n$，再联立求解，注意分 $a=b$ 和 $a\neq b$ 的情形讨论； (2) 按最后一列展开 $D_n=x_nD_{n-1}+(-1)^{n+1}a_n\prod\limits_{k=1}^{n-1}(-x_k)$，再用数学归纳法.

3. (1) 原式左边 $=\begin{vmatrix}1 & x & x & \cdots & x\\ 0 & a_{11}+x & a_{12}+x & \cdots & a_{1n}+x\\ 0 & a_{21}+x & a_{22}+x & \cdots & a_{2n}+x\\ \vdots & \vdots & \vdots & & \vdots\\ 0 & a_{n1}+x & a_{n2}+x & \cdots & a_{nn}+x\end{vmatrix}=\begin{vmatrix}1 & x & x & \cdots & x\\ -1 & a_{11} & a_{12} & \cdots & a_{1n}\\ -1 & a_{21} & a_{22} & \cdots & a_{2n}\\ \vdots & \vdots & \vdots & & \vdots\\ -1 & a_{n1} & a_{n2} & \cdots & a_{nn}\end{vmatrix}$，再利用行列式性质和展开法则； (2) 由(1) 的结论，令 $x=1$ 代入并展开.

习 题 三

A 组

1. (1) -3, $\begin{pmatrix}-1&-1&-1\\-1&-1&-1\\-1&-1&-1\end{pmatrix}$; (2) $\begin{pmatrix}0&0\\0&0\end{pmatrix}$, $\begin{pmatrix}3&3\\-3&-3\end{pmatrix}$; (3) $3^{n-1}\begin{pmatrix}1&\frac{1}{2}&\frac{1}{3}\\2&1&\frac{2}{3}\\3&\frac{3}{2}&1\end{pmatrix}$; (4) $\boldsymbol{O}$;

(5) $k^2(k-2^n)$; (6) 2^{n+1}, 2^n; (7) $\begin{pmatrix}a_1^{-1}&&&\\&a_2^{-1}&&\\&&\ddots&\\&&&a_n^{-1}\end{pmatrix}$, $\begin{pmatrix}&&&a_n^{-1}\\&&a_{n-1}^{-1}&\\&\iddots&&\\a_1^{-1}&&&\end{pmatrix}$; (8) $\frac{1}{10}\boldsymbol{A}$;

(9) 3; (10) $(-1)^{mn}ab$; (11) $-\boldsymbol{E}$; (12) 1; (13) -3; (14) 1; (15) 2;

(16) $\begin{pmatrix}4&0\\0&1\end{pmatrix}\begin{pmatrix}1&0\\-1&1\end{pmatrix}\begin{pmatrix}1&0\\0&-2\end{pmatrix}$; (17) -27.

2. (1) D; (2) C; (3) C; (4) C; (5) D; (6) C; (7) A; (8) A; (9) B; (10) B; (11) A; (12) C; (13) D; (14) D; (15) C; (16) A; (17) C; (18) B.

3. $\begin{pmatrix}2&6\\-4&-2\end{pmatrix}$, $\begin{pmatrix}3&3\\-1&1\end{pmatrix}$, $\begin{pmatrix}-1&9\\-8&-7\end{pmatrix}$, $\begin{pmatrix}5&6\\-5&-2\end{pmatrix}$, $\begin{pmatrix}-15&-12\\8&-7\end{pmatrix}$.

4. $\begin{pmatrix}-3&7&13\\-3&-13&15\\1&21&-3\end{pmatrix}$, $\begin{pmatrix}6&1&6\\0&-7&4\\2&5&-4\end{pmatrix}$.

5. (1) $ax+by+cz$; (2) $\begin{pmatrix}x^2&xy&xz\\xy&y^2&yz\\xz&yz&z^2\end{pmatrix}$; (3) $\begin{pmatrix}-3&6\\-2&4\\-1&2\end{pmatrix}$; (4) $\begin{pmatrix}35\\6\\49\end{pmatrix}$;

(5) $\begin{pmatrix}-2&-7&8\\-18&-5&10\end{pmatrix}$; (6) $\begin{pmatrix}a_{11}&a_{12}\\a_{21}&a_{22}\\a_{31}+ka_{11}&a_{32}+ka_{12}\end{pmatrix}$;

(7) $a_{11}x_1^2+a_{22}x_2^2+a_{33}x_3^2+2a_{12}x_1x_2+2a_{13}x_1x_3+2a_{23}x_2x_3$; (8) $\begin{pmatrix}1&2&9&-4\\0&1&2&2\\0&0&-4&9\\0&0&0&6\end{pmatrix}$.

6. (1) $\boldsymbol{AB}\neq\boldsymbol{BA}$; (2) $(\boldsymbol{A}+\boldsymbol{B})^2\neq\boldsymbol{A}^2+2\boldsymbol{AB}+\boldsymbol{B}^2$; (3) $(\boldsymbol{A}+\boldsymbol{B})(\boldsymbol{A}-\boldsymbol{B})\neq\boldsymbol{A}^2-\boldsymbol{B}^2$.

7. (1) $\boldsymbol{A}=\begin{pmatrix}1&1\\-1&-1\end{pmatrix}$; (2) $\boldsymbol{A}=\begin{pmatrix}1&0\\0&0\end{pmatrix}$; (3) $\boldsymbol{A}=\begin{pmatrix}1&0\\0&0\end{pmatrix}$, $\boldsymbol{X}=\begin{pmatrix}1&0\\0&0\end{pmatrix}$, $\boldsymbol{Y}=\begin{pmatrix}1&0\\0&1\end{pmatrix}$.

8. (1) $\begin{pmatrix}1&0\\k\lambda&1\end{pmatrix}$; (2) $\begin{pmatrix}\lambda^k&k\lambda^{k-1}&\frac{k(k-1)}{2}\lambda^{k-2}\\0&\lambda^k&k\lambda^{k-1}\\0&0&\lambda^k\end{pmatrix}$.

9. $\begin{pmatrix} x & y & z \\ 0 & x & y \\ 0 & 0 & x \end{pmatrix}$.

10. 利用对称矩阵的定义证明.

11. 利用对称矩阵和反对称矩阵的定义证明.

12. 注意到 $|\boldsymbol{E}+\boldsymbol{A}|=|\boldsymbol{A}^{\mathrm{T}}\boldsymbol{A}+\boldsymbol{A}|=|\boldsymbol{A}^{\mathrm{T}}+\boldsymbol{E}||\boldsymbol{A}|=|\boldsymbol{A}+\boldsymbol{E}||\boldsymbol{A}|$.

13. (1) $-\frac{1}{3}\begin{pmatrix} -11 & 4 & -8 \\ 4 & -2 & 1 \\ 2 & -1 & 2 \end{pmatrix}$; (2) $\begin{pmatrix} 1 & 0 & 2 \\ 2 & -1 & 3 \\ 4 & 1 & 8 \end{pmatrix}$; (3) $\frac{1}{24}\begin{pmatrix} 24 & 0 & 0 & 0 \\ -12 & 12 & 0 & 0 \\ -12 & -4 & 8 & 0 \\ 3 & -5 & -2 & 6 \end{pmatrix}$.

14. $x_1=5, x_2=0, x_3=3$.

15. 由条件导出 $\frac{1}{a}\begin{pmatrix} 1 \\ 1 \\ \vdots \\ 1 \end{pmatrix}=\boldsymbol{A}^{-1}\begin{pmatrix} 1 \\ 1 \\ \vdots \\ 1 \end{pmatrix}$.

16. 计算 $(\boldsymbol{E}-\boldsymbol{A})(\boldsymbol{E}+\boldsymbol{A}+\cdots+\boldsymbol{A}^{k-1})$.

17. 计算 $[\boldsymbol{E}+\boldsymbol{B}\boldsymbol{A}][\boldsymbol{E}-\boldsymbol{B}(\boldsymbol{E}+\boldsymbol{A}\boldsymbol{B})^{-1}\boldsymbol{A}]$.

18. 由条件导出 $\left(\frac{1}{4}\boldsymbol{A}\right)(\boldsymbol{A}-\boldsymbol{E})=\boldsymbol{E}$，$\frac{1}{2}(\boldsymbol{A}-2\boldsymbol{E})(\boldsymbol{A}+\boldsymbol{E})=\boldsymbol{E}$.

19. $\begin{pmatrix} \frac{7}{3} & 0 & -\frac{2}{3} \\ 0 & \frac{5}{3} & -\frac{2}{3} \\ -\frac{2}{3} & -\frac{2}{3} & 2 \end{pmatrix}$.

20. $\begin{pmatrix} 3 & -1 \\ 2 & 0 \\ 1 & -1 \end{pmatrix}$.

21. $\begin{pmatrix} 3 & 0 & 0 \\ 0 & 2 & 0 \\ 0 & 0 & 1 \end{pmatrix}$.

22. $\begin{pmatrix} 5 & -2 & -1 \\ -2 & 2 & 0 \\ -1 & 0 & 1 \end{pmatrix}$.

23. $\begin{pmatrix} -1-2^{16} & -2-2^{16} \\ 1+2^{15} & 2+2^{15} \end{pmatrix}$.

24. (1) $(\boldsymbol{E}, \boldsymbol{A}^{-1})$; (2) $\begin{pmatrix} \boldsymbol{A}^{\mathrm{T}}\boldsymbol{A} & \boldsymbol{A}^{\mathrm{T}} \\ \boldsymbol{A} & \boldsymbol{E} \end{pmatrix}$; (3) $\begin{pmatrix} \boldsymbol{E} \\ \boldsymbol{A}^{-1} \end{pmatrix}$; (4) $\begin{pmatrix} \boldsymbol{E} & \boldsymbol{A}^{-1} \\ \boldsymbol{A} & \boldsymbol{E} \end{pmatrix}$; (5) $\begin{pmatrix} \boldsymbol{B} \\ \boldsymbol{A} \end{pmatrix}$; (6) $\begin{pmatrix} \boldsymbol{A} \\ \boldsymbol{O} \end{pmatrix}$.

25. 100^{2k}, $\begin{pmatrix} 5^{2k} & 0 & 0 & 0 \\ 0 & 5^{2k} & 0 & 0 \\ 0 & 0 & 4^k & k4^{k+1} \\ 0 & 0 & 0 & 4^k \end{pmatrix}$.

26. (1) $\begin{pmatrix} \boldsymbol{O} & \boldsymbol{B}^{-1} \\ \boldsymbol{A}^{-1} & \boldsymbol{O} \end{pmatrix}$; (2) $\begin{pmatrix} \boldsymbol{A}^{-1} & \boldsymbol{O} \\ -\boldsymbol{B}^{-1}\boldsymbol{C}\boldsymbol{A}^{-1} & \boldsymbol{B}^{-1} \end{pmatrix}$.

27. (1) $\begin{pmatrix} 1 & 0 & -1 & -2 \\ -2 & 1 & 0 & 3 \\ 0 & 0 & 1 & 0 \\ 0 & 0 & 1 & 1 \end{pmatrix}$; (2) $\begin{pmatrix} 4 & -\frac{3}{2} & 0 & 0 \\ -1 & \frac{1}{2} & 0 & 0 \\ -4 & \frac{3}{2} & 1 & 0 \\ 3 & -\frac{7}{6} & -\frac{2}{3} & \frac{1}{3} \end{pmatrix}$; (3) $\begin{pmatrix} \cos\theta & -\sin\theta & 0 & 0 & 0 \\ \sin\theta & \cos\theta & 0 & 0 & 0 \\ 0 & 0 & 1 & -a & a^2-b \\ 0 & 0 & 0 & 1 & -a \\ 0 & 0 & 0 & 0 & 1 \end{pmatrix}$;

(4) $\begin{pmatrix} 0 & 0 & 0 & \cdots & a_n^{-1} \\ a_1^{-1} & 0 & \cdots & 0 & 0 \\ 0 & a_2^{-1} & \cdots & 0 & 0 \\ \vdots & \vdots & & \vdots & \vdots \\ 0 & 0 & 0 & a_{n-1}^{-1} & 0 \end{pmatrix}$.

28. (1) 3; (2) 3; (3) 3; (4) 3.

29. 注意 $|\boldsymbol{A}| = |\boldsymbol{A}^{\mathrm{T}}| = |-\boldsymbol{A}| = (-1)^n |\boldsymbol{A}|$.

30. (1) 由行列式的性质得 $|\boldsymbol{B}| = -|\boldsymbol{A}| \neq 0$; (2) 注意 $\boldsymbol{A}\boldsymbol{B}^{-1} = \boldsymbol{A}[\boldsymbol{E}(i,j)\boldsymbol{A}]^{-1}$.

31. (1) $\begin{pmatrix} -11 & 2 & 2 \\ -4 & 0 & 1 \\ 6 & -1 & -1 \end{pmatrix}$; (2) $\begin{pmatrix} \frac{7}{6} & \frac{2}{3} & -\frac{3}{2} \\ -1 & -1 & 2 \\ -\frac{1}{2} & 0 & \frac{1}{2} \end{pmatrix}$; (3) $\begin{pmatrix} 0 & 0 & 0 & 1 \\ 0 & 0 & 1 & -1 \\ 0 & 1 & -1 & 0 \\ 1 & -1 & 0 & 0 \end{pmatrix}$; (4) $\begin{pmatrix} 1 & 1 & -2 & -4 \\ 0 & 1 & 0 & -1 \\ -1 & -1 & 3 & 6 \\ 2 & 1 & -6 & -10 \end{pmatrix}$.

32. (1) $\begin{pmatrix} 1 & -4 & -5 & 20 \\ -2 & 3 & 10 & -15 \\ -3 & 12 & -4 & 16 \\ 6 & -9 & 8 & -12 \end{pmatrix}$, $\begin{pmatrix} 1 & -5 & -4 & 20 \\ -3 & -4 & 12 & 16 \\ -2 & 10 & 3 & -15 \\ 6 & 8 & -9 & -12 \end{pmatrix}$; (2) $\begin{pmatrix} 2 & -1 & 4 & -2 \\ 3 & 0 & 6 & 0 \\ 1 & 1 & 2 & 2 \\ 0 & 0 & -2 & 1 \\ 0 & 0 & -3 & 0 \\ 0 & 0 & -1 & -1 \end{pmatrix}$, $\begin{pmatrix} 2 & 4 & -1 & -2 \\ 0 & -2 & 0 & 1 \\ 3 & 6 & 0 & 0 \\ 0 & -3 & 0 & 0 \\ 1 & 2 & 1 & 2 \\ 0 & -1 & 0 & -1 \end{pmatrix}$.

33. (1) $(1-2l_1,\ l_1,\ l_2)$, 其中 l_1, l_2 为任意复数; (2) $\begin{pmatrix} m_2 \\ m_1 \\ 1 \end{pmatrix}$, 其中 m_1, m_2 为任意复数; (3) $\begin{pmatrix} 2 & 1 \\ 1 & 1 \end{pmatrix}$;

(4) $\begin{pmatrix} 1-m_1-m_2 & m_2 \\ 1 & -1 \\ m_1+m_2 & -m_2 \end{pmatrix}$, 其中 m_1, m_2 为任意复数.

34. (1) $\frac{1}{3}\begin{pmatrix}2&3\\1&0\\1&3\end{pmatrix}$； (2) $\begin{pmatrix}-3&\frac{2}{5}&\frac{4}{5}\\2&-\frac{1}{5}&-\frac{2}{5}\end{pmatrix}$； (3) $\frac{1}{22}\begin{pmatrix}54&22&-14&12\\-23&11&8&1\\-17&-11&4&-5\end{pmatrix}$；

(4) $\frac{1}{1836}\begin{pmatrix}-12&-12&48\\176&-130&-92\\352&-260&-184\\-140&166&-52\end{pmatrix}$.

35. $\begin{pmatrix}2&0&-\sin t\\e^t&12t^2&0\end{pmatrix}$.

36. $\begin{pmatrix}0&2t\\1&0\end{pmatrix}$, $\begin{pmatrix}0&-\frac{1}{t^2}\\-\frac{2}{t^3}&\frac{3}{t^4}\end{pmatrix}$.

37. 提示: 应用矩阵导数的定义与性质.

38. (1) $\begin{pmatrix}\sin t&2t^3&0\\t&\frac{1}{2}t^2&2e^t\end{pmatrix}+C_{2\times 3}$, $\begin{pmatrix}\sin x&2x^3&0\\x&\frac{1}{2}x^2&2e^x-2\end{pmatrix}$;

(2) $\begin{pmatrix}\frac{1}{2}e^{2t}&(t-1)e^t&t\\-e^{-t}&e^{2t}&0\\\frac{3}{2}t^2&0&0\end{pmatrix}+C_{3\times 3}$, $\begin{pmatrix}\frac{1}{2}(e^{2x}-1)&1+(x-1)e^x&x\\1-e^{-x}&e^{2x}-1&0\\\frac{3}{2}x^2&0&0\end{pmatrix}$.

B 组

1. 注意交换求和次序.

2. 利用条件证明 $\boldsymbol{AB}=\boldsymbol{BA}$.

3. 先证 $\boldsymbol{A}-\boldsymbol{E}$ 与 $\boldsymbol{B}-\boldsymbol{E}$ 互为逆矩阵, 由此导出 $\boldsymbol{AB}$ 与 $\boldsymbol{BA}$ 可交换.

4. 导出 $(\boldsymbol{A}+\lambda\boldsymbol{E})[\boldsymbol{A}+(2-\lambda)\boldsymbol{E}]=[\lambda(2-\lambda)-2]\boldsymbol{E}$.

5. (1) 将 $\boldsymbol{A}^2=\boldsymbol{A}$ 转换为 $\boldsymbol{x}^{\mathrm{T}}\boldsymbol{x}=1$；

(2) 用反证法, 假设 $\boldsymbol{A}$ 可逆, 导出 $x_i=0\,(i=1,2,\cdots,n)$, 与 $\boldsymbol{x}^{\mathrm{T}}\boldsymbol{x}=1$ 矛盾.

6. (1) 设 $a_{i_0j_0}\neq 0$, 由 $\boldsymbol{AA}^*=\boldsymbol{AA}^{\mathrm{T}}=|\boldsymbol{A}|\boldsymbol{E}$ 得到 $|\boldsymbol{A}|=a_{i_01}^2+a_{i_02}^2+\cdots+a_{i_0n}^2>0$；

(2) 由 $\boldsymbol{AA}^{\mathrm{T}}=|\boldsymbol{A}|\boldsymbol{E}$ 得到 $|\boldsymbol{A}|^2=|\boldsymbol{A}|^n$.

7. 分两种情况讨论: (1) 若 $|\boldsymbol{A}|\neq 0$, 则由 $\boldsymbol{AA}^*=|\boldsymbol{A}|\boldsymbol{E}$ 得到 $|\boldsymbol{A}^*|=|\boldsymbol{A}|^{n-1}$；

(2) 若 $|\boldsymbol{A}|=0$, 假设 $|\boldsymbol{A}^*|\neq 0$, 导出矛盾.

8. (1) 注意 $(\boldsymbol{A}^{\mathrm{T}})(\boldsymbol{A}^{\mathrm{T}})^*=|\boldsymbol{A}^{\mathrm{T}}|\boldsymbol{E}=|\boldsymbol{A}|\boldsymbol{E}$； (2) 利用 $|\boldsymbol{A}^*|=|\boldsymbol{A}|^{n-1}$ 和 $(\boldsymbol{A}^*)(\boldsymbol{A}^*)^*=|\boldsymbol{A}^*|\boldsymbol{E}$.

9. 利用 $(\boldsymbol{E}+\boldsymbol{A})(\boldsymbol{E}+\boldsymbol{A})^*=(\boldsymbol{E}+\boldsymbol{A})^*(\boldsymbol{E}+\boldsymbol{A})=|\boldsymbol{E}+\boldsymbol{A}|\boldsymbol{E}$.

10. (1) 设其余各行都是第一行的倍数； (2) 利用(1) 的结果.

11. 导出 $|\boldsymbol{A}|=0$, 再分 $R(\boldsymbol{A})=0$ 或 1 讨论.

12. $\begin{pmatrix} 1 & 0 & 0 & 0 \\ -2 & 1 & 0 & 0 \\ 1 & -2 & 1 & 0 \\ 0 & 1 & -2 & 1 \end{pmatrix}$.

13. (1) $a=0$; (2) $\begin{pmatrix} 3 & 1 & -2 \\ 1 & 1 & -1 \\ 2 & 1 & -1 \end{pmatrix}$.

14. $\frac{1}{4}\begin{pmatrix} 1 & 1 & 0 \\ 0 & 1 & 1 \\ 1 & 0 & 1 \end{pmatrix}$.

15. $\begin{pmatrix} 6 & 0 & 0 & 0 \\ 0 & 6 & 0 & 0 \\ 6 & 0 & 6 & 0 \\ 0 & 3 & 0 & -1 \end{pmatrix}$.

16. $\begin{pmatrix} 1 & 2 & 5 \\ 0 & 1 & 2 \\ 0 & 0 & 1 \end{pmatrix}$.

17. $R(\boldsymbol{A})=\begin{cases} 1, & a=1; \\ n-1, & a=\dfrac{1}{1-n}; \\ n, & a\neq\dfrac{1}{1-n}, 1. \end{cases}$

18. 利用$\begin{pmatrix} \boldsymbol{E}_n & \boldsymbol{O} \\ \boldsymbol{O} & \boldsymbol{AB} \end{pmatrix}\sim\begin{pmatrix} \boldsymbol{E}_n & \boldsymbol{O} \\ \boldsymbol{A} & \boldsymbol{AB} \end{pmatrix}\sim\begin{pmatrix} \boldsymbol{E}_n & -\boldsymbol{B} \\ \boldsymbol{A} & \boldsymbol{O} \end{pmatrix}$.

19. 导出 $R(\boldsymbol{A})+R(\boldsymbol{B})+R(\boldsymbol{C})=R(\boldsymbol{ABC})+2n\geqslant R(\boldsymbol{AB})+R(\boldsymbol{C})+n\geqslant R(\boldsymbol{A})+R(\boldsymbol{B})+R(\boldsymbol{C})$.

20. (1) $\boldsymbol{PQ}=\begin{pmatrix} \boldsymbol{A} & \boldsymbol{\alpha} \\ \boldsymbol{O} & |\boldsymbol{A}|(b-\boldsymbol{\alpha}^{\mathrm{T}}\boldsymbol{A}^{-1}\boldsymbol{\alpha}) \end{pmatrix}$; (2) 导出 $|\boldsymbol{Q}|=|\boldsymbol{A}|(b-\boldsymbol{\alpha}^{\mathrm{T}}\boldsymbol{A}^{-1}\boldsymbol{\alpha})$.

习　题　四

A　　组

1. (1) $\begin{pmatrix} -15 \\ -6 \\ -18 \end{pmatrix}$; (2) $\boldsymbol{\alpha}\neq\boldsymbol{0}$; (3) 相关; (4) -1; (5) 可取任何值; (6) 0; (7) $\frac{5}{2}$;

(8) $t\neq-2,5$; (9) $abc\neq0$; (10) $\frac{1}{2}$; (11) 相关; (12) 无关; (13) $r<m$; (14) 2;

(15) 相关; (16) 相关; (17) $\begin{pmatrix} -1 \\ 0 \\ 1 \end{pmatrix},\begin{pmatrix} 1 \\ 2 \\ 1 \end{pmatrix}$或$\begin{pmatrix} -1 \\ 0 \\ 1 \end{pmatrix},\begin{pmatrix} 3 \\ 2 \\ -1 \end{pmatrix}$或$\begin{pmatrix} 1 \\ 2 \\ 1 \end{pmatrix},\begin{pmatrix} 3 \\ 2 \\ -1 \end{pmatrix}$; (18) $\begin{pmatrix} 1 \\ 0 \\ 0 \end{pmatrix},\begin{pmatrix} 0 \\ 1 \\ 0 \end{pmatrix}$.

2. (1) B; (2) C; (3) D; (4) A; (5) A; (6) C; (7) C; (8) C; (9) D; (10) D; (11) A; (12) C; (13) B; (14) D; (15) C; (16) C; (17) D; (18) D; (19) C.

3. (1) $\boldsymbol{b}=2\boldsymbol{a}_1-\boldsymbol{a}_2+\boldsymbol{a}_3$; (2) $\boldsymbol{b}=0\boldsymbol{a}_1+\dfrac{8}{3}\boldsymbol{a}_2+\dfrac{1}{3}\boldsymbol{a}_3$.

4. 注意 $D=\begin{vmatrix}1&0&0&\cdots&0&1\\1&1&0&\cdots&0&0\\0&1&1&\cdots&0&0\\\vdots&\vdots&\vdots&&\vdots&\vdots\\0&0&0&\cdots&1&0\\0&0&0&\cdots&1&1\end{vmatrix}=1+(-1)^{r+1}=\begin{cases}2, & r\text{为奇数};\\0, & r\text{为偶数}.\end{cases}$

5. 证明 $\boldsymbol{a}_1,\boldsymbol{a}_2,\cdots,\boldsymbol{a}_r$ 和 $\boldsymbol{b}_1,\boldsymbol{b}_2,\cdots,\boldsymbol{b}_r$ 等价.

6. 证明 $x_1\boldsymbol{a}_1+x_2\boldsymbol{a}_2+\cdots+x_m\boldsymbol{a}_m=\boldsymbol{0}$ 和 $x_1\boldsymbol{b}_1+x_2\boldsymbol{b}_2+\cdots+x_m\boldsymbol{b}_m=\boldsymbol{0}$ 同解.

7. 利用方程组只有零解来证明.

8. (1) 线性无关; (2) 线性相关; (3) 线性相关; (4) 线性相关; (5) 线性无关.

9. (1) $\boldsymbol{\alpha}_1,\boldsymbol{\alpha}_2,\boldsymbol{\alpha}_3$ 或 $\boldsymbol{\alpha}_1,\boldsymbol{\alpha}_2,\boldsymbol{\alpha}_4$ 是最大无关组. 若选 $\boldsymbol{\alpha}_1,\boldsymbol{\alpha}_2,\boldsymbol{\alpha}_3$ 做最大无关组，$\boldsymbol{\alpha}_4=\dfrac{8}{5}\boldsymbol{\alpha}_1-\boldsymbol{\alpha}_2+2\boldsymbol{\alpha}_3$.

若选 $\boldsymbol{\alpha}_1,\boldsymbol{\alpha}_2,\boldsymbol{\alpha}_4$ 做最大无关组，$\boldsymbol{\alpha}_3=-\dfrac{4}{5}\boldsymbol{\alpha}_1+\dfrac{1}{2}\boldsymbol{\alpha}_2+\dfrac{1}{2}\boldsymbol{\alpha}_4$;

(2) $\boldsymbol{\alpha}_1,\boldsymbol{\alpha}_2,\boldsymbol{\alpha}_3$ 或 $\boldsymbol{\alpha}_1,\boldsymbol{\alpha}_2,\boldsymbol{\alpha}_4$ 或 $\boldsymbol{\alpha}_1,\boldsymbol{\alpha}_2,\boldsymbol{\alpha}_5$ 都可以做为最大无关组.

若选 $\boldsymbol{\alpha}_1,\boldsymbol{\alpha}_2,\boldsymbol{\alpha}_3$ 做最大无关组， $\boldsymbol{\alpha}_4=\boldsymbol{\alpha}_1+3\boldsymbol{\alpha}_2-\boldsymbol{\alpha}_3,\boldsymbol{\alpha}_5=-\boldsymbol{\alpha}_2+\boldsymbol{\alpha}_3$.

若选 $\boldsymbol{\alpha}_1,\boldsymbol{\alpha}_2,\boldsymbol{\alpha}_4$ 做最大无关组，$\boldsymbol{\alpha}_3=\boldsymbol{\alpha}_1+3\boldsymbol{\alpha}_2-\boldsymbol{\alpha}_4$，$\boldsymbol{\alpha}_5=\boldsymbol{\alpha}_1+2\boldsymbol{\alpha}_2-\boldsymbol{\alpha}_3$.

若选 $\boldsymbol{\alpha}_1,\boldsymbol{\alpha}_2,\boldsymbol{\alpha}_5$ 做最大无关组，$\boldsymbol{\alpha}_3=\boldsymbol{\alpha}_2+\boldsymbol{\alpha}_5,\boldsymbol{\alpha}_4=\boldsymbol{\alpha}_1+2\boldsymbol{\alpha}_2-\boldsymbol{\alpha}_5$.

10. (1) $R(\boldsymbol{A})=2$. $\boldsymbol{a}_1,\boldsymbol{a}_2$ 或 $\boldsymbol{a}_2,\boldsymbol{a}_3$ 都是最大无关组;

(2) $R(\boldsymbol{A})=2$. $\boldsymbol{a}_1,\boldsymbol{a}_2$，$\boldsymbol{a}_1,\boldsymbol{a}_3$，$\boldsymbol{a}_2,\boldsymbol{a}_3$ 都是最大无关组.

11. 当 $a=1$ 时，两个向量组等价,且 $\boldsymbol{\beta}_3=(3-2k)\boldsymbol{a}_1+(k-2)\boldsymbol{a}_2+k\boldsymbol{a}_3,k\in\mathbf{R}$;

当 $a\neq\pm1$ 时，两个向量组等价，且 $\boldsymbol{\beta}_3=\boldsymbol{a}_1-\boldsymbol{a}_2+\boldsymbol{a}_3$.

12. 证明 $\boldsymbol{a}_1,\boldsymbol{a}_2,\cdots,\boldsymbol{a}_n$ 的秩等于 n.

13. 利用 12 题.

14. 证明 $r_1\leqslant r_3$ 且 $r_2\leqslant r_3$，并利用最大无关组的性质.

15. 设 $\boldsymbol{A}=(\boldsymbol{\alpha}_1,\cdots,\ \boldsymbol{\alpha}_n),\boldsymbol{B}=(\boldsymbol{\beta}_1,\boldsymbol{\beta}_2,\cdots,\boldsymbol{\beta}_n)$，并利用 14 题.

16. (1) 是; (2) 不是; (3) 是.

17. (1) 证明 $\boldsymbol{\alpha}_1,\boldsymbol{\alpha}_2,\boldsymbol{\alpha}_3$ 和 $\boldsymbol{\beta}_1,\boldsymbol{\beta}_2,\boldsymbol{\beta}_3$ 等价; (2) $k=0$，$\boldsymbol{\xi}=k_1(\boldsymbol{\alpha}_1-\boldsymbol{\alpha}_3),k_1\neq0$.

18. 证明任意的 $\boldsymbol{\alpha}\in\mathbf{R}^3$ 可由 $\boldsymbol{\alpha}_1,\boldsymbol{\alpha}_2,\boldsymbol{\alpha}_3$ 线性表示.

19. 证明 $\boldsymbol{a}_1,\boldsymbol{a}_2$ 和 $\boldsymbol{b}_1,\boldsymbol{b}_2$ 等价.

20. 证明 $\boldsymbol{\alpha}_1,\boldsymbol{\alpha}_2,\boldsymbol{\alpha}_3$ 线性无关; $(2,3,-1)$.

B 组

1. (1) 说明 $\boldsymbol{\alpha}_2,\boldsymbol{\alpha}_3$ 线性无关; (2) 用反证法得出 $\boldsymbol{\alpha}_4$ 可由 $\boldsymbol{\alpha}_2,\boldsymbol{\alpha}_3$ 线性表示，矛盾.

2. 注意 $(\boldsymbol{A}-\boldsymbol{E})\boldsymbol{a}_1=\boldsymbol{0}$, $(\boldsymbol{A}-\boldsymbol{E})\boldsymbol{a}_2=\boldsymbol{a}_1$, $(\boldsymbol{A}-\boldsymbol{E})\boldsymbol{a}_3=\boldsymbol{a}_2$.

3. 由 $k_1\boldsymbol{\alpha}_1+\cdots+k_{i-1}\boldsymbol{\alpha}_{i-1}+k_i\boldsymbol{\beta}+k_{i+1}\boldsymbol{\alpha}_{i+1}+\cdots+k_s\boldsymbol{\alpha}_s=\boldsymbol{0}$ 导出 $k_1=\cdots=k_{i-1}=k_i=k_{i+1}=\cdots=k_s=0$.

4. 由 $k_1\boldsymbol{\alpha}_1+k_2\boldsymbol{\alpha}_2+\cdots+k_n\boldsymbol{\alpha}_m+k_{m+1}(l\boldsymbol{\beta}_1+\boldsymbol{\beta}_2)=\mathbf{0}$ 导出 $k_1=k_2=\cdots=k_m=k_{m+1}=0$.

5. 证明 $\boldsymbol{\alpha}_1,\boldsymbol{\alpha}_2,\cdots,\boldsymbol{\alpha}_m$ 与 $\boldsymbol{\beta}-\boldsymbol{\alpha}_1,\boldsymbol{\beta}-\boldsymbol{\alpha}_2,\cdots,\boldsymbol{\beta}-\boldsymbol{\alpha}_m$ 等价.

6. 必要性证明利用 $r=R(\boldsymbol{B})\leqslant R(\boldsymbol{K})\leqslant r$ ，充分性证明利用 $\boldsymbol{K}$ 的列向量组线性无关.

7. 证明 $\boldsymbol{\alpha}_1,\boldsymbol{\alpha}_2,\cdots,\boldsymbol{\alpha}_r$ 和 $\boldsymbol{\beta}_1,\boldsymbol{\beta}_2,\cdots,\boldsymbol{\beta}_r$ 等价.

8. 由 $\lambda_0\boldsymbol{\alpha}+\lambda_1\boldsymbol{A}\boldsymbol{\alpha}+\lambda_2\boldsymbol{A}^2\boldsymbol{\alpha}+\cdots+\lambda_{m-1}\boldsymbol{A}^{m-1}\boldsymbol{\alpha}=\mathbf{0}$ 导出 $\lambda_0=\lambda_1=\lambda_2=\cdots=\lambda_{m-1}=0$.

9. 由 $\boldsymbol{\alpha}_4=\lambda_1\boldsymbol{\alpha}_1+\lambda_2\boldsymbol{\alpha}_2+\lambda_3\boldsymbol{\alpha}_3$ 和 $k_1\boldsymbol{\alpha}_1+k_2\boldsymbol{\alpha}_2+k_3\boldsymbol{\alpha}_3+k_4(\boldsymbol{\alpha}_5-\boldsymbol{\alpha}_4)=\mathbf{0}$ 推出 $k_1=k_2=k_3=k_4=0$.

10. 由 $k_1\boldsymbol{\alpha}_1+k_2\boldsymbol{\alpha}_2+\cdots+k_m\boldsymbol{\alpha}_m=\mathbf{0}$ 推出 $k_1=k_2=\cdots=k_m=0$.

11. 用定义证明，对于 $\boldsymbol{\alpha},\boldsymbol{\beta}\in W$ ，有 $\boldsymbol{\alpha}+\boldsymbol{\beta}\in W$ 和 $\lambda\boldsymbol{\alpha}\in W$.

习 题 五

A 组

1. (1) -4； (2) $k_1+k_2+\cdots+k_m=1$； (3) $a_4-a_3+a_2-a_1=0$； (4) 4； (5) $n-1$；

(6) 2,2； (7) 2； (8) $\begin{pmatrix}1\\-2\\1\\0\\0\end{pmatrix},\begin{pmatrix}1\\-2\\0\\1\\0\end{pmatrix},\begin{pmatrix}5\\-6\\0\\0\\1\end{pmatrix}$； (9) $\begin{pmatrix}-3\\-1\\-2\\1\end{pmatrix}$； (10) $\begin{pmatrix}3\\-2\\1\\0\end{pmatrix},\begin{pmatrix}-2\\1\\0\\1\end{pmatrix}$；

(11) $\boldsymbol{x}=\sum_{i=1}^{r}k_i\boldsymbol{\xi}_i$； (12) $\boldsymbol{x}=k\begin{pmatrix}1\\-2\\1\end{pmatrix}$； (13) $k\begin{pmatrix}1\\1\\\vdots\\1\end{pmatrix}$； (14) $\boldsymbol{x}=c\begin{pmatrix}A_{k1}\\A_{k2}\\\vdots\\A_{kn}\end{pmatrix}$；

(15) 8； (16) 1； (17) n； (18) -2； (19) $k\begin{pmatrix}1\\1\\-1\\-1\end{pmatrix}+\begin{pmatrix}1\\0\\0\\4\end{pmatrix}$； (20) $\begin{pmatrix}1\\0\\0\\0\end{pmatrix}$.

2. (1) A； (2) C； (3) A； (4) B； (5) D； (6) D； (7) A； (8) D； (9) B； (10) C； (11) C； (12) D； (13) D； (14) B； (15) D； (16) D； (17) B； (18) D； (19) D； (20) B； (21) D； (22) C； (23) B； (24) C； (25) D； (26) C.

3. (1) $\boldsymbol{\xi}_1=\begin{pmatrix}4\\-9\\4\\3\end{pmatrix}$； (2) $\boldsymbol{\xi}_1=\begin{pmatrix}-2\\1\\0\\0\end{pmatrix},\boldsymbol{\xi}_2=\begin{pmatrix}1\\0\\0\\1\end{pmatrix}$； (3) 只有零解； (4) $\boldsymbol{\xi}_1=\begin{pmatrix}3\\19\\17\\0\end{pmatrix},\boldsymbol{\xi}_2=\begin{pmatrix}-13\\-20\\0\\17\end{pmatrix}$.

4. (1) 无解； (2) $k\begin{pmatrix}-2\\1\\1\end{pmatrix}+\begin{pmatrix}-1\\2\\0\end{pmatrix}$； (3) $k_1\begin{pmatrix}-1\\2\\0\\0\end{pmatrix}+k_2\begin{pmatrix}1\\0\\2\\0\end{pmatrix}+\begin{pmatrix}\frac{1}{2}\\0\\0\\0\end{pmatrix}$； (4) $k_1\begin{pmatrix}1\\5\\7\\0\end{pmatrix}+k_2\begin{pmatrix}1\\-9\\0\\7\end{pmatrix}+\begin{pmatrix}\frac{6}{7}\\-\frac{5}{7}\\0\\0\end{pmatrix}$.

5. (1) $\lambda\neq1$ 且 $\lambda\neq-2$，有唯一解； (2) $\lambda=-2$，无解； (3) $\lambda=1$，有无穷多解.

6. $\lambda=1, \boldsymbol{x}=k\begin{pmatrix}1\\1\\1\end{pmatrix}+\begin{pmatrix}1\\0\\0\end{pmatrix}$； $\lambda=-2, \boldsymbol{x}=k\begin{pmatrix}1\\1\\1\end{pmatrix}+\begin{pmatrix}2\\2\\0\end{pmatrix}$.

7. $\lambda\neq1$ 且 $\lambda\neq10$，方程组有唯一解；$\lambda=1$，$\boldsymbol{x}=k_1\begin{pmatrix}-2\\1\\0\end{pmatrix}+k_2\begin{pmatrix}2\\0\\1\end{pmatrix}+\begin{pmatrix}1\\0\\0\end{pmatrix}$；$\lambda=10$，无解.

8. $a\neq1$，有唯一解 $x_1=\dfrac{-a+b-2}{a-1}, x_2=\dfrac{a-2b+3}{a-1}, x_3=\dfrac{b+1}{a-1}, x_4=0$；$a=1$ 且 $b\neq-1$，无解；

$a=1$ 且 $b=-1$，$\boldsymbol{x}=k_1\begin{pmatrix}1\\-2\\1\\0\end{pmatrix}+k_2\begin{pmatrix}1\\-2\\0\\1\end{pmatrix}+\begin{pmatrix}-1\\1\\0\\0\end{pmatrix}$.

9. (1) $\boldsymbol{\xi}=(-1,2,3,1)^{\mathrm{T}}$； (2) $\boldsymbol{B}=\begin{pmatrix}2&6&-1\\-1&-3&1\\-1&-4&1\\0&0&0\end{pmatrix}+(k_1\boldsymbol{\xi},k_2\boldsymbol{\xi},k_3\boldsymbol{\xi})$.

10. $a\neq-2$ 且 $a\neq1$，有唯一解 $\boldsymbol{X}=\begin{pmatrix}1&\dfrac{3a}{a+2}\\0&\dfrac{a-4}{a+2}\\-1&0\end{pmatrix}$； $a=-2$，无解；

$a=1$，有无穷多解，$\boldsymbol{X}=\begin{pmatrix}1&1\\-k_1-1&-k_2-1\\k_1&k_2\end{pmatrix}$.

11. (1) $a=2$； (2) $\boldsymbol{P}=\begin{pmatrix}-6k_1+3&-6k_2+4&-6k_3+4\\2k_1-1&2k_2-1&2k_3-1\\k_1&k_2&k_3\end{pmatrix}(k_2\neq k_3)$.

12. (1) $a=0$； (2) $\boldsymbol{x}=k\begin{pmatrix}0\\-1\\1\end{pmatrix}+\begin{pmatrix}1\\-2\\0\end{pmatrix}$.

13. $\boldsymbol{x}=k\begin{pmatrix}3\\4\\5\\6\end{pmatrix}+\begin{pmatrix}2\\3\\4\\5\end{pmatrix}$.

14. (1) 证明 $\boldsymbol{\alpha}_1-\boldsymbol{\alpha}_2,\boldsymbol{\alpha}_1-\boldsymbol{\alpha}_3$ 是对应齐次线性方程组的两个线性无关的解，于是 $R(\boldsymbol{A})\leqslant2$；

(2) $a=2$，$b=-3$，$\boldsymbol{x}=k_1\begin{pmatrix}-2\\1\\1\\0\end{pmatrix}+k_2\begin{pmatrix}4\\-5\\0\\1\end{pmatrix}+\begin{pmatrix}2\\-3\\0\\0\end{pmatrix}$.

15. $k \neq 9$, $\boldsymbol{x} = c_1\begin{pmatrix}1\\2\\3\end{pmatrix} + c_2\begin{pmatrix}3\\6\\k\end{pmatrix}$； $k = 9$, $R(\boldsymbol{A}) = 2$ 时， $\boldsymbol{x} = c_1\begin{pmatrix}1\\2\\3\end{pmatrix}$；

$k = 9$, $R(\boldsymbol{A}) = 1$ 时， $\boldsymbol{x} = c_1\begin{pmatrix}-b\\a\\0\end{pmatrix} + c_2\begin{pmatrix}-c\\0\\a\end{pmatrix}$.

16. $a = 1$.

17. $a = 2, b = 1, c = 2$.

18. $a = 0$, $x = k_1\begin{pmatrix}-1\\1\\0\\\vdots\\0\end{pmatrix} + k_2\begin{pmatrix}-1\\0\\1\\\vdots\\0\end{pmatrix} + \cdots + k_{n-1}\begin{pmatrix}-1\\0\\0\\\vdots\\1\end{pmatrix}$； $a = -\dfrac{n(n+1)}{2}$, $\boldsymbol{x} = k\begin{pmatrix}1\\2\\\vdots\\n\end{pmatrix}$.

19. (1) $a = 0$ 时，$\boldsymbol{\beta}$ 不能由 $\boldsymbol{\alpha}_1,\boldsymbol{\alpha}_2,\boldsymbol{\alpha}_3$ 线性表示； (2) $a \neq 0$，且 $a \neq b$ 时，$\boldsymbol{\beta}$ 可由 $\boldsymbol{\alpha}_1,\boldsymbol{\alpha}_2,\boldsymbol{\alpha}_3$ 唯一地线性表示为 $\boldsymbol{\beta} = \left(1 - \dfrac{1}{a}\right)\boldsymbol{\alpha}_1 + \dfrac{1}{a}\boldsymbol{\alpha}_2$； (3) $a = b \neq 0$ 时，$\boldsymbol{\beta} = \left(1 - \dfrac{1}{a}\right)\boldsymbol{\alpha}_1 + \left(\dfrac{1}{a} + c\right)\boldsymbol{\alpha}_2 + c\boldsymbol{\alpha}_3$，其中 c 为任意实数.

20. (1) $\lambda \neq \dfrac{1}{2}$ 时，$\boldsymbol{\xi} = \left(0, -\dfrac{1}{2}, \dfrac{1}{2}, 0\right)^{\mathrm{T}} + k(-2,1,-1,2)^{\mathrm{T}}$，

$\lambda = \dfrac{1}{2}$ 时，$\boldsymbol{\xi} = \left(-\dfrac{1}{2}, 1, 0, 0\right)^{\mathrm{T}} + k_1(1,-3,1,0)^{\mathrm{T}} + k_2(-1,-2,0,2)^{\mathrm{T}}$；

(2) $\lambda \neq \dfrac{1}{2}$ 时，$\boldsymbol{\xi} = (-1,0,0,1)^{\mathrm{T}}$，

$\lambda = \dfrac{1}{2}$ 时，$\boldsymbol{\xi} = \left(-\dfrac{1}{4}, \dfrac{1}{4}, \dfrac{1}{4}, 0\right)^{\mathrm{T}} + k_2\left(-\dfrac{3}{2}, -\dfrac{1}{2}, -\dfrac{1}{2}, 2\right)^{\mathrm{T}}$.

21. 三条直线交于一点等价于线性方程组$\begin{cases} ax + 2by = -3c, \\ bx + 2cy = -3a, \\ cx + 2ay = -3b \end{cases}$有唯一解.

***22.** $x_1 = -\dfrac{3}{5}, x_2 = -\dfrac{4}{5}, x_3 = 1$.

***23.** $E_0 \approx -0.288(\mathrm{V}), R_0 \approx 1.339(\Omega)$.

B 组

1. (1) 注意 $R(\boldsymbol{A}) + R(\boldsymbol{A} - \boldsymbol{E}) = R(\boldsymbol{A}) + R(\boldsymbol{E} - \boldsymbol{A}) \geqslant R(\boldsymbol{A} + \boldsymbol{E} - \boldsymbol{A}) = R(\boldsymbol{E}) = n$;
(2) 注意 $R(\boldsymbol{A} + \boldsymbol{E}) + R(\boldsymbol{A} - \boldsymbol{E}) = R(\boldsymbol{A} + \boldsymbol{E}) + R(\boldsymbol{E} - \boldsymbol{A}) \geqslant R(\boldsymbol{A} + \boldsymbol{E} + \boldsymbol{E} - \boldsymbol{A}) = R(2\boldsymbol{E}) = n$.

2. 若 $R(\boldsymbol{A}) = n$，则由 $\boldsymbol{A}\boldsymbol{A}^* = |\boldsymbol{A}|\boldsymbol{E}$ 推出 $R(\boldsymbol{A}^*) = n$；若 $R(\boldsymbol{A}) = n-1$，则由 $\boldsymbol{A}\boldsymbol{A}^* = |\boldsymbol{A}|\boldsymbol{E} = \boldsymbol{O}$ 得到 $R(\boldsymbol{A}) + R(\boldsymbol{A}^*) \leqslant n$，$R(\boldsymbol{A}^*) \leqslant 1$. 但 $R(\boldsymbol{A}) = n-1$，$\boldsymbol{A}^*$ 中至少有一元素非零，于是 $R(\boldsymbol{A}^*) \geqslant 1$. 若 $R(\boldsymbol{A}) < n-1$，则 $\boldsymbol{A}^* = \boldsymbol{O}$.

3. 注意 $\boldsymbol{A}\boldsymbol{x} = \boldsymbol{0}$ 的基础解系有一个线性无关的解向量 $\boldsymbol{\xi}$，由 $\boldsymbol{A}\boldsymbol{A}^* = |\boldsymbol{A}|\boldsymbol{E} = \boldsymbol{O}$ 知，$\boldsymbol{A}^*$ 的列向量组的秩不大于 1，于是 $\boldsymbol{A}^* = (k_1\boldsymbol{\xi}, k_2\boldsymbol{\xi}, \cdots, k_n\boldsymbol{\xi}) = \boldsymbol{\xi}(k_1, k_2, \cdots, k_n)$.

4. 由 $\boldsymbol{b}_1,\boldsymbol{b}_2,\cdots,\boldsymbol{b}_n$ 线性无关推出 $R(\boldsymbol{A}) = n$，再证 $\boldsymbol{a}_1,\boldsymbol{a}_2,\cdots,\boldsymbol{a}_n$ 是 $\boldsymbol{B}^{\mathrm{T}}\boldsymbol{x} = \boldsymbol{0}$ 的基础解系.

5. (1) 注意 $\begin{vmatrix} a_{i1} & a_{i2} & \cdots & a_{in} \\ a_{11} & a_{12} & \cdots & a_{1n} \\ a_{21} & a_{22} & \cdots & a_{2n} \\ \vdots & \vdots & & \vdots \\ a_{(n-1)1} & a_{(n-1)2} & \cdots & a_{(n-1)n} \end{vmatrix} = a_{i1}(-1)^{1+1}M_1 + a_{i2}(-1)^{1+2}M_2 + \cdots + a_{in}(-1)^{1+n}M_n$；

(2) 方程组的基础解系有 $n-R(\boldsymbol{A})=1$ 个向量.

6. (1) 由 $k_0\boldsymbol{\eta}^* + k_1\boldsymbol{\xi}_1 + k_2\boldsymbol{\xi}_2 + \cdots + k_{n-r}\boldsymbol{\xi}_{n-r} = \boldsymbol{0}$ 推出 $k_0 = k_1 = k_2 = \cdots = k_{n-r} = 0$；

(2) 利用(1) 的结果.

7. 证明 $\boldsymbol{\xi}_i = \boldsymbol{\eta}_i - \boldsymbol{\eta}_{n-r+1}$ 线性无关，$\boldsymbol{A}\boldsymbol{x}=\boldsymbol{b}$ 的任一解可表示为 $\boldsymbol{x} = l_1\boldsymbol{\xi}_1 + l_2\boldsymbol{\xi}_2 + \cdots + l_{n-r}\boldsymbol{\xi}_{n-r} + \boldsymbol{\eta}_{n-r+1}$.

8. (1) $b \neq 0$ 且 $b + \sum_{i=1}^{n} a_i \neq 0$ 时，仅有零解； (2) $b=0$ 时，基础解系为

$$\boldsymbol{\alpha}_1 = \left(-\frac{a_2}{a_1},1,0,\cdots,0\right)^{\mathrm{T}},\quad \boldsymbol{\alpha}_2 = \left(-\frac{a_3}{a_1},0,1,\cdots,0\right)^{\mathrm{T}},\quad \cdots,\boldsymbol{\alpha}_n = \left(-\frac{a_n}{a_1},0,0,\cdots,1\right)^{\mathrm{T}}$$

$b = -\sum_{i=1}^{n} a_i$ 时，基础解系为 $\boldsymbol{\alpha} = (1,1,\cdots,1)^{\mathrm{T}}$.

9. (1) $a \neq -1$； (2) $a=-1$.

10. $\boldsymbol{x} = \begin{pmatrix} 0 \\ 3 \\ 0 \\ 1 \end{pmatrix} + k\begin{pmatrix} 1 \\ -2 \\ 1 \\ 0 \end{pmatrix}$.

11. (1) $a \neq b$ 且 $a \neq (1-n)b$ 时，仅有零解；

(2) $a=b$ 时，基础解系为 $\boldsymbol{\alpha}_1 = (-1,1,0,\cdots,0)^{\mathrm{T}}, \boldsymbol{\alpha}_2 = (-1,0,1,\cdots,0)^{\mathrm{T}}, \cdots, \boldsymbol{\alpha}_{n-1} = (-1,0,0,\cdots,1)^{\mathrm{T}}$；

(3) $a=(1-n)b$ 时，基础解系为 $\boldsymbol{\beta} = (1,1,\cdots,1)^{\mathrm{T}}$.

12. (1) $\boldsymbol{\beta}_1 = (5,-3,1,0)^{\mathrm{T}}, \boldsymbol{\beta}_2 = (-3,2,0,1)^{\mathrm{T}}$；

(2) $a=-1$ 时，有非零公共解为 $k_1\begin{pmatrix} 2 \\ -1 \\ 1 \\ 1 \end{pmatrix} + k_2\begin{pmatrix} -1 \\ 2 \\ 4 \\ 7 \end{pmatrix}$.

13. $t \neq \pm 1$.

14. $t_1^s + (-1)^{s+1}t_2^s \neq 0$.

15. 线性无关.

习 题 六

A 组

1. (1) $\frac{7}{2}$； (2) 4； (3) $(1,0,0)^{\mathrm{T}}$； (4) $n,0,0,\cdots,0$； (5) $\boldsymbol{x}=\boldsymbol{0}$； (6) -1； (7) -1；

(8) $-1,-3,0$， 0； (9) $a_1^3,a_2^3,\cdots,a_n^3$； (10) -1； (11) 2； (12) $\begin{pmatrix} 1 & -2 \\ -2 & 2 \end{pmatrix}$； (13) 2；

(14) 2； (15) 1； (16) $3y_1^2$； (17) 2； (18) $[-2,2]$； (19) 全为正数.

2. (1) C; (2) C; (3) B; (4) A; (5) B; (6) B; (7) C; (8) D; (9) C; (10) B; (11) D; (12) A; (13) D; (14) A; (15) B; (16) C; (17) D; (18) A; (19) B; (20) C; (21) B; (22) D.

3. (1) $\frac{1}{\sqrt{6}}(1,2,-1)^{\mathrm{T}}$, $\frac{1}{\sqrt{3}}(-1,1,1)^{\mathrm{T}}$, $\frac{1}{\sqrt{2}}(1,0,1)^{\mathrm{T}}$；

(2) $\frac{1}{\sqrt{3}}\begin{pmatrix}1\\0\\-1\\1\end{pmatrix}$, $\frac{1}{\sqrt{15}}\begin{pmatrix}1\\-3\\2\\1\end{pmatrix}$, $\frac{1}{\sqrt{35}}\begin{pmatrix}-1\\3\\3\\4\end{pmatrix}$.

4. $\boldsymbol{a}_2=(-1,1,0)^{\mathrm{T}}$, $\boldsymbol{a}_3=-\frac{1}{2}(1,1,-2)^{\mathrm{T}}$.

5. (1) $\lambda_1=2,\lambda_2=3$. 对应 $\lambda_1=2$ 的特征向量为 $k_1\begin{pmatrix}1\\-1\end{pmatrix}$, $k_1\neq0$；对应 $\lambda_2=3$ 的特征向量为 $k_2\begin{pmatrix}-1\\2\end{pmatrix}$, $k_2\neq0$；(2) $\lambda_1=\lambda_2=1$, $\lambda_3=2$. 对应 $\lambda_1=\lambda_2=1$ 的特征向量为 $k_1\begin{pmatrix}1\\2\\-1\end{pmatrix}$, $k_1\neq0$；对应 $\lambda_3=2$ 的特征向量为 $k_2\begin{pmatrix}0\\0\\1\end{pmatrix}$, $k_2\neq0$；(3) $\lambda_1=0,\lambda_2=-1,\lambda_3=9$. 对应的特征向量为 $k_1\begin{pmatrix}-1\\-1\\1\end{pmatrix}$, $k_1\neq0$；对应的特征向量为 $k_2\begin{pmatrix}-1\\1\\0\end{pmatrix}$, $k_2\neq0$；对应 $\lambda_3=9$ 的特征向量为 $k_3\begin{pmatrix}1\\1\\2\end{pmatrix}$, $k_3\neq0$.

6. $\varphi(2)=80$ 是 $\varphi(\boldsymbol{A})$ 的特征值, $k\begin{pmatrix}1\\1\end{pmatrix}$ 为 $\varphi(\boldsymbol{A})$ 的全部特征向量 $(k\neq0)$.

7. $a=3$.

8. (1) 由 $\boldsymbol{Ax}=\lambda\boldsymbol{x}$ 推出 $\lambda(\lambda-1)\boldsymbol{x}=\boldsymbol{0}$； (2) 由 $\boldsymbol{Ax}=\lambda\boldsymbol{x}$ 推出 $(\lambda^k-1)\boldsymbol{x}=\boldsymbol{0}$.

9. $a=b=0$.

10. $x=4$， $y=5$.

11. 由 $\boldsymbol{A}^{-1}(\boldsymbol{AB})\boldsymbol{A}=(\boldsymbol{A}^{-1}\boldsymbol{A})\boldsymbol{BA}=\boldsymbol{BA}$ 可得.

12. 证明 $\begin{pmatrix}\boldsymbol{B}&\boldsymbol{O}\\\boldsymbol{O}&\boldsymbol{D}\end{pmatrix}=\begin{pmatrix}\boldsymbol{P}_1&\boldsymbol{O}\\\boldsymbol{O}&\boldsymbol{P}_2\end{pmatrix}^{-1}\begin{pmatrix}\boldsymbol{A}&\boldsymbol{O}\\\boldsymbol{O}&\boldsymbol{C}\end{pmatrix}\begin{pmatrix}\boldsymbol{P}_1&\boldsymbol{O}\\\boldsymbol{O}&\boldsymbol{P}_2\end{pmatrix}$.

13. (1) $\boldsymbol{B}=\begin{pmatrix}0&0&0\\1&0&3\\0&1&-2\end{pmatrix}$； (2) -4.

14. (1) $-2\begin{pmatrix}1&1\\1&1\end{pmatrix}$； (2) $2\begin{pmatrix}1&1&-2\\1&1&-2\\-2&-2&4\end{pmatrix}$.

15. (1) $\boldsymbol{P}=\frac{1}{3}\begin{pmatrix}1&2&2\\2&1&-2\\2&-2&1\end{pmatrix}$， $\boldsymbol{P}^{-1}\boldsymbol{AP}=\begin{pmatrix}-2&&\\&1&\\&&4\end{pmatrix}$；

(2) $P=\frac{1}{3}\begin{pmatrix}1&2&-2\\2&1&2\\-2&2&1\end{pmatrix}$，$P^{-1}AP=\begin{pmatrix}10&&\\&1&\\&&1\end{pmatrix}$.

16. $\begin{pmatrix}4&1&1\\1&4&1\\1&1&4\end{pmatrix}$.

17. (1) $|B-\lambda E|=|P^{-1}AP-P^{-1}\lambda EP|=|P^{-1}(A-\lambda E)P|=|A-\lambda E|$;

(2) 令 $A=\begin{pmatrix}0&1\\0&0\end{pmatrix}$，$B=\begin{pmatrix}0&0\\0&0\end{pmatrix}$.

(3) 证明存在可逆矩阵 P，Q 使得 $P^{-1}AP=\begin{pmatrix}\lambda_1&&\\&\ddots&\\&&\lambda_n\end{pmatrix}=Q^{-1}BQ$.

18. (1) $\lambda_3=0$，对应的特征向量为 $k(-1,1,1)^{\mathrm{T}}$，$k\neq 0$. (2) $\begin{pmatrix}4&2&2\\2&4&-2\\2&-2&4\end{pmatrix}$.

19. (1) $f(x,y,z)=(x,y,z)\begin{pmatrix}1&-2&0\\-2&2&3\\0&3&-8\end{pmatrix}\begin{pmatrix}x\\y\\z\end{pmatrix}$;

(2) $f=(x_1,x_2,x_3,x_4)\begin{pmatrix}5&1&-2&3\\1&3&0&4\\-2&0&-1&0\\3&4&0&1\end{pmatrix}\begin{pmatrix}x_1\\x_2\\x_3\\x_4\end{pmatrix}$.

20. (1) $P=\frac{1}{\sqrt{2}}\begin{pmatrix}1&0&1\\0&\sqrt{2}&0\\-1&0&1\end{pmatrix}$，$f=-2y_1^2+6y_2^2+6y_3^2$;

(2) $P=\begin{pmatrix}0&1&0\\-\frac{1}{\sqrt{2}}&0&\frac{1}{\sqrt{2}}\\\frac{1}{\sqrt{2}}&0&\frac{1}{\sqrt{2}}\end{pmatrix}$，$f=y_1^2+2y_2^2+5y_3^2$;

(3) $P=\begin{pmatrix}\frac{1}{2}&-\frac{1}{2}&\frac{1}{\sqrt{2}}&0\\-\frac{1}{2}&-\frac{1}{2}&0&\frac{1}{\sqrt{2}}\\-\frac{1}{2}&\frac{1}{2}&\frac{1}{\sqrt{2}}&0\\\frac{1}{2}&\frac{1}{2}&0&\frac{1}{\sqrt{2}}\end{pmatrix}$，$f=-y_1^2+3y_2^2+y_3^2+y_4^2$.

21. $f(x_1,x_2,x_3)=y_1^2+y_2^2-y_3^2$,变换矩阵为$\begin{pmatrix}1&-1&0\\0&1&-1\\0&0&1\end{pmatrix}$.

22. (1) 正定; (2) f 非正定, 也非负定.

23. (1) 矩阵 $\boldsymbol{A}=\begin{pmatrix}1&2&3\\2&4&6\\3&6&9\end{pmatrix}$; (2) $\boldsymbol{Q}=\begin{pmatrix}\frac{1}{\sqrt{14}}&-\frac{2}{\sqrt{5}}&-\frac{3}{\sqrt{70}}\\\frac{2}{\sqrt{14}}&\frac{1}{\sqrt{5}}&-\frac{6}{\sqrt{70}}\\\frac{3}{\sqrt{14}}&0&\frac{5}{\sqrt{70}}\end{pmatrix}$, 标准形为 $f(y_1,y_2,y_3)=14y_1^2$;

(3) $k_1\begin{pmatrix}-2\\1\\0\end{pmatrix}+k_2\begin{pmatrix}-3\\-6\\5\end{pmatrix}$.

24. (1) $t>2$; (2) $\frac{5-\sqrt{5}}{10}<t<\frac{5+\sqrt{5}}{10}$.

25. $\boldsymbol{x}^{\mathrm{T}}(\boldsymbol{A}^{\mathrm{T}}\boldsymbol{A})\boldsymbol{x}=(\boldsymbol{A}\boldsymbol{x})^{\mathrm{T}}(\boldsymbol{A}\boldsymbol{x})=\|\boldsymbol{A}\boldsymbol{x}\|^2>0$.

26. (1) $\lambda_1=\lambda_2=-2,\lambda_3=0$; (2) $k>2$.

B 组

1. $k=-2$ 或 1.

2. $\boldsymbol{P}=\begin{pmatrix}0&1&1\\0&2&-2\\1&0&0\end{pmatrix}$.

3. $\lambda_1=\lambda_2=9,\ \lambda_3=3$. 对应 $\lambda_1=\lambda_2=9$ 的全部特征向量为 $k_1\begin{pmatrix}-1\\1\\0\end{pmatrix}+k_2\begin{pmatrix}-2\\0\\1\end{pmatrix}$, k_1,k_2 不同时为零.

对应 $\lambda_3=3$ 的全部特征向量为 $k_3\begin{pmatrix}0\\1\\1\end{pmatrix}$, k_3 不为零.

4. (1) $a=5$, $b=6$; (2) $\boldsymbol{A}=\begin{pmatrix}1&1&1\\-1&0&-2\\0&1&3\end{pmatrix}$.

5. (1) $a=-3,\ b=0,\ \lambda=-1$; (2) $\boldsymbol{A}$ 只有 1 个线性无关的特征向量, 不能对角化.

6. $a=2$. $b=1$ 时 $\lambda=1$; $b=-2$ 时 $\lambda=4$.

7. $\lambda=2$ 是特征方程的二重根时, $a=-2$, $\boldsymbol{A}$ 可相似对角化; $\lambda=2$ 不是特征方程的二重根时, $a=-\frac{2}{3}$, $\boldsymbol{A}$ 不可相似对角化.

8. (1) ① $b\neq0$ 时, $\lambda_1=1+(n-1)b$, $\lambda_2=\cdots=\lambda_n=1-b$. 对应 $\lambda_1=1+(n-1)b$ 的特征向量为 $k_1\boldsymbol{\xi}_1=k_1(1,1,1,\cdots,1)^{\mathrm{T}}$, $k_1\neq0$. 对应 $\lambda_2=\cdots=\lambda_n=1-b$ 的特征向量为 $k_2\boldsymbol{\xi}_2+k_3\boldsymbol{\xi}_3+\cdots+k_n\boldsymbol{\xi}_n$, 其中 $\boldsymbol{\xi}_2=(1,-1,0,\cdots,0)^{\mathrm{T}}$, $\boldsymbol{\xi}_3=(1,0,-1,\cdots,0)^{\mathrm{T}}$, $\cdots$, $\boldsymbol{\xi}_n=(1,0,0,\cdots,-1)^{\mathrm{T}}$, $k_2,k_3,\cdots,k_n$ 不全为零.

② $b=0$ 时，$\lambda_1=\cdots=\lambda_n=1$，任意非零列向量均为特征向量.

(2) ① $b\neq 0$ 时，$\boldsymbol{A}$ 有 n 个线性无关的特征向量，令 $\boldsymbol{P}=(\boldsymbol{\xi}_1,\boldsymbol{\xi}_2,\cdots,\boldsymbol{\xi}_n)$，则

$$\boldsymbol{P}^{-1}\boldsymbol{A}\boldsymbol{P}=\begin{pmatrix}1+(n-1)b & & & \\ & 1-b & & \\ & & \ddots & \\ & & & 1-b\end{pmatrix};$$

② $b=0$ 时，$\boldsymbol{A}=\boldsymbol{E}$，对任意可逆矩阵 $\boldsymbol{P}$，均有 $\boldsymbol{P}^{-1}\boldsymbol{A}\boldsymbol{P}=\boldsymbol{E}$.

9. (1) $x=3$，$y=-2$；(2) $\boldsymbol{P}=\begin{pmatrix}-1 & -1 & -1\\ 2 & 1 & 2\\ 0 & 0 & 4\end{pmatrix}$.

10. (1) $\boldsymbol{B}=\begin{pmatrix}1 & 0 & 0\\ 1 & 2 & 2\\ 1 & 1 & 3\end{pmatrix}$；(2) $\lambda_1=\lambda_2=1, \lambda_3=4$；(3) $\boldsymbol{P}=(-\boldsymbol{\alpha}_1+\boldsymbol{\alpha}_2,-2\boldsymbol{\alpha}_1+\boldsymbol{\alpha}_3,\boldsymbol{\alpha}_2+\boldsymbol{\alpha}_3)$.

11. (1) $\lambda_1=-1,\lambda_2=1$，$\lambda_3=0$，对应的特征向量分别是 $k_1\begin{pmatrix}1\\0\\-1\end{pmatrix}$，$k_2\begin{pmatrix}1\\0\\1\end{pmatrix}$，$k_3\begin{pmatrix}0\\1\\0\end{pmatrix}$；

(2) $\boldsymbol{A}=\begin{pmatrix} & & 1\\ & 0 & \\ 1 & & \end{pmatrix}$.

12. (1) $\boldsymbol{\alpha}$ 与 $\boldsymbol{A\alpha}$ 线性无关，$\boldsymbol{P}$ 可逆；(2) $\boldsymbol{P}^{-1}\boldsymbol{A}\boldsymbol{P}=\begin{pmatrix}0 & 6\\ 1 & -1\end{pmatrix}$，$\boldsymbol{A}$ 有 2 个互异特征值，故相似于对角矩阵.

13. $\boldsymbol{P}=\begin{pmatrix}1 & 1 & -1\\ 1 & 0 & 1\\ 0 & 1 & 1\end{pmatrix}$，$|\boldsymbol{A}-\boldsymbol{E}|=a^2(a-3)$.

14. (1) $\boldsymbol{P}=\begin{pmatrix}-\frac{1}{\sqrt{2}} & \frac{1}{\sqrt{6}} & -\frac{1}{\sqrt{3}}\\ \frac{1}{\sqrt{2}} & \frac{1}{\sqrt{6}} & -\frac{1}{\sqrt{3}}\\ 0 & \frac{2}{\sqrt{6}} & \frac{1}{\sqrt{3}}\end{pmatrix}$；(2) $\boldsymbol{C}=\frac{1}{3}\begin{pmatrix}5 & -1 & 1\\ -1 & 5 & 1\\ 1 & 1 & 5\end{pmatrix}$.

15. (1) $a=-2$；(2) $\boldsymbol{Q}=\begin{pmatrix}\frac{1}{\sqrt{2}} & \frac{1}{\sqrt{6}} & \frac{1}{\sqrt{3}}\\ 0 & -\frac{2}{\sqrt{6}} & \frac{1}{\sqrt{3}}\\ -\frac{1}{\sqrt{2}} & \frac{1}{\sqrt{6}} & \frac{1}{\sqrt{3}}\end{pmatrix}$.

16. $a=2$. $\boldsymbol{P}=\begin{pmatrix}0 & 1 & 0\\ \frac{1}{\sqrt{2}} & 0 & \frac{1}{\sqrt{2}}\\ -\frac{1}{\sqrt{2}} & 0 & \frac{1}{\sqrt{2}}\end{pmatrix}$.

17. (1) $a=1,\ b=2$； (2) $\boldsymbol{Q}=\begin{pmatrix}\frac{2}{\sqrt{5}} & 0 & \frac{1}{\sqrt{5}}\\ 0 & 1 & 0\\ \frac{1}{\sqrt{5}} & 0 & -\frac{2}{\sqrt{5}}\end{pmatrix}$，$f=2y_1^2+2y_2^2-3y_3^2$.

18. $a=2$，$\boldsymbol{Q}=\begin{pmatrix}\frac{1}{\sqrt{3}} & -\frac{1}{\sqrt{2}} & \frac{1}{\sqrt{6}}\\ -\frac{1}{\sqrt{3}} & 0 & \frac{2}{\sqrt{6}}\\ \frac{1}{\sqrt{3}} & \frac{1}{\sqrt{2}} & \frac{1}{\sqrt{6}}\end{pmatrix}$，$f(y_1,y_2,y_3)=-3y_1^2+6y_2^2$.

19. (1) $\boldsymbol{P}=\begin{pmatrix}1 & -1 & 1\\ 0 & 1 & 0\\ 0 & 0 & 1\end{pmatrix}$； (2) 不存在.

20. 设 λ_1 是 $\boldsymbol{A}$ 的特征值中的最大值，先证明 $f\leqslant\lambda_1({y_1}^2+{y_2}^2+\cdots+{y_n}^2)$，再证明 f 可以达到上限 λ_1.

21. $\boldsymbol{A}$ 的任意 k 阶顺序主子式 $|\boldsymbol{A}_k|=\left(\frac{1}{2}\right)^k(k+1)>0$，二次型正定.

22. (1) $\boldsymbol{A}=\frac{1}{2}\begin{pmatrix}1 & 0 & -1\\ 0 & 2 & 0\\ -1 & 0 & 1\end{pmatrix}$； (2) $\boldsymbol{A}+\boldsymbol{E}$ 的特征值为 2, 2, 1.

23. (1) $a=4$，$b=1$； (2) $\boldsymbol{Q}=\frac{1}{5}\begin{pmatrix}4 & -3\\ -3 & -4\end{pmatrix}$.

24. $\boldsymbol{P}^{-1}\boldsymbol{A}\boldsymbol{P}=\boldsymbol{\Lambda}=\begin{pmatrix}\lambda_1 & & & \\ & \lambda_2 & & \\ & & \ddots & \\ & & & \lambda_n\end{pmatrix}$，$\boldsymbol{A}=\begin{pmatrix}\sqrt{\lambda_1} & & & \\ & \sqrt{\lambda_2} & & \\ & & \ddots & \\ & & & \sqrt{\lambda_n}\end{pmatrix}\begin{pmatrix}\sqrt{\lambda_1} & & & \\ & \sqrt{\lambda_2} & & \\ & & \ddots & \\ & & & \sqrt{\lambda_n}\end{pmatrix}$.

25. $\boldsymbol{x}^{\mathrm{T}}(\boldsymbol{A}+\boldsymbol{B})\boldsymbol{x}=\boldsymbol{x}^{\mathrm{T}}\boldsymbol{A}\boldsymbol{x}+\boldsymbol{x}^{\mathrm{T}}\boldsymbol{B}\boldsymbol{x}>0$.

26. 反证法. 设 $\boldsymbol{A}(\boldsymbol{p}_1+\boldsymbol{p}_2)=\lambda_0(\boldsymbol{p}_1+\boldsymbol{p}_2)$，$\boldsymbol{A}\boldsymbol{p}_1=\lambda_1\boldsymbol{p}_1$，$\boldsymbol{A}\boldsymbol{p}_2=\lambda_2\boldsymbol{p}_2$，可推出 $\lambda_1=\lambda_0=\lambda_2$，矛盾.

27. (1) $a=0$； (2) $\boldsymbol{Q}=\begin{pmatrix}\frac{1}{\sqrt{2}} & 0 & \frac{1}{\sqrt{2}}\\ \frac{1}{\sqrt{2}} & 0 & -\frac{1}{\sqrt{2}}\\ 0 & 1 & 0\end{pmatrix}$，$f=2y_1^2+2y_2^2$. (3) $\begin{pmatrix}C\\ -C\\ 0\end{pmatrix}$，$C$ 为任意常数.

28. 设 $R(\boldsymbol{A})=r$，$\boldsymbol{A}$ 的特征值中有 r 个 1，$n-r$ 个 0.

29. $\boldsymbol{A}$ 的特征值满足 $\lambda^2=1$，$\lambda=1,-1$，设有 r 个 1，$n-r$ 个 -1.

30. $\boldsymbol{x}_i=(0,\cdots,0,1,0,\cdots,0)^{\mathrm{T}}$，有 $a_{ii}=0$，再取 $\boldsymbol{x}_{(i,j)}=(0,\cdots,0,1,0,\cdots,0,1,0,\cdots,0)^{\mathrm{T}}$，有 $a_{ij}=0$.

31. (1) $\begin{pmatrix}\boldsymbol{A} & \boldsymbol{O}\\ \boldsymbol{O} & \boldsymbol{B}-\boldsymbol{C}^{\mathrm{T}}\boldsymbol{A}^{-1}\boldsymbol{C}\end{pmatrix}$；

(2) 对 $\boldsymbol{x}=(0,0,\cdots,0)^{\mathrm{T}}$ 及任意的 $\boldsymbol{y}=(y_1,y_2,\cdots,y_n)^{\mathrm{T}}\neq\boldsymbol{0}$，有

$$(\boldsymbol{x}^{\mathrm{T}},\boldsymbol{y}^{\mathrm{T}})\begin{pmatrix}\boldsymbol{A} & \boldsymbol{O}\\ \boldsymbol{O} & \boldsymbol{B}-\boldsymbol{C}^{\mathrm{T}}\boldsymbol{A}^{-1}\boldsymbol{C}\end{pmatrix}\begin{pmatrix}\boldsymbol{x}\\ \boldsymbol{y}\end{pmatrix}=\boldsymbol{y}^{\mathrm{T}}(\boldsymbol{B}-\boldsymbol{C}^{\mathrm{T}}\boldsymbol{A}^{-1}\boldsymbol{C})\boldsymbol{y}>0,$$

可得 $\boldsymbol{B}-\boldsymbol{C}^{\mathrm{T}}\boldsymbol{A}^{-1}\boldsymbol{C}$ 为正定矩阵.

习 题 七

A 组

1. (1) $k\neq 0$； (2) 6； (3) 2； (4) 6； (5) $\left(\frac{1}{2},\frac{1}{2},\frac{1}{2}\right)^{\mathrm{T}}$； (6) $\left(4,-\frac{5}{2},2\right)^{\mathrm{T}}$； (7) $(3,4,1)^{\mathrm{T}}$；

(8) $(1,1,1,1)^{\mathrm{T}}$； (9) $(1,3,6)^{\mathrm{T}}$； (10) $-15+x+2x^2-2x^3$； (11) $\begin{pmatrix}2 & 3\\ -1 & -2\end{pmatrix}$； (12) $\begin{pmatrix}1 & 1 & 1\\ 0 & -1 & -2\\ 0 & 0 & 1\end{pmatrix}$；

(13) $\begin{pmatrix}3 & 2 & 1\\ 3 & 2 & 0\\ 3 & 0 & 0\end{pmatrix}$； (14) $(1,3,-4)$； (15) 4.

2. (1) A； (2) C； (3) B； (4) A； (5) A； (6) D； (7) B； (8) A； (9) C； (10) A； (11) B； (12) A； (13) A； (14) C； (15) A.

3. (1) $\begin{pmatrix}1 & 0\\ 0 & -1\end{pmatrix},\begin{pmatrix}0 & 1\\ 0 & 0\end{pmatrix},\begin{pmatrix}0 & 0\\ 1 & 0\end{pmatrix}$； (2) $\begin{pmatrix}1 & 0\\ 0 & 0\end{pmatrix},\begin{pmatrix}0 & 0\\ 0 & 1\end{pmatrix},\begin{pmatrix}0 & 1\\ 1 & 0\end{pmatrix}$.

4. $\boldsymbol{\alpha}=(1,1,1)^{\mathrm{T}},\boldsymbol{\beta}=(1,0,1)^{\mathrm{T}}\in V$，但 $\boldsymbol{\alpha}-\boldsymbol{\beta}=(0,1,0)^{\mathrm{T}}\notin V$.

5. 设 $\boldsymbol{\alpha}_1,\boldsymbol{\alpha}_2,\cdots,\boldsymbol{\alpha}_r$ 是 U 的一个基，证明任意 $\boldsymbol{\alpha}\in V$，必定可被 $\boldsymbol{\alpha}_1,\boldsymbol{\alpha}_2,\cdots,\boldsymbol{\alpha}_r$ 线性表示.

6. (1) 不构成. W_1 对矩阵加法不封闭； (2) 构成. W_2 对矩阵加法和数乘运算封闭.

7. (1) 不构成. 加法不封闭； (2) 不构成. 数乘不封闭.

8. $(-1,2,1)^{\mathrm{T}}$.

9. $\begin{pmatrix}2 & 3 & 4\\ 0 & -1 & -1\\ -1 & 0 & 0\end{pmatrix}$.

10. (1) $\begin{pmatrix}1 & 1 & 1\\ 0 & 1 & 1\\ 0 & 0 & 1\end{pmatrix}$； (2) $\boldsymbol{\beta}_1=(1,0,0)^{\mathrm{T}},\boldsymbol{\beta}_2=(0,1,0)^{\mathrm{T}},\boldsymbol{\beta}_3=(0,0,1)^{\mathrm{T}}$； (3) $\begin{pmatrix}-1\\ -1\\ 3\end{pmatrix}$.

11. (1) $\begin{pmatrix}2 & 0 & 5 & 6\\ 1 & 3 & 3 & 6\\ -1 & 1 & 2 & 1\\ 1 & 0 & 1 & 3\end{pmatrix}$； (2) $\begin{pmatrix}y_1\\ y_2\\ y_3\\ y_4\end{pmatrix}=\frac{1}{27}\begin{pmatrix}12 & 9 & -27 & -33\\ 1 & 12 & -9 & -23\\ 9 & 0 & 0 & -18\\ -7 & -3 & 9 & 26\end{pmatrix}\begin{pmatrix}x_1\\ x_2\\ x_3\\ x_4\end{pmatrix}$；

(3) $\boldsymbol{\alpha}=k(1,1,1,-1)^{\mathrm{T}}$， $k\in\mathbf{R}$.

12. (1) 关于 y 轴对称； (2) 投影到 y 轴； (3) 关于直线 $y=x$ 对称； (4) 顺时针旋转 90°.

13. 根据线性变换的定义.

14. (1) 证明 $-\boldsymbol{\alpha}_1+\boldsymbol{\alpha}_2+\boldsymbol{\alpha}_3,\boldsymbol{\alpha}_3,-2\boldsymbol{\alpha}_1+\boldsymbol{\alpha}_2$ 与 $\boldsymbol{\alpha}_1,\boldsymbol{\alpha}_2,\boldsymbol{\alpha}_3$ 等价； (2) $\begin{pmatrix}-2 & 0 & 0\\ 0 & 1 & 0\\ 0 & 0 & 1\end{pmatrix}$.

15. $\begin{pmatrix}1&0&0\\2&1&0\\0&1&1\end{pmatrix}$.

16. $\begin{pmatrix}1&0&0\\1&1&0\\1&2&1\end{pmatrix}$.

17. 按定义证明非负性、对称性、线性加性、线性齐性.

18. $\mathbf{0}\in V_1$，V_1 非空，再证 V_1 对线性运算封闭.

B 组

1. $(0,-1,-2,3)^{\mathrm{T}}$.

2. (1) $\begin{pmatrix}2&0&5&6\\1&3&3&6\\-1&1&2&1\\1&0&1&3\end{pmatrix}$； (2) $(a_{11},a_{12},a_{21},a_{22})^{\mathrm{T}}$，$\begin{pmatrix}\frac{4}{9}a_{11}+\frac{1}{3}a_{12}-a_{21}-\frac{11}{9}a_{22}\\ \frac{1}{27}a_{11}+\frac{4}{9}a_{12}-\frac{1}{3}a_{21}-\frac{23}{27}a_{22}\\ \frac{1}{3}a_{11}-\frac{2}{3}a_{22}\\ -\frac{7}{27}a_{11}-\frac{1}{9}a_{12}+\frac{1}{3}a_{21}+\frac{26}{27}a_{22}\end{pmatrix}$；

(3) $\boldsymbol{A}=k\begin{pmatrix}1&1\\1&-1\end{pmatrix}$， $k\neq 0$.

3. $\begin{pmatrix}1&3&0&0\\2&4&0&0\\0&0&1&3\\0&0&2&4\end{pmatrix}$.

4. (1) 证明 $\boldsymbol{\alpha}_1$，$\boldsymbol{\alpha}_1+\boldsymbol{\alpha}_2$，$\boldsymbol{\alpha}_1+\boldsymbol{\alpha}_2+\boldsymbol{\alpha}_3$，$\cdots$，$\boldsymbol{\alpha}_1+\boldsymbol{\alpha}_2+\cdots+\boldsymbol{\alpha}_n$ 与向量组 $\boldsymbol{\alpha}_1,\boldsymbol{\alpha}_2,\cdots,\boldsymbol{\alpha}_n$ 等价；

(2) $\begin{pmatrix}1&1&\cdots&1\\0&1&\cdots&1\\ \vdots&\vdots&&\vdots\\0&0&\cdots&1\end{pmatrix}$； (3) $\begin{pmatrix}y_1\\y_2\\ \vdots\\y_n\end{pmatrix}=\begin{pmatrix}1&-1&0&\cdots&0&0&0\\0&1&-1&\cdots&0&0&0\\0&0&1&\cdots&0&0&0\\ \vdots&\vdots&\vdots&&\vdots&\vdots&\vdots\\0&0&0&\cdots&1&-1&0\\0&0&0&\cdots&0&1&-1\\0&0&0&\cdots&0&0&1\end{pmatrix}\begin{pmatrix}x_1\\x_2\\ \vdots\\x_n\end{pmatrix}$

5. 证明 $\boldsymbol{\alpha}_1,\boldsymbol{\alpha}_2,\cdots,\boldsymbol{\alpha}_n$ 与 $\boldsymbol{\beta}_1,\boldsymbol{\beta}_2,\cdots,\boldsymbol{\beta}_n$ 等价的充分必要条件是矩阵 $\boldsymbol{A}$ 可逆.

6. V 中存在向量 $\boldsymbol{\alpha},\boldsymbol{\beta}$，使得 $\boldsymbol{\alpha}\notin V_1,\boldsymbol{\beta}\notin V_2$ 成立. 若 $\boldsymbol{\alpha}\notin V_2$，则 $\boldsymbol{\xi}=\boldsymbol{\alpha}$. 若 $\boldsymbol{\beta}\notin V_1$，则 $\boldsymbol{\xi}=\boldsymbol{\beta}$. 若 $\boldsymbol{\alpha}\in V_2$ 且 $\boldsymbol{\beta}\in V_1$，则 $\boldsymbol{\xi}=\boldsymbol{\alpha}+\boldsymbol{\beta}$.

7. (1) 证明 V_1 中的元素满足加法和数乘运算的封闭性； (2) $(\boldsymbol{E}-\boldsymbol{P})\boldsymbol{x}=\mathbf{0}$ 的解空间的维数是 $n-r$；
(3) $\boldsymbol{\alpha}_i$ $(i=1,2,\cdots,n)$ 在基 $\boldsymbol{\alpha}_1,\boldsymbol{\alpha}_2,\cdots,\boldsymbol{\alpha}_n$ 和基 $\boldsymbol{\beta}_1,\boldsymbol{\beta}_2,\cdots,\boldsymbol{\beta}_n$ 下的坐标均为 $(0,0,\cdots,0,1,0,\cdots,0)^{\mathrm{T}}$，得

$$\boldsymbol{\alpha}_i=0\boldsymbol{\beta}_1+\cdots+0\boldsymbol{\beta}_{i-1}+1\boldsymbol{\beta}_i+0\boldsymbol{\beta}_{i+1}+\cdots+0\boldsymbol{\beta}_n\quad(i=1,2,\cdots,n).$$

参 考 文 献

北京大学数学系前代数小组(王萼芳、石生明修订), 2019. 高等代数. 5 版. 北京：高等教育出版社.

陈建龙, 周建华, 张小向, 等, 2023. 线性代数. 3 版. 北京：科学出版社.

华中科技大学数学与统计学院, 2019. 线性代数. 4 版. 北京：高等教育出版社.

黄廷祝, 2024. 线性代数. 2 版. 北京：高等教育出版社.

教育部教育考试院, 2024. 全国硕士研究生招生考试数学考试分析(2025 年版). 北京：人民教育出版社.

李宏伟, 李星, 李志明, 等, 2009. 线性代数学习辅导与习题解析. 北京：科学出版社.

李志明, 李宏伟, 2014. 分析一道线性代数例题的解法. 大学数学, 30(5): 116-118.

李志明, 李宏伟, 2018. 辨析正交矩阵的特征值. 高等数学研究, 21(4): 24-25.

李志明, 李宏伟, 2022. 关于矩阵 $\boldsymbol{A}^n$ 的特征值的研究. 高等数学研究, 25(1): 27-28.

刘建亚, 吴臻, 等, 2024. 大学数学教程. 线性代数. 4 版. 北京：高等教育出版社.

同济大学数学科学学院, 2023. 工程数学. 线性代数. 7 版. 北京：高等教育出版社.

王军霞, 王晓, 2011. 广义 Vandermonde 行列式的计算公式. 数学的实践与认识, 41(3): 233-237.

张贤达, 2013. 矩阵分析与应用. 2 版. 北京：清华大学出版社.